高等职业教育“十四五”规划教材

高等职业教育畜牧业类新形态教材

动物遗传繁育

高　峰　吴辉生　主编

中国农业大学出版社
·北京·

内容简介

动物遗传繁育是高等农业职业院校畜牧兽医类专业的一门核心课程。本教材秉承“培养高素质技能人才”为目标，适用对象为3年制畜牧兽医及相关专业学生。教材在编写过程中参考繁殖工职业技能考核标准、畜牧养殖行业规范，以学生职业技能成长过程和动物生长、繁殖过程为主线，以学生繁殖工岗位技能培养为重点，结合一线生产需求，突出其实践性和实用性。教材包括绪论、模块一动物繁殖基础、模块二动物繁殖技术、模块三宠物繁殖、模块四动物遗传基础和模块五实训指导等内容。每一个模块分为若干项目。每个项目由项目描述、培养目标、正文（包括若干任务组成）、项目小结、思政园地以及职业能力测试组成。每个任务均通过详细的情境导入吸引学生进入任务学习。另外，在任务学习过程中设置了二维码引入重要知识点。学生扫描二维码可以获得音频及视频方面的学习资料，能够开阔视野，获得新的学习体验。教材编写过程中，我们力求内容新颖、结构合理紧凑、文字简练、图文并茂、通俗易懂。

图书在版编目(CIP)数据

动物遗传繁育 / 高峰，吴辉生主编. -- 北京：中国农业大学出版社，2025. 2. -- ISBN 978 - 7 - 5655 - 3396 - 9

Ⅰ. Q953

中国国家版本馆 CIP 数据核字第 2024VS8392 号

书　　名　动物遗传繁育

作　　者　高　峰　吴辉生　主编

策划编辑　张　玉　　**责任编辑**　许晓婧

封面设计　中通世奥图文设计中心

出版发行　中国农业大学出版社

社　　址　北京市海淀区圆明园西路2号　　**邮政编码**　100193

电　　话　发行部 010-62733489,1190　　读者服务部 010-62732336

编辑部 010-62732617,2618　　出　版　部 010-62733440

网　　址　http://www.caupress.cn　　**E-mail** cbsszs@cau.edu.cn

经　　销　新华书店

印　　刷　涿州市星河印刷有限公司

版　　次　2025年2月第1版　2025年2月第1次印刷

规　　格　185mm×260mm　16开本　18.25印张　459千字

定　　价　55.00元

编写人员

主　编　高　峰（徐州生物工程职业技术学院）

　　　　　吴辉生（赣州职业技术学院）

副主编　武　静（徐州生物工程职业技术学院）

　　　　　张海涛（徐州生物工程职业技术学院）

　　　　　王玉燕（徐州生物工程职业技术学院）

参　编　贾　惠（江苏农林职业技术学院）

　　　　　刘　磊（江苏高生生物饲料有限公司）

前 言

随着我国职业教育的快速发展和乡村振兴战略的深入推进，畜牧业作为农业的重要组成部分，正面临着转型升级的重大机遇与挑战。党的二十大报告明确提出“加快建设农业强国”“深入实施种业振兴行动”和“推动绿色发展”，为畜牧业的高质量发展指明了方向。在这一背景下，培养具备扎实理论基础和实践能力的高素质技术技能人才，成为职业教育的重要使命。

动物遗传繁育作为高职畜牧兽医类专业核心课程之一，是学生掌握现代育种技术、理解遗传规律、提升实践能力的关键环节。本教材认真贯彻落实《国家职业教育改革实施方案》和《职业院校教材管理办法》等相关政策与文件精神，紧密结合《“十四五”职业教育规划教材建设实施方案》的要求，秉承“培养高素质技能人才”为目标，力求教材体现职业教育类型特色，服务产业发展需求，助力乡村振兴和农业强国建设。

本教材在编写过程中，注重以下特色与创新。

1.对接国家战略，服务产业需求。教材内容紧密围绕党的二十大报告中提出的“种业振兴”和“绿色发展”要求，介绍畜种繁殖生产中遇到的实际问题，帮助学生提高解决实际问题的能力，为畜牧业高质量发展提供人才支撑。

2.突出职教特色，强化实践导向。教材遵循“产教融合、校企合作”的职业教育理念，结合行业企业实际案例，设计了丰富的实训项目和实践活动，帮助学生将理论知识与实践技能有机结合，提升职业素养和岗位适应能力。

3.融入课程思政，强化价值引领。教材注重将党的二十大精神融入教学内容，通过科学家故事、行业典型案例等，培养学生的家国情怀、创新精神和责任意识，引导学生树立“投身科技报国”和“助力乡村振兴”的理念。

4.创新教材形式，丰富教学资源。教材根据学生认知的难易程度进行编排，分为若干模块。每一个模块分为若干项目。每个项目由项目描述、培养目标、正文(包括若干任务组成)、项目小结、思政园地以及职业能力测试组成。每个任务均通过详细的情境导入吸引学生进入任务学习。同时，配套开发了数字化资源(如微课、虚拟仿真实验)，为学生提供多样化的学习体验，助力信息技术与教育教学的深度融合。

本教材由高峰、吴辉生担任主编，前言、绪论、模块一、模块二由高峰编写，模块三由武静、张海涛编写，模块四由吴辉生编写，实训指导由王玉燕编写。全书由高峰统稿，贾惠负责校正，刘磊负责整理企业案例和实践技能材料。江苏师范大学房兴堂教授在百忙之中审定了书稿，对本书提出了许多宝贵的意见和帮助。

本教材的编写也得到了行业企业专家、职业教育研究者和一线教师的大力支持，在此一并表示衷心感谢。同时，我们也期待广大师生和读者提出宝贵意见，以便不断完善教材内容，更好地服务职业教育高质量发展。

编　者

2024 年 5 月

目 录

模块三　宠物繁殖

模块四　动物遗传基础

模块五 实训指导

绪论

一、动物遗传繁育技术对畜牧生产的意义

畜牧业是我国农业的重要组成部分。随着我国经济的快速发展，人民对于高质量畜牧产品的需求也在逐步提高。快速、高质量地发展畜牧业已是当下我国经济发展的一项重要课题。动物遗传繁育技术是畜牧业快速发展中的重要一环，对畜牧生产具有深远的意义。

首先，现代畜牧业通过人工授精、胚胎移植、超数排卵等动物繁殖技术，可以大幅度提高优良种畜的利用率，使一头公畜的遗传物质可以服务于大量母畜，显著提高繁殖效率。同时，通过精准的发情监测和适时配种，可以缩短繁殖周期，增加每年的产仔数。其次，动物遗传繁育技术能够助力遗传改良计划的实施，通过选择性状优良的种畜进行繁殖，加速优良基因在群体中的扩散，提高后代的生产性能、抗病性、适应性等。此外，现代生物技术如基因编辑、分子标记辅助选择等，可实现更为精准的遗传改良，培育出适应市场需求、具有竞争优势的新品种。再次，通过科学的繁殖管理技术，如合理的配种计划、疾病防控、营养调控等，可以减少母畜因频繁分娩、营养不良等因素导致的健康问题，加强对新生仔畜的早期护理，从而有效地提高母畜的生活质量、使用寿命以及幼仔的存活率。高效的繁殖技术还能够带来更大的畜群规模、更快的遗传改良速度、更高的产品质量，从而提升畜牧业的整体经济效益。同时，通过减少疾病发生、提高饲料转化率、缩短出栏时间等方式，间接降低成本，增加利润。不仅如此，优化的繁殖技术还有助于减少对环境的压力，如减少碳排放、节约水资源、降低土地使用压力等。

总之，动物遗传繁育技术对畜牧生产具有显著的经济效益、生态效益和社会效益，是推动现代畜牧业发展、保障食品安全、实现资源高效利用和环境保护的重要手段。

二、本课程研究的内容和任务

动物遗传繁育是研究动物生殖生理活动及其调控规律的科学。动物遗传繁育技术是运用动物遗传学和繁殖学相关规律指导动物繁殖实践操作的技术，是加强畜禽品种改良、保证畜牧业快速发展的重要手段。

（一）研究内容

动物遗传繁育主要研究内容包括动物生殖生理、繁殖技术、繁殖管理与生殖病理。

（1）生殖生理　动物繁殖学中的生殖生理部分主要研究动物生殖系统的结构、功能及其调节机制，涉及雌性和雄性动物的生殖过程。雌性动物生殖生理方面包括性机能发育、发情与发情周期、卵子发生与卵泡发育、排卵与受精、繁殖机能停止期等；雄性动物生殖生理包括性腺功能、性激素调节、生殖道与副性腺、性行为与交配。生殖内分泌学探索下丘脑-垂体-性腺轴对生殖过程的调控机制，包括促性腺激素释放激素、黄体生成素和促卵泡素的作用，以及这些激素如何影响生殖器官的发育和功能。生殖细胞生物学深入细胞水平，研究生殖细胞（精子和卵

子)的形成、分化、成熟过程中的分子机制。这些内容构成了动物遗传繁育中生殖生理的核心部分,对于理解动物的繁殖机制、提高繁殖效率、防治生殖障碍以及开展生殖技术的研发都有重要意义。

(2)繁殖技术　由繁殖调控技术和繁殖监测技术两部分组成。繁殖调控技术包括调控发情、排卵、受精、胚胎发育、性别发生、妊娠维持、分娩、泌乳等生殖活动的技术,是提高动物繁殖效率、加快育种速度的基本手段。例如,显微授精和胚胎生物工程技术等,是提高繁殖效率的重要手段。繁殖监测技术包括发情鉴定、妊娠诊断、性别鉴定、激素测定等技术,是促进繁殖管理、提高繁殖效率或畜牧生产效率的重要工具。

(3)繁殖管理　主要从群体养殖方面研究提高动物繁殖效率的理论与技术措施,包括繁殖管理指标和繁殖管理技术及繁殖技术标准化等内容。

(4)生殖病理　主要从畜牧学角度分析动物繁殖障碍的发病率和病因,探讨防治繁殖障碍的方法与技术措施。

(二)任务

通过研究动物繁殖过程的客观规律,采取相应的技术措施,最大限度地挖掘动物繁殖潜力,为社会提供量多质优的动物。首先是阐述动物生殖生理的普遍规律及其种属特征,使学生掌握和运用这些规律去指导动物的繁殖实践;其次,阐述现代繁殖技术的理论基础,传授操作技术,组织学生的技能训练;最后,阐述动物繁殖力的概念和提高繁殖力的基本途径,培养学生综合运用多种学科知识,为提高繁殖力和改善动物群品质而工作的能力。

三、动物遗传繁育技术与相关学科的关系

动物遗传繁育以动物解剖学、动物组织胚胎学、动物遗传学、细胞生物学、动物生理学等多个学科为基础,并与动物饲养学、动物育种学、动物环境卫生学、兽医产科学、兽医传染病学、分子生物学、兽医免疫学等有密切联系。因此,在解释动物生殖活动规律,研究与开发动物繁殖新技术方面必须时刻与其他相关学科相联系,它们之间相互依赖、相互促进,共同推动动物遗传繁育技术的发展。

四、动物遗传繁育技术的展望

动物遗传繁育技术涉及多个领域的发展与创新,旨在提高繁殖效率、保障动物福利、促进遗传多样性以及适应不断变化的市场需求。以下是目前动物遗传繁育技术的一些主要发展趋势。

(1)基因编辑技术的应用　基因编辑技术的不断成熟,为精准遗传改良提供了可能,比如通过消除有害基因、引入有益性状来增强动物的抗病能力、生长性能和产品品质。预计未来将在遵循伦理规范的前提下,更多应用于畜牧业,以培育出更加适应环境和市场需求的新品种。

(2)生殖细胞和干细胞技术的进步　利用生殖细胞和干细胞技术,如诱导多能干细胞进行体外分化为生殖细胞,可能实现无性繁殖或创造遗传多样性更广的种群,同时也为濒危物种的保护提供了新的途径。

(3)精准繁殖管理　结合大数据、人工智能和物联网技术,可以实现对动物个体繁殖性能的精准监测与管理,优化配种策略,减少资源浪费,提高繁殖效率。例如,通过智能穿戴设备监测动物生理状态,预测最佳繁殖时机。

(4)辅助生殖技术的创新　包括体外受精、胚胎移植、胚胎分割、克隆技术等将进一步优化,提高成功率,降低成本,并可能扩展到更多物种。

(5)生殖健康与疾病防控　针对繁殖障碍的早期诊断与治疗技术将得到发展,利用分子生物学工具进行快速检测,及时干预。同时,研究环境因素、营养状态对生殖健康的影响,制定更为科学的健康管理方案。

(6)可持续性和伦理　在推动技术进步的同时,注重环境保护、资源高效利用和动物福利,确保繁殖技术的发展符合可持续发展的原则。伦理框架的建立和完善也是未来动物遗传繁育技术研发和应用的重要考量。

(7)特种动物与宠物繁殖技术　随着特种养殖和宠物市场的扩大,针对这些领域特定需求的繁殖技术,如异种移植、宠物遗传疾病的基因筛选和预防,将成为研究热点。

总之,未来的动物遗传繁育技术将更加高效、精确、环保和人性化,为解决食品安全、生物多样性保护和人类健康等问题提供强有力的支持。

模块一

动物繁殖基础

项目一　动物生殖器官

项目描述

动物生殖器官的教学是动物遗传繁育课程的一个重要组成部分。通过动物生殖器官学习可以帮助学生理解动物繁殖的基本原理，掌握雌雄动物生殖器官的解剖结构、生理功能和发育过程，这是理解繁殖生物学、配子发生、受精、妊娠和分娩等后续繁殖过程的基础。在动物生产实践中，了解和掌握动物生殖器官的功能对于动物繁殖管理和人工授精、胚胎移植、妊娠诊断、分娩处理等繁殖技术的实施至关重要，有助于提高家畜和其他经济动物的繁殖效率和生育质量，有助于识别和预防各种繁殖障碍，如不孕症、流产、早产等问题，从而优化种群遗传结构，提高动物群体的整体健康水平和生产性能。在动物遗传繁育技术研究和生物工程技术中，深入了解生殖器官的特点和生理机能有助于进一步开发新的繁殖技术，比如辅助生殖技术、生殖激素调控技术等。

知识目标

1. 了解雄性动物生殖器官的组成与形态结构。
2. 了解睾丸、附睾、副性腺、尿生殖道、外生殖器的生理功能。
3. 了解雌性动物生殖器官的组成与形态结构。
4. 了解卵巢、输卵管、子宫、阴道、外生殖器的生理功能。

技能目标

掌握两性动物生殖器官的结构与生理功能

素质目标

1. 培养学生严谨、认真的专业学习精神。
2. 对动物生殖器官的认识有助于学生深入了解动物繁殖过程所涉及的伦理问题，培养学生在科研和生产中遵循科学、人道和合法的意识。
3. 培养学生爱农村、爱农业、爱畜牧行业、关注乡村振兴的热情。

任务一　雄性动物生殖器官

情境导入

自然界的生物形态各异，但在繁衍后代这一基本生命现象上却呈现出普遍规律。回顾生物演化历程，探讨为何许多雄性动物的生殖器官与排泄器官共用同一通道(尿生殖道)，这样的结构布局有何进化的优势?

雄性动物生殖器官由性腺、输精管道、副性腺以及外生殖器等组成。其中性腺是睾丸。输精管道包括附睾、输精管和尿生殖道。副性腺包括精囊腺、前列腺和尿道球腺。外生殖器包括阴茎、包皮和阴囊。

各器官分别完成精子的生成、成熟、排出的功能。不同雄性动物上述器官的形态结构和生理功能大致相同，又各有特点。

一、阴囊

阴囊是由腹壁形成的袋状皮肤囊，从外到内依次由皮肤、肉膜、筋膜、睾外提肌和总鞘膜构成。总鞘膜和固有鞘膜之间形成鞘膜腔。阴囊中隔将阴囊隔为 2 个腔，2 个睾丸分别位于其中(图 1-1-1)。

阴囊具有温度调节作用，以保护精子正常生成。当温度下降时，借助肉膜和睾外提肌的收缩作用，使睾丸上举，紧贴腹壁，阴囊皮肤皱缩变厚。

阴囊有着丰富的汗腺和皮脂腺，肉膜能调节阴囊壁的厚薄及其表面积，阴囊温度低于体温 2～3 ℃，有利于精子的生成和保存。

睾丸的温度靠阴囊和精索的蔓状血管丛调节。当天气炎热时，阴囊皮肤出汗，肌肉松弛、下垂，睾丸位置下降使阴囊壁变薄，温度下降。当天气变冷时，阴囊收缩提起睾丸，使之靠近腹部，阴囊壁变厚以利于保温。进出睾丸的动脉和静脉均为蔓状卷曲而呈锥形，其底贴附于睾丸一端及附睾头的背侧。离开睾丸的静脉血的温度较低，可使进入睾丸的动脉血的温度降低。

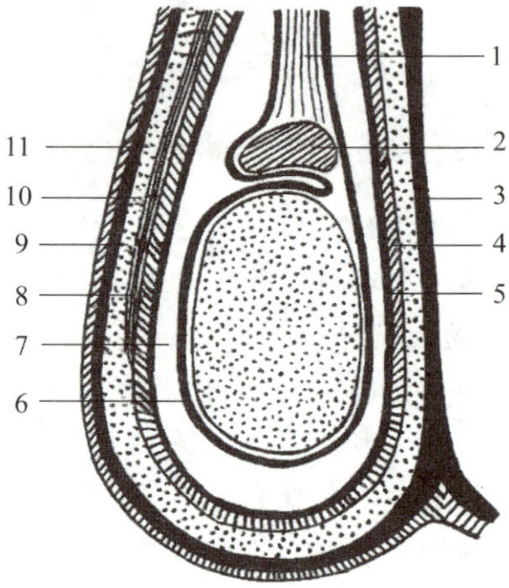

图 1-1-1 阴囊结构示意图

(引自：马仲华. 家畜解剖及组织胚胎学. 第三版. 北京：中国农业出版社，2002)

1. 精索 2. 附睾 3. 阴囊中隔 4. 总鞘膜纤维层 5. 总鞘膜 6. 固有鞘膜 7. 鞘膜腔 8. 睾外提肌 9. 筋膜 10. 肉膜 11. 皮肤

二、睾丸

(一)形态位置

雄性动物的性腺是睾丸。睾丸一般在胎儿的一定时期经过腹腔迁移至内侧腹股沟环，再通过腹股沟管降至阴囊内。睾丸下降的时间因动物品种不同而异。一般来说，牛、羊睾丸下降时间在胎儿期的中期，猪的睾丸下降时间在胎儿期的后 1/4 期间，马的睾丸下降时间在出生前后，犬、猫的睾丸在出生后 2 个月左右会下降到阴囊内，兔的睾丸性成熟后才下降到阴囊内。动物一侧睾丸未能降到阴囊内，称为单侧隐睾。两侧睾丸均未下降到阴囊中，称为双侧隐睾。隐睾症状发生时，动物的内分泌受影响较小，但精子发生机能会出现异常，这是造成雄性不育的原因之一。一般隐睾的动物不作种用。

睾丸成对存在，呈卵圆形或长卵圆形，分别位于阴囊的两个腔内。睾丸的两端分别为头端和尾端;两个外缘为游离缘和附着缘。不同动物睾丸的大小和重量会有所不同。通常左侧睾丸大于右侧的。马和牛的两个睾丸重 550～650 g，绵羊 400～500 g，山羊 150 g，猪 900～1 000 g，犬 30 g 左右，家兔 5～7 g。猪和绵羊的睾丸占体重的比例最大。季节性交配的动物，其睾丸在非配种季节会出现不同程度的萎缩，到交配期复原。

马的睾丸位于股间，耻骨前缘下方，长轴与地面接近平行，睾丸头向前，尾向后；附睾位于睾丸的背外缘。牛、羊的睾丸位置较马稍靠前，长轴与地面垂直，睾丸头向上，尾向下；附睾位于睾丸的后外缘（图 1-1-2、图 1-1-3）。猪的睾丸位于肛门下方，纵轴倾斜，头向前下方，尾向后上方，前低后高，紧贴体壁；附睾位于睾丸背外缘。兔的睾丸位于股部后方肛门两侧。公禽的睾丸成对存在，呈卵圆形或球形，位于腹腔肾脏前叶下方，脊柱腹侧。犬、猫的睾丸呈卵圆形，位于肛门下侧。

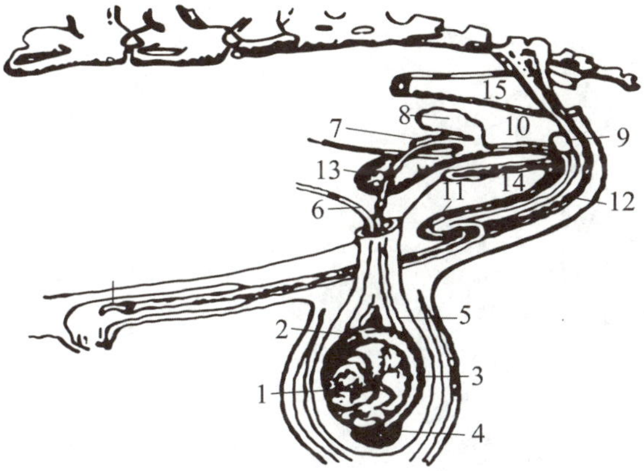

图 1-1-2　公羊生殖器官示意图

1. 睾丸　2. 附睾头　3. 附睾体　4. 附睾尾
5. 精索　6. 输精管　7. 输精管壶腹部
8. 精囊腺　9. 尿道球腺　10. 前列腺
11. 阴茎的 S 弯曲　12. 阴茎锁肌
13. 膀胱　14. 骨盆　15. 直肠
16. 阴茎龟头

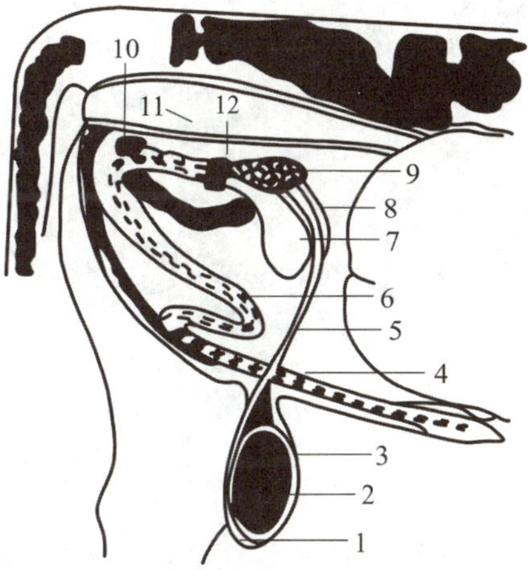

图 1-1-3　公牛的生殖器官

1. 附睾　2. 睾丸　3. 阴囊　4. 阴茎
5. 输精管　6. 尿道　7. 膀胱
8. 输精管壶腹部　9. 精囊腺
10. 尿道球腺　11. 直肠
12. 前列腺

（二）组织结构

睾丸的最外层被覆以浆膜，称为固有鞘膜。浆膜下为致密结缔组织构成的白膜。白膜与内部的睾丸实质紧密相连，密布着血管网。白膜在睾丸头处形成结缔组织索向睾丸实质伸入形成睾丸纵隔。睾丸纵隔向四周发出放射状结缔组织小梁伸向白膜，称为中隔，把睾丸实质分成许多锥体小叶。每个小叶有 2～3 条盘曲的曲精细管，也称为精细管或者精小管。曲精细管从小叶顶端伸出汇合成直精细管，穿入睾丸纵隔结缔组织内，形成睾丸网，最后由睾丸网分出 10～30 条睾丸输出管，盘曲成附睾头（图 1-1-4）。

曲精细管外径为 0.1～0.3 mm；管腔直径为 0.08 mm，腔内充满液体。曲精细管由外至内是由结缔组织纤维、基膜和多层的生殖上皮构成的。多层生殖上皮主要由生精细胞和支持细胞（又称

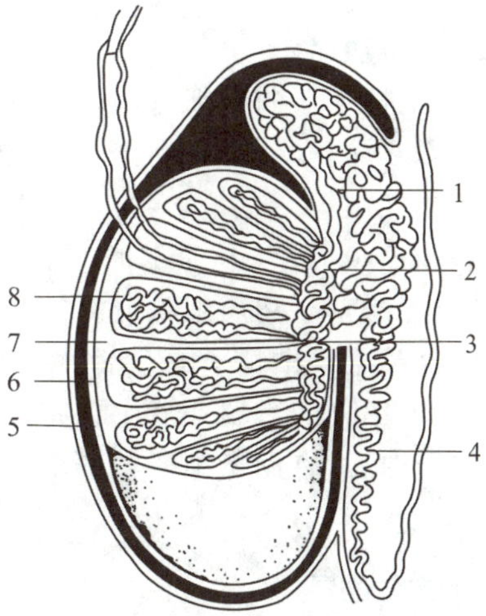

图 1-1-4　睾丸及附睾的组织结构示意图

1. 输出管　2. 睾丸网　3. 直精细管
4. 附睾管　5. 鞘膜腔　6. 鞘膜脏层
7. 白膜　8. 曲精细管

为足细胞或者塞氏细胞)构成。支持细胞位于生精细胞中,柱状,垂直于曲精细管的基膜上,另一端突出于曲精细管管腔内。支持细胞能为生精细胞提供营养,形成血液和睾丸之间的血-睾屏障,保证精子发生的环境相对稳定,促成精子的释放。

睾丸小叶内,曲精细管之间是由结缔组织构成的间质,内含血管、神经、淋巴管和间质细胞。间质细胞又称莱氏细胞,分泌雄激素。曲精细管内生精细胞分为精原细胞、初级精母细胞、次级精母细胞、精细胞和精子。精原细胞要经过 4 次有丝分裂和 2 次减数分裂才能形成精子细胞(图 1-1-5)。

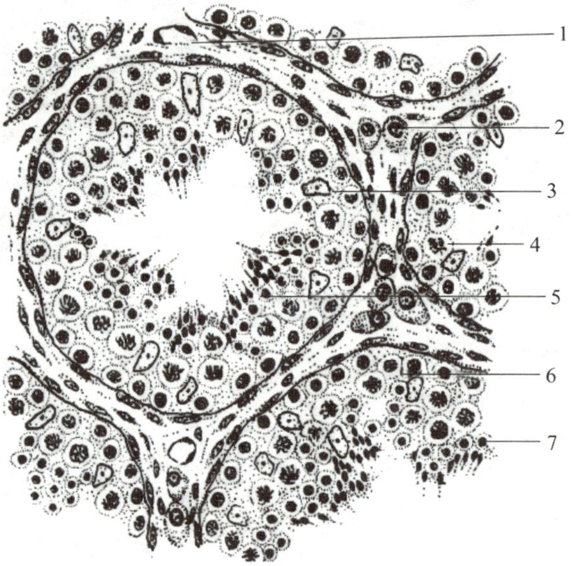

图 1-1-5　曲精细管横切面结构示意图

1. 血管　2. 间质细胞　3. 支持细胞　4. 初级精母细胞
5. 精子　6. 精原细胞　7. 精子细胞

(三)生理功能

(1)产生精子　曲精细管内生精细胞经过多次分裂形成精子。精子输送途径为:精子→直精细管→睾丸网→睾丸输出管→附睾头、体、尾→输精管。不同动物每日产生精子数量有所不同。每克睾丸组织产生精子数量,牛为 1 300 万～1 900 万个;猪为 2 400 万～3 100 万个;羊为 2 400 万～2 700 万个;马为 1 930 万～2 200 万个。

(2)分泌激素　间质细胞分泌雄激素,能够刺激雄性性欲和性行为,并能维持精子发生、第二性征发育及附睾中精子的存活。

(3)产生睾丸液　睾丸液中含有多种离子,如钙离子、钠离子。同时,睾丸液中含有少量营养成分如蛋白质,有助于维持精子生存和促进精子向附睾头移动。

三、附睾

(一)形态位置

附睾位于睾丸的附着缘,由头、体和尾 3 部分组成。牛、羊的附睾位于后外缘;马、猪、犬、猫的附睾位于背外缘。

附睾头膨大,由十多条睾丸输出管组成,然后汇成一条比较粗且弯曲的附睾管,从附睾体至附睾尾,附睾管弯曲度减少,最后逐渐增大并过渡为输精管(图 1-1-6)。

(二)组织结构

附睾管壁是由环形肌纤维和假复层柱状纤毛上皮构成。附睾管起始部位较细长,中部不太长,尾部短。精子主要集中在附睾管的中部和尾部。

(三)生理功能

(1)精子成熟　精子刚进入附睾头,颈部常有原生质滴,会影响到精子的活动能力。精子通过附睾过程中,由于附睾管的作用,会使原生质滴向后移行,并逐渐脱落成熟。

(2)吸收和分泌作用　附睾管内上皮细胞具有吸收作用,能够吸收睾丸液,从而使精子浓度上升,形成密度较高的精子悬浮液;附睾管内壁还能分泌甘油磷酸胆碱、三甲基羟基丁酰甜菜碱、精子表面附着蛋白质等。这些物质与保护精子、维持渗透压和促进精子成熟有关。

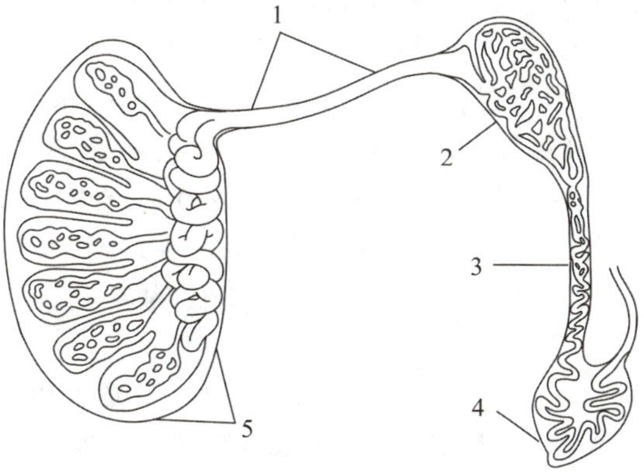

图 1-1-6　附睾结构示意图

1.输出管　2.附睾头　3.附睾体
4.附睾尾　5.睾丸

(3)精子的贮存　精子主要贮存在附睾尾。附睾管通过分泌作用能提供精子发育的营养物质;附睾内的弱酸性环境(pH 6.2～6.8)可抑制精子运动;附睾内的高渗透压,使精子轻度脱水而不能运动;附睾内的温度比体温低 3～5 ℃,再加上厌氧的环境,使得精子处于休眠状态,减少了能量消耗,有助于精子的暂时贮存。

(4)运输作用　附睾管内壁纤毛细胞的摆动,加之附睾管壁平滑肌的收缩,有助于精子悬浮液运送至附睾尾。

四、输精管

(一)形态位置

输精管由附睾管延续而来,而后进入由睾丸系膜、血管、淋巴管、神经、睾内提肌共同组成的精索(呈锐三角形)。沿腹股沟管进入腹腔,此后即和精索内的其他部分分开。单独向后上方进入骨盆腔。至膀胱背面,两侧输精管都进入尿生殖皱襞内。在此处输精管变粗,形成输精管壶腹。牛、羊的输精管壶腹比较明显,粗细介于马和猪之间。马(尤其是驴)的输精管壶腹发达。猪和猫的输精管壶腹不明显。

(二)生理机能

(1)运送精子　输精管的肌肉层较厚,交配时收缩力较强,通过规律性地收缩,能将精子排送入尿生殖道内。

(2)分泌功能　壶腹部的分泌物为精子提供营养。牛、羊精液中部分果糖来自壶腹部。

(3)分解、吸收作用　输精管可分解、吸收死亡和老化精子,壶腹部可贮存少量精子。

五、副性腺

副性腺包括精囊腺、前列腺及尿道球腺。其发育和功能受性激素的影响,幼龄去势的动物,腺体不能充分发育;如在性成熟后去势,则腺体逐渐萎缩。几种动物的副性腺见图 1-1-7。

(一)形态位置

(1)精囊腺　成对位于膀胱颈背面的两旁,输精管末端的两侧。与同侧的输精管形成射精管,共同开口于尿生殖起始部的精阜上。牛、羊、猪的精囊腺都是由致密的分叶腺体组织构成。

马的精囊腺呈梨形囊状，向后缩小成输出管。牛、羊的精囊腺比马的小。猪的精囊腺特别发达。犬、猫无精囊腺。

(2)前列腺　位于膀胱尿道开始处，精囊腺之后。牛和猪的前列腺分为体部和扩散部两部分。体部位于膀胱颈与骨盆尿道交界处，牛的为棱形，猪的为纽扣形。猪的体部小，而扩散部很大，包在骨盆尿道部尿道黏膜外面尿道海绵体肌间，由体部向后延伸而来，其腺管成行开口于尿生殖道内。羊的前列腺最不发达，仅有扩散部，而且为尿道肌所包围，外观看不到。马的前列腺由两个侧叶和一个峡部所构成，形似蝴蝶，为复管状腺，有许多排出管开口于精阜的两旁。

(3)尿道球腺　成对位于尿生殖道骨盆部出口的外侧两旁，各有一个排出管(马有7～8个)开口于尿道内。猪的尿道球腺最为发达，为圆柱状，上面覆盖的尿道球肌很薄，所以能看出它的分叶。马的尿道球腺比猪的小，牛、羊的最小，均呈球状，上面覆盖的尿道球肌较厚。犬无尿道球腺。

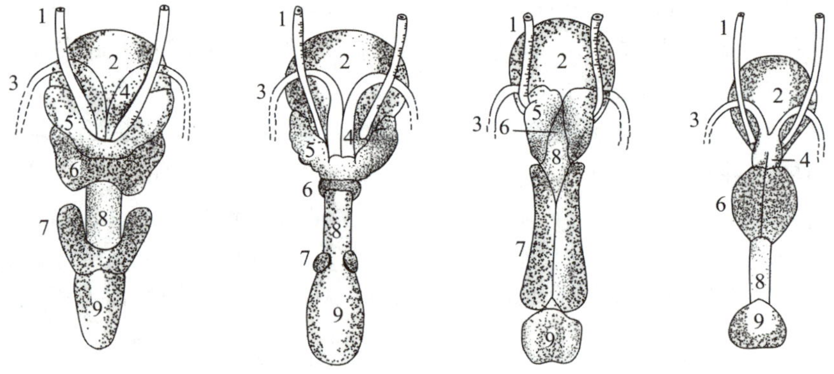

图 1-1-7　几种动物的副性腺

(引自：马仲华. 家畜解剖学及组织胚胎学. 第三版. 北京：中国农业出版社，2002)

A. 马　B. 牛　C. 猪　D. 犬

1. 输尿管　2. 膀胱　3. 输精管　4. 壶腹部　5. 精囊腺　6. 前列腺　7. 尿道球腺　8. 尿生殖道骨盆部　9. 阴茎球

(二)生理功能

(1)冲洗尿生殖道　雄性动物交配前，会从尿生殖道排出分泌物，其主要功能是冲洗尿生殖道，以减少尿液对精子的损伤。

(2)稀释、营养、活化、运送精子　副性腺分泌的液体呈弱碱性，且含有一定的营养物质，如果糖等，以及一些缓冲物质如磷酸盐和柠檬酸盐。这些物质在一定程度上能够稀释、营养、活化和运送精子，并延长精子的存活时间。

(3)形成阴道栓，防止精液倒流　一些动物的精液中含有较多的胶质成分，如猪和马的精液。精液进入雌性生殖道后，会与雌性生殖道内的分泌物结合形成阴道栓，进而减少精液的倒流。生产中，一般在采精的过程中将这些胶质成分用无菌纱布过滤掉，以延长精子在体外的存活时间。

六、尿生殖道

尿生殖道是尿液和精液的共同通道。起于膀胱，终于龟头，由骨盆部和阴茎部组成。尿生殖道一般为长的圆柱形管。射精时，膀胱与尿生殖道连接部位会关闭，以阻止精液流入膀胱。

七、阴茎

（一）形态位置

阴茎是动物的交配器官，隐藏在包皮内，交配时勃起，伸长变粗变硬。阴茎起自阴茎根形成的一对阴茎脚，固定在坐骨弓的两侧，经左、右股部之间延伸到动物腹下脐部后方。

（二）组织结构

阴茎主要由海绵体、丰富的神经和血管以及结缔组织组成，通过毛细血管的充血，阴茎可以勃起。

不同动物，阴茎形态有所不同。牛、羊和猪的阴茎为"S"状弯曲。但牛、羊阴茎细，在阴囊后形成"S"状弯曲。猪的阴茎也比较细，在阴囊前形成"S"状弯曲。马的阴茎前端龟头钝而圆；牛的阴茎前端龟头较尖；羊的阴茎前端有帽状隆起；猪的阴茎前端呈螺旋状。除此以外，犬、猫有阴茎骨（软骨）（图 1-1-8）。

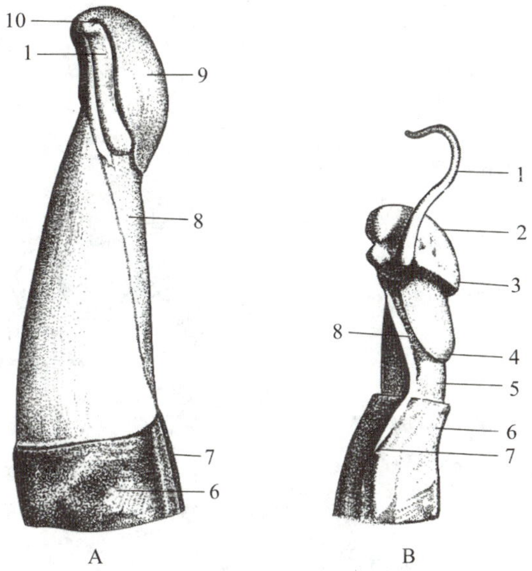

图 1-1-8　牛、羊阴茎前端

A. 牛的阴茎前端　B. 绵羊的阴茎前端

1. 尿道突　2. 龟头帽　3. 龟头冠　4. 结节　5. 龟头颈　6. 包皮　7. 包皮缝　8. 龟头缝　9. 阴茎帽　10. 尿道外口

（三）生理功能

动物阴茎含有丰富的神经，动物能够在交配过程中感受到性兴奋并完成交配行为，输送精液。

八、包皮

包皮是腹下皮肤形成的一管状皮肤鞘，是皮肤的衍生物。未发生交配行为时，动物阴茎隐藏在包皮内，起到一定的保护作用。

猪的包皮腔很长，包皮口上方形成包皮憩室。憩室内常聚积尿和污垢，存有异味黏稠物质。因此在猪采精前，一般要将包皮腔中存留的废弃物挤出、挤净，以免污染精液。

任务二　雌性动物生殖器官

情境导入

同学们，想象一下，你现在是一位专业的兽医或农场主，你的任务是确保每一只母畜都能正常发情、受孕、妊娠直至成功分娩。这时，你需要了解和掌握哪些关于雌性家畜生殖器官的知识呢？怎样通过观察和检查，确定它们是否处于最佳的繁殖状态呢？让我们一同揭开这个神秘的面纱，一起走进雌性家畜生殖器官的世界（图 1-1-9），探索卵巢如何产生卵细胞，输卵管如何输送卵子并完成受精，子宫如何为胚胎提供适宜的生长环境，以及阴道和外生殖器在繁殖过程中的作用。只有深入了解这些复杂的生理过程和结构特征，才能更好地解决实际生产中的问题，提高家畜的繁殖效率和仔畜存活率。

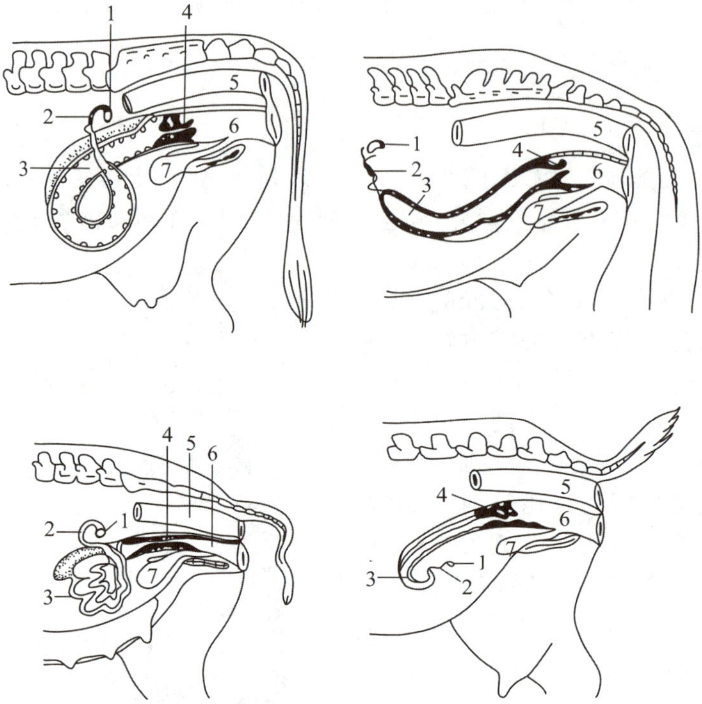

图 1-1-9　母牛、母马、母猪、母羊生殖器官示意图

1.卵巢　2.输卵管　3.子宫角　4.子宫颈　5.直肠　6.阴道　7.膀胱

一、卵巢

(一)形态位置

猪出生时卵巢呈蚕豆形,颜色淡红色,位于荐骨岬两旁稍后方或在骨盆腔前口两侧上部。随着日龄增长,卵巢、卵泡逐渐发育,到性成熟期,卵巢已经呈现出桑葚状,表面有卵泡突起。随着进一步发育,卵泡逐渐成熟,突出于卵巢表面呈串状葡萄形,其位置也随之逐渐前移。随着胎次的增加,猪卵巢的位置会移至膀胱之前,髋关节前约 4 cm 的横断面上或者在髋关节与膝关节之间中点水平位置上。体重 150 kg 的母猪,卵巢长约 5 cm,每一卵巢重 8～14 g。

牛的卵巢为稍扁的椭圆形,附着在卵黄系膜上。中等大小的牛,卵巢长 2～3 cm,宽 1.5～2 cm,厚 1～1.5 cm,每一卵巢重 15～19 g。牛卵巢位于子宫角尖端外侧的下方,初产和胎次少的母牛,均在耻骨前缘之后。胎次多的母牛,子宫角因胎次多逐渐沉入腹腔,卵巢也随之前移至耻骨前缘的前下方。

羊的卵巢位于腹腔肾脏的下后方,由卵巢系膜悬在腹腔靠近体壁处,位置与牛的相同。羊的卵巢呈卵圆形,长 0.5～4 cm,宽 0.3～0.5 cm,比牛的卵巢要小,重 3～6 g。

家兔的卵巢为卵圆形,淡红色,由卵巢系膜悬于体壁上。成年兔卵巢长 1～1.7 cm,宽 0.3～0.7 cm,重 0.3～0.5 g。卵巢成熟后,表面有透明卵泡突起。

马、驴卵巢为蚕豆形,较长,附着缘宽大,游离缘上有凹陷的排卵窝,成熟卵泡由此排出。卵巢由卵巢系膜悬于腹腔腰部肾脏后方,右侧卵巢稍向前方,在 3、4 腰椎横突之下;左侧在 4、5 腰椎横突之下。马的每一卵巢长 5～8 cm,厚 2～4 cm,重 40～80 g。

犬卵巢呈卵圆形,位于 3、4 腰椎之间,长约 2 cm,宽 0.8～1.5 cm,重 2 g 左右。随着卵巢的成熟,表面由光滑逐渐出现透明卵泡突起。

猫的卵巢呈卵圆形，位于 3、4 腰椎之间，长 0.6～0.9 cm，宽 0.3～0.4 cm，一对卵巢重 1.2 g 左右。

（二）组织结构

卵巢的表层为一单层的生殖上皮，其下是由致密结缔组织构成的白膜。白膜下为卵巢实质，它分为皮质部和髓质部。皮质部在髓质部的外周，两者没有明显的界线，其基质都是结缔组织。皮质部内含有许多不同发育阶段的卵泡和处在不同发育和退化阶段的黄体，皮质的结缔组织内含有血管、神经等。髓质部内含有丰富的弹性纤维、血管、神经、淋巴管等，它们经卵巢门出入，与卵巢系膜相连（图 1-1-10）。

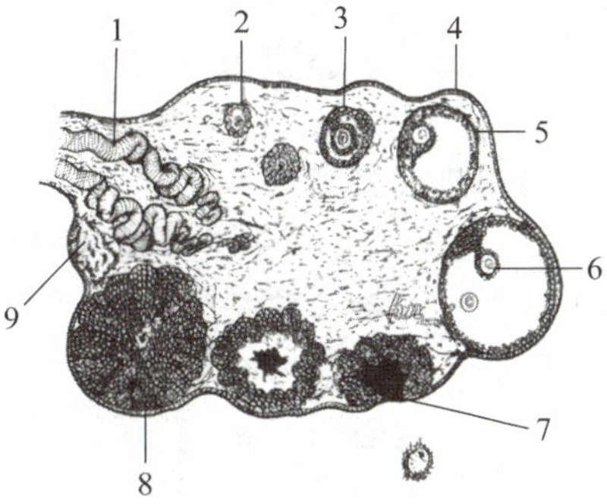

图 1-1-10　卵巢的组织结构

1. 血管　2. 原始卵泡　3. 发育卵泡　4. 生殖上皮　5. 成熟卵泡　6. 卵子　7. 卵泡破裂　8. 黄体　9. 白体

（三）生理机能

（1）卵泡发育和排卵　卵巢皮质分布着许多原始卵泡。极少数的原始卵泡要经过初级卵泡、次级卵泡、三级卵泡（生长卵泡），最终成长为成熟卵泡。成熟卵泡破裂，将包围着颗粒细胞的卵母细胞排出，最终形成黄体。不能发育成熟而退化的卵泡会萎缩、闭锁或者黄体化。母牛初生时卵泡大约有 75 000 枚，10～14 岁龄时减少为 25 000 枚左右，20 岁龄时减少为 3 000 枚左右。

（2）分泌雌激素和孕酮　卵泡膜可分为血管性内膜和纤维性外膜。内膜分泌雌激素，导致发情，成熟卵泡排卵后形成黄体，分泌孕酮。

二、输卵管

（一）形态位置

输卵管位于每侧卵巢和子宫角之间，是卵子进入子宫的必经通道，由子宫韧带外缘形成的输卵管系膜所固定。包在输卵管系膜内，有许多弯曲，长 10～30 cm。输卵管的前端紧靠卵巢，扩大呈漏斗状，称为漏斗部。漏斗部边缘不整齐，形成许多皱襞，称为输卵管伞。输卵管的前 1/3 段较粗，称为壶腹部，是卵子受精的地方。其余部分较细，称为峡部（图 1-1-11）。

壶腹部与峡部连接处称为壶峡连接部。输卵管与子宫连接处常称为宫管连接部。

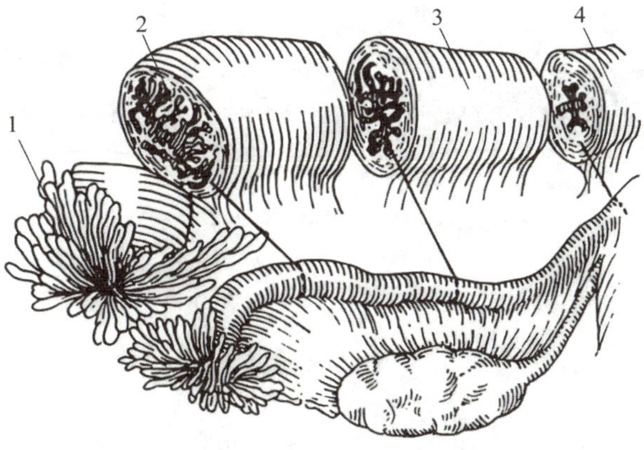

图 1-1-11　输卵管的组织结构

1. 漏斗部　2. 壶腹部　3. 峡部　4. 间质部

在家畜的生殖系统中，牛、羊的输卵管伞部不发达，马、驴的伞部较发达，猪的伞部最发达。另外，猪的宫管连接部周边有长的指状突起，较发达。由于牛、羊的子宫角尖端细，所以输卵管与子宫角之间无明显分界，发情时宫管连接部会形成一个明显的弯曲。马、驴的宫管连接部会形成一个小的乳头。

（二）组织结构

输卵管壁从外向内由浆膜、肌层和黏膜构成。肌层内为环状肌，外为纵行肌。内侧的黏膜有很多的纵褶。黏膜为单层上皮，由纤毛细胞、分泌细胞和基底细胞组成，其中纤毛细胞占40%～60%。

（三）生理机能

（1）运送卵子和精子　输卵管内部上皮细胞上纤毛的摆动、输卵管管壁的分节蠕动和逆蠕动为输卵管内部液体提供动力，从而将卵子从伞部向壶腹部输送，同时通过逆蠕动将精子由峡部向壶腹部运送。

（2）精子获能、受精和卵裂的场所　不同精子获得受精能力的起始部位会有所不同，但一般在输卵管最终获得受精能力，而且输卵管的壶腹部为卵子受精的部位。

（3）分泌机能　输卵管内分泌细胞的分泌物主要为各种氨基酸、葡萄糖、黏多糖、黏蛋白、乳酸等，是精子和卵子的运载工具，也是培养液，能够为精子、卵子以及受精卵提供营养。另外，分泌物的释放受激素控制，发情时分泌增多。

三、子宫

（一）形态位置

子宫是一个内部有腔的肌肉质器官，富有伸展性。它前连接输卵管，后接阴道，背侧为直肠，腹侧为膀胱。子宫大部分在腹腔，小部分在骨盆腔，借子宫阔韧带附着于腰下和骨盆的两侧。绝大多数家畜的子宫都分为子宫角、子宫体及子宫颈（图 1-1-12）3 部分。

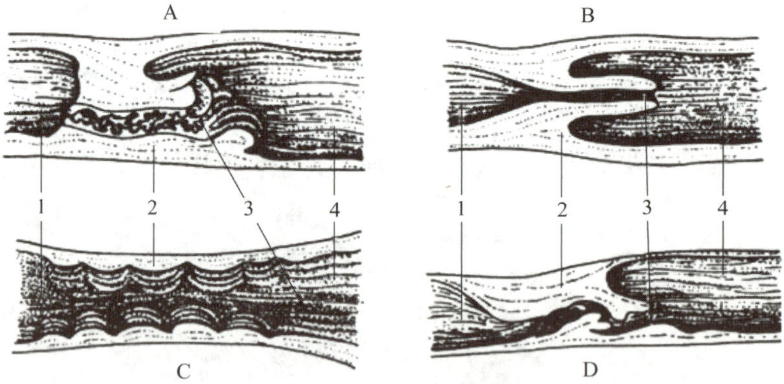

图 1-1-12　几种母畜的子宫颈

A. 牛　B. 马　C. 猪　D. 羊

1. 子宫体　2. 子宫颈　3. 子宫颈外口　4. 阴道

哺乳动物的子宫根据左、右两侧子宫的合并程度分为双角子宫、对分子宫（双间子宫）、双子宫和单子宫。

猪的子宫两个子宫角基部之间纵隔不明显，为双角子宫。子宫颈较长，管腔中有内表皮向内突起形成的环形皱襞，后端逐渐过渡为阴道，没有明显的子宫颈阴道部。子宫颈黏膜形成两列半球形隆起，称子宫颈枕，相间排列，因此子宫颈管呈螺旋状。子宫角特别长，弯曲似小肠袢。子宫体很短；子宫腔内仍可见不发达的子宫帆，无子宫阜。

牛的子宫两侧子宫角基部内有明显纵隔，为对分子宫（或双间子宫）。两角基部之间的纵隔处有一道纵沟，称角间沟。子宫角较粗大，前部左、右分开，先弯向前外下方，再转向后上方，卷曲呈绵羊角状；后部左、右合并，分叉处有角间背侧、腹侧韧带相连。子宫体很短，子宫颈长，有阴道部。子宫颈口突出于阴道，子宫颈壁厚而硬，长 5～10 cm，粗 2.5～4 cm。子宫颈肌肉发达，触觉似橡胶棒；子宫颈内表层黏膜和内环肌层形成 2～5 个新月形皱襞，彼此嵌合使子宫颈呈螺旋状。子宫颈周围与阴道壁形成穹隆，子宫颈外口的黏膜形成辐射状的皱襞，形似菊花。子宫黏膜有 70～120 个突出于表面的半圆形肉质凸起，称为子宫阜，阜上血管丰富，无腺体，妊娠时子宫阜发育为母体胎盘。

羊的子宫与牛的基本相同，只是羊的子宫较小，其子宫颈为极不规则的弯曲管道，突出的阴道部较短，且呈上下两片或三片突出，上片较大。羊子宫阜顶部凹陷，绵羊为 80～100 个，山羊为 160～180 个，左、右子宫角后部之间有子宫帆（图 1-1-13）。

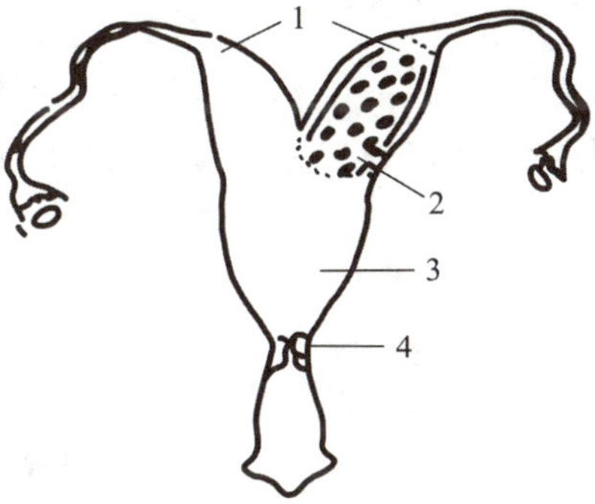

图 1-1-13　羊的子宫结构图

1. 子宫角　2. 子宫阜

3. 子宫体　4. 子宫颈

马、驴的左、右子宫角完全分开，为典型的双角子宫，呈“Y”形，子宫角略弯曲呈弓形，子宫体较长，约与子宫角等长，子宫内膜无子宫阜；子宫颈短，比牛的子宫颈细，子宫颈肌肉层比较薄，管道较粗；有明显的子宫颈阴道部，子宫颈外口突出阴道 2～4 cm。子宫外口的黏膜褶呈花冠状。

兔的子宫为双子宫。两个子宫角开口阴道，仅有子宫角，而无子宫颈。

犬、猫的子宫为双角子宫，子宫体较短，子宫角细长。

单子宫主要指左、右两侧子宫完全合并，仅形成单一的子宫体，以子宫颈开口于阴道，多见于人和高等灵长类。

（二）组织结构

子宫壁由黏膜（内膜）、肌膜和浆膜组成。子宫内膜上皮在马、驴为单层柱状上皮，猪和反刍动物为假复层或单层柱状上皮，内膜有子宫腺（分支管状腺），其分泌物有营养早期胚胎的作用。子宫腺以子宫角最为发达，子宫体较少。肌膜厚，分为内环肌层和外纵肌层，两者之间为血管层。浆膜常称子宫外膜。浆膜与子宫阔韧带的浆膜相连。

子宫阔韧带分为子宫系膜、输卵管系膜和卵巢系膜 3 部分。卵巢系膜为子宫阔韧带的前部。输卵管系膜起始于卵巢系膜外侧面。子宫系膜与子宫的系膜缘相连，其外侧缘为子宫圆韧带，为胚胎期部分脐动脉退化的遗迹。子宫系膜中含有 3 条血管，分别是卵巢动、静脉的子宫分支、子宫动、静脉和阴道动、静脉的子宫分支。其中子宫动脉在妊娠时明显增粗。

（三）生理机能

（1）筛选、贮存和运送精子，有助于精子获能　雌性动物发情配种时，子宫颈口开张，有利于精子进入，并具有阻止死精子和畸形精子进入子宫的能力，以防止过多的精子到达受精部位。大量的精子可贮存在子宫颈隐窝内。进入子宫的精子借助子宫肌的收缩运送到输卵管，在子宫内膜分泌液的作用下使精子完成获能。

（2）有利于孕体的附植，胚胎发育，促进分娩　孕体附植后，子宫内膜变厚逐渐形成母体胎盘，与胎儿胎膜形成的胎儿胎盘结合，通过胎盘的血液循环为胎儿的生长发育提供营养。妊娠时，子宫颈柱状细胞分泌黏稠的液体形成栓塞，封闭子宫颈管，防止异物侵入，保护胎儿。分娩前，在松弛素等激素作用下，子宫栓塞逐渐液态化，子宫颈变软。分娩时，子宫角先开始收缩，逐渐传至子宫体、子宫颈，子宫壁肌肉有规律收缩，即通过阵缩将胎儿排出子宫。

(3)调节卵巢黄体功能，导致发情　雌性动物出现配种未孕或发情未配种时，其子宫内膜分泌 PGF2α，使卵巢内周期黄体溶解退化，与此同时，雌性动物脑垂体又分泌大量的促卵泡素，引起卵泡发育，导致再次发情。

四、阴道

(一)形态位置

阴道是母畜的交配器官，也是产道。阴道的背侧为直肠，腹侧为膀胱和尿道。尿道腔为一扁平的缝隙，前端有子宫颈阴道部突入其中。子宫颈阴道部周围的阴道腔称为阴道穹隆。后端以阴瓣、尿道口为界与尿生殖前庭相连。

各种动物的阴道长度：猪 10～15 cm，牛 22～28 cm，羊 8～14 cm，马 20～30 cm，兔 8～12 cm，中型犬 9～15 cm，猫约 1 cm。

(二)组织结构

阴道壁由黏膜、肌层和外膜 3 层构成。黏膜形成纵褶，衬以复层扁平上皮，内无腺体；肌层分为内环、外纵两层；外膜层为发达的疏松结缔组织，含有许多血管。

(三)生理机能

阴道既是母畜的交配器官，又是分娩时的产道和生殖道分泌物的排泄管道，还是交配后精子贮存处。阴道中的微生态环境能够保护生殖道免遭微生物入侵。

五、外生殖器

(一)形态位置

外生殖器包括尿生殖前庭、阴唇和阴蒂。

(1)尿生殖前庭　是从阴瓣到阴门裂的短管。前高后低，稍微倾斜，是生殖道、尿道和交配器官。

(2)阴唇　构成阴门的两侧壁，两阴唇间的开口为阴门裂。

(3)阴蒂　由海绵体构成，相当于公畜的阴茎，凸起于阴门下角内的阴蒂窝中。

(二)组织结构

尿生殖前庭位于阴道和外阴之间，黏膜为复层扁平上皮，呈淡红色至黄褐色，常形成纵褶。黏膜内有淋巴小结、前庭大腺和前庭小腺。前庭大腺位于前庭外侧壁，见于牛，偶见于绵羊。前庭小腺位于前庭外侧或腹侧壁，见于猪、绵羊和马。在阴道前庭前方、尿道外口的腹侧，牛、猪有一短盲囊，称尿道下憩室，导尿时应注意。阴道前庭壁内有黏膜下静脉丛，在马形成勃起组织，称前庭球，位于前庭侧壁。静脉丛外有前庭缩肌，向后与阴门缩肌延续，两肌相当于公畜的球海绵体肌。

阴唇为雌性生殖器官的末部，属外生殖器，由左、右阴唇构成。两阴唇之间形成阴门裂，背、腹端分别称为背侧连合和腹侧连合。在阴唇腹侧连合内有阴蒂窝，内有小而突出的阴蒂头，与雄性动物的阴茎为同源器官，由阴蒂海绵体组成，内有丰富的感觉神经末梢。

阴蒂分为阴蒂脚、体和头 3 部分。牛的阴蒂头呈锥形，阴蒂窝不明显。猪阴蒂体长而弯曲，阴蒂头不发达，位于浅而狭的阴蒂窝内。马的阴蒂发达，阴蒂头圆而膨大，位于深的阴蒂窝内，通常在阴门裂的腹侧端可以看到。

（三）生理机能

尿生殖前庭既是生殖道，又是尿道。阴唇起着保护阴道的作用。阴蒂因具有丰富的神经末梢，可以感受性兴奋，有助于性行为的完成。

项目小结

动物生殖器官的教学内容是动物遗传繁育课程的基础和重要组成部分。本项目系统介绍了动物雌雄生殖器官的解剖结构，包括卵巢、输卵管、子宫、阴道等雌性生殖器官，睾丸、附睾、输精管、阴茎等雄性生殖器官的功能、发育过程以及与繁殖的密切关系。

在实训环节中组织了实物解剖和标本观察，通过学生亲自动手，熟悉家畜生殖器官的实际形态结构，增强了立体直观认知。运用了多媒体教学手段，展示了动物生殖器官的三维图像和动画演示，加深了学生对内部结构和功能原理的理解。

思政园地

我国著名畜牧科学家——张子仪

张子仪（1925 年 3 月 4 日至 2022 年 3 月 23 日），男，汉族，山西省临猗县人，著名动物营养学和畜牧学专家、中国工程院院士，中国农业科学院北京畜牧兽医研究所学术委员会主任、研究员、博士生导师。

张子仪院士长期致力于饲料资源开发、国家饲料营养价值评定以及动物营养学研究。在动物营养与饲料科学领域，每当人们提起张院士，敬佩之情便会油然而生。

作为中国饲料营养科学的领军者和中国饲料工业及现代化养殖业的主要铺路人之一，张子仪院士平易近人、为人厚道、生活俭朴、助人为乐。他广学博览，十分注重完善自身知识结构，特别强调老人要警惕“好为人师”“倚老卖老”的经验主义，要经常自我反省，不断突破自我。

张子仪院士希望年轻人要勇于承担历史的责任，要做到“苟日新，又日新，日日新”，即“如果我每天都去学习、每天都有反思、每天都得到新的知识，那么我每天就都有进步，这就是现在创新的含义”。他鼓励学生们要抓住学习的机会，不断地开发智力，不断地丰富自己，还鼓励学生们融入一个新的整体和社会，不断创新与思考。

除此以外，张子仪院士还勉励科技工作者要甘于寂寞、淡泊名利、知难而进、勇于探索，希望青年科技工作者在“德、勤、技”等方面多下功夫，做一名有理想、精专业、严以律己、宽厚待人的青年，要再接再厉，迎接挑战，用中国人自己的思维方式建设创新型国家。

“蜡炬成灰，犹可护花”“废物利用”是张子仪院士的座右铭，他始终坚持严谨、精准的工作信条，对农业科研事业有着高度的责任感和使命感，为中国动物营养学科的发展及饲料工业的兴盛倾注了毕生的心血，彰显出心系国家和人民的崇高学者风范。

（选自百度百科，选入时有删减。）

职业能力测试

一、选择题

1. 卵巢游离缘上有排卵窝的家畜是（　　）。

A. 猪　　B. 马　　C. 牛　　D. 羊

2. 卵子是在输卵管的（　　）部受精。

A. 漏斗　　B. 壶峡　　C. 峡　　D. 壶腹

3. 睾丸中无睾丸网的家畜是(　　)。

A. 猪　　B. 马　　C. 牛　　D. 羊

4. 附睾头是由 10～30 条(　　)构成。

A. 精细管　　B. 曲精细管　　C. 睾丸输出管　　D. 直精细管

5. 精细管中的(　　)是直接形成精子的细胞。

A. 支持细胞　　B. 生精细胞　　C. 间质细胞　　D. 足细胞

6. 子宫颈阴道部不明显的家畜是(　　)。

A. 猪　　B. 马　　C. 牛　　D. 羊

7. 公畜副性腺的发育决定于(　　)的存在。

A. 雌激素　　B. 雄激素　　C. FSH　　D. LH

8. (　　)是子宫的门户。

A. 子宫腔　　B. 子宫体　　C. 子宫角　　D. 子宫颈

9. 睾丸占体重比例最大的家畜是(　　)。

A. 猪　　B. 马　　C. 牛　　D. 绵羊

10. 睾丸分泌雄激素的细胞是(　　)。

A. 支持细胞　　B. 生精细胞　　C. 间质细胞　　D. 足细胞

二、简答题

1. 牛、羊、猪的阴茎有何不同?

2. 简答输卵管的结构与功能。

3. 子宫的种类有哪些? 各有什么特点?

4. 简答子宫的生理作用。

项目二 生殖激素

项目描述

生殖激素的教学内容是动物遗传繁育的核心内容，理解和掌握生殖激素的种类、来源、结构、生理功能以及分泌调节机制，有助于深入理解家畜繁殖行为的发生、发情周期调控、配种时机选择、妊娠维持和分娩等一系列生理过程。在家畜繁殖管理实践中，通过对生殖激素的合理运用，可以实现繁殖活动的人工调控。例如，通过使用外源性生殖激素，可以诱导母畜发情、同步发情、超数排卵，从而优化配种计划、提高繁殖效率和多胎率。在疾病诊断与治疗方面，生殖激素水平的异常往往与家畜的繁殖障碍有关，学习生殖激素有助于识别和诊断诸如不育、持久黄体、卵巢静止等各种繁殖疾病，进而采取针对性的激素治疗方案。在现代畜牧业中，高效的繁殖技术和激素管理策略能够显著提升家畜的繁殖性能，减少空怀率，缩短世代间隔，加快优良品种的选育进程，从而提高养殖效益。对生殖激素的研究不断推动着家畜繁殖技术的发展，如新型激素药物的研发、基因工程和生物技术在家畜繁殖领域的应用等，都是基于对生殖激素的深入理解和研究。总之，生殖激素的学习不仅充实了家畜繁殖课程的科学内涵，也是实际生产中进行高效繁殖管理、疾病防控和技术升级的关键支撑。

知识目标

1. 了解生殖激素的名称、英文缩写和主要生理功能。
2. 了解生殖激素的化学性质以及作用特点。

技能目标

1. 掌握各类生殖激素正确的使用方法。
2. 能在动物繁殖生产中正确使用生殖激素，并利用其治疗相关的繁殖疾病。

素质目标

1. 培养学生严谨、认真的专业学习精神。
2. 对生殖激素的学习有助于学生深入了解动物福利以及繁殖过程所涉及的伦理问题，培养学生在科研和生产中遵循科学、人道和合法的意识。
3. 培养学生爱农村、爱农业、爱畜牧行业、关注乡村振兴的热情。

任务一　概述

情境导入

畜牧生产中，经常会遇到各种各样繁殖方面的问题。例如，雌性动物分娩时由于产力不足出现难产，应该如何处理呢？针对这一症状，除物理手段助产以外，还可以选择激素治疗。动物体内生殖激素种类繁多，其复杂的繁殖行为一方面受到神经系统的调节，另一方面与生殖激素的调控也是密不可分的。

一、生殖激素的概念

(一)激素

激素是由动物体内高度分化的内分泌细胞合成并直接分泌进入血液系统的一类含有生物化学信息的物质。它通过调节各种组织细胞的代谢活动来影响动物体的生理活动。1902年，英国生理学家斯塔林和贝利斯在研究胰腺消化时，发现经胃酸酸化的食物进入小肠时，从十二指肠黏膜细胞释放出一种物质，它通过血液循环到达胰脏，刺激胰液迅速排放。于是他们给这种物质起名为“促胰液”。后来斯塔林和贝利斯给上述这一类数量极少但有生理作用、可激起生物体内器官反应的物质起名为“激素”(荷尔蒙)。

现代研究认为，激素是由有机体的内分泌腺或内分泌细胞产生，作为信使来传递信息，通过体液循环或者空气传播等方式作用于相应的靶器官或靶细胞，并发挥特殊生理作用的一类微量生物活性物质。

(二)生殖激素

动物体内绝大多数的激素均会对机体的生殖活动产生直接或者间接的影响。直接作用于生殖活动，影响动物体生殖机能的激素称为生殖激素。生殖激素直接调节着诸如生殖细胞的产生、公、母畜的发情、交配、妊娠、分娩、泌乳等多方面生殖活动。

(三)次发性生殖激素

由动物体产生、对生殖活动有间接作用的激素，称为“次发性生殖激素”。如垂体前叶分泌的生长激素、促甲状腺素、促肾上腺皮质素，肾上腺皮质所分泌的皮质素和醛固酮，胰腺所分泌的胰岛素，以及甲状旁腺所分泌的甲状旁腺素等。它们通过影响机体的新陈代谢，从而间接影响生殖活动。

二、生殖激素的分类

(一)根据来源与功能

(1)神经激素　由动物体下丘脑的神经内分泌细胞合成并分泌，主要控制垂体产生其他相关激素和引起子宫收缩作用的一类激素。

(2)垂体促性腺激素　由动物体垂体前叶产生，促使性腺产生相应配子和类固醇类激素。

(3)胎盘促性腺激素　由动物体胎盘分泌，作用于性腺，与某些垂体促性腺激素功能类似。

(4)性腺激素　由动物体性腺产生，对生殖器官的发育、性行为和第二性征的形成、生殖周期的产生等起着重要的调节作用。

(5)其他类激素　由一些除上述组织、腺体以外的特殊腺体产生、释放到体内外，并影响动物生殖活动的一类激素。如前列腺素、外激素等。

(二)根据化学性质

(1)含氮激素 包括蛋白质类、多肽类、氨基酸类衍生物和胺类等。含氮激素分子较大，一般不能进入细胞，只是与靶细胞膜上的受体结合。垂体分泌的所有生殖激素和下丘脑分泌的大部分生殖激素都属于此类。除此以外，性腺、胎盘等组织器官也可以分泌含氮类激素。

(2)类固醇激素 又称甾体激素，是一类四环脂肪烃化合物，脂溶性。主要由性腺和肾上腺分泌，对动物的性行为和生殖激素的分泌有直接或间接作用。

(3)脂肪酸衍生物激素 一类主要由子宫、前列腺、精囊腺和某些外分泌腺体所分泌的激素。

主要生殖激素的名称、来源、化学性质以及生理功能见表 1-2-1。

表 1-2-1 主要生殖激素的名称、简称、来源、化学性质以及主要生理功能

种类	名称	简称	来源	化学性质	主要生理功能
神经激素	促性腺激素释放激素	GnRH	下丘脑	十肽	促进垂体前叶释放 FSH 和 LH
	催产素(缩宫素)	OXT	下丘脑合成，垂体后叶释放	九肽	引起子宫收缩、排乳，加速配子运行
	褪黑素	MT	松果腺	小分子肽	白天分泌受抑制，晚上分泌活跃，可抑制下丘脑-垂体-性腺轴，使促性腺激素释放激素、促性腺激素、黄体生成素以及卵泡刺激素的含量均减低，并可直接作用于性腺，降低雄激素、雌激素及孕激素的含量
垂体促性腺激素	促卵泡素	FSH	垂体前叶	糖蛋白	促进卵泡成熟，促进精子产生
	促黄体素	LH	垂体前叶	糖蛋白	促进黄体形成，促进孕激素分泌
	促乳素	PRL	垂体前叶	糖蛋白	促进乳腺发育与泌乳
胎盘促性腺激素	孕马血清促性腺激素	PMSG	马属动物胎盘	糖蛋白	具有 FSH 和 LH 双方面作用，以 FSH 为主
	人绒毛膜促性腺激素	HCG	灵长类动物胎盘绒毛膜	糖蛋白	具有 FSH 和 LH 双方面作用，以 LH 为主

续表 1-2-1

种类	名称	简称	来源	化学性质	主要生理功能
性腺激素	雄激素	A	主要来自睾丸、少量来自肾上腺皮质	类固醇	维持雄性第二性征和性欲，促进副性器官发育及精子产生
	雌激素	E	主要来自卵巢，少量来自睾丸、胎盘和肾上腺	类固醇	促进雌性第二性征发育与发情，促进生殖道的发育
	孕激素	P	主要来自卵巢、胎盘，少量来自睾丸、肾上腺	类固醇	维持妊娠，促进乳腺腺泡发育
	松弛素	RLX	主要来自妊娠黄体，少量来自胎盘、子宫内膜等	多肽	分娩时促进子宫颈、耻骨联合、骨盆韧带松弛，妊娠后期促使子宫松弛
其他激素	前列腺素	PG	来源广泛，全身许多组织细胞均可产生	不饱和脂肪酸	功能多样
	外激素	PHE	外分泌腺	多种生物化学物质的复合物	影响同类动物繁殖行为

三、生殖激素作用特点

1. 影响机体代谢过程

与其他激素相同，生殖激素可以加快或者延缓机体生殖行为产生的过程，但是不会产生新的反应，仅是机体细胞内各类生化反应的催化剂。

2. 半衰期短

激素的生物活性在体内消失一半的时间称为半衰期。多数生殖激素半衰期短，呈现阶段性、脉冲性的释放。因此，生殖激素使用时一般要间隔数小时后多次提供，以达到效果。虽然生殖激素在体内消失的时间较快，但效用上有一定的持续性和累积作用。

3. 量少作用大

生殖激素具有明显的生物活性。微量的生殖激素就可以促使生殖器官发生很大的生理反应。如奶牛催产，一般使用催产素 75～100 IU 即可使子宫出现明显的收缩。

4. 必须与相应受体结合才能发挥作用

各种生殖激素均有其固定的靶组织或者靶器官。不同生殖激素只有和其对应的靶组织或者靶器官上的受体结合才能正常发挥生殖激素的生理效应。一般来讲，结合能力越强，激素的生物活性越高。

5. 具有协同和抗衡作用

不同生殖激素之间会有促进和抑制作用。如催产素在少量雌激素的作用下，对子宫收缩的促进作用会更加明显。又如，雌激素能够促进子宫的蠕动，孕激素就可以抵消这种作用。

任务二　生殖激素的功能与应用

情境导入

同学们，最近一家大型奶牛养殖场场主李先生遇到了一件困扰他已久的事情。养殖场中有一部分奶牛的产奶量下降，母牛发情周期不稳定，连续几个月来新生犊牛的数量明显减少，这直接影响到了养殖场的经济效益和长远发展。为此，李先生请教了一位专家，专家在详细了解情况后，初步怀疑是奶牛的生殖激素调节出现了问题。

在动物繁殖过程中，生殖激素就像无形的指挥官，它们通过精密复杂的调控网络，指导着动物的性成熟、发情周期、卵泡发育、排卵、妊娠维持、分娩等一系列关键生理过程。如果我们能够深入理解生殖激素的功能和作用机制，就能像那位专家一样，找到李先生奶牛养殖场问题的根源，并采取科学的干预措施，从而恢复奶牛正常的繁殖性能，提高养殖场的经营效益。接下来，我们将一起揭秘这个“看不见的指挥官”——生殖激素，看看它究竟是如何在动物体内施展神奇魔法，掌控繁殖大权的。我们将从生殖激素的作用机制、生理功能以及在动物繁殖管理中的应用等方面展开详细的讲解和讨论。

一、神经激素

（一）神经激素的概念

下丘脑的某些神经细胞除具有神经元功能外，还有分泌激素的功能，这些细胞称为神经内分泌细胞。由这些特化的神经内分泌细胞所分泌，经血液循环或通过局部扩散，到达相应位置，调节其他器官功能的生物活性物质叫神经激素。

从目前研究来看，神经激素主要包括下丘脑释放或抑制激素、后叶加压素和催产素等。

（二）下丘脑与垂体

下丘脑与垂体的联系非常密切（图 1-2-1），可以看作一个下丘脑-垂体功能单位。下丘脑-垂体功能单位包括下丘脑-腺垂体系统和下丘脑-神经垂体系统两部分。下丘脑分泌的促性腺激素释放激素进入血液，经垂体门脉系统作用于垂体前叶，促进垂体促卵泡素和促黄体素的分泌与释放。相反，血液中促进垂体促黄体素和促卵泡素的量积

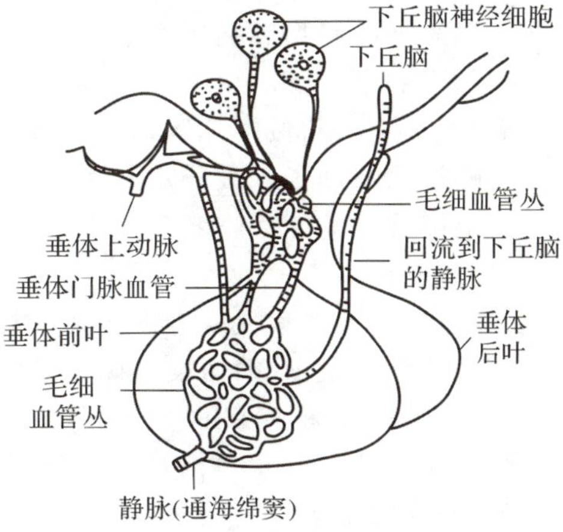

图 1-2-1　垂体与下丘脑关系示意图

累较多时,也会反过来抑制促性腺激素释放激素的分泌,这是一种反馈调节。从整体来看,下丘脑的一些神经元既保持典型的神经细胞的功能,又能分泌激素,它们可将从大脑或中枢神经系统其他部位传来的神经信息转变为激素的信息,这样就以下丘脑为枢纽,把神经调节与体液调节联系了起来(图 1-2-1)。

(三)促性腺激素释放激素

促性腺激素释放激素是由下丘脑的某些神经内分泌细胞分泌的,能够刺激或抑制垂体促性腺激素分泌的一类激素。

1. 来源与特性

目前,促性腺激素释放激素家族大约有 28 个类型,15 个来自脊椎动物,13 个来自无脊椎动物。除章鱼分泌的促性腺激素释放激素外,其他的都是由 10 个氨基酸组成的十肽,其分子长度和部分氨基酸序列非常保守。禽类、两栖类和鱼类的分子结构与哺乳类略有差异。

2. 主要生理功能

促性腺激素释放激素主要作用是促进垂体前叶促卵泡素和促黄体素的释放,其中以促黄体素释放为主。除此以外,促性腺激素释放激素对雌性动物还有促进发情、排卵、提高受精率的作用。对于雄性动物有促进精子产生和增强性欲的作用。但是,大量地产生和使用促性腺激素释放激素会使雌性动物排卵、妊娠等受到抑制。

3. 临床应用

临床上应用较普遍。对雌性动物注射促性腺激素释放激素,可以促进其超数排卵。对供体雌性动物和受体动物注射促性腺激素释放激素,可以促进其同期发情,进而提高胚胎在受体动物体内的成活率。例如,鱼用催产药 GnRH-a4 可促使鱼类排卵与排精,适用于鱼类催熟、催情,其剂量一般为 5～10 μg/kg 体重。

(四)催产素

1. 来源与特性

催产素是一种哺乳动物激素,是由 9 个氨基酸组成的多肽类神经激素。它由下丘脑合成,在神经垂体中贮存并释放。对雌性动物而言,它能在分娩时引发子宫收缩,刺激乳汁排出。卵巢和子宫等部位也可以产生少量催产素。

2. 主要生理功能

(1)刺激母畜子宫平滑肌的收缩,促使子宫出现阵缩,迫使胎儿从产道产出,促进分娩的完成。

(2)刺激哺乳动物乳腺导管上皮细胞的收缩,促进乳汁的排出。当幼畜吮乳时,生理刺激传入脑区,引起下丘脑的活动,反过来可以促进垂体以脉冲性的方式释放催产素。例如,奶牛挤奶前用温水擦拭和按摩乳房,有助于催产素的释放和乳汁的排出。

(3)催产素有助于刺激子宫分泌 PGF2α,从而导致黄体的溶解并诱导发情。

(4)能够促进输卵管收缩频率的增加,有助于配子的运行。

3. 临床应用

临床上常用催产素促进母畜分娩,诱导同期分娩。催产素使用时,产道要完全扩张,否则容易引起子宫强直性收缩而发生撕裂。使用少量雌激素提前处理,有助于提高催产素的使用效果。除此以外,催产素有助于母畜胎衣不下、子宫内容物排出不畅等疾病的治疗。由于催产素可以促进输卵管收缩频率的增加,在生产中有助于精子在雌性生殖道中运行,从而提高受胎率。

(五)松果腺激素

1. 来源与特性

松果腺又名松果体、脑上腺,外形似松果。松果腺很小,卵圆形,位于脊椎动物间脑顶部。

松果腺是一个神经内分泌器官，一般认为，松果腺有一定抗性腺激素和降血糖作用，对幼年动物有抑制性成熟、抑制生殖器官发育和阻碍性征出现的作用。

松果腺激素是松果腺体分泌的激素的总称。目前研究发现，松果腺分泌激素主要有吲哚类、肽类以及其他类物质。其中吲哚类激素包括褪黑素、褪黑素类似物等。肽类激素包括8-精(赖)氨酸加催素、促甲状腺激素释放激素等。

2. 主要生理功能

松果腺激素调节着动物体内多种生理活动的周期性变化，对内分泌系统和神经系统的影响尤为明显。褪黑素对哺乳动物最明显的作用是抑制生殖系统功能。注射褪黑素可使幼年动物性腺发育受阻，性成熟延缓；成年动物性腺活动受抑制，性腺及副性器官萎缩。褪黑激素可能还具有抑制甲状腺及肾上腺发育和分泌、抑制垂体生长激素分泌等作用。另外研究还发现，褪黑激素的分泌与绒山羊、貂等毛皮动物毛纤维的生长也有一定的关系。

二、垂体促性腺激素

(一)促卵泡素

1. 来源与特性

促卵泡素又叫促卵泡生成素、卵泡刺激素，是由垂体前叶嗜碱性细胞分泌的一种糖蛋白激素，能溶于水，相对分子质量25 000～30 000，半衰期约为5 h。

2. 主要生理功能

(1)促进雌性动物卵泡的生长和发育。提高卵泡壁细胞的摄氧量，增加蛋白质的合成，与促黄体素一起促进卵泡内膜细胞分泌雌激素，促进卵泡的成熟与排卵。

(2)可以促进雄性动物睾丸精细管的增长而使睾丸增大。促进生精上皮细胞发育，促进精原细胞增殖，在睾酮的协同作用下促进精子的形成。

3. 临床应用

临床上，促卵泡素有助于促进雌性动物的性成熟，诱导母畜发情和超数排卵；可治疗因卵巢发育不全、萎缩等造成的雌性动物生殖疾病。此外，促卵泡素与睾酮协同作用有助于提高精液的品质。

(二)促黄体素

1. 来源与特性

促黄体素是由垂体前叶另一种嗜碱性细胞分泌的糖蛋白激素，其纯品化学性质比较稳定，能溶于水，分子质量30 000～100 000 U。

2. 主要生理功能

(1)促进雌性动物卵巢血流速度的增加，在促卵泡素作用的基础上，促进卵泡成熟排卵和黄体的形成。在牛、猪方面已证实促黄体素可刺激黄体释放孕酮。

(2)促进雄性动物睾丸间质细胞合成和分泌睾酮，对于副性腺的发育和精子的成熟有决定性作用。

3. 临床应用

生产中促黄体素多作用于卵巢排卵异常、黄体发育不全、卵巢囊肿、雄性性欲不强、精子活力低等生殖疾病。

在不同的家畜生殖活动中，促卵泡素和促黄体素比例有所不同。如母牛、母羊促卵泡素含量显著低于促黄体素，母马恰恰相反，母猪介于中间。

(三)促乳素

1. 来源与特性

促乳素也称催乳素或生乳素,是由垂体前叶嗜酸性细胞分泌的一种单纯蛋白质激素。分子质量约 20 000 U,由 17 种 198 个氨基酸残基所组成。现发现,促乳素存在于两栖类、硬骨鱼类、鸟类、哺乳动物。

2. 主要生理功能

(1)促进乳腺发育。促乳素与雌激素共同作用于乳腺导管系统,与孕激素共同作用于乳腺腺泡系统,促进乳腺发育,与皮质类固醇激素一起激发和维持泌乳活动。促进鸟类嗉囊的发育和分泌嗉囊乳。

(2)促进黄体分泌孕酮。

(3)增强雌性动物母性行为,如鸟类的抱窝、哺乳动物的造窝行为。

3. 临床应用

促乳素主要应用于刺激各种哺乳类动物的乳腺发育和泌乳,刺激鸽类嗉囊的发育和嗉囊乳的形成。

三、胎盘促性腺激素

胎盘促性腺激素目前已证实存在于多数哺乳类动物体内,应用较广的是孕马血清促性腺激素和人绒毛膜促性腺激素。

(一)孕马血清促性腺激素

1. 来源与特性

20 世纪 40 年代,首次证实孕马血清促性腺激素是由妊娠母马的“子宫内膜杯状结构”所分泌。近年来研究进一步明确,这种杯状结构的主体是能分泌孕马血清促性腺激素的双核细胞迅速侵入子宫内膜,内膜先形成皱襞,进而中央凹陷,边缘增高,增殖扩散形成腺状结构。一旦这些细胞胀大变成双核,即开始分泌孕马血清促性腺激素。目前,孕马血清促性腺激素主要从怀孕母马血清中提取,是一种糖蛋白激素,分子质量为 53 000 U。其特点是含糖量高,占 41%~45%,而且唾液酸含量多,因而有酸性特点。孕马血清促性腺激素分子不稳定,高温、酸、碱以及酶的作用下极易失活。

孕马血清促性腺激素在血液中含量多少与子宫内膜杯状组织的出现、增长和消失是一致的。于母马妊娠 37~40 d 出现,55~75 d 分泌量达高峰以后下降,120~150 d 消失。另外,动物个体不同,分泌量有所差异。妊娠母马个体间孕马血清促性腺激素的分泌量在每毫升血清中有 10~250 IU。怀双胎时比怀单胎的分泌量增加 1 倍;体格大小不同,孕马血清促性腺激素在血中的相对浓度会有差异,轻型马比重型马浓度高。胎儿的基因型不同,孕马血清促性腺激素的产量不同。驴怀骡分泌的量最高,其次是马怀马,马怀骡,驴怀驴最低。

2. 主要生理功能

(1)具有类似促卵泡素和促黄体素的双重活性,但以促卵泡素的作用为主,因此有着明显的促卵泡发育的作用,同时有一定的促排卵和黄体形成的功能。

(2)对雄性动物具有促使精细管发育和性细胞分化的功能。

3. 临床应用

临床上,孕马血清促性腺激素是一种经济实用的促性腺激素。在生产上常用以代替较昂贵的促卵泡素而广泛应用于动物的诱导发情、超数排卵或增加排卵率(如提高双羔率);对卵巢发育不全或雄性生精能力衰退等,也都可收到一定疗效。实际生产中,由于孕马血清促性腺激素半衰期比较长，在体内不易被清除，注射后会存留数天，并影响卵泡最后的成熟与排卵，使胚胎回收率下降。因此，常用孕马血清促性腺激素进行超数排卵后，使用孕马血清促性腺激素抗体中和多余的孕马血清促性腺激素，以提高胚胎质量。

（二）人绒毛膜促性腺激素

1. 来源与特性

人绒毛膜促性腺激素是由人类和灵长类动物胎盘的滋养层细胞分泌的一种糖蛋白激素，大量存在于孕妇尿液和血液中。人绒毛膜促性腺激素在受孕后 8 d 即可在母体血、尿中查出，随后快速增殖一直到孕期的第 8 周，然后缓慢降低浓度直到第 18～20 周，然后保持稳定。它是由 α 和 β 二聚体的糖蛋白组成，分子质量为 36 700 U。由于结构上与促黄体素很相似，所以在生化反应上可以与相同受体结合，因而具有相似的功能。

目前研究发现，动物体中其他组织、细胞也可以产生人绒毛膜促性腺激素，如肾脏、肺、心脏等。

2. 主要生理功能

（1）具有促卵泡素和促黄体素的功能，以促黄体素功能为主；维持黄体的寿命，促进周期性黄体向妊娠黄体的转化。

（2）抑制植物凝集素对淋巴细胞的刺激作用，人绒毛膜促性腺激素可吸附于滋养细胞表面，以免胚胎滋养层细胞被母体淋巴细胞攻击，从而使胎儿免受母体排斥。

（3）刺激胎儿睾丸分泌睾酮促进雄性性分化；还可促进性腺发育，增加雄性激素（睾酮）的分泌。

3. 临床应用

目前人绒毛膜促性腺激素的产品原料主要来源于孕妇尿液和刮宫液，相比促黄体素，其来源广、成本低，又因为具有少量促卵泡素功能，其临床效果要优于促黄体素。

（1）促进卵泡成熟和排卵　由于人绒毛膜促性腺激素具有促卵泡素和促黄体素的功能，生产上常用于诱导排卵、同期发情、超数排卵和提高受胎率方面。马属类动物使用效果较明显。

（2）促进雄性睾丸发育、提高精子活力。对于雄性动物睾丸发育不良、阳痿有一定疗效。

（3）治疗雌性动物排卵延迟、不排卵或者卵巢囊肿等生殖疾病。

四、性腺激素

性腺激素主要来源于雌雄动物的性腺——卵巢和睾丸。睾丸分泌的主要是雄激素，卵巢分泌的主要是雌激素和孕激素。除此以外，胎盘、肾上腺也可分泌少量性腺激素。性腺激素的主要功能是维持副性器官的功能、促进第二性征的形成、促进性欲表现和性行为的发生等。临床上，性腺激素主要用于治疗公、母畜性欲衰退、性机能减弱、习惯性流产等生殖疾病。

性腺激素除松弛素以外，均属于类固醇类激素，是一大类脂溶性四环脂肪烃化合物，一般不在分泌细胞内贮存，是边合成边释放。

（一）雄激素

1. 来源与特性

雄激素主要由雄性动物的睾丸间质细胞分泌，肾上腺皮质、卵巢、胎盘也分泌少量雄激素。天然雄激素主要有睾酮、雄酮、雄烯睾酮等，其中最主要的就是睾酮。睾酮对脊椎动物通过两个方式来产生效用。一是直接以血清双氢睾酮（DHT）形式使雄激素受体活跃化。二是可以通过为雌激素生物合成提供原料，提高雌激素的生物活性，转化为雌二醇使某些雌激素受体活跃化。但是，睾酮一般不在体内存留，很快会被利用或者分解，并通过尿液、胆汁或者粪便排出体外。在血液循环中，血浆中仅有80%与性激素结合球蛋白结合，还可与其他蛋白结合，未结合者仅占2%，进入靶细胞。除此以外，睾酮还会影响许多功能，包括血液生成、体内钙平衡、骨矿化作用、脂代谢、糖代谢和前列腺增长。它是主要的雄性激素及同化激素。

生产中，如果雌性动物睾酮长期处于过高水平，雌激素水平过低，会抑制促卵泡激素水平，引起卵巢卵泡不能发育成熟，不能排卵，而形成囊状卵泡，最后成为多囊卵巢综合征，而导致不孕症。

2. 主要生理功能

(1)刺激精子的产生，延长附睾中精子的寿命。

(2)刺激附睾、前列腺、阴茎、阴囊等雄性副性器官的生长、发育及成熟。

(3)雄激素在促进第一性征发育的作用的同时，促进第二性征的表现，如骨骼粗壮、肌肉发达、肢体雄壮等。如果没有雄激素或者雄激素分泌过少，性器官的发育和第二性征的出现就会延迟，甚至身体出现异常。

(4)雄激素通过对性神经中枢的影响和对生殖器官的刺激作用，激发雄性动物的性欲，提高性的兴奋。

(5)当雄激素分泌过多时，能够通过负反馈调节抑制垂体分泌过多的促性腺激素，以维持体内激素的平衡状态。

3. 临床应用

雄激素临床上主要用于治疗公畜性机能衰退和性欲不强等生殖疾病。目前，生产上常用人工合成的雄激素类似物，如丙酸睾酮、甲基睾酮，其生物学效价远高于睾酮，并可以通过消化道淋巴组织直接吸收。以兽用丙酸睾酮为例：肌内、皮下注射，家畜一次量为0.25～0.5 mg/kg体重。

除此以外，雄性激素能作用于肾和肾外组织，使其促红细胞生成素增多，加强促红细胞生成素对造血干细胞的作用，能激发处于休止期的多能干细胞进入细胞增殖周期而产生红系定向干细胞；可促进红系定向干细胞、单定向干细胞成熟分化，间接作用于骨髓造血机能。同时，它也能直接刺激骨髓造血机能。

(二)雌激素

1. 来源与特性

雌激素主要来源于卵泡内膜和颗粒细胞，肾上腺皮质、胎盘、睾丸(猪的睾丸支持细胞)以及某些神经元也可以产生少量雌激素。雌激素主要存在形式为雌二醇和雌酮。雌激素不在体内存留，多余的雌激素在肝脏中灭活，转化为雌三醇，并与葡萄糖醛酸结合后随尿、粪排出。妊娠期间，胎盘可分泌大量雌三醇。雌激素是一种雌雄动物均可产生的激素。天然雌激素主要有雌二醇、雌酮及雌三醇。雌性动物体内以雌二醇的生物活性最高。合成雌激素有半合成及完全合成两种。半合成雌激素有炔雌醇、炔雌甲醚等。全合成雌激素有己烯雌酚(又称乙底酚)、己烷雌酚及苯甲酸雌二醇等。

研究表明，雌激素是由雄激素转化而来的。其过程是先经促黄体素刺激卵泡内膜细胞分泌睾酮，而后再经卵泡颗粒细胞在促卵泡素的作用下将睾酮转化为雌二醇。

2. 主要生理功能

(1)在母畜发情期，促进其生理和行为上发生一系列变化。雌激素可以刺激卵巢上卵泡发育；促进输卵管的增长和运动，加速卵子在输卵管的运行速度；促进子宫内膜增长，对子宫平滑肌的代谢也有明显促进作用；适量的雌激素有利于胚泡着床；刺激雌性动物外生殖器、阴道、子宫等副性器官的发育、成熟，并可促使阴道上皮细胞分化和角质化，有利于交配行为的顺利完成；增加上皮细胞内的糖原及糖原分解，保持阴道酸性环境，以提高其抗菌能力。

(2)妊娠期可促进乳腺管状系统发育，对分娩启动有一定帮助；分娩期与催产素协同作用，刺激子宫平滑肌收缩，以利于分娩；泌乳期与促乳素协同作用促进乳腺腺泡的发育及乳汁生成。

(3)雌激素有促进骨质致密的作用，能使骨骺提早闭合和骨化而影响骨的长度增加。因此，一般成熟的雌性动物体型要小于雄性动物。

(4)分娩期促使耻骨联合变松，软化骨盆韧带，以利于分娩。

(5)当雌激素分泌过多时，能够通过负反馈调节抑制垂体分泌过多的促卵泡素，以维持体内激素的平衡状态。大量的雌激素分泌可以导致公畜生殖系统出现紊乱，雄性生殖器官发育受到抑制。

3. 临床应用

近年来，合成类雌激素在畜牧生产中应用较广。它们具有成本低、可灌服、活性强、排泄快等特点，还可以制成丸剂进行组织包埋。生产上，雌激素主要有以下应用。

(1)促进产后胎衣排出或干尸化胎儿排出。

(2)诱导发情，对于安静发情的母畜，小剂量即可引起发情表现。

(3)与孕激素配合使用有助于牛、羊的人工诱导泌乳。

(4)大剂量雌激素可用于公畜化学去势育肥。

(5)有促进和维持母畜生殖器官和第二性征的生理作用，并对内分泌系统、心血管系统、肌体的代谢、骨骼的生长和成熟，皮肤等各方面均有明显的影响。

以合成雌激素苯甲酸雌二醇为例：可采用肌内注射，一次量，马 10～20 mg、牛 5～20 mg、羊 1～3 mg、猪 3～10 mg、犬 0.2～0.5 mg。

(三)孕激素

1. 来源与特性

孕激素主要由卵巢的黄体细胞分泌，以孕酮(黄体酮)为主。多数家畜，尤其是绵羊和马，在妊娠后期，胎盘成为产生孕酮的主要来源。动物机体中睾丸、肾上腺、卵泡颗粒层细胞也能够分泌少量的孕酮。多余的孕激素在肝脏中灭活成孕二醇后与葡萄糖醛酸结合经尿排出体外。

孕激素是一类维持妊娠所需要的含 21 个碳原子的类固醇激素。天然孕激素主要包括孕酮(黄体酮)、孕烷二醇、己酸孕酮、脱氧皮质酮等。孕激素往往在雌激素作用基础上产生效用。孕激素还是雄激素、雌激素、肾上腺皮质激素等生物合成的重要中间体，因此不同程度上具有上述各类激素的作用。

2. 主要生理功能

(1)使经过雌激素作用而增生的子宫内膜出现分泌现象，宫颈内黏液变得黏稠，精子不易通过。

(2)可以抑制母体的免疫反应，利于母体与胎儿的互相识别，防止母体将胎儿排出体外造成流产，有利于保胎。

(3)抑制输卵管的蠕动。

(4)逐渐使阴道上皮细胞角化现象消失，脱落的细胞多蜷缩成堆。

(5)促使乳腺小泡的发育，但必须在雌激素刺激乳腺管增生之后才起作用。

(6)当孕激素分泌过多时，能通过丘脑下部抑制垂体促性腺激素的分泌。

(7)孕激素与雌激素既有拮抗作用又有协同作用。大量孕酮对雌激素有拮抗作用，可以抑制发情；当怀孕初期，在少量雌激素作用下，孕酮可促进子宫形成分泌性子宫内膜，黏膜层加厚，腺体弯曲度增高，利于分泌液体及胚胎附植。

3. 临床应用

天然孕激素本身口服无效，常制成油剂，以肌内注射为主，也可以制成丸剂做皮下埋藏或者制成乳剂用于阴道栓。以黄体酮为例：肌内注射，一次量，马、牛 100～150 mg；羊、猪 15～25 mg；犬 2～5 mg。目前，已研制成可以口服的合成孕激素类物质，效果要优于天然孕激素。如甲孕酮、氯地孕酮、炔诺酮等，这些药物既可以口服，也可以注射、皮下埋藏或者做成阴道栓。

（四）松弛素

1. 来源与特性

松弛素又称耻骨松弛素，是一种对母畜分娩前产道有松弛作用的多肽类激素。猪、牛、羊的松弛素主要产生于动物妊娠期间卵巢中的黄体，家兔主要来自胎盘。

松弛素是由 α、β 两个亚基通过二硫键连接而成的多肽类激素。不同动物的松弛素略有差异。松弛素的分泌量随着妊娠期的延长而逐渐增多，分娩以后即从血液中消失。

2. 主要生理功能

（1）在雌激素、孕激素预先处理下，松弛素可以使骨盆韧带松弛，使耻骨联合松开，且能使子宫颈口以及阴道扩张，这些都利于家畜分娩时胎儿产出。

（2）与雌激素、孕激素结合可以促使乳腺的发育。

3. 临床应用

临床上使用松弛素促进子宫肌纤维松弛、宫颈扩张、子宫镇痛，预防流产和早产以及诱导分娩。

（五）抑制素

1. 来源与特性

抑制素于 1932 年，McCullagh 在睾丸提取物中发现。研究发现，抑制素是由卵巢卵泡组织和睾丸精细管壁上的支持细胞所分泌的一种水溶性多肽类物质。完整的抑制素分子是由两个不同的亚单位（α 亚单位和 β 亚单位）经二硫键连接而成。其含量随着卵泡的发育状态及动物的类别而异。如牛的中等卵泡和大卵泡中抑制素的含量要高于小卵泡。

2. 主要生理功能

（1）抑制素可以通过丘脑下部或垂体的负反馈环路，抑制促性腺激素释放激素的合成与释放。

（2）抑制垂体前叶促卵泡激素的释放，调节卵泡的生成，间接影响配子的产生。

（3）可以延迟垂体对甲状腺释放激素的敏感性。

3. 临床应用

临床上利用抑制素的免疫反应，提高家畜的繁殖力，如排卵率、产羔数等。

五、其他激素

（一）前列腺素

1. 来源与特性

1930 年，尤勒（von Enler）等发现人、猴、羊的精液中存在一种使平滑肌兴奋、血压降低的活性物质。当时设想此物质可能是由前列腺所分泌，命名为前列腺素。但实际上，前列腺分泌物中所含活性物质不多。后来发现，前列腺素几乎存在于身体的各种组织中，与前列腺的关系并不大。现证明，精液中前列腺素主要来自精囊，全身许多组织细胞都能产生前列腺素，并且前列腺素是内分泌物中的一大类。

前列腺素在体内由花生四烯酸所合成，结构为一个五环和两条侧链构成的 20 碳不饱和脂肪酸。根据环戊烷和脂肪酸侧链中的不饱和程度和取代基不同，将天然前列腺素分为 A、B、C、D、E、F、G、H、I 等 9 个类型和 PG_1、PG_2、PG_3 等 3 类。不同类型的前列腺素因结构上的微小差异，具有不同的功能，如前列腺素 E 能舒张支气管平滑肌，降低通气阻力；而前列腺素 F 的作用则相反。

前列腺素的半衰期极短(1～2 min),除 PGI_2 外,其他的前列腺素经肺和肝迅速降解。所以前列腺素不像典型的激素那样,通过循环影响远距离靶向组织的活动,而是在局部产生和释放,对产生前列腺素的细胞本身或对邻近细胞的生理活动发挥调节作用。前列腺素对内分泌、生殖、消化、血液循环、呼吸、心血管等系统功能及脂肪、碳水化合物的代谢起着各种调节作用。

2. 主要生理功能

(1)溶解黄体　PGF2α 对牛、羊、猪等动物的卵巢有溶解作用。McCraKen 在 1971 年提出子宫产生的前列腺素通过逆流传递机制,由子宫静脉进入卵巢动脉,再作用于黄体,使孕酮分泌减少或停止,从而促进发情,这一机制已在绵羊中得到证实。现有研究提出前列腺素促进黄体溶解的另一种可能性。前列腺素收缩血管平滑肌,降低子宫卵巢的血流,导致卵巢局部相应缺血,使合成孕酮的原料减少,从而抑制孕酮的产生。对于不同种类动物,PGF2α 溶解黄体的时间有一定差异。PGF2α 溶解黄体的机理对于畜牧业生产研究具有十分重要的意义。如前列腺素在促进家畜发情、治疗持久性黄体以及同期发情方面有极大的发展潜力。

(2)促进排卵　PGF2α 能够触发卵泡壁降解酶的合成,同时由于刺激卵泡外膜组织平滑肌的收缩增加了卵泡内壁的压力,导致卵泡破裂和卵子的排出。与之相反的是,PGE 能够抑制排卵。

(3)促进子宫平滑肌的收缩　小剂量的 PGE 就可以加强子宫对其他刺激的敏感性,PGF2α 对子宫肌有强烈的收缩作用,可以促进催产素的分泌,有助于分娩。

(4)刺激睾丸间质细胞分泌　可增加大鼠睾丸重量、核糖核酸含量、透明质酸酶活性和精子数量,增加精子活动。前列腺素维持雄性生殖器官平滑肌收缩,被认为与射精作用有关。但大量前列腺素,对雄性生殖机能却有抑制作用。

(5)促进精子运行　精液中前列腺素使子宫颈肌松弛,促进精子在雌性动物生殖道中运行,有利于受精。

(6)对血管和支气管平滑肌的作用　不同的前列腺素对血管平滑肌和支气管平滑肌的作用效应不同。前列腺素 E 和前列腺素 F 能使血管平滑肌松弛,从而减少血流的外周阻力,降低血压。

(7)对胃肠道的作用　可引起平滑肌收缩,抑制胃酸分泌,防止强酸、强碱、无水酒精等对胃黏膜侵蚀,具有细胞保护作用;对小肠、结肠、胰腺等也具保护作用;还可刺激肠液分泌、肝胆汁分泌,以及胆囊肌收缩等。

(8)对神经系统作用　前列腺素广泛分布于神经系统,对神经递质的释放和活动起调节作用,也有人认为,前列腺素本身即有神经递质的作用。

3. 临床应用

前列腺素是具有高度生物活性物质。天然前列腺素提取困难,价格昂贵且在体内存留时间短,使用时易发生不良反应。相比而言,合成前列腺素因作用时间长、价格便宜、活性高、发生不良反应较小,而被广泛应用。

人工合成的前列腺素种类很多,国内目前已成功地合成了 4 种 PGF 的类似物,即 15 甲基 PGF2α、PGF1α 甲酯和氯前列烯醇。在生产实际和临床应用中,前列腺素主要用于诱导雌性动物发情排卵、同期发情和促进产后子宫复原,并可用于控制分娩和治疗黄体囊肿、持久黄体、子宫内膜炎、子宫积水和子宫积脓等症。此外,还可用于提高公畜的繁殖力。

(二)外激素

外激素是由动物体内分泌向环境释放,在环境中起着同类个体间传递信息、引起对方产生特殊反应的一类生物活性物质。外激素可以通过空气和水传播,靠动物嗅觉来感受。例如,公猪分泌的外激素可引诱发情母猪，大部分动物释放的外激素可刺激异性交配，并可影响同性别动物的生殖活动或生殖周期等。这些与性活动有关的外激素，统称为性外激素。

1. 来源与特性

通常，外激素是指那些由特定腺体(一般为有管腺或外分泌腺)产生的化学物质。这些特殊腺体包括皮脂腺、汗腺、唾液腺、尾下腺、肛门腺等。某些外激素的产生与其腺体周边组织的某些共生生物的代谢活动有关，即由以上特殊腺体产生某些化学物质经共生生物代谢后便成外激素。由于有时引起某种特殊反应需要两种或两种以上化学物质的参与，所以，外激素可能是多种化学物质的混合物。

外激素种类很多，成分十分复杂。例如，公猪分泌的具有引诱异性、刺激母猪发生“静立反射”交配行为的外激素，这些化合物与雄激素的化学结构类似，可由不同器官分泌并经多种途径排出体外。由公猪睾丸合成的雄甾烯酮可以贮存在公猪的脂肪组织中，并由包皮腺和唾液腺排出体外。由公猪下颌腺合成的羟雄甾烯经唾液排出体外。灵长类动物(人和罗猴)阴道分泌的外激素，是一些低级脂肪酸的混合物，主要成分有乙酸、丙酸、甲基丙酸、丁酸、甲基丁酸和甲基戊酸。

2. 主要生理功能

(1)召唤异性　雌性分泌的外激素可召唤雄性，直到雌性出现发情并与之交配。这种现象在鸟类多见。雄性分泌的性外激素可引诱雌性，使雌性接受交配。如公猪分泌的性外激素，可使相距较远的发情母猪与公猪相会。

(2)刺激求偶行为　性外激素可诱导发生性行为反应，使公畜嗅闻母畜外阴及其分泌物，母畜向公畜靠拢。

(3)激发交配行为　性外激素可引起雄性的交配行为，并可使雌性表现愿意接受交配的行为反应。如母猪在公猪性外激素刺激下表现的“静立反射”行为。目前，国外利用人工合成的公猪外激素类似物进行母猪催情、试情、增加产仔数、提高繁殖力，取得了肯定的结果。

总的来说，性外激素对异性和同性的生殖内分泌调节以及发情、排卵均有一定程度的影响，主要表现为“异性刺激”或“公羊效应”“群居效应”等。在畜牧生产中，利用异性刺激效应可以促进青年母羊性成熟、促进季节性乏情母羊提前结束休情期，并可延长发情期，促使母羊发情集中、排卵提早，并可提高母羊的排卵率和产羔率。

许多雌性动物用外激素传递自己特别适合受孕的时间。科学家们发现了发情母犬产生适合受孕的外激素后，将这种外激素涂在其他犬只身上，会引起误解。

3. 临床应用

目前，家畜遗传繁育方面，性外激素在临床上主要用于家畜引诱异性、召唤异性——试情；刺激求偶行为、激发交配行为——公畜采精；促进家畜性成熟，提高发情率和受胎率——催情。此外，在其他方面，性外激素也有广阔的应用前景。如研究最多的性外激素(性信息素)一般为雌虫分泌的化学物质，引诱雄虫前来交尾。我国已合成多种性引诱剂，诱杀雄虫或干扰交尾，达到杀灭害虫的目的。比如，棉红铃虫、二化螟等。

项目小结

生殖激素的正确使用是动物繁殖过程中核心工作之一。通过对生殖激素的合理运用，可以有效地实现动物繁殖活动的人工调控。本项目教学内容涵盖了生殖激素的概念、分类依据、主要类别以及作用特点几个方面，内容虽然繁杂，但是实用性很强。为了与生产紧密结合，本项目教学过程中着重介绍了各类生殖激素的功能与生产应用。

由于本项目教学内容理论性和实践性都很强。同学们在学习过程中，要将教学内容与实践紧密联系，注意搜集整理生产过程中生殖激素使用的典型案例。通过对案例的进一步探讨，可以帮助同学们加深对不同生殖激素功能以及使用特点的理解，对今后的企业实践大有益处。

思政园地

我国著名畜牧科学家——虞振镛

虞振镛(1890—1962)，畜牧兽医学家，农业教育家。他是我国现代农业教育事业的先驱之一，兽疫防治系统的奠基人，对我国农业科学技术，特别是兽医科学技术的发展，做出了重要贡献。

1890 年 2 月 9 日虞振镛生于浙江慈溪鸣鹤场，1907 年考入上海圣约翰大学，1911 年被保送入美国伊利诺伊大学攻读畜牧学。1914 年虞振镛毕业后又考入康奈尔大学研究生院，1915 年毕业，获硕士学位。同年，虞振镛受清华学校聘请回国任教。从 1915 年到 1928 年离校，前后长达 14 年之久，曾担任教授兼农场主任。20 世纪 20 年代初，清华学校创设农科，他被任命为农学系主任、农场场长，为培养我国现代农业科技人才，做出了贡献。

1928 年，清华学校改名国立清华大学，以理工科为主，取消农科。虞振镛应北平大学农学院聘请，任该校教授兼农场主任。翌年，赴东北担任辽宁省通辽县钱家店三畲堂农事试验场场长。1931 年“九一八事变”后，返回北平，任北平大学农学院代理院长。

1936 年，应清华大学前校长周贻春的邀请，虞振镛南下任国民政府实业部渔牧司司长兼种畜场场长。在职期间，开始创建我国兽疫防治机构，着手拟订兽疫防治条例，大力扶植农业的研究和推广工作。1937 年，抗日战争进入全面抗战阶段，虞振镛随政府撤往西南。

抗战 8 年，虞振镛始终在贵州省工作，先后担任贵州省建设厅技正、主任技正、农业改进所所长、兽疫防治委员会委员兼干事等职，并为改良农业、兴办水利、发展土特产品，特别对防治牛瘟，发展畜牧业，做了许多有益的工作。他亲自主持自制疫苗，广泛传授隔离、消毒、注射等防疫措施，遏止了牛瘟的流行。

抗日战争胜利后，虞振镛先后任农林部渔牧司司长、畜牧司司长。在职期间，除在全国建立兽疫防治系统外，他还为改良畜禽品种做了不少工作。1948 年冬，虞振镛辞去政府职务，接受上海畜产公司聘请担任该公司经理。

1936—1948 年，他担任政府高级官员达 13 年之久，一直洁身自好、廉洁奉公、淡泊明志，以至于在贵州工作时，一贫如洗。他学医的女儿悄悄去卖血，弥补她的学费和生活费用。他的亲戚也都不愿到他这个“没有油水”的地方求职。他在当时贪污腐化成风的社会里出淤泥而不染，令人敬佩。

1949 年 6 月，上海和杭州都已解放，虞振镛应浙江大学农学院院长蔡邦华之邀请，在浙大任教授。同年 8 月成立畜牧兽医系，他兼任系主任。建系初期，师资不足，任务繁重，他就亲自讲授养牛学、畜牧学、牧场经营管理等课程。为适应教学科研的需要，需要扩大畜牧场，他亲自设计建造乳牛舍、猪舍和鸡舍，为学生实习提供了场地。他要求学生了解专业、热爱专业，努力做到品学兼优。他的严格要求，使他的学生至今犹感“受益不浅”。

1954 年全国高等院校调整院系，虞振镛被调到南京农学院任教。1958 年他退休后迁居北京，同女儿相依为命。余暇之时，常受北京双桥农场邀请，对该场的奶牛生产进行技术指导。

1962 年 11 月 13 日虞振镛在京逝世，终年 72 岁。他的一生以爱国和正直闻名，致力于技术生产和实业救国，以实际行动践行知识分子的责任，洁身自好，坚守原则，为后人留下深刻印象。

（选自百度百科，选入时有删减。）

职业能力测试

一、选择题

1. 属于不饱和脂肪酸的激素是（　　）。

A. PMSG　　B. GnRH　　C. FSH　　D. PGE

2. 主要来源于马属动物胎盘组织的促性腺激素是（　　）。

A. PMSG　　B. GnRH　　C. FSH　　D. LH

3. 属于神经激素的是（　　）。

A. PMSG　　B. GnRH　　C. FSH　　D. LH

4. 在母畜妊娠维持中起主要作用的激素是（　　）。

A. PMSG　　B. P_4　　C. FSH　　D. LH

5. 促性腺激素释放激素简称是（　　）。

A. PMSG　　B. GnRH　　C. FSH　　D. LH

6. 促卵泡素简称是（　　）。

A. PMSG　　B. GnRH　　C. FSH　　D. LH

7. 下丘脑神经内分泌细胞通过垂体门脉系统，和（　　）内分泌细胞建立了联系。

A. 腺垂体　　B. 脑垂体　　C. 松果腺　　D. 视上核

8. 哺乳动物的松果腺是（　　）。

A. 光感受器　　B. 内分泌器官　　C. 第三只眼睛　　D. 退化的器官

9. 垂体促性腺激素由（　　）分泌。

A. 垂体前叶　　B. 垂体后叶　　C. 垂体中叶　　D. 垂体结节部

10. 垂体中促卵泡素含量最高的家畜是（　　）。

A. 猪　　B. 马　　C. 牛　　D. 羊

E. 兔

二、简答题

1. 什么是生殖激素？根据其来源与功能可分为几类？
2. 简述生殖激素的作用特点。
3. 根据生殖激素的化学性质，试分析不同种类的生殖激素在生产中如何使用。
4. 催产素的生理功能有哪些？

三、讨论

畜牧生产中不能滥用生殖激素主要有哪些原因？

项目三 雌性动物生殖生理

◆ 项目描述

学习雌性动物生殖生理的重要意义体现在多个层面。理解雌性动物的生殖生理，可以准确掌握其发情规律，合理安排配种时间，提高配种成功率和繁殖效率。这对于家畜养殖、动物保护和濒危物种繁殖计划的实施具有重要意义。通过学习雌性动物的生殖生理，能够识别和预防繁殖障碍，如不排卵、黄体功能分泌不足、卵巢囊肿、子宫内膜炎等，及时有效地进行治疗和管理，确保雌性动物的繁殖能力。了解雌性动物的妊娠生理变化，可以确保在孕期提供适宜的饲养管理条件，降低流产率，提高胎儿存活率。此外，熟知分娩生理过程有助于提前预判可能出现的问题，做好助产准备，降低难产风险。雌性动物的生殖生理包括了卵泡发育、排卵、受精、胚胎着床、胎儿发育、乳汁分泌等过程，对其深入研究有利于提高后代的遗传品质，同时通过科学的哺乳管理，提高幼崽的存活率和健康水平。学习和研究雌性动物生殖生理，促进了辅助生殖技术（如胚胎移植、超数排卵、体外受精）的发展和应用，这些技术对提高动物繁殖性能、遗传改良和生物多样性保护具有重要作用。对雌性动物生殖生理的了解，还有助于在繁殖过程中关注动物福利，避免因不当繁殖管理导致的动物生理和心理健康问题，遵循伦理原则，实现动物繁殖与福利的双重提升。

总之，深入学习和研究雌性动物生殖生理是保障动物繁殖成效、推进畜牧业健康发展、保护生物多样性和提升动物福利水平的重要基础。

◆ 知识目标

1. 了解影响雌性动物初情期的因素，性成熟期、初配适龄以及繁殖机能停止期的概念和特点。
2. 了解雌性动物发情、发情周期、发情持续期、发情季节、产后发情和异常发情的概念和特点。
3. 了解雌性动物卵泡发育、排卵生理过程和类型。
4. 了解雌性动物受精、妊娠、分娩的生理过程以及难产救治的方法。

◆ 技能目标

1. 掌握雌性动物初情期、性成熟期等各个时期的特点和判定方法。
2. 掌握雌性动物发情各个时期、发情季节、产后发情以及异常发情的特点和判定方法。
3. 掌握雌性动物卵泡发育、排卵生理过程和类型特点。
4. 掌握雌性动物受精、妊娠、分娩的生理过程以及难产救治的方法。

◆ 素质目标

1. 培养学生严谨、认真的专业学习精神。

2. 通过对雌性动物生殖生理的学习，学生能深入了解雌性动物的发育以及生产过程，锻炼学生的动手能力和团结协作的精神。

3. 培养学生爱农村、爱农业、爱畜牧行业、关注乡村振兴的热情。

任务一　雌性动物性机能发育

雌性动物性机能的发育是一个由发生、发展直至衰退停止的过程。这个过程一般分为初情期、性成熟期、初配适龄及繁殖机能停止期（指停止繁殖的年龄）。

一、初情期

初情期是指雌性动物初次出现发情和排卵时期。此时期，生殖系统迅速发育，性活动出现，配种有受精的可能。但是，不同动物初情期的表现有所不同。有的动物初情期也有卵泡发育，最后卵泡均退化、闭锁；有的动物初情期安静发情，只排卵没有发情症状。总的来讲，雌性动物初情期生殖器官迅速发育，开始有繁殖后代的机能。但此时生殖器官未发育成熟，性机能也不完全。影响初情期的因素有很多，主要往往体现在以下几个方面。

1. 品种

体格小的品种初情期早于体格大的品种。如娟珊牛平均初情期 8 月龄，荷斯坦牛为 11 月龄，爱尔夏牛为 13 月龄。猪地方品种早熟，外来品种晚熟。如太湖猪一般 3 月龄，外来猪种如杜洛克一般 5～8 月龄。

2. 营养

营养水平高的家畜性成熟提早。在较高营养水平下，家畜生长速度较快，初情期到来的时间较早。营养水平较低的家畜初情期较晚。但是，过肥、过瘦将会延迟家畜初情期的出现或根本不发情。

3. 气候

光照、温度和湿度等均可影响家畜的初情期。南方地区、地处热带及温暖的地区早；北方地区、地处寒带及寒冻的地区迟。

4. 出生季节

家畜在适宜季节出生，饲草资源丰富，生长速度快，往往初情期提早。相反，出生季节环境恶劣、饲料短缺，往往导致初情期延迟。

二、性成熟期

性成熟是指雌性动物生殖器官发育完善，具备正常繁殖后代能力的时期。此时，一方面雌性动物生殖器官和生殖机能成熟，具有协调的生殖内分泌功能，表现完全的发情症状，排出能受精的卵母细胞和出现有规律的发情周期；雌性动物体格进一步得到发育，体重增加，乳房迅速发育，出现第二性征。另一方面雌性动物躯体的其他器官组织生长发育尚未完成，不宜配种。过早怀孕，不仅会妨碍雌性动物本身的发育，更对后代的发育产生一定的影响，导致后代体重减轻，体质衰弱或发育不良。

三、初配适龄

性成熟以后，雌性动物身体进一步发育，并逐渐具有本品种特征。当体重达到成年体重的 50%～70%，即可以进行配种，此时称为初配适龄。初配适龄阶段的判定对于畜牧业生产非常重要。过早配种对胎儿及雌性动物均会产生不良反应。过晚配种又会降低雌性动物利用率。

所以，初配适龄就显得尤为重要。当然，初配适龄的选择还要考虑到品种、饲养需求等多方面的要求，进行综合考虑，统筹安排。

当雌性动物初配适龄阶段配种受胎，并产下 2～3 胎以后，经过发育体重达到成年体重时，即称为体成熟期。一般雌性动物到体成熟期，其骨骼、肌肉和内脏各器官已基本发育完成，而且具备了成年时固有的形态和结构。在整个个体的生长发育过程中，体成熟期要比性成熟期晚得多，牛的体成熟期一般为 5 岁龄。

四、繁殖机能停止期

雌性动物的繁殖能力有一定的年限，年限的长短因品种、饲养管理以及健康情况不同而异。当雌性动物到达老年时，生殖器官老化，生理机能逐渐停止，不再出现发情和排卵，即到达繁殖机能停止期。家养动物一般在此年龄之前，因已失去饲养价值而多被淘汰。如奶牛繁殖机能停止的年龄可达到 15 岁龄以上，但在 11 岁龄左右，泌乳量明显下降，应及时淘汰。不同动物时间段会有所不同：牛 13～15 岁龄，猪 6～8 岁龄，山羊 7～11 岁龄，兔 3～4 岁龄。

各种动物初情期、性成熟期、初配适龄、体成熟期和繁殖机能停止期见表 1-3-1。

表 1-3-1　各种动物初情期、性成熟期、初配适龄、体成熟期和繁殖机能停止期

动物种类	初情期	性成熟期	初配适龄	体成熟期	繁殖机能停止期
猪	3～6 月龄	5～8 月龄	8～12 月龄	9～12 月龄	6～8 岁龄
黄牛	8～12 月龄	10～14 月龄	1.5～2 岁龄	2～3 岁龄	13～15 岁龄
奶牛	6～12 月龄	12～14 月龄	1.3～1.5 岁龄		13～15 岁龄
羊	4～6 月龄	6～10 月龄	12～15 月龄	15～18 月龄	7～11 岁龄
兔	4 月龄	5～6 月龄	6～7 月龄	8～12 月龄	3～4 岁龄
马	12 月龄	15～18 月龄	2.5～3 岁龄	3～4 岁龄	18～20 岁龄
驴	8～12 月龄	18～30 月龄	2.4～3 岁龄	3～4 岁龄	
犬	7～12 月龄	8～14 月龄	12～24 月龄	18～24 月龄	8～10 月龄
猫	7～12 月龄	8～13 月龄	10～18 月龄	18～24 月龄	7～8 月龄

任务二　雌性动物发情生理

情境导入

同学们，设想这样一个生动的情景：在广阔的草原上，有一个现代化的奶牛养殖场，这里的管理人员近期注意到一头年轻的荷斯坦奶牛行为异常活跃，它的叫声变得频繁且特别，对其他公牛表现出强烈的亲近意愿。细心的饲养员通过安装在牛舍内的智能监控系统观察到，这头奶牛的生殖器官出现了明显的生理变化。这就是动物发情周期中的一个重要阶段，也是我们今天要探讨的主题——雌性动物发情生理。雌性动物发情生理是其生命周期中的重要环节，它直接关乎着繁殖成功率和后代数量，对于畜牧业的生产效率和经济效益具有重大影响。在自然界中，雌性动物发情行为的显现、发情周期的规律以及生殖激素的调控都是我们学习和研究的重点。通过深入了解雌性动物的发情生理，我们可以更准确地把握配种时机，提高繁殖效率，预防繁殖障碍，并确保动物的健康与福利。今天，我们将一起揭开雌性动物发情生理的神秘面纱，了解从发情周期的调控机制、发情行为的表现到生殖激素的微妙变化，以及这些知识在动物繁殖管理中的实际应用，希望通过这次学习，同学们能更好地理解和掌握雌性动物发情生理，为未来从事动物繁殖技术研究或动物生产实践奠定坚实的理论基础。

一、卵泡发育与排卵

随着雌性动物发情周期的进行，卵巢中的卵泡也要经历生长发育、成熟、破裂排卵、形成黄体和退化等一系列过程。

(一)卵泡的发育

雌性动物卵巢(图 1-3-1)上的卵泡是由内部卵母细胞和周边的卵泡颗粒细胞组成的。雌性动物在出生前，卵巢已经含有大量原始卵泡；出生后，随着年龄的增长而不断减少，绝大多数卵泡闭锁而死亡，少数卵泡发育成熟并排卵。哺乳动物在发情周期中，实际发育的卵泡数多于能达到成熟和排卵的卵泡数，如猪在卵泡期存在的卵泡数比排卵的卵泡数多 2～3 倍。

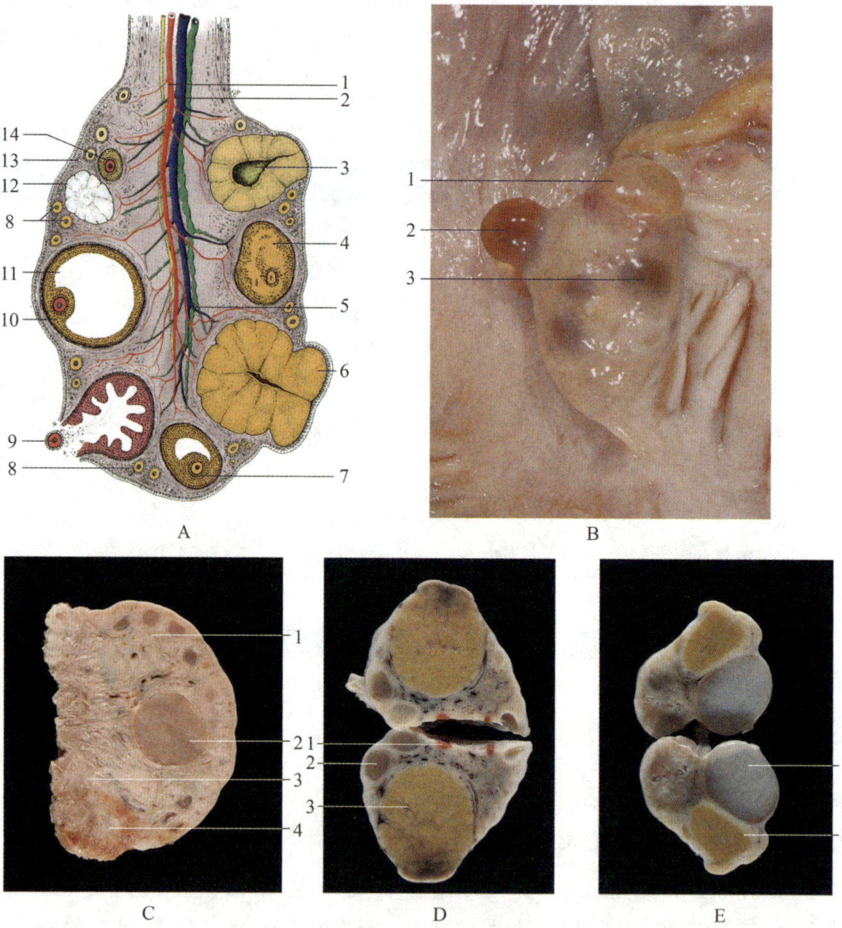

图 1-3-1 牛卵巢

(引自：柯尼希等主编. 陈耀星主译. 家畜兽医解剖学教程与彩色图谱. 北京：中国农业大学出版社，2009)

A：1. 卵巢动脉 2. 卵巢静脉 3. 退化中黄体、中央腔 4. 闭锁卵泡 5. 髓质(血管区) 6. 完全发育黄体 7. 三级卵泡 8. 初级卵泡 9. 排卵卵泡 10. 含卵母细胞的 Graafian 卵泡 11. 卵泡腔 12. 白体 13. 皮质(实质区) 14. 次级卵泡 B：1. 退化中的黄体 2. 出血灶 3. 三级卵泡

C：1. 皮质(实质区) 2. 三级卵泡 3. 髓质(血管区) 4. 退化黄体遗迹

D：1. 后期黄体的瘢痕组织 2. 三级卵泡 3. 黄体

E：1. Graafian 卵泡 2. 退化期黄体

雌性动物初情期前，卵泡虽能发育但不能成熟排卵，当卵泡发育到一定程度时，便退化萎缩。初情期后，卵巢上的原始卵泡才通过一系列发育阶段而达到成熟排卵。卵泡发育从形态上可分为几个阶段，依次为原始卵泡、初级卵泡、次级卵泡、三级卵泡和成熟卵泡。有的把初级卵泡开始生长至三级卵泡阶段，统称为生长卵泡。有的又根据卵泡出现泡腔与否分为无腔卵泡(或称腔前卵泡)和有腔卵泡(或称囊状卵泡)，三级卵泡以前的卵泡尚未出现泡腔，统称为无腔卵泡，而将三级卵泡和成熟卵泡称为有腔卵泡。

(1)原始卵泡　原始卵泡排列在卵巢皮质外周，其内部为一卵母细胞，周围为一层扁平状的卵泡上皮细胞，此时既没有卵泡膜也没有卵泡腔。

(2)初级卵泡　也排列在卵巢皮质外围，是由核心的卵母细胞和其周围的一或者两层柱状卵泡细胞组成，此时卵泡膜尚未形成，也无卵泡腔。

(3)次级卵泡　随着进一步发育，初级卵泡移向卵巢皮质的中央，这时卵泡上皮细胞增殖，使卵泡上皮形成多层柱状细胞。随着卵泡的生长，卵泡细胞分泌的液体积聚在卵黄膜与卵泡细胞之间形成透明带，此时出现小的卵泡腔。

(4)三级卵泡　随着卵泡的发育，颗粒细胞层不断增多，卵泡腔增大，充满由卵泡细胞分泌的卵泡液。由于卵泡液的增多，卵母细胞被挤向一边，并被包裹在一团颗粒细胞中，形成半岛突出在卵泡腔中，称为卵丘。其余的颗粒细胞紧贴于卵泡腔的周围，形成颗粒层。在颗粒层外周形成卵泡膜，卵泡膜有二层，其中内膜为上皮细胞，并分布有许多血管，内膜细胞具有分泌类固醇激素的能力；外膜由纤维状细胞构成。

(5)成熟卵泡　又称赫拉夫卵泡。三级卵泡继续生长，卵泡液增多，卵泡腔增大，卵泡扩展到整个卵巢的皮质部而突出于卵巢的表面。

所以，发育成熟的卵泡结构，由外向内分别是卵泡外膜、卵泡内膜、颗粒细胞层、卵丘、透明带、卵细胞。

不同雌性动物能够产生发育成熟的卵泡数有所不同：牛和马一般只有1个，猪10～25个，绵羊1～3个，兔5个，大鼠10个，小鼠8个，仓鼠6个。

(6)卵泡的闭锁和退化　主要指颗粒细胞和卵母细胞的一系列形态学的变化。其主要特征是染色体浓缩，核膜起皱，颗粒细胞发生固缩，离开颗粒层悬浮于卵泡液中，卵丘细胞发生分解，卵母细胞发生异常分裂或碎裂，透明带玻璃化并增厚，细胞质碎裂等变化。闭锁的卵泡被卵巢中纤维细胞所包围，通过吞噬作用最后消失而变成疤痕。

卵泡闭锁的原因可能是垂体分泌FSH数量不够，或者卵泡细胞对于FSH的反应性差，从而导致卵泡不能充分发育，以至于发生闭锁。此外，颗粒细胞产生的孕酮对于其他一些发育慢的三级卵泡的生长具有局部抑制作用，使之发生退化和闭锁。

(二)排卵

成熟卵泡破裂，释放卵子的过程，称为排卵。随着卵泡体积的增大，卵泡逐渐突出于卵巢表面，卵泡表面的血管也逐渐增多，最终，卵泡成熟破裂。伴随着卵泡液，卵子和卵丘脱离并被排出，由输卵管伞部接住。

此外，内分泌系统的调节作用也对卵泡的成熟和破裂起着至关重要的作用。内分泌系统通过分泌各种激素，如促性腺激素等，来调节生殖器官的功能和性行为。这些激素也会促进卵泡的发育、成熟以及最终破裂排卵。

1. 排卵类型

大多数哺乳动物排卵都有一定的周期性，根据卵巢排卵特点和黄体的功能，哺乳动物的排卵可分为两种类型，即自发性排卵和诱发性排卵。

（1）自发性排卵　卵泡发育成熟后自行破裂排卵并自动形成黄体。这种排卵类型所形成的黄体有功能性及无功能性之分。一种是在发情周期中，黄体的功能可以维持一定时间，如猪、牛、羊等家畜；另一种是要有交配刺激，否则所形成的黄体是没有功能的，即不具有分泌孕酮的功能，如鼠类未有交配刺激时发情期很短，约 5 d；若交配刺激，未孕发情周期可维持 12～14 d。

（2）诱发性排卵　通过交配行为或者其他途径使子宫颈受到机械性刺激后才能排卵，并形成功能性黄体。骆驼、兔、猫等属于诱发性排卵。

2. 排卵过程

排卵前，卵母细胞细胞质和细胞核发育成熟，卵丘细胞聚合力松懈，颗粒细胞各自分离，卵泡膜变薄形成一个突起的排卵点。随着卵泡发育和成熟，卵泡液不断增加，卵泡容积增大并凸出于卵巢表面，但卵泡内压并没有提高。突出的卵泡壁扩张，细胞质分解，卵泡膜血管分布增加、充血，毛细血管通透性增强，血液成分向卵泡腔渗出。卵泡液首先在排卵点缓慢渗出，随着破口进一步扩大，卵母细胞及其周围的放射冠细胞被冲出，由输卵管伞接纳。

3. 排卵时间和排卵数

排卵时间因雌性动物种类、品种、年龄、环境条件以及营养情况而有差异，同一种雌性动物排卵时间大致相同。如猪的排卵时间是发情终止前 8 h，牛是在发情终止后 8～12 h，羊是发情终止时，兔是在交配刺激后 6～12 h，马是在发情终止前 24～36 h，犬是发情出血日起的 8～17 d，猫是交配后 24 h。

从一次排卵数来看：猪 10～25 枚，牛 1 枚，羊 1～5 枚，兔 5～15 枚，马 1 枚，犬 2～12 枚，猫 2～10 枚。

4. 排卵部位

一般哺乳动物的排卵部位除卵巢门外，在卵巢表面的任何部位都可发生排卵，唯马属动物的排卵仅限于卵巢中央排卵处。很多哺乳动物一般都是两个卵巢交替排卵，但它们的排卵率并不完全相同，如牛右侧卵巢排卵率约为 60%，左侧卵巢约为 40%。另外，雌性动物产后的第一次排卵多发生在孕角对侧的卵巢上。

5. 黄体形成与退化

成熟卵泡排卵后形成黄体，黄体分泌孕酮作用于生殖道，使之向妊娠的方向变化；如未受精，一段时间后黄体退化，开始下一次的卵泡发育与排卵。

成熟卵泡破裂排卵后，由于卵泡液排出，卵泡壁塌陷皱缩，从破裂的卵泡壁上毛细血管流出血液，会聚积于排空的卵泡腔内形成血凝块，称为红体。此后，红体内的血凝块逐渐被吸收缩小，颗粒细胞在促黄体素作用下增生肥大，并吸收类脂质而变成黄体细胞，构成黄体主体部分。同时卵泡内膜分生出血管，布满于发育中的黄体表面，随着这些血管的分布，卵泡内膜细胞也移入黄体细胞之间，参与黄体的形成。各种动物黄体的颜色也不一样，在牛、马黄体呈黄色；水牛黄体在发育过程中呈粉红色，萎缩时变成灰色；羊为黄色；猪黄体发育过程中为肉色，萎缩时稍带黄色。黄体是一种暂时性的分泌器官。当黄体退化时，黄体细胞细胞质空泡化及核萎缩，随着微血管退化，供血减少，黄体体积逐渐变小，黄体细胞的数量也显著减少，颗粒层细胞逐渐被纤维细胞所代替，黄体细胞被白色结缔组织侵入、增殖，最后整个黄体细胞被白色结缔组织所代替，形成一个斑痂，颜色变白称为白体，残留在卵巢上。大多数动物的白体存在到下一周期的黄体期，即此时的功能性新黄体与大部分退化的白体共存。

在发情周期中，雌性动物如果没有真正妊娠，所形成的黄体在黄体期末退化，这种黄体称为周期性黄体。周期性黄体通常在排卵后维持一定时间才退化，退化时间 14～16 d。如果雌性动物妊娠，则转化为妊娠黄体，此时黄体的体积稍大，大多数动物妊娠黄体一直维持到妊娠结束才退化，而马、驴例外，一般维持到妊娠期 160～180 d 出现退化，妊娠黄体退化后，依靠胎盘分泌的孕酮来维持妊娠过程。

二、发情的概念

雌性动物生长发育到一定年龄后，在垂体促性腺激素的作用下，卵巢上的卵泡会出现周期性发育并分泌雌激素，引起生殖器官和性行为的一系列变化，并产生性欲，雌性动物所处的这种周期性性活动现象称为发情。雌性动物正常的发情会具有明显的性欲，以及生殖器官的形态与机能的内部变化。卵巢上的卵泡发育、成熟和雌激素产生是发情的本质，而外部生殖器官变化和性行为变化是发情的外部现象。正常的发情主要有三方面的症状，即卵巢变化、生殖道变化和行为变化。

（一）卵巢变化

雌性动物卵泡在发情开始之前已开始生长，至发情前 2～3 d 发育迅速，卵泡内膜增生，至发情时卵泡已发育成熟，卵泡液分泌增多，此时，卵泡壁变薄而突出表面。在激素的作用下，促使卵泡壁破裂，致使卵子被挤压而排出。

（二）生殖道变化

发情时卵泡迅速发育、成熟，雌激素分泌量增多，刺激生殖道，使血流量增加，外阴部表现充血、水肿、松软、阴蒂充血且有勃起，阴道黏膜充血潮红，子宫和输卵管平滑肌的蠕动加强，子宫颈松弛，分泌机能增强，有黏液分泌。

（三）行为变化

由于卵泡分泌雌激素，并在少量孕酮作用下，引起雌性动物性兴奋，雌性动物会主动寻找或接近雄性动物，愿意接受爬跨与交配，同时出现采食下降、产奶下降、体温升高等现象。

三、发情周期

雌性动物初情期以后，卵巢出现周期性的卵泡发育和排卵，并伴随着整个机体发生一系列周期性生理变化，这种变化周而复始（非发情季节和怀孕期间除外），一直到性机能停止活动的年龄为止，这种周期性的性活动称为发情周期。

发情周期的计算，一般是指从一次发情的开始到下一次发情开始的间隔时间，也可以从一次发情周期的排卵期到下一次排卵期的间隔时间作为一个周期。各种雌性动物发情周期的时间因种类不同而异，猪、牛、水牛、山羊、绵羊为 16～17 d，兔 8～15 d，马、驴平均为 21 d，犬约 6 个月，猫 30～75 d。

（一）发情周期的划分

在雌性动物发情周期中，根据机体所发生的一系列生理变化，一般采用四期分法或二期分法来划分发情周期。四期分法是根据雌性动物的性欲表现及生殖器官变化，将发情周期分为发情前期、发情期、发情后期和间情期四个阶段；二期分法是根据卵巢上组织学变化以及有无卵泡发育和黄体存在为根据，将发情周期分为卵泡期和黄体期。

1. 四期分法

（1）发情前期　这是卵泡发育的准备时期。特征是黄体出现退化萎缩，新的卵泡生长发育；雌激素也开始分泌，整个生殖道血管供应量开始增加，阴道和阴门黏膜有轻度充血、肿胀；子宫颈略为松弛，分泌少量稀薄黏液，阴道黏膜上皮细胞增生。此时，从行为上看尚无明显性欲表现。

(2)发情期　雌性动物性欲达到高潮时期。特征是雌性动物愿意接受爬跨，卵巢上的卵泡迅速发育，雌激素分泌增多，阴道及阴门黏膜充血肿胀明显，子宫颈口开张，有大量透明稀薄黏液排出，黏液黏性较强，有的甚至可以拉成丝状。多数哺乳动物在发情期的末期排卵。

(3)发情后期　是雌性动物排卵后黄体开始形成的时期。特征是雌性动物逐渐拒绝交配，转入安静状态，雌激素分泌显著减少，黄体开始形成并分泌孕酮作用于生殖道，使充血肿胀逐渐消退，黏液量少而稠，子宫颈管逐渐封闭，子宫内膜逐渐增厚，阴道黏膜增生的上皮细胞脱落，使分泌的黏液浑浊。

(4)间情期　又称休情期，是黄体活动时期。特征是雌性动物拒绝交配，精神状态恢复正常。间情期的前期，黄体继续发育增大，分泌大量孕酮作用于子宫，使子宫黏膜增厚，表层上皮呈高柱状，子宫腺高度发育增生，大而弯曲、分支多，分泌作用逐渐增强。子宫腺作用是产生子宫乳供胚泡营养所需，如果卵子受精，这一阶段将延续下去，动物不再发情。如未孕，子宫腺体逐渐缩小，腺体分泌活动停止，周期黄体也开始退化萎缩，卵巢有新的卵泡开始发育，又进入下一次发情周期的前期。

2. 二期分法

(1)卵泡期　是指黄体进一步退化，卵泡开始发育直到排卵为止。卵泡期实际上包括发情前期和发情期两个阶段。

(2)黄体期　是指从卵泡破裂排卵后形成黄体，直至黄体萎缩退化。黄体期相当于发情后期和间情期两个阶段。

(二)发情周期的内分泌调节

雌性动物的发情周期实质上就是卵泡期和黄体期的交替循环。卵泡的生长排卵以及黄体的形成和退化受神经激素的调节、外界环境条件以及生殖激素的影响。外界环境的变化以及雄性刺激反应(雌性动物通过嗅觉、听觉、视觉、触觉接受各类性刺激)经不同途径通过神经系统影响下丘脑促性腺激素释放激素的合成和释放，由垂体门脉系统运送到垂体前叶，刺激垂体前叶促性腺激素的产生和释放，作用于卵巢，产生性腺激素，从而调节雌性动物的发情。当雌性动物体内某些激素分泌量过多时，机体能够通过负反馈作用，抑制相应的腺体减少激素的释放。如孕激素分泌量到达一定程度时，能够通过下丘脑和垂体的负反馈调节作用，抑制垂体前叶促卵泡素的分泌，使得卵泡不再发育，雌性动物不再出现发情行为(图 1-3-2)。

四、发情季节

季节通过光照、温度等条件的变化影响着雌性动物的神经系统，进而影响着下丘脑-垂体-性腺分泌相应激素，从而使雌性动物的性行为活动出现季节性的变化。一年中雌性动物仅见在一定时期才表现发情，这一时期称为发情季节，只有在发情季节才能发情排卵。雌性动物的发情行为分为季节性发情和全年发情两类。其中，季节性发情又分为季节性单次发情和季节性多次发情。

(一)季节性发情

雌性动物一个发情季节中只发情一次，称为季节性单次发情。季节性单次发情多见于野生动物、毛皮动物。犬的发情季节为春(3～5 月份)、秋(9～11 月份)两季，而每个发情季节，一般只有一次发情周期。但是，由于家犬长期受到驯养，有的已经失去了繁殖的季节性，一年可以发情 3～4 次，仅有少数品种仍受季节的影响。

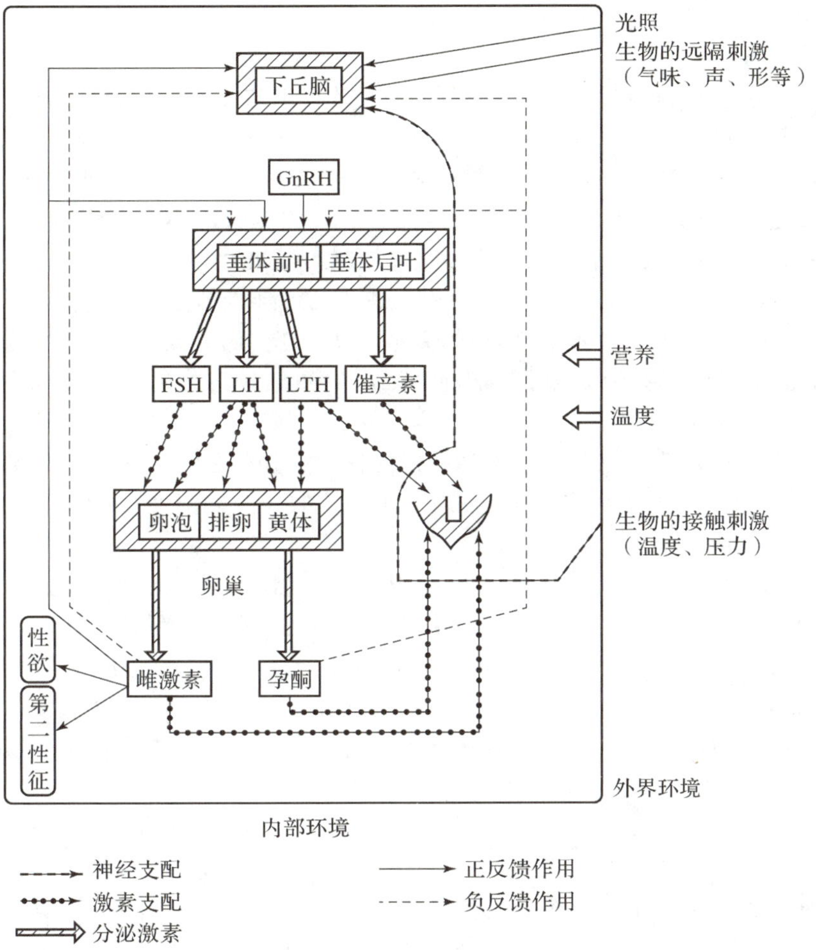

图 1-3-2　动物发情周期的调节机制示意图

（引自：许美解，李刚．动物繁殖技术．北京：化学工业出版社，2009）

马、驴、骆驼、绵羊、波尔山羊在一个发情季节有多次发情，称为季节性多次发情动物。马为长日照动物，发情季节 3～7 月份；绵羊和波尔山羊为短日照动物，发情季节 9～11 月份。

（二）全年多次发情

这一类型动物全年均可发情，无发情季节之分，配种没有明显的季节性。猪、牛、湖羊以及地中海品种的绵羊等属此类型。

动物发情周期之所以有季节性，是长期自然选择的结果。动物在未驯养前，处于原始的自然条件下，只有在全年中比较良好的环境条件下，才能保证所生的幼仔能够存活。例如，马的发情季节为春季，妊娠期为 11 个月，则分娩季节为春季，这时有利于幼驹成活；绵羊的发情季节是秋季，妊娠期为 5 个月，则分娩季节也为春季，有利于羔羊成活。

随着驯化的加深，饲养管理的改善，动物季节性的限制也会变得不大明显，甚至可以没有季节性。例如，一般绵羊的发情季节为秋季，但地中海品种的绵羊就无季节性。反之，那些没有发情季节性，终年多次发情的动物如牛、猪等，如果饲养管理条件长期非常粗放，则发情周期也有比较集中在某一季节的趋势。例如，我国北方牧区的黄牛，仅在夏秋季发情，南方水牛在上半年发情很少，而多集中在下半年发情，尤以 8～10 月份为多。

五、异常发情、乏情以及产后发情

（一）异常发情

雌性动物性成熟以后，经过一段时间发育，一般均能够有正常的周期性性活动。异常发情的雌性动物多见于首次发情后、性成熟之前的一段时间内，此时性器官还未发育成熟。有些雌性动物年龄偏大，生殖能力下降，也会出现异常发情现象。有时，环境条件的异常也会导致异常发情，如劳役过重，营养不良，内分泌失调，泌乳过多，饲养管理不当和温度等气候条件的突变以及繁殖季节的开始阶段。常见的异常发情主要有以下几种情况。

（1）安静发情　雌性动物发情时缺乏发情外表症状，但卵巢上有卵泡发育、成熟并排卵。常见于产后哺乳期、产后第一次发情、体质较差或营养不良、低龄或高龄雌性动物。引起安静发情的原因是由于体内有关激素内分泌失调所致，例如雌激素分泌不足，发情外表症状就不明显。

（2）短促发情　指发情期雌性动物发情持续时间短。短促发情多发生于低龄雌性动物，家畜中乳牛发生率较高。其原因可能是神经-内分泌系统的功能失调，发育的卵泡过早成熟或者发育受阻，缩短了发情持续期。

（3）断续发情　是指雌性动物发情期延续很长，且发情行为时断时续，多见于马等动物。其根本原因是卵泡交替发育，先发育的卵泡中途发生退化，新的卵泡又再发育，因此产生断续发情的现象。断续发情的外在原因可能包括营养不良、饲养不当、环境因素的突然改变等。这种发情状态下的雌性动物每次发情均不排卵，可能是由卵泡发育不完全所致。处理这种情况的方法可能包括改善饲养条件、提供良好的营养和环境，以及及时进行医疗干预，以确保雌性动物能够正常发情和排卵。

（4）持续发情　是慕雄狂的一种症状，常见于牛和猪。表现为发情期间有持续强烈的发情行为。但是，多数慕雄狂个体发情周期不正常，发情期长短不一，有明显的发情外部特征，难以接受爬跨，即使配种也不受胎。慕雄狂发生的原因主要与卵泡囊肿有关，其他病症如卵巢炎、卵巢肿瘤以及下丘脑、垂体、肾上腺等内分泌器官机能紊乱，也可发生慕雄狂。

（5）孕后发情　又称妊娠发情或假发情，是指动物在怀孕期仍有发情表现。这种情况在妊娠前 3 个月出现较多，占妊娠总数的 3%～5%。母牛在怀孕最初 3 个月内，常有 3%～5%的母牛发情，绵羊孕后发情可达 30%。孕后发情的原因主要是妊娠黄体分泌孕酮不足，而胎盘或卵巢上较大的卵泡分泌的雌激素过多。当雌性动物配种后超过一至数个发情周期又出现发情时，应先检查是否怀孕，再决定是否进行再次配种，以免造成误配而引起已怀孕雌性动物的流产。另一种类型的假发情是未孕牛的不排卵发情，即卵泡发育至接近成熟，母牛表现发情，但却不排卵而闭锁退化，这是一种排卵障碍。

（二）乏情

乏情是指已达初情期的雌性动物不发情，卵巢无周期性的功能活动，处于相对静止状态。乏情多属于一种生理现象，而不是由疾病引起的。主要有以下几种情况。

（1）季节性乏情　多数雌性动物在长期进化过程中形成了适宜季节繁殖的现象。一般在非繁殖季节，卵巢卵泡无周期性活动，也就出现了季节性乏情的现象。雌性动物出现季节性乏情现象，可以通过改变环境条件（如温度、光照等）、使用相关激素调节等措施，使卵巢机能从静止状态转为活动状态。

（2）泌乳性乏情　有些雌性动物在产后泌乳期间，由于卵巢周期性活动机能受到抑制而引起的不发情。泌乳乏情的发生和持续时间，因畜种和品种不同而有很大差异。母猪在哺乳期间，发情和排卵受到抑制，因此在正常情况下母猪是在仔猪断奶后才发情。泌乳引起乏情的原因，是由于在泌乳期间吮乳或挤乳的刺激而诱发外周血浆中促乳素浓度的升高，而促乳素对下丘脑产生负反馈作用，抑制了促性腺激素释放激素的释放，因而使垂体前叶 FSH 分泌减少和 LH 合成量降低，致使雌性动物不发情。此外，泌乳过多会抑制卵巢周期活动的恢复，因而影响发情。

(3)营养性乏情　当雌性动物出现营养不良，如能量水平过低，矿物质、微量元素和维生素缺乏时，其发情表现会出现抑制，而且青年动物比成年动物受影响更大。

(4)应激性乏情　当出现气候突然恶劣、畜群密集饲养、使役过度、长途运输、环境嘈杂等情况时，雌性动物会出现抑制发情、排卵等现象。这些突然发生的应激因素可使雌性动物下丘脑-垂体-卵巢轴的性机能活动出现抑制。

(5)衰老性乏情　随着雌性动物年龄增加，当超过生育年龄时，雌性动物的内分泌功能减退，相关性激素分泌减少，进而出现不发情的现象。

(6)妊娠期乏情　妊娠期，黄体分泌孕激素含量升高，雌激素含量降低，导致卵泡发育受阻，从而没有发情表现。

(7)生殖道疾病引起乏情　由于黄体囊肿、持久性黄体和子宫内膜炎等疾病的发生，干扰了雌激素的释放而导致的乏情。

(三) 产后发情

产后发情是指雌性动物分娩后的第一次发情。

母猪一般在分娩后 3～6 d 出现发情，但不排卵。一般在仔猪断乳后 1 周之内出现第一次正常发情。如因仔猪死亡致使母猪提前结束哺乳期，则也在断奶后数天发情。因此，母猪产后适时断乳是促使其正常发情的主要措施。

牛产后 25～30 d 排卵，但发情症状不明显；产后 40～50 d 正常发情排卵。

母羊大多在产后 2～3 个月发情，不哺乳的可在产后 20 d 左右发情。

母兔在产后 1～2 d 就有发情，卵巢上有卵泡发育成熟并排卵。

实验动物大白鼠和小白鼠一般产后 2～3 周表现第一次发情。

母马往往在产驹后 6～12 d 便发情，一般发情表现不太明显，甚至无发情表现，但和母猪不同的是，母马产后第一次有卵泡发育且可排卵，因此可配种，俗称“配血驹”。

犬的产后发情时间与犬的品种、季节、饲养方式等因素有关，一般分娩后第 4 个月发情。

猫的产后发情多发生于泌乳期结束后的第 8 天，即产后第 8 周。产后不泌乳的猫可能会在产后 1 周左右发情，而产后泌乳期延长的母猫可能会推迟至产后第 21 周左右。

任务三　受精

情境导入

同学们，让我们设想一个发生在现代家禽养殖场的真实场景。在这个繁忙而有序的鸡场中，管理员们密切关注着一群优质的蛋鸡，它们正处于繁殖的最佳时期。此时，一只健康活泼的母鸡成功地接受了公鸡的交配，而就在那个瞬间，生命的奇迹开始了它的旅程——精子与卵子相遇，开始了受精过程。这个微观而伟大的时刻，正是我们今天要深入学习的主题——雌性动物的受精生理。在动物繁殖过程中，受精是生命延续的关键步骤，它标志着新的生命正式诞生。从精子与卵子相遇，到两者结合形成受精卵，再到受精卵的初期发育，这一系列复杂的生理过程都离不开精细的生理调控和巧妙的生物学机制。今天，我们将通过学习雌性动物的受精生理知识，揭示这个生命奇迹背后的科学原理，包括卵子的成熟过程、受精部位的选择、精子与卵子相互识别和融合的过程，以及受精卵早期发育的调控等。了解这些知识不仅有助于我们理解动物繁殖的本质，更能指导我们在实际的动物繁殖管理中，科学合理地提高受精率和孵化率，进而优化畜禽品种，提升养殖业的经济效益和可持续发展能力。

一、配子在受精前的准备

（一）精子在受精前的准备

1. 精子的运行

哺乳动物精子和卵子相结合的部位在雌性动物输卵管的壶腹部。精子一般要依次穿过阴道、子宫颈、子宫、宫管结合部、输卵管峡部，最终到达壶腹部和卵子结合。

（1）精子通过子宫颈　由于雌雄动物生殖器官构造的差别，尤其是雌性动物子宫颈的结构和子宫颈分泌特性的影响，雄性动物射精的部位会有所不同，分为阴道型射精和子宫型射精。

阴道型射精的动物有牛、羊、兔等，子宫型射精的动物有马、猪等。子宫型射精的动物，其雌性动物的子宫颈在交配过程中比较松软、开口程度较大，雄性动物可以直接将精液射入子宫。相反，阴道型射精的动物在交配过程中，雌性动物子宫颈开张程度小，子宫颈壁厚、硬，内部弯曲程度高，雄性动物阴茎难以插入子宫，只能将精液释放到子宫颈外口附近。

子宫颈黏膜上的纵褶（纵行皱襞）、沟槽（皱褶）、隐窝（腺窝）和黏液共同形成了错综复杂的体系。这也使得子宫颈成为精子通过的第一道生理屏障。不能进入子宫颈的精子，有些会被白细胞吞噬，或随阴道黏液排出体外。而进入子宫颈的精子，大部分进入子宫颈“隐窝”形成第一个精子库，缓慢释放出来。小部分精子直接进入子宫（体）。精子通过子宫颈主要靠精子尾部的摆动，需要消耗本身的能量，其次依靠生殖道的蠕动、生殖道上皮纤毛的摆动以及射精的初始动能。

（2）精子通过子宫（体和角）和宫管结合部　进入子宫的精子除自身尾部的摆动外，主要依靠子宫肌肉的收缩。因此，子宫肌肉有规律的收缩运动有助于精子的运行。子宫内膜会形成很多腺窝，大量的精子会暂时贮存在腺窝内。精子在子宫肌肉收缩、子宫液流动以及自身尾部摆动的作用下通过子宫到达宫管结合部。宫管结合部管径较细，加之肌肉收缩强，精子难以通过，因此是精子运行的第二个屏障。精子通过宫管结合部主要是肌肉的收缩作用。

（3）精子在输卵管内运行　精子靠输卵管的收缩、黏膜皱襞及输卵管系膜的复合收缩以及管壁上皮纤毛摆动引起的液流运动，加上精子尾部的摆动，使精子继续沿输卵管前行。在壶峡结合部，由于该部位较为细窄，加上管径括约肌收缩较强，会使大部分精子被阻挡难以通过，因此形成精子到达受精部位的第三道屏障。

多数动物在交配或人工输精后不久，精子即进入输卵管。

2. 精子运行的机制

（1）精子的活力　精子尾部的摆动有利于精子通过子宫颈黏液和隐窝、子宫内膜腺到达输卵管壶腹部与卵子结合。此外，精子穿过透明带也需要精子尾部摆动提供能量。

（2）激素作用　激素对精子在雌性生殖道中运行的影响是多方面的。雌激素能促进雌性生殖道分泌物的产生和生殖道的蠕动，尤其是在接近排卵期，宫颈和阴道黏液变得稀薄、透明且呈拉丝状，有利于精子的游动，提供了精子从阴道到子宫的有利通道。雌激素还可以促使子宫内膜增厚和血管丰富，为受精卵着床创造良好条件。同时，子宫颈位置和开张度的改变也有利于精子的通过。输卵管内的激素受体能够响应激素信号，调控输卵管的蠕动，引导精子向卵子方向移动，提高受精概率。总之，雌性动物体内的激素调控不仅影响自身的生殖器官发育和功能，还在精子在雌性生殖道内的运行过程中起到关键的导向和辅助作用。通过激素调控，确保了精子能够在恰当的时间和适宜的环境下与卵子相遇结合，从而实现受精。

（3）射精的力量　雄性动物射精时，会给精液一个初始动能，这是精子运行的最初动力。

（4）雌性动物生殖道的作用　雌性动物生殖道对精子运行的作用体现在雌性生殖道收缩、上皮细胞纤毛的摆动以及上皮分泌细胞分泌液体的流动。雌性动物生殖道的收缩主要是子宫颈朝着子宫、输卵管方向的逆蠕动，这种逆蠕动能够给精子提供运行的动力。上皮细胞的摆动也有利于精子的被动运行。雌性生殖道分泌的液体分泌物会形成液体的流动，减少精子主动运行中的能量消耗，对精子的运行也是十分有利的。

3. 精子到达输卵管壶腹部的时间和维持受精能力的时间

牛、羊交配后大约 15 min、猪交配后 15～30 min、马交配后大约 24 min 可在输卵管的壶腹部发现精子存在。一般来说，精子在雌性动物生殖道中存活的时间要长于维持受精能力的时间。

不同动物，其精子维持受精能力的时间也会不同。牛的精子维持受精时间大约 28 h；猪的精子维持受精的时间大约 24 h；绵羊的精子维持受精的时间在 30～36 h；马的精子维持受精的时间在 5～6 d；犬的精子维持受精的时间在 2 d 左右。

4. 精子获能、顶体反应与去能

精子获能是一个复杂的过程。获能的部位主要在子宫和输卵管。一般精子获能首先在子宫进行，最终在输卵管内完成。精子获能过程中，精子外膜发生一系列的形态、生理和生化等方面的变化，机能进一步成熟，才具备受精能力。精子获能的过程中，一些激素有助于精子获能。例如。雌性个体分泌的雌激素对精子获能有促进作用，相反，孕激素可以抑制精子获能。

顶体反应是指精子与卵子即将相遇之时，精子顶体帽膨大，精子质膜和顶体外膜融合，形成小泡，小泡破裂并释放酶的过程。通过顶体反应，精子释放受精过程所需要的各种酶。获能以后的精子能释放出顶体酶、透明质酸酶等一系列水解酶，用于溶解放射冠、透明带从而进入卵黄膜。

精清中存在着一种抵抗受精的物质，又称为去能因子。已获能的精子如再培养于精清中会失能，即失去与卵子受精的能力。失能的精子培养于输卵管液、卵泡液或人工配制的获能制剂中可再次获能，可见精子的获能有可逆性。

（二）卵子受精前的准备

1. 卵子的接纳

卵泡成熟后，将卵子连同裹着卵子的卵丘细胞以及卵泡液一起缓慢排出，被输卵管伞部接住。卵子进入输卵管主要借助于伞部内表面纤毛的颤动，从输卵管伞部的喇叭口进入输卵管。一般来说，雌性动物发情时，伞部收集卵子的效率最高。

卵子排出后，也有类似于精子获能的成熟过程或准备过程，在这一过程中，卵泡液与输卵管液的混合对卵子的作用不可忽视，经过几小时后，卵子才具有受精能力，刚排出的卵子，在输卵管起始部，不会受精。一般卵子排出后 2～3 h 才被精子穿入。

2. 卵子在输卵管内的运行

卵子在输卵管中运行主要依赖于输卵管肌肉的收缩、输卵管内液体的流动及纤毛的摆动。

卵子穿过输卵管壶腹部的时间很短，但在壶峡结合部停留的时间却很长，一般在 2～3 d。

卵子在输卵管内运行的时间，一般不超过 100 h。牛 80 h，猪 50 h，绵羊 72 h。大部分哺乳动物卵子维持受精的时间一般在 24 h 左右。牛 20～24 h，猪 8～12 h，绵羊 16～24 h，马 4～20 h，兔 6～8 h。一旦卵子进入峡部，就会失去受精的能力。

二、受精

(一)受精过程(图 1-3-3)

精子与卵子相遇，两性原核融合形成合子。

1. 精子穿过放射冠、透明带

卵子排出后进入壶腹部时，透明带外面被一堆颗粒细胞包裹，形态呈放射状排列，称放射冠。当获能精子与卵子相遇时，由于顶体反应，精子释放各种酶如透明质酸酶、放射冠穿透酶将放射冠依次溶解出一个通道，从而接触卵黄膜。

不是所有的雌性动物排出的卵子都具备放射冠，没有放射冠的卵子称为裸卵。例如，马排出的卵子就没有放射冠，精子直接与透明带接触，但是裸卵也可正常受精与发育。另外，牛、绵羊、猪排卵后 2～3 h 也会将放射冠脱落形成裸卵。

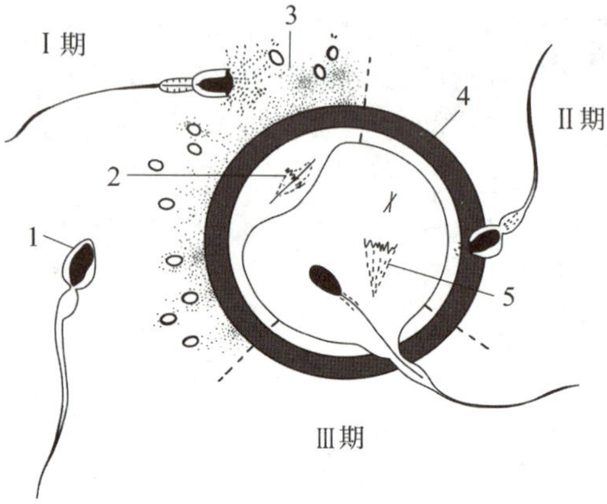

图 1-3-3 受精过程

1. 顶体 2. 分裂中的极体 3. 卵泡细胞 4. 透明带 5. 第二次减数分裂的次级卵母细胞

穿过放射冠的精子会立即附着于透明带上，这种附着具有非常明显的种间特异性，异种动物精子不能附着和穿过透明带。透明带内表面比较光滑，外表面呈现蜂窝状，有精子的特异受体蛋白。顶体素则被看作是精子穿透明带的主要溶解酶，是一种类胰蛋白酶。顶体脱落后，精子借助自身运动穿过透明带。

不同动物精子进入透明带的角度也会有所不同。羊的精子是斜向穿过透明带，猪的精子通常呈 45°角斜向穿过。精子穿过透明带后会留下狭长的孔道。

2. 精子进入卵黄

精子穿过透明带后，到达卵周隙，从而使卵子激活。此时精子仍能活动，不过活动时间很短。精子一旦接触卵黄膜，精子的运动就停止了。精子头部与卵黄膜相接触，核后帽溶解卵黄膜，使精子头部完全进入卵细胞内。卵黄膜内卵黄发生旋转，卵黄膜表面绒毛抓住精子头部，将精子拖入卵内，精子尾部也全部进入卵内。

皮质反应是一种防止卵黄膜再被其他精子穿透的防御性反应。当精子接触卵黄膜，卵黄膜发生收缩，其膜电荷改变，卵黄膜下皮质颗粒向卵子表面移动，皮质颗粒与卵黄膜融合，以胞吐方式将其内容物排入卵周隙，将卵黄周隙填充。皮质颗粒是一种小而圆的细胞器，含有大量的水解酶类、黏多糖、糖蛋白。当皮质反应发生后，皮质颗粒所释放的黏多糖与卵黄膜表面紧密相粘，改变透明带的性质，在卵子周围又形成一保护层。

与此同时，卵黄膜下皮质颗粒内容物中的类胰蛋白酶破坏了透明带上特异性精子受体，从而阻止其他精子穿透明带的作用，称为透明带反应。

另外，精子进入卵黄膜后会引起卵黄紧缩，卵黄膜增厚，并分泌液体进入卵黄周隙的现象，称为卵黄膜反应，其意义也是在于阻止多精子受精。

3. 原核、合子形成

精子进入卵后不久，头部开始膨大，核疏松、核膜消失，染色质去致密。卵母细胞减数分裂恢复，释放第二极体，去致密的精子染色质和卵子染色质重新构建核膜，形成雌原核和雄原核。

雌、雄原核逐渐向卵中央移动、相遇，核膜消失。雌雄原核融合，形成合子，受精过程到此结束。

（二）受精过程所需时间

不同动物受精过程所需时间有所不同。从精子进入卵子到第一次卵裂的间隔一般为：猪 12～24 h，绵羊 16～21 h，牛 20～24 h，兔 12 h，马 24 h。

（三）异常受精

异常受精是指受精过程中出现的非正常受精的现象。常见的异常受精有多精子受精、双雌核受精、雌核发育、雄核发育等。异常受精的比例占受精比例的 2%～3%。

多精子受精是指由两个或偶尔两个以上的精子同时与卵子接近，并进入卵子内部发生的受精作用。其产生原因可能与卵子衰老、热应激以及配种输精延迟有一定关系。一般多精子受精形成的三倍体或四倍体，这些胚胎往往在发育早期死亡。

天然的雌核发育的卵母细胞，在进一步分裂中通常会受到限制而使染色体数目减半受阻，从而使通过雌核发育的个体由单倍体成为多倍体而发育为正常个体。人工诱导的雌核发育通常使用经过物理或化学方法处理精子，使其失活后再“受精”，然后用人为阻止卵母细胞的第二极体外排，或限制第一次有丝分裂等方法获得雌核二倍体。使用人工诱导的雌核发育的个体截至目前的成活率不高，多数在幼体时期即死。

任务四　妊娠

情境导入

同学们，我们设想这样一个情境：在一处宁静的乡村牧场，一头刚经历过配种的母牛安静地躺在草地上休息，它的腹部微微隆起，眼神中透露出母性的光辉。牧场主正满怀期待地等待着母牛肚子里新生命的诞生，因为他知道，从配种成功的那一刻起，母牛的身体就开始了一系列神奇的妊娠生理变化，最终孕育出强壮的小牛犊。妊娠，对于雌性动物而言，是生殖生理过程中至关重要的阶段，它涉及了受精卵着床、胚胎发育、胎儿与母体间的物质交换、胎盘功能的发挥以及母体生理状态的调整等诸多复杂过程。在这个过程中，母体不仅要为胚胎和胎儿提供适宜的发育环境，还要通过自身的生理调节确保妊娠过程的安全与顺利。今天，我们将一起深入学习雌性动物的妊娠生理，了解从受精卵着床到胎儿发育成熟，母体在营养供给、激素调控、免疫耐受以及生理机能改变等方面的细节，这对于我们理解动物繁殖生物学、优化动物繁殖管理、提高家畜生产性能乃至保障动物福利等方面都具有深远的意义。让我们一起踏上这段探索生命诞生奇妙之旅吧！

一、胚胎的发育

（一）胚胎的早期发育（图 1-3-4）

1. 卵裂

受精卵即合子形成后，开始了一次又一次的有丝分裂。在分裂过程中，胚胎吸收水分，体积增大，但细胞并未生长，胞质总量并未增加，反而略减少。这种不伴随细胞生长的细胞分裂称为卵裂。当卵裂发生过程中产生的子细胞又称为卵裂球。卵裂球在进一步分裂过程中并不是对等分裂的，很多时候都是大的卵裂球先分裂，小的卵裂球再分裂。这一时期主要在输卵管内完成，个别时也进入子宫。据研究，8 个细胞以前的胚胎，被施行胚胎分割或因外力作用分开，每个卵裂球都具有发育成为一个新个体的潜力。

当卵裂球增加至 16～32 个细胞时，细胞将从球形变成楔形，细胞间紧密连接形成像桑椹样的致密细胞团，称为桑椹胚。此时，透明带并未破坏，主要过程在输卵管中发生，部分过渡到子宫中。

2. 囊胚

桑椹胚形成后，随着细胞数量的增多，细胞分裂速度不同，细胞分泌的液体会在细胞间隙积聚，最后在细胞团中央形成一充满液体的腔成为囊胚腔。此时的胚胎称为囊胚，又称为胚泡。

随着囊胚腔中液体的增多，囊胚开始扩张，体积增大，逐渐突破透明带。伴随着囊胚的扩张，囊胚中细胞分化明显。囊胚中小的细胞分裂速度快，富有黏多糖和酸性磷酸酶的细胞聚集在外周，形成胚胎外层，继而成为滋养层，将来发育为胎膜和胎盘。大的细胞含有碱性磷酸酶，分裂速度慢，逐渐聚集在囊胚一侧，称为内细胞团，将来发育成为胎儿。

3. 原肠胚

随着胚泡的进一步发育，囊胚中出现内胚层，此时称为原肠胚。囊胚中的滋养层逐渐出现退化，导致内细胞团裸露，称为胚盘。胚盘下方衍生内胚层，它沿滋养层内壁延伸，以分层的方式形成一个新的细胞层并向胚泡内壁扩展，成为内胚层，扩展围成腔称为原肠腔。

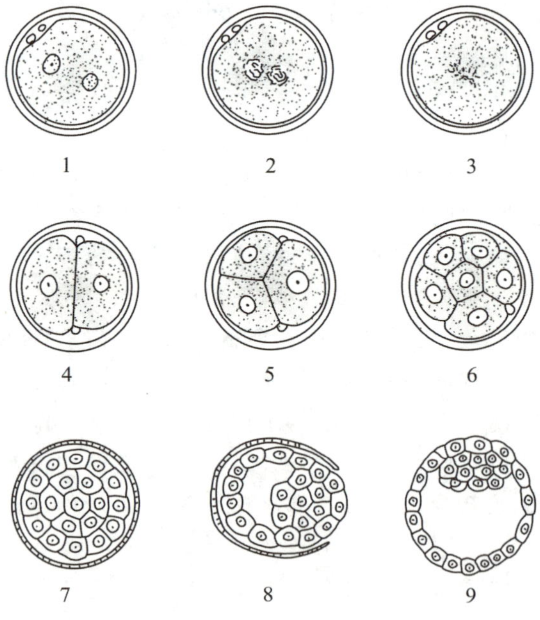

图 1-3-4　胚胎发育

1. 雌雄原核形成　2. 雌雄原核靠近　3. 原核融合开始卵裂

4. 2 细胞期　5. 4 细胞期　6. 8 细胞期

7. 桑椹胚　8. 早期胚泡　9. 胚泡

(二)早期胚胎的迁移

早期胚胎处于一种迁移、游离的状态。胚胎在子宫内自由移动的状态,称为胚胎游离。其营养主要来自卵黄、子宫内膜腺和子宫上皮所分泌的物质。

(三)胚胎的附植

早期胚胎在子宫内游离一段时间后,由于体积逐渐增大,胚胎滋养层细胞逐渐与母体子宫内膜发生组织联系和生理联系而固定下来,称为胚胎附植。胚胎附植的部位一般在血管分布多、营养物质丰富的部位。胚胎在子宫内的附植位置是最有利于胚胎发育的地方。

马单胎时,附植于对侧子宫角的基部,牛、羊单胎时附植于同侧子宫角的下 1/3 处,两个胚胎时,每侧子宫角各一个;猪等多胎动物,平均等距离分布于两侧子宫角内。

二、胎膜和胎液

(一)胎膜

胎膜是形成胎儿过程中产生的附属膜,是胎儿本体以外包裹着胎儿的几层膜的总称。胎膜来源于胚胎的外胚层、中胚层和内胚层,其作用与母体子宫黏膜进行养分、气体及其他代谢产物的交换。按照胎膜结构部位及功能分为羊膜、尿膜、绒毛膜、卵黄囊和脐带(图 1-3-5)。

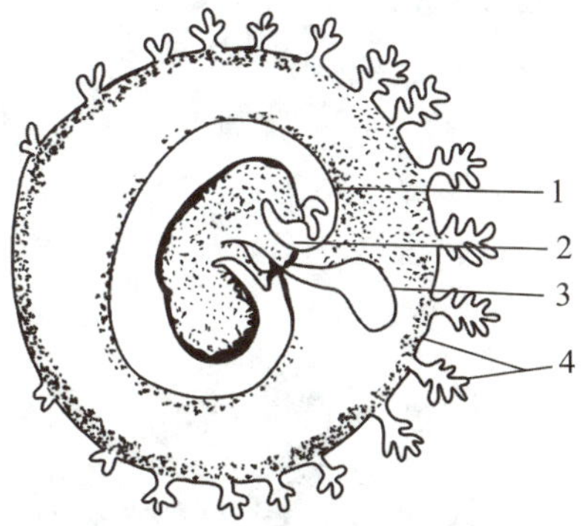

图 1-3-5　胎膜结构图

1. 羊膜　2. 脐带　3. 卵黄囊　4. 绒毛膜

1. 卵黄囊

哺乳动物在胚胎发育初期都有卵黄囊存在,由胚胎发育早期的囊胚腔形成。卵黄囊上有血管网,在胚胎发育早期起营养交换作用,借卵黄囊吸收子宫乳中的养分和排除废物,起到原始胎盘的作用。当尿膜出现后,卵黄囊的功能逐渐被取代。

鸟类卵黄囊很发达,起营养作用。随着胚胎发育,卵黄囊逐渐萎缩,最后在脐带中留一点痕迹。

2. 羊膜

羊膜是包裹在胎儿外的最内一层膜,是胎膜的最内层。它形成的囊叫羊膜囊。囊内含有羊水,胎儿悬浮于其中。在胎儿脐孔处,羊膜与胎儿腹部皮肤相连,羊膜上无血管。羊膜的主要作用是保护胎儿免受震荡和压力的损伤,提供胎儿自由生长条件。

3. 尿膜

在奇蹄类,尿膜分为内外两层。内层与羊膜黏合在一起,称为尿膜羊膜;外层与绒毛膜黏合在一起,称为尿膜绒毛膜。尿膜两层之间形成尿囊。尿囊通过脐带中的脐尿管与胎儿膀胱相连。尿囊中存有尿水,其功能相当于胚体外临时膀胱,并对胎儿的发育起缓冲保护作用。哺乳动物中,牛、羊、猪的尿囊在胎儿的腹侧和两侧包围羊膜囊,马、驴、兔的尿囊则包围整个羊膜囊。

4. 绒毛膜

绒毛膜由滋养层和胚外中胚层壁构成,是胎膜的最外层。它所构成的囊叫绒毛膜囊,包围着尿囊、羊膜囊和胎儿。绒毛即为滋养层细胞形成的突起。绒毛浸润在绒毛间隙的母体血液里,胚胎通过绒毛吸收养分和排除代谢废物。

5. 脐带

脐带是连接胎儿与胎盘的唯一通道,由脐动脉和静脉、卵黄囊和尿囊遗迹以及结缔组织组成，外包羊膜，呈索状。脐动脉含有胎儿的静脉血，脐静脉来自胎盘，具有动脉血特征。

（二）胎液

胎液是指羊膜囊和尿囊内的羊水和尿水。

1. 羊水

羊水最初是羊膜细胞分泌的，随着胎盘的逐渐形成，羊水大部分来源于母体血液。发育的胎儿也排泄一部分产物至羊水中，有时在羊水中可见到不整形的块状物——胎饼。

羊水对胎儿起保护作用，可防止胎儿受周围组织的压迫；避免胎儿的皮肤与羊膜发生粘连，并可使绒毛膜与子宫内膜发生密切接触，有助于附植；分娩时，羊膜破裂，羊水流出会润滑产道，有助于胎儿分娩。

2. 尿水

尿水来源于胎儿的尿液和尿囊上皮分泌物。尿水的压迫有助于绒毛膜与子宫内膜的紧密接触。同时，尿囊可在分娩前贮存发育胎儿的排泄物和维持胎儿血浆渗透压。

三、胎盘

（一）胎盘结构

胎盘（图 1-3-6）通常指由胎儿胎膜绒毛膜与母体子宫黏膜共同结合在一起的组织。胎儿胎膜绒毛膜部分称为胎儿胎盘；而母体子宫黏膜部分称为母体胎盘。胚胎通过胎盘从母体吸取营养。胎盘是一个具有很多功能活动并和母体有联系、但又相对独立的暂时性器官。

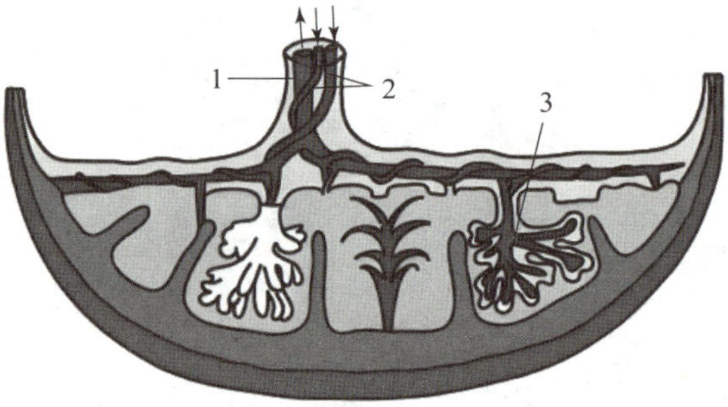

图 1-3-6　胎盘结构图

1. 脐动脉　2. 脐静脉　3. 绒毛

（二）胎盘类型

根据绒毛膜表面绒毛的分布，胎盘可以分为弥散型胎盘、子叶型胎盘、带状胎盘和盘状胎盘（图 1-3-7）。

1. 弥散型胎盘

猪、马、骆驼的胎盘属于弥散性胎盘。该类胎盘绒毛膜上的绒毛均匀分布在整个绒毛膜表面。绒毛膜上的绒毛插入子宫黏膜上皮向深部凹入形成的腺窝内，每一根绒毛上部都有毛细血管分布，又称上皮绒毛膜胎盘、散布胎盘等。由于该类胎盘构造简单，绒毛与母体胎盘剥离容易，所以分娩出血少，胎衣易脱落，但易发生流产。

2. 子叶型胎盘

牛、羊的胎盘属于子叶型胎盘，也称叶状胎盘。该类胎盘绒毛膜上的绒毛集中在绒毛膜上的某些部位，形成许多绒毛丛，呈盘状或杯状凸起，称为胎儿子叶。胎儿子叶与母体子宫内膜的特殊突出物——子宫阜（母体子叶）融合在一起形成胎盘的功能单位。羊的母体子宫内膜形成的子宫阜是凹陷的，俗称母包子；牛的子宫阜是凸出的，俗称子包母。绵羊子宫阜为 80～100 个，山羊子宫阜为 160～180 个，牛子宫阜为 70～120 个。由于子叶型胎盘，子叶之间联系紧密，且联系位点比较多，因此在分娩过程中容易出现胎衣不下的现象。

3. 带状胎盘

犬、猫的胎盘属于带状胎盘。该类胎盘绒毛膜上的绒毛聚集在绒毛膜中央，形成环带状。绒毛膜上的绒毛直接与子宫血管内皮相接触，没有接触的部位是光滑的，又称为内皮绒毛膜胎盘。也正是因为绒毛直接与子宫血管内皮相接触，故分娩时易出血。

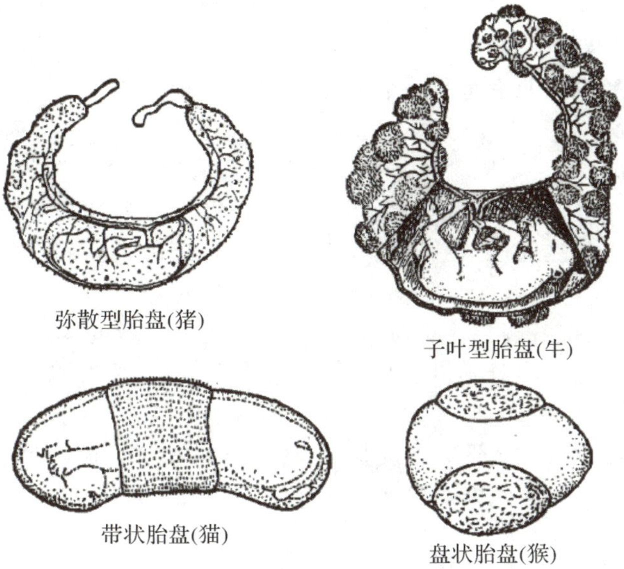

图 1-3-7 常见哺乳动物胎盘

4. 盘状胎盘

兔、大鼠、灵长类的胎盘属于盘状胎盘。该类胎盘整体呈圆形或椭圆形。其形成原因是绒毛膜上的绒毛在发育过程中逐渐集中，局限于一圆形区域，绒毛直接侵入子宫黏膜下方的血窦内，因此又称血液绒毛膜胎盘（简称血绒膜胎盘）。

（三）胎盘的功能

1. 运输功能

根据胎盘运输物质的性质不同，胎盘采用不同的方式运输。氧气、水等物质的运输往往采用单纯弥散的方式，从分子高浓度区移向低浓度区，最终取得平衡。葡萄糖、氨基酸及大部分水溶性维生素等物质的运输往往需要细胞膜上一些特异性受体的协助，通过细胞膜上特异性受体膜蛋白结构发生变化，将结合物从膜的一侧转移到另一侧。一些氨基酸、无机磷酸盐、血清铁钙等物质一般采用主动运输的方式，从母体一方胎盘转移到胎儿一方。极少量大分子物质，如免疫球蛋白等通过胞饮作用被胎儿吸收。

2. 代谢功能

胎盘组织内酶系统极为丰富，因此胎盘组织具有高度生物活性作用，有广泛合成及分解代谢功能。

3. 内分泌功能

胎盘同时具有合成蛋白质激素、胎盘促乳素以及甾体激素的作用，对维持正常妊娠以及胎儿的发育具有重要作用。

（四）胚胎的营养来源

不同时期，胚胎获取营养的来源会有所不同。桑椹期，胚胎主要靠自身的卵黄提供营养。囊胚期（孵化），胚胎营养主要来源于子宫乳，其次来源于卵黄。胚胎转移到子宫后，进入胚胎附植期，此时胚胎的营养主要来自子宫乳。子宫乳是由子宫内膜腺体细胞分泌的营养物质，其中混合着子宫上皮的细胞碎屑。胚胎完成附植后，随着胎盘的形成，就转为主要依靠胎盘来吸收营养了。

四、妊娠

(一)妊娠的识别与建立

妊娠是从卵子受精到胎儿发育成熟后并排出母体之前的生理过程。胚胎进入子宫角后，胚胎滋养层释放某种化学物质，使母体子宫识别胚胎存在，并产生一系列生理变化以确定胚胎存在的现象，称为妊娠识别。不同种动物胚胎识别物质有所不同。人、猴胚胎滋养层产生人绒毛膜促性腺激素；牛、羊胚胎滋养层产生糖蛋白；猪、羊胚胎滋养层产生雌酮和雌二醇，子宫合成硫酸雌酮。胎儿与母体之间通过激素的媒介和其他生理因素而固定下来，从而确定开始妊娠，叫妊娠的建立。

与此同时，胚胎产生抗溶解黄体物质，使假黄体演变形成真黄体，维持妊娠，如前列腺素拮抗物等。黄体的存在和它的内分泌机能是正常妊娠的先决条件。周期性黄体不发生退化和转变为妊娠黄体。

母体妊娠识别的时间，一般都早于周期性黄体消失（退化）的时间。猪妊娠识别时间为10～12 d，牛 16～17 d，羊 12～13 d，马 14～16 d，犬 17～22 d，猫 13～14 d。

(二)妊娠期

妊娠期是指卵子受精后到分娩当天之间新生命在母体内生活的阶段。从最后一次配种或输精的那一天开始算起，到分娩为止。各种动物的妊娠期因品种、年龄、环境因素等会有所不同。

以下是常见母畜预产期的推算。

牛：妊娠期 280 d；配种月份－3 或＋9；配种日数 ＋6 或 ＋9
猪：妊娠期 114 d；配种月份 ＋4；　配种日数 －8（或 3 月 3 周 3 d）
羊：妊娠期 150 d；配种月份 ＋5；　配种日数 －2
马：妊娠期 340 d；配种月份 －1；　配种日数 ＋10
兔：妊娠期 30 d 左右
犬：妊娠期 62 d 左右
猫：妊娠期 58 d 左右

(三)影响妊娠期的因素

胚胎在发育过程中受多方面因素的影响。这些因素会影响胎儿的发育以及妊娠过程。

(1)遗传因素　个体小和自然寿命较短的动物，妊娠期一般比较短。

(2)年龄　经产母畜一般孕期长。

(3)胎儿数目　胎儿较多的母畜，妊娠期一般较长。

(4)胎儿性别　单胎畜种，怀有雄性胎儿的母畜孕期略长。

(5)自然环境　夏季高温，易造成胚胎死亡，妊娠期相对较短，冬春一般相对较长。冬季要注意保温，温度太低也易造成胚胎死亡。

(四)妊娠期间的内分泌变化

在妊娠期，母体各种激素会发生较大变化。

(1)孕激素　发情期孕激素低，妊娠期孕激素高，分娩前孕激素降低。

(2)雌激素　发情期雌激素高，妊娠期雌激素低，分娩前雌激素高。

(3)促卵泡素和促黄体素　发情前期及发情期促卵泡素高，促黄体素在排卵前有一个高峰。

(4)前列腺素　分娩前前列腺素分泌增高。

(5)催产素以及松弛素　分娩前催产素和松弛素分泌增高。

(五)妊娠母畜和生殖器官的变化

1. 母畜身体变化

动物妊娠初期,食欲增加,消化能力提高,毛色变得光润;胎儿、胎水的增长,母畜体重增加。前期,动物营养状况良好,易上膘。妊娠后期,胎儿急剧生长,母畜要消耗在妊娠前期所积蓄的营养物质以满足胎儿生长发育的需要。此阶段,应加强营养,保障营养物质供给。

随着胎儿逐渐增大,母畜腹内压力升高,内脏器官的容积减小,肺活量变小,呼吸次数增加,并且呼吸方式由胸腹式变为腹式呼吸为主。由于胎儿增大,胎水增加,母畜腹部膨大,且孕侧比空侧凸出;怀孕后期,巨大的子宫压迫后腔血管,使血液循环受阻,常见下腹部和后肢出现水肿。

2. 卵巢变化

妊娠期,母畜黄体形成突出于卵巢表面,并持续分泌孕激素,维持妊娠。

3. 子宫变化

妊娠期,母体子宫变化有增生、生长和扩展 3 个时期。

胚胎附植前,母体子宫内膜增生,血管分布增加,子宫腺增长,子宫肌肉活动性降低,子宫内膜充血、增厚,上皮增生、子宫腺盘曲明显,分泌能力增强,产生子宫乳,为胚胎附植做好准备。

子宫生长期是在胚胎附植后开始。子宫肌肉肥大,结缔组织基质的广泛增长,纤维成分及胶原含量增加。

子宫扩展期间,子宫生长减慢。在妊娠后半期,子宫的增长速度没有胎儿及胎水增长快,子宫壁被动扩张而变薄,子宫体积变大。

4. 阴门及阴道变化

妊娠初期,母体外阴唇收缩,阴门紧闭、干瘪。随妊娠期进展,阴唇出现水肿并伴随着妊娠的发展出现了不同程度的增加,阴道黏膜颜色变为苍白,干涩,子宫颈口关闭。妊娠末期,母体外阴唇、阴道变为水肿而柔软,阴道内分泌黏液,子宫颈口逐渐松软,有黏液流出。

5. 子宫动脉变化

子宫血流量增加,血管扩张变粗,尤其是动脉血管内膜皱褶变厚,加之和肌肉层的联系疏松,使原来间隔明显的动脉脉搏变为间隔不明显的颤动,即所谓妊娠脉搏(孕脉)。

五、妊娠诊断方法

妊娠诊断的目的是确定母畜是否妊娠,以便对已妊娠者加强饲养管理,对未妊娠者找出原因,及时补配或进行必要的处理,从而提高母畜的繁殖率;对妊娠者,通过诊断有助于维持母畜健康,保证胎儿正常发育,以防止胚胎早期死亡或流产。妊娠诊断不但要求准确,而且要能在早期确诊。

常见的妊娠诊断方法有外部观察法、阴道检查法、直肠检查法、激素测定法、超声波诊断法以及免疫学诊断法。例如,人 HCG 抗体试剂盒可以进行早期妊娠检测。

(一)外部观察法

外部观察法是通过观察母畜的外部症状进行妊娠诊断的方法。此法适用各种母畜。其缺点是不易准确做出早期妊娠诊断,对少数生理异常的母畜易出现误诊,因此常作为妊娠诊断的辅助方法。

母畜妊娠后,发情周期停止,食欲增加,膘情好转,被毛光亮,行动谨慎,怕拥挤,易离群。

（二）直肠检查法

直肠检查法是用手隔着直肠壁触摸卵巢、子宫、子宫动脉的状况及子宫内有无胎儿存在等来进行妊娠诊断的方法，适合于大家畜。其优点是诊断的准确率高，在整个妊娠期均可应用。但在触诊胎儿时，动作要轻缓，以免造成流产。

（三）阴道检查法

阴道检查法是用开膣器打开母畜的阴道，根据阴道黏膜、子宫颈口以及阴道黏液的状况进行妊娠诊断的方法。

母畜妊娠后，阴道黏膜苍白，表面干燥、无光泽、干涩，插入开膣器时阻力较大。子宫颈口关闭，有子宫栓存在。随着胎儿的发育，子宫重量的增加，子宫颈往往向一侧偏斜。

此法的缺点是当母畜患有持久黄体、子宫颈及阴道有炎症时，易造成误诊。阴道检查往往不能做出早期妊娠诊断，如果操作不慎还会导致孕畜流产，故应作为一种辅助妊娠诊断法。

（四）超声波诊断法

利用 A 型超声波诊断仪探测胎水、胎儿运动、胎心搏动及心脏和血管中血液的流动等情况来进行妊娠诊断。

该法适用于马、牛、羊、猪，操作方法简单，准确率高，还可以测定胎儿的死活，能比较早地做出妊娠诊断。

（五）激素测定法

通过母畜尿液检测相关激素来判断动物是否妊娠。可将试纸直接浸泡在母畜尿液中，根据颜色变化来判断是否妊娠，这种方法简单易行，可以作为辅助测定手段。

任务五　分娩

情境导入

同学们，让我们设想一下，我们置身于一个宽敞明亮的现代化养猪场中，工作人员正在密切关注着一头临近预产期的母猪。这头母猪腹部饱满，呼吸稍显急促，它显得有些不安，不断地变换躺卧的位置。周围的环境已按分娩前的要求精心布置，一切准备就绪，只待新生命的到来。这就是我们今天要探讨的主题——雌性动物的分娩生理过程。分娩是雌性动物生殖生理周期中的高潮阶段，是从胎儿成熟、子宫收缩、胎儿排出体外，直至胎衣娩出等一系列精密协调的生理过程。理解并掌握雌性动物的分娩生理知识不仅有助于我们科学预测分娩时间，确保动物顺利分娩，防止难产，提高仔畜成活率，还可以在分娩管理过程中采取有效的保健措施，减少母畜和仔畜的伤亡，保障动物福利，提高养殖业的经济效益。现在，我们将一起探索雌性动物临产前的征兆识别、分娩发动机制、分娩过程中的生理变化，以及如何进行科学的分娩监护与助产等相关知识。让我们通过深入学习和理解这一过程，为未来从事动物繁殖、兽医临床实践以及动物养殖管理工作打下坚实的基础。

一、发动分娩的机理

分娩是指母畜怀孕期末，胎儿发育成熟，母体将胎儿及附属物质从子宫内排出体外的生理过程。一般认为是由机械性扩张、神经及激素等多种因素互相联系、协调而促成的。

(一)机械因素

机械因素指胎儿持续生长，子宫内容物增加，引起子宫扩张，对子宫壁产生牵引和压迫作用，使子宫肌肉对雌性激素、催产素的敏感性增加；同时胎盘血液循环受阻，胎儿缺氧挣扎，最后导致分娩。如单胎动物怀双胎时妊娠期短，胎儿发育不良时延长。

(二)激素因素

(1)雌激素　妊娠后期雌激素的分泌量增加，使产道松弛、增强子宫肌自发性收缩，刺激前列腺素合成，提高子宫肌对催产素敏感性。

(2)孕激素　妊娠后期，临近分娩时孕激素分泌量下降，解除对子宫肌活动的抑制。

(3)前列腺素　妊娠后期，前列腺素分泌量增加。前列腺素是溶解黄体、刺激子宫肌收缩的重要物质，还能刺激垂体释放催产素。

(4)催产素　妊娠后期，催产素分泌量增加，促使子宫发生强烈收缩，是促进分娩完成的重要激素。

(5)松弛素　妊娠后期，松弛素分泌量增加，松弛骨盆韧带使耻骨间的韧带扩张。

(三)胎儿因素

胎儿肾上腺皮质激素与分娩启动有密切关系。胎儿的下丘脑-垂体-肾上腺轴分泌肾上腺皮质激素对于发动分娩起着决定性的作用。

(四)免疫学因素

分娩是免疫排斥的具体表现。因胎儿的遗传物质一半来自父方，所以胎儿发育成熟才能分娩的免疫学因素有：

(1)胚胎抗原在早期的免疫原性较弱，母体视为已物而耐受。

(2)胎盘滋养层细胞无抗原性或较弱，母体不对其产生免疫反应。

(3)妊娠时子宫的蜕膜组织可能具有局部的免疫抑制作用。

(4)母体与胎儿之间可进行免疫交换，而在胚胎的发育过程中不断产生某些免疫抑制物质，可抑制母体的免疫反应。

(5)妊娠期间，母体产生的某些不相容性物质可被胎水、胎膜囊调节所清除，若这一结构被破坏，便会引起胎儿死亡。

(五)中枢神经因素

神经系统对分娩过程具有调节作用。当胎儿前置部分进入产道，对子宫颈、阴道产生刺激，冲动由下丘脑传到垂体后叶，引起催产素释放。多数分娩发生在夜间，这是因为干扰少，中枢易接受子宫、软产道发来的冲动信号。

二、分娩预兆与分娩过程

(一)分娩预兆

1. 乳房的变化

母畜分娩前，乳房发育迅速，膨胀增大，有的还出现乳房浮肿。①牛：产前 2～3 d 则充满乳汁，若奶由乳白色稀薄变得黄色而浓稠时，就快要临产了，当出现漏乳现象后数小时至 1 d 即分娩。②猪：产前 3 d 左右，中部两对乳头挤出少量清亮的液体，在分娩前 0.5～1 d，可在前后部乳头挤出初乳，有的有漏乳现象。

2. 外阴部的变化

分娩前数天，母畜阴唇逐渐变松软、肿胀、体积增大，并充血稍变红，从阴道流出的黏液由浓稠变稀薄。牛、羊最明显，猪阴唇肿大开始于产前 3～5 d。只有母马和奶山羊的阴唇变化较晚。

3. 骨盆的变化

临产前数天，母畜骨盆韧带松软，分娩前 1～3 d 荐坐韧带后缘已充分软化，尾根两侧下陷，称“塌陷”，另外荐髂骨韧带同样也很软。

4. 行为变化

分娩前，母畜食欲不振，精神抑郁，来回走动，焦躁不安和离群寻找安静地。猪产前 6～12 h，衔草作窝；马、驴产前数小时肘后和腹侧出汗，表现不安，频繁举尾，踢踢下腹部和时常起卧及回顾腹部等；兔：扯咬胸部被毛和衔草作窝；羊：前肢刨地，频繁起卧；犬、猫：往返走动，焦躁不安，频繁起卧。

(二)决定分娩过程的要素

1. 产力

将胎儿从子宫中排出的力量称产力。分娩是阵缩和努责两者联合作用的结果，参与其中的主要有子宫肌、腹肌和膈肌。

阵缩是指子宫肌有节律的收缩，尤以子宫环形肌收缩最为有力，它是分娩过程中的主要动力。阵缩发生在分娩的全过程。分娩前期以阵缩为主。

努责是由腹壁肌和横膈肌的收缩而引起，它是娩出胎儿的辅助动力。努责是伴随着阵缩进行的。阵缩开始时收缩期短，且不规律，力量弱，之后阵缩变得持久有力而规律。每次阵缩都是由弱到强，持续一定时间之后，逐渐减弱，直至消失。两次阵缩之间有间歇时间。阵缩对胎儿的安全非常重要。子宫壁收缩时，血管受压迫，胎盘上的血液循环受阻，间歇时压迫解除，血液循环恢复，使胎儿不致缺氧。胎儿排出，腹壁肌较少收缩，而子宫仍继续收缩，促进胎衣排出。分娩中后期以努责为主。

单胎动物的子宫收缩从子宫角端部开始，两角不同步。多胎动物的子宫收缩从近宫体部开始，逐段收缩。

2. 产道

产道是分娩时胎儿由子宫内排出的必经之道。有软产道和硬产道之分。

(1)软产道是指子宫颈、阴道、前庭及阴门，它们都是由软组织构成。

(2)硬产道是指骨盆，它是由荐骨及前四个尾椎、两侧髋骨和两侧的荐坐韧带组成。

骨盆腔是指骨盆入口(前口)与出口(后口)之间的空腔体。

骨盆轴是指通过入口荐耻径、骨盆垂直径和出口上下径 3 条线的中点。一般来说，骨盆轴越直越短，胎儿通过就越容易。

3. 分娩姿势对骨盆腔的影响

动物分娩以侧卧姿势为多。这种姿势使胎儿容易进入骨盆腔，而且腹壁不容易受到内脏器官和胎儿重量的压迫，腹壁收缩更为有力，后肢伸直比其他姿势更有利于胎儿排出。

4. 胎向

根据胎儿身体纵轴与母体身体纵轴之间的关系，胎向分纵向、横向和竖向 3 种。

(1)纵向　纵向指胎儿身体纵轴与母体身体纵轴互相平行，是胎儿分娩时正常胎向。

当胎儿的头和前肢先进入骨盆腔为正生；相反，胎儿的后肢或臀部先进入骨盆腔为倒生。

(2)横向　横向是指胎儿的身体纵轴与母体身体纵轴呈水平垂直的状态。胎儿的背部向着产道的称为背部前置横向(背横向)；胎儿的腹部向着产道的称为腹部前置横向(腹横向)。

(3)竖向 竖向是指胎儿的身体纵轴与母体身体纵轴呈上下垂直状态。

纵向是正常胎向;横向和竖向属反常胎向易发生难产。

5. 胎位

胎位是指胎儿的背部与母体背部或腹部的关系。

(1)上位 上位是指胎儿的背部在上,向着母体的背部或荐部。

(2)下位 下位是指胎儿的背部在下,向着母体的腹部或耻部。

(3)侧位 侧位是指胎儿的背部偏向一侧,朝向母体左侧或右侧腹壁及髂骨。有左侧位和右侧位。

6. 胎势

胎势指胎儿本身各部分之间的相互关系。分娩前胎势是胎儿四肢向腹部屈曲,体躯微弯,头向胸部贴靠;分娩时的胎势是头、颈、躯干、四肢伸展成细长姿势。

正常的胎势有头纵向、上位、胎儿前肢抱头、后肢踢腹。

7. 前置

前置是指胎儿先进入产道的部分。正生时称头前置或前躯前置;倒生时叫后躯前置。

8. 分娩时的胎向、胎位与胎势

胎儿分娩时总的来说是纵向的,而且大多数是头(前躯)前置,少数后躯前置。对于母畜而言,侧卧分娩能够减少对于荐坐韧带的压力,同时增加对产道的排出推力。

(三)分娩过程

分娩过程是指从子宫肌和腹肌出现收缩开始,至胎儿和附属物(胎衣)排出为止。分娩过程分为子宫颈开口期、胎儿产出期以及胎衣排出期。

1. 子宫颈开口期

从子宫有规则地出现阵缩开始到子宫颈口完全开为止。此期仅有阵缩而无努责。母畜刚开始阵缩轻微,间歇期较长,继而则强而短。开口期,母畜较安静,等待分娩,食欲减退,轻度不安(起卧),频频排尿。

此时期持续时间:牛 0.5~12 h,马 1~24 h,羊 4~8 h,猪 2~6 h,犬、猫 3~24 h。

2. 胎儿产出期

胎儿产出期是指由子宫颈口充分开张至胎儿全部排出为止。

此期,母畜阵缩、努责共同发生。努责为排出胎儿的主要力量。母畜极度不安,起卧频繁,前蹄刨地,后肢踢腹,回顾腹部,弓背努责。

当胎头通过骨盆腔时,母体努责表现最为强烈。当胎头露出阴门之后,稍微休息,继而胸部,其余随之迅速排出,仅胎衣留在子宫内。

此时期持续时间:马、驴 10~30 min、双胎间隔 10~20 min,牛、羊 3~4 h、双胎间隔 30~120 min,猪 2~6 h、间隔 3~5 min,犬、猫 6 h 以内。

3. 胎衣排出期

胎衣排出期是从胎儿被排出后至胎衣完全排出为止。

此阶段阵缩特点是时间较长,100~130 s,间隔也较长,1~2 min,并伴有轻微的努责。

此时期持续时间:牛子叶型胎盘,2~8 h,超过 12 h 为胎衣不下;羊 0.5~4 h;马、驴 5~90 min,不超过 3 h,超过 3 h 为胎衣不下;猪 10~60 min,分两批排出;犬、猫 15 min 左右。

项目小结

本项目结合了生产实践的需要,从雌性动物性机能发育、发情生理、受精、妊娠以及分娩几个方面，阐述了雌性动物生理和发情特点以及受精、妊娠和分娩的过程。通过本项目的教学，有助于学生加深对雌性动物生殖生理活动的理解，为雌性动物发情鉴定、助产等知识的学习打下了基础，有比较强的针对性和实用性。此外，本项目内容理论性和实践性都很强，同学们在学习过程中要系统理解并有效应用这些知识，进行有针对性的技能训练，将理论与实践紧密结合。

思政园地

我国著名畜牧科学家——王栋

王栋，字秉钧，1906 年 10 月 24 日出生于江苏省崇明县（现属上海市），畜牧学家、草原学家、动物营养学家、农业教育家。

王栋先生毕生从事畜牧科学、草原科学教学和研究，是中国早期动物营养和家畜饲养学开拓者，中国草原学科奠基人，为中国种植业与养殖业结合的现代农业思想做出了贡献。

王栋先生早年经历了中国历史上最黑暗的时期，经过艰苦的全国解放战争，迎来了新中国。王栋先生于 51 岁，英年早逝。但他充分利用了生命的最后十年，尤其新中国成立后的几年，将毕生所学奉献给了祖国。

王栋先生于 20 世纪 40 年代把植物—动物生产系统的现代草原学的核心概念介绍到中国，并最先在中央大学开设草原管理学课程。他的草业学思想贯穿了生态系统良性循环及可持续发展的观念，将草原与环境、草原与社会联系起来，并重视发展大农业，以草为根本，与农牧结合，强调在保持并提高草原生产力的原则下，获得最高额的畜产品。针对我国长期存在的农耕与畜牧的割裂与对立，王栋先生指出了其局限性，并于新中国成立初期，大力宣传苏联的草田轮作制与草田耕作法，强调农林牧的有机结合。为了探索这个复杂的农业生态系统，王栋从牧草出发，展开家畜营养学研究，关注动物营养学理论及其应用。他所著的《动物营养学》达到了当时最高水平，这是中国农畜营养学领域第一部完整的著作，因此他被后人誉为动物营养学奠基人。随着营养学原理的具体应用，他又涉足家畜饲养科学领域，将营养学原理应用于家畜饲养科学，并制定了以代谢能（ME）为指标的“王氏饲养标准”。这是中国人自己制定的第一个家畜饲养标准。此外，王栋先生还很关注理论的实际应用。为了使营养学原理在生产中得以应用，他又设计了“王氏查对图”，可以根据呼吸熵很方便地查出脂肪与碳水化合物的分解量，节省了很多计算手续。同时，为了使广大从事畜牧生产的同志掌握配料方法，他又发明了配合农畜日粮用的配料标尺与配料盘。

王栋先生一生取得了大量研究成果，这些研究成果的取得与其重视理论联系实际是分不开的。新中国成立后，稳定的社会环境为王栋先生的工作顺利展开提供了保障。尽管当时各种条件还很简陋，但是王栋先生不顾一切困难，全身心地投入到教学与研究中。在这段时间里，王栋先生取得了教学和科学研究的双丰收，几乎每年一本专著，总计达 190 万字。

（选自百度百科，选入时有删减。）

职业能力测试

一、选择题

1. 发情季节为春季的家畜是（　　）。

A. 猪　　B. 家兔　　C. 牛　　D. 马

2. 发情季节为秋季的家畜是(　　)。

A. 猪　　B. 家兔　　C. 牛　　D. 绵羊

E. 马

3. 牛的胎盘属于(　　)。

A. 弥散型胎盘　　B. 子叶型胎盘　　C. 环带状胎盘　　D. 盘状胎盘

4. 羊的胎盘属于(　　)。

A. 弥散型胎盘　　B. 子叶型胎盘　　C. 环带状胎盘　　D. 盘状胎盘

5. 猪的胎盘属于(　　)。

A. 弥散型胎盘　　B. 子叶型胎盘　　C. 环带状胎盘　　D. 盘状胎盘

6. (　　)胎盘,结构比较简单,分娩时胎衣脱落较快。

A. 弥散型胎盘　　B. 子叶型胎盘　　C. 环带状胎盘　　D. 盘状胎盘

7. (　　)易发生胎衣不下。

A. 猪　　B. 马　　C. 牛　　D. 兔

8. 囊胚阶段的营养主要来自(　　)。

A. 卵黄　　B. 滋养层　　C. 子宫乳　　D. 胎盘转运

9. 不容易发生难产的家畜是(　　)。

A. 猪　　B. 马　　C. 牛　　D. 羊

10. 家畜正常的胎向为(　　)。

A. 纵向　　B. 横向　　C. 直向　　D. 竖向

二、简答题

1. 简答三级卵泡的特点。
2. 什么是胚胎附植?胚胎附植选择的部位有什么特点?
3. 简答分娩的过程。
4. 什么是产道?产道具体分几种?

模块二

动物繁殖技术

项目一　雌性动物发情鉴定

◆ 项目描述

雌性动物发情鉴定是一项旨在准确识别雌性家畜或野生动物处于发情期的技术操作和管理实践，其目的是合理安排配种或人工输精，提高繁殖效率和受胎率。通过本项目的学习有助于判断发情阶段，确定雌性动物是否处于发情期，以及发情的初期、高峰期还是末期，以便精准预测排卵时间。发情鉴定结果有助于选择最佳配种或人工输精时间，确保受精卵与精子在最佳生理状态下相遇，提高受胎成功率。另外，通过发情鉴定观察动物的生殖系统功能是否正常，及时发现并处理异常发情或不育问题，保障种群繁殖力。总之，雌性动物发情鉴定是一个系统性工作，涉及行为学、生理学、兽医学及管理科学等多个领域，旨在利用科学手段准确识别动物的发情状态，为有效实施配种计划、提高养殖场或野生种群的繁殖效率提供关键支持。

◆ 知识目标

1. 了解雌性动物发情鉴定的各种方法。
2. 了解常见动物发情鉴定的要点。

◆ 技能目标

1. 掌握雌性动物发情鉴定的各种方法。
2. 掌握常见动物发情鉴定的要点。

◆ 素质目标

1. 培养学生严谨、认真的专业学习精神。
2. 对动物发情鉴定方法的学习，有助于学生掌握发情鉴定的技术，为后期动物繁殖配种打下基础，有助于培养学生在科研和生产中遵循科学、严谨的意识。
3. 培养学生爱农村、爱农业、爱畜牧行业、关注乡村振兴的热情。

任务一　发情鉴定的基本方法

情境导入

牧场清晨，阳光洒在青翠的草地上，一群悠闲的奶牛正在享受着早餐。这是一家现代化奶牛场，管理者们深知科学的繁殖管理对提升牛奶产量和农场经济效益的重要性。其中，准确进行发情鉴定是确保高效繁殖的关键环节。镜头聚焦于牧场主杰克和兽医助手艾米，他们手持记录本和试情公牛的牵绳，准备开始新的一天的发情鉴定工作。杰克经验丰富，熟知每头奶牛的性格和繁殖史，而艾米则刚从兽医学院毕业，充满好奇与求知欲。“艾米，今天我们要做的就是通过观察和试情，找出哪些奶牛正处于发情期，以便及时安排配种。”杰克一边说着，一边指向远处的一头黑白花奶牛，“你看那头牛‘贝拉’，昨天就表现异常活跃，食欲有所下降，很可能今天就要发情了。”艾米认真记下杰克的话，两人走向“贝拉”。杰克轻轻抚摸“贝拉”的背部，观察它的反应。接着，他示意艾米牵来试情公牛。公牛靠近“贝拉”，它并未表现出抗拒，反而低头嗅闻公牛，尾巴轻摆，外阴部明显充血肿胀。杰克解释道：“这些都是典型的发情迹象。记住，除了行为观察，我们还要检查阴道分泌物，这能更准确判断发情阶段。”他们使用阴道开张器为“贝拉”检查，发现黏液呈透明、拉丝状，这是排卵前的典型特征。杰克满意地点点头，“看来‘贝拉’今天确实处于发情高峰期，我们得尽快安排配种。”接下来，他们继续巡视牛群，逐一进行发情鉴定。杰克汇总数据，与牧场的繁殖管理系统对接，系统自动计算出最佳配种时间，并将任务发送给配种员。艾米感慨万分：“原来发情鉴定这么讲究，既要观察细微的行为变化，又要结合生理指标，真是一门精细的艺术。”

发情鉴定是动物繁殖工作中一项重要技术环节。通过发情鉴定，可以判断动物的发情阶段，预测排卵时间，以便确定配种时间，及时进行配种或人工输精，从而达到提高受胎率的目的。另外，发情鉴定还可以发现动物发情是否正常，以便发现问题，及时解决问题。各种动物的发情特征，有其共性，也有特异性。因此，在发情鉴定时，既要注意共性方面，还要注意各种动物的自身特点。

（一）外部观察法

此法是各种雌性动物发情鉴定最常用的方法，主要通过观察动物的外部表现和精神状态，判断其是否发情或发情程度。发情动物常表现为精神不安，鸣叫，食欲减退，外阴部充血肿胀、湿润，有黏液流出，对周围的环境和雄性动物反应敏感。不同的动物往往还有特殊的表现，如母猪闹圈、母牛爬跨等。上述特征表现随发情进程由弱到强，再由强到弱，发情结束后消失。

（二）试情法

此法是根据雌性动物对雄性动物的反应程度判断其发情程度，适合于各种动物。往往使用有经验雄性动物试探雌性动物是否发情。如果发情，雌性动物通常愿意接受爬跨，弓腰举尾，后肢开张，频频排尿，有求配动作等。如果雌性动物不在发情期则表现为远离雄性动物，不接受爬跨，当雄性动物接近时，往往会出现躲避行为甚至踢、咬等抗拒行为。

（三）阴道检查法

此法主要适用于牛、马、羊等家畜。检查时将阴道开张器或阴道扩张筒插入并扩张阴道，借用光源，观察阴道黏膜颜色，充血程度，子宫颈松弛状态，子宫颈外口的颜色、充血肿胀程度及开口大小，分泌液的颜色、黏稠度及分泌量的大小等来判断发情的程度。要注意的是：检查时，阴道开张器或扩张筒要用酒精全面地洗净消毒，以防感染。插入时要小心谨慎，用润滑剂涂抹前端，朝向雌性动物背侧，旋转缓慢插入，抽出时不要立即关闭阴道开张器，以免夹伤阴道黏膜，应当缓慢关闭。当雌性动物阴道发生炎症等状况时，此法就不能准确地判断动物的排卵时间。因此，目前只作为一种辅助性检查手段。

（四）直肠检查法

此法主要应用于牛、马等大家畜，因可直接触摸卵巢，所以在生产上应用广泛。方法是将手臂伸进母畜的直肠内，隔着直肠壁用手指触摸卵巢及卵泡发育情况。卵巢的大小、形状、质地，卵泡发育的部位、大小、弹性，卵泡壁的厚薄以及卵泡是否破裂，有无黄体等情况均可以通过这个方法查明。通过直肠检查并结合发情外部症状，可以准确地判断卵泡发育程度及排卵时间，以便准确地判定配种适期。但在采用此法时，术者须经多次反复实践，积累比较丰富的经验，才能正确地掌握和判断。

（五）生殖激素检测法

此法是应用激素测定技术（放射免疫测定法、酶联免疫测定法等），通过对雌性动物体液（血浆、血清、乳汁、尿液等）中生殖激素（促卵泡素、促黄体素、雌激素、孕酮等）水平的测定，依据发情周期中生殖激素的变化规律，判断动物的发情程度。该法可精确测定激素的含量，如当测定母牛血清中孕酮的含量为 0.2～0.48 ng/mL 时，输精后情期受胎率可达 51%。但这种方法需要仪器和药品试剂较贵，目前尚难普及。

（六）仿生学法

此法是模拟公畜的声音和气味，刺激母畜的听觉和嗅觉器官，通过观察其受到刺激后的反应情况，判断母畜是否发情。在生产实践中，采用仿生学法对猪的发情鉴定的试验较多。结果表明，当公猪不在场，但能听到公猪叫声和嗅到公猪气味时，90%的发情母猪呈现静立反应。用天然的或人工合成的公猪性外激素，在母猪群内喷雾，可刺激发情母猪“静立反应”。因此，在生产中利用公猪气味和声音的同时，若配合有模拟公猪的形象出现，将优化母猪发情鉴定的效果。

（七）电测法

此法用电阻表测定雌性动物阴道黏液的电阻值来进行发情鉴定，以便决定最适当的输精时间。用黏液电阻法探索雌性动物变化的研究开始于 20 世纪 50 年代，经反复研究证实，黏液和黏膜的总电阻变化与卵泡发育程度有关，与黏液中的盐类、糖、酶等含量有关。一般来说，在发情期电阻值降低，而在周期其他阶段则趋升高。但当生殖道出现炎症时，电阻值也会出现异常。因此，该方法常用作辅助鉴定。

（八）生殖道黏液 pH 测定法

雌性动物发情周期中，生殖道黏液 pH 呈现一定的变化规律，一般在发情盛期为中性或偏碱性，黄体期偏酸性。测定生殖道黏液 pH 似乎不能明显区别发情周期的各阶段，但是在一定 pH 范围内输精的受胎率较高，因此在发情周期的表现正常、具有发情表现时，再测 pH 更有参考价值。

任务二　各种动物发情鉴定要点

情境导入

同学们，想象一下，你是一位专业的兽医或农场主，你的任务是确保每一只母畜都能正常发情、受孕、妊娠直至成功分娩。你是如何判断每一种家畜的发情状态呢？让我们一同揭开这个神秘的面纱，一起走进常见动物发情鉴定要点，探索不同动物发情鉴定之间的区别。只有掌握了不同动物在发情鉴定过程中的关键要点与具体操作，才能全面了解各种动物繁殖管理的独特性和共通性，为后续深入学习或实践操作奠定基础。

一、猪的发情鉴定

母猪属于全年多次发情的动物，发情持续期 2～3 d。母猪的发情鉴定多使用外部观察法、试情法等。

(一)外部观察法

从行为来看，发情母猪食欲减退，躁动不安，咬栏，跳圈，嘶叫，拱门，遇到公猪鼻对鼻或闻公猪会阴或拱肋部，爱爬跨、竖耳、翘尾等。

从外阴部表现来看，发情开始时阴户轻度肿胀、随后明显，阴道湿润、黏膜充血逐步由浅红变桃红直到暗红、阴道内黏液流出从多到少、由淡变浓，阴户肿胀。

从压背或骑背反应来看，双手用力压母猪的背部，猪不走动，或饲养员骑在猪背上，猪也静止不动，神情“呆滞”，尾巴偏向一侧，后肢撑开。

(二)试情法

用年龄较大、行动迟缓、唾液腺旺盛的公猪试情，母猪愿意接近公猪，出现“静立反应”，接受公猪交配。

人们在生产中总结出以下方法：一看外阴部、行为以及进食情况的变化；二听母猪的叫声；三算母猪发情周期；四做压背反应；五综合判断。一般符合上述判断条件者应给予输精。

二、牛的发情鉴定

母牛发情时外部表现比较有规律，且整个发情持续期较短。母牛发情鉴定的方法有外部观察法、阴道检查法和直肠检查法等，以直肠检查为主。

(一)外部观察法

该法主要根据母牛的外部表现来判断发情情况。母牛发情时往往兴奋不安，食欲减少，泌乳的母牛奶量减少，尾根举起，追逐、爬跨其他母牛并以接受他牛爬跨为主。

(二)阴道检查法

该法是通过阴道开张器打开阴道，观察阴道的黏膜、分泌物和子宫颈口的变化来判断发情与否。发情母牛阴道黏膜充血潮红、表面光滑湿润，子宫颈外口充血、松弛、柔软开张，排出大量透明的纤维性黏液，如玻棒状(俗称吊线)，黏性较大，不易折断。外阴部松弛、充血肿胀、潮红，阴门处有黏液流出，发情早期黏液较少而稀薄、发情旺期黏液多而透明、发情后期黏液减少黏性差且颜色不透明呈乳白色。

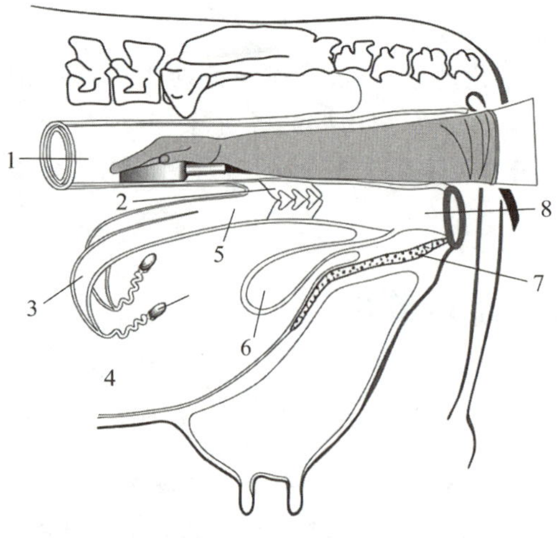

图 2-1-1　直肠检查

1. 直肠　2. 子宫颈　3. 子宫角　4. 卵巢　5. 子宫体　6. 膀胱　7. 骨盆　8. 阴道

(三)直肠检查法

此法多用于发情表现不明显或者安静发情母牛的鉴定。施行直肠检查(图 2-1-1)法时，检查者须将指甲剪短、磨光，手臂上涂润滑剂，先用手抚摸肛门，然后将手指并拢呈锥形，以缓慢的旋转动作伸入肛门，掏出粪便。再将手伸入肛门，手掌展平，掌心向下，用指腹按压抚摸，在骨盆腔底部，可摸到棒状子宫颈。沿子宫颈再向前摸，在正前方可摸到角间沟。沟的两旁为向前向下弯曲的两侧子宫角。沿着子宫角大弯向下稍向外侧，可摸到卵巢。用手指肚检查子宫角的形状、大小、反应以及卵巢上卵泡的发育情况，判断母牛的发情。

发情母牛子宫颈稍大、较软，由于子宫黏膜水肿，子宫角体积也增大，子宫收缩反应比较明显，子宫角坚实。卵巢上发育的卵泡突出卵巢表面、光滑、触摸时略有波动，排卵前有一触即破感，因此不提倡卵泡触摸。不发情的母牛，子宫颈细而硬，子宫较松弛，触摸不那么明显，子宫收缩反应差。

应注意的是：一般发情正常的母牛采用外部观察结合阴道检查就可准确地鉴定发情，没必要采用直肠检查。该方法需要熟练的技术人员，否则很容易触破卵泡，影响牛受胎。

三、羊的发情鉴定

羊的发情期短，直肠狭窄且外部发情行为不是特别明显，所以发情鉴定以试情法为主，结合外部观察法。

（一）试情法

将试情公羊放入母羊群，接受试情公羊爬跨的母羊即为发情羊。试情公羊要选择身体健壮、性欲旺盛、无疾病、生产性能较好、年龄 2～5 岁的公羊。为避免试情公羊偷配母羊，可给试情公羊系上试情布或者结扎输精管。试情布（图 2-1-2）长约 40 cm，宽约 35 cm，四角系上带子，每当试情时将其拴在试情羊腹下，遮挡其阴茎，使其无法直接交配。试情公羊应单独喂养，加强饲养管理，远离母羊群，防止偷配。试情一般选择在每天清晨进行，试情公羊进入母羊群后，用鼻去嗅母羊，或用蹄子去挑逗母羊，甚至爬跨到母羊背上，母羊不动，不拒绝，或伸开后腿排尿，这样的母羊即为发情羊。发情羊应从羊群中挑出，做上记号。试情时，公、母羊比例以 1∶40 为宜。

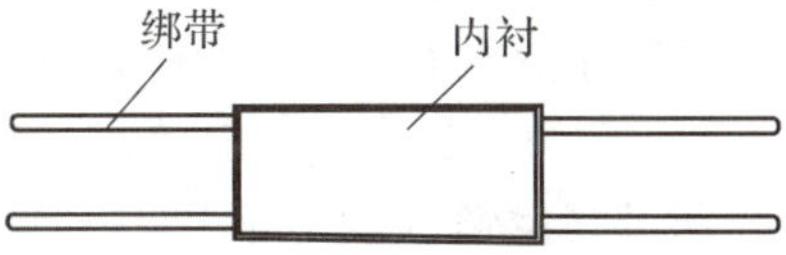

图 2-1-2　羊用试情布

（二）外部观察法

从外部直接观察母羊的行为、症状和生殖器官的变化判断母羊是否发情。母羊发情时表现不安，目光滞钝，食欲减退，咩叫，外阴部红肿但不是特别明显，流出少量黏液。发情母羊被公羊追逐或爬跨时，往往叉开后腿站立不动，接受交配。处女羊发情不明显，要认真观察，不要错过配种时机。

（三）阴道检查法

进行阴道检查时，将母羊保定，外阴部用消毒药水冲洗干净，开张器用酒精清洗、消毒、烘干后，前端涂上润滑剂或用生理盐水浸湿。检查人员将开张器前端闭合，慢慢旋转插入阴道，轻轻打开开张器，通过手电筒光线检查。发情母羊阴道黏膜充血、表面光亮湿润，有透明黏液流出，子宫颈口充血、松弛、开张，有黏液流出。检查完毕后稍微合拢开张器，缓慢抽出。

四、兔的发情鉴定

母兔属诱发性排卵，发情周期不规律，鉴定主要以外部观察为主。

母兔发情时表现不安，站立，食欲减退，爬跨其他母兔，愿意接近公兔。对笼养母兔可观察其外阴部肿胀程度和阴道黏膜的色泽变化。发情母兔的阴道黏膜色泽为粉红色或大红色，阴唇肿胀；如阴道黏膜呈紫红色，阴唇略有皱缩，则表明母兔发情将近结束。人们在长期生产过程中总结到："粉红早，紫黑迟，大红正当时。"当阴门呈现大红色的时候就可以配种了。

值得注意的是，母兔在不发情时也可配种，但其受胎率和产仔数比正常发情时低。

五、马的发情鉴定

马的发情持续期长，4～7 d，卵泡发育速度慢，虽然外部症状明显，但主要以直肠检查法为主，辅之以外部观察法。术者站在母马的侧后方，五指并拢呈锥状，缓慢伸入直肠内，取出宿粪。当手到达直肠狭窄部后，掌心向肷窝处靠拢并左右抚摸，找到卵巢后，将其握在手中，体会卵巢上卵泡的发育情况。

在触摸卵巢过程中，要注意卵巢与粪球的区别，切勿把粪球当卵巢。卵巢表面光滑，有肉样感觉，指压有弹性，排卵窝明显，用力触压时母马有痛感，表现为回头顾腹或后肢踏地；粪球往往多个聚在一起，表面粗糙，无排卵窝，指压往往变形或碎裂。

马的卵泡发育过程分 6 个期。

(1)卵泡出现期　卵巢一端或某一部分稍有增大，触之坚硬、光滑而无弹性。本期维持 1～3 d。

(2)卵泡发育期　卵泡体积逐渐增大，常突出于卵巢表面呈半球形，直径 3～5 cm，表面光滑，波动感觉不明显，弹性较大。本期维持 1～3 d，母马发情表现逐渐明显。

(3)卵泡成熟期　卵泡体积增至最大。占据卵巢体积的 2/3 左右，卵泡壁变薄，泡液增多，紧张性增强。前半期，卵泡表现为弹性强、波动弱；后半期，卵泡表现为弹性弱，波动强，有一触即破之感。本期维持 1～2 d，母马发情表现非常明显，处于发情盛期，是配种的适宜时期。

(4)卵泡排卵期　卵泡成熟后破裂，卵泡液逐渐流出，卵子也随即排出。卵巢上的排卵部位触之形成凹陷，卵泡壁变得松软。从卵泡液逐渐流出至排空需 1～3 h，也有的成熟卵泡在触摸过程中突然破裂排空，体积骤然变小。

(5)空腔期　卵泡液流尽，卵泡腔凹陷，卵巢体积明显变小，形状不规则，有两层皮的感觉。此期母马发情表现已消失。

(6)黄体形成期　在排卵后 6～8 h，形成黄体，触摸时有肉样感觉。

生产上可按“三期酌配，四期必配，五期追配”掌握。

六、犬的发情鉴定

(一)外部观察法

此法主要通过观察雌犬的行为表现和阴道排泄物来确定雌犬是否发情。在发情到来数周，通常都表现出某些征兆，食欲和外观都有所变化。雌犬愿意与雄犬接近。当附近有雄犬时，有些雌犬会自然地厌恶与其他雌犬为伴。

(1)发情前期　外生殖器官肿胀，自阴门流出血样分泌物，并持续 2～4 d。当血液流出增多时，阴门及前庭均变大，触摸时感到肿胀，雌犬的性情变得不安和兴奋，有时不停地吠叫，并显得不听指挥和管教。饮水量增加，排尿次数增加，尤其见到雄犬后频频排尿。这种排尿强烈地吸引着雄犬。如不加管制，便会出走并引诱雄犬，但拒绝交配。

(2)发情期　从发情前期开始，大多数雌犬在 7～12 d 内可接受雄犬交配，表明已进入了发情期。此时血样排出物将逐渐减少，并且站定等待交配。姿势是尾根抬起，尾巴水平地倾向一边。大多数雌犬在阴户出血后 9～13 d，是最佳配种期。

(3)发情后期　发情期过后，对雄犬的亲合性降低，外生殖器官变得软瘪。可以看到少量的黑褐色排出物。雌犬变得越来越恬静、温顺。

(4)休情期　阴道无分泌物，无发情症状。

(二)阴道检查法——阴道涂片

通过阴道涂片的细胞组织分析，来确定雌犬发情与否及所处的发情阶段。

(1)发情前期　阴道涂片中有很多核固缩的角质化上皮细胞、红细胞，少量白细胞和大量的碎屑。

(2)发情中期　涂片中含有很多角质化上皮细胞、红细胞,而白细胞不存在。排卵后,白细胞占据阴道壁,同时出现退化的上皮细胞。

(3)发情后期　阴道涂片中含有很多白细胞、非角质化的上皮细胞及少量的角质化上皮细胞。

(4)乏情期　涂片中,上皮细胞是非角化的,但到发情前期前,上皮细胞变为角质化。

(三)试情法

采用雄犬来检测雌犬是否发情,或是否进入发情期的方法称试情法。用雄犬试情是确定雌犬是否发情比较准确有效的方法。处于适配期的雌犬见到雄犬后会表现出愿意接受交配的行为,如轻佻、爱调情、站立不动、尾巴偏向一侧、阴门有节律地收缩等。

一般在雌犬愿意接受交配的第 2 天配一次,间隔 48 h 后再配一次。

七、猫的发情鉴定

(一)外部观察法

(1)发情前期　阴门水肿,阴道无血红色恶露,喜欢受人抚摸,排尿频繁,持续 1～3 d。

(2)发情期　雌猫眼睛明亮,嗷嗷叫,精神兴奋,活动增加,食欲下降,手压其背部,有踏足举尾动作,尾巴弯向一侧愿与雄猫交配,阴门水肿明显,外阴部外翻明显,流出黏液,春季持续时间长(5～14 d),其他季节持续时间较短(1～6 d)。

(3)发情后期　雌猫逐渐安静,阴门水肿逐渐消失,黏液逐渐消失,持续 30～73 d。

(4)乏情期　无发情表现。9 月下旬至第二年的 1 月下旬约 4 个月为非繁殖期,在此期间,卵巢处于静止状态而不出现发情。

(二)阴道检查法——阴道涂片

猫的阴道涂片随猫的性周期而发生变化。在发情前期和发情期除没有红细胞出现外,基本上与犬的情况相似。由于猫是刺激性排卵动物,因此,不能利用阴道涂片变化推定排卵期,但它可以用于对发情症状不明显猫的发情诊断。此外,在采集阴道涂片时所插入阴道的器具(棉棒、玻璃细管等),有时成为交配类似刺激而诱发排卵。

(1)发情前期　在初期,多数为有核上皮细胞,核和胞质的比例为 1∶1 以上。随着接近发情期,核出现浓缩,而细胞质体积增大。

(2)发情期　发生核浓缩,大量出现细胞边缘不规则的角化上皮细胞,核和胞质的比例为 1∶6 或者 1∶10。

(3)发情后期　在开始数天内,存在有角化细胞。不久之后白细胞、细菌和有核上皮细胞开始出现。交配 3～4 d,出现带有大型空泡的有核上皮细胞。

(4)乏情期　出现明显的小型卵圆形浓染的有核上皮细胞,也会出现无形物和白细胞。

项目小结

雌性动物发情鉴定是提高雌性动物繁殖率的前提。本项目针对常见雌性动物的发情特点,详细地梳理了各类发情鉴定的方法。在本项目的学习过程中,同学们要在理解雌性动物生殖器官结构以及发情周期各时期特点的基础上,针对不同雌性动物的发情特点,深入探讨如行为观察、生殖器官检查、激素测定、超声波检查、阴道电导率测定等现代科技手段的使用要点,掌握不同雌性动物在发情期的特异性行为和生理上的特异性变化,以提高发情鉴定的准确性和效率。

动物发情鉴定是一项结合理论知识与实践经验的综合性工作,它要求从业者具备扎实的生物学基础、敏锐的观察力、精准的操作技能以及良好的团队协作精神。同学们要在进行理论学习的过程中，不断地进行实践，在实践中发现问题，在实践中逐步掌握不同雌性动物的发情特征、鉴定方法以及实际操作要点。

思政园地

我国著名畜牧科学家——侯水生

侯水生，男，汉族，1959 年 10 月 10 日出生于陕西省咸阳市三原县，中国农工民主党党员，中国工程院院士，动物遗传育种专家，中国农业科学院北京畜牧兽医研究所研究员、博士生导师，农业农村部动物遗传育种与繁殖（家禽）重点实验室主任，国家水禽产业技术体系首席科学家，第十四届全国政协委员、农业和农村委员会委员、乡村振兴发展工作委员会名誉主任、畜禽生物育种全国重点实验室首席科学家。

1983 年，侯水生毕业于西北农林科技大学；1991 年获中国农业科学院研究生院硕士学位；1994—1995 年，在意大利乌迪内大学作访问学者；1996—2000 年，在中国农业科学院北京畜牧兽医研究所任副研究员；1999 年，获中国农业科学院研究生院博士学位；2000 年，任中国农业科学院北京畜牧兽医研究所研究员；2021 年，当选为中国工程院院士。

侯水生院士长期从事水禽育种与养殖技术研究。他带领团队创建了肉鸭高效育种技术体系，开创了肉鸭基因功能研究与分子育种新领域，创制了全球最大的遗传资源最丰富的肉鸭专门化品系资源库；先后培育出 3 个肉鸭新品种，解决了北京烤鸭坯生产需要填饲增肥和我国瘦肉型肉鸭品种的种业安全问题；研究制定了我国第一部“肉鸭饲养标准”，促进了肉鸭产业实现标准化；以第一或通讯作者发表论文 200 余篇。其中，“北京鸭新品种培育与养殖技术研究应用”获国家科技进步奖二等奖；“北京鸭种质资源创新与应用”和“北京鸭育种技术创建与新品种培育”分别获北京市科学技术奖一等奖。

侯水生院士的科研成果和学术成就得到国内外同行高度评价，引领了中国水禽育种与养殖技术的创新和发展，为畜牧业高质量发展和种业振兴做出了杰出贡献。同时，侯水生院士的严谨认真、实事求是、一身正气的品质也给大家留下了深刻的印象。他的实验室最醒目之处有一个“水禽育种与营养创新团队价值观”展板，主要内容包括：“以积极向上为荣，以消极散漫为耻；以坚守诚信为荣，以背信弃义为耻；以努力探索为荣，以停滞不前为耻；以调查研究为荣，以闭门造车为耻”等。这份简称“十荣十耻”的价值观，既是团队共同打造的科研价值观，也是侯院士指导团队日常科研工作的行为指南。

（选自百度百科和中国工程院官网，选入时有删减。）

职业能力测试

一、选择题

1. 母羊发情鉴定最常用的方法是（　　）。

A. 接受爬跨＋直肠检查卵泡发育　　B. 直肠检查卵泡发育

C. 试情法＋外部观察　　D. 试情法＋外阴部观察

2. 母猪发情鉴定最常用的方法是（　　）。

A. 接受爬跨＋直肠检查卵泡发育　　B. 直肠检查卵泡发育

C. 试情法＋外部观察　　D. 试情法＋外阴部观察

3. 母牛发情鉴定最常用的方法是(　　)。
   A. 接受爬跨＋直肠检查卵泡发育　　B. 直肠检查卵泡发育为主
   C. 试情法＋外部观察　　D. 试情法＋外阴部观察
4. 母马发情鉴定最常用的方法是(　　)。
   A. 接受爬跨＋直肠检查卵泡发育　　B. 直肠检查卵泡发育为主
   C. 试情法＋外部观察　　D. 试情法＋外阴部观察
5. 母畜发情开始时黏液较(　　)。
   A. 稀　　B. 稠　　C. 浓　　D. 浊
6. 发情周期长度受交配行为影响的是(　　)。
   A. 猪　　B. 家兔　　C. 牛　　D. 羊
   E. 马
7. 产后安静发情发生率最高的是(　　)。
   A. 猪　　B. 水牛　　C. 奶牛　　D. 山羊
   E. 肉牛
8. 发情母畜的"静立反应"出现在(　　)。
   A. 发情初期　　B. 发情期　　C. 发情后期　　D. 间情期
9. 发情母畜的性欲最强是出现在(　　)。
   A. 发情初期　　B. 发情期　　C. 发情后期　　D. 间情期
10. 母兔发情时，外阴出现(　　)情况，可以配种。
   A. 粉红　　B. 大红　　C. 紫黑　　D. 苍白

二、简答题

1. 简答母牛直肠检查操作步骤。
2. 什么是试情法，有什么特点？
3. 阴道检查法如何操作？
4. 简答母羊的外部观察法发情鉴定操作。

项目二　动物人工输精技术

◆ 项目描述

动物人工输精技术是一种利用人工手段将公畜精液注入发情母畜生殖道内，使其受精并实现妊娠的繁殖技术。这种技术突破了传统自然交配的局限，显著提高了家畜繁殖效率，优化了种群遗传结构，节省了饲养成本，对于现代畜牧业发展具有重要意义。

动物人工输精项目是一个系统性、综合性、科学性强的项目，既有理论，又有实践。通过动物人工输精项目的学习，有助于学生掌握公畜的选择与调教、采精、精液品质的检查、精液的稀释与保存、输精等技术，并能够根据效果评估结果，调整精液采集、处理、保存、输精等环节的工艺参数，持续优化人工输精技术。

总之，动物人工输精技术是一项涉及公畜管理、精液采集处理、人工输精操作、输精后管理等多个环节的系统工程。科学、规范的操作可以大幅度提高家畜繁殖效率，优化种群遗传结构，实现养殖场（或保护区）的经济效益，为现代畜牧业的高效、可持续发展提供有力支撑。

◆ 知识目标

1. 了解动物人工输精技术的基本环节。
2. 了解精子的生理、代谢以及运动特点。
3. 了解精液的组成与理化特性。
4. 了解动物人工输精技术各个环节的操作要点。

◆ 技能目标

1. 能熟练地进行采精、精液品质检查、输精等人工输精各个环节的操作。
2. 能根据人工输精效果的评估，及时调整人工输精各环节操作参数，优化人工输精技术。

◆ 素质目标

1. 培养学生严谨、认真的专业学习精神。

2. 对动物人工输精技术的学习，有助于学生掌握人工输精技术各环节的操作要点和提高动物的繁殖率，有助于培养学生在科研和生产中遵循科学、严谨的意识。

3. 培养学生爱农村、爱农业、爱畜牧行业、关注乡村振兴的热情。

任务一　配种方法

情境导入

在一个晴朗的清晨，位于广袤乡间的某大型奶牛养殖场内，繁忙而有序的日常工作中增添了一份特别的期待——一批从新西兰引进的奶牛冷冻精液就要到了。为了进一步改良本场奶牛的遗传品质和减少近亲繁殖，繁殖管理员小李已经等候多时了。为了保证质量，小李随机从液氮中抽取了几个批次的精液，做了精液品质检查，结果显示精液品质优异，小李终于长舒了一口气。次日凌晨，小李和他的助手，收拾好输精器械，将已经发情的母牛赶到配种栏，熟练地进行体表消毒后，用新进的公牛的优质精液进行了人工输精，牛场新一轮的生命即将开始了。同学们，如果你也是奶牛场的一员，你想不想了解如何对母牛进行人工输精？带着这个问题，我们走进动物人工输精的发展历程。

一、配种的方法

(一)本交(自然交配)

本交又称为自然交配，是指在动物生产中，公、母畜直接交配。

1. 自由交配

自由交配是指群牧条件下，公、母畜混群饲养，母畜一旦发情就与公畜随机交配。其特点是不受人工控制，较为原始，易引起近亲交配，使生产性能下降。

2. 分群交配

分群交配是指将母畜分为若干小群，每一群根据需要放入一头或几头经选择的公畜，让公、母畜在小群中自由交配。其特点是可实现一定程度的选种选配，但仍无法控制生殖道疾病的传播。

3. 围栏交配

围栏交配是指在公、母畜隔离饲养的条件下，当母畜发情时，将其放入特定的围栏内与公畜进行交配。其特点是可人为设计配种组合，又可控制母畜的交配次数，提高公畜的利用率。

4. 人工辅助交配

人工辅助交配是指在公、母畜隔离饲养的条件下，当母畜发情时，按照已定的计划，在人工辅助下与指定的公畜进行交配。其特点是能够准确地控制与母畜的配种时间，便于配种记录，有利于品种改良，在一定程度上防止了疾病的传播。

以羊为例，这种配种方法可以有效提高种羊的利用率，降低种羊损耗，还可以按照养殖品种需求合理安排选种和交配时间，可以掌控母羊预产期。

初次进行配种的公母羊缺少交配经验，可能无法顺利达到配种成功的概率，需要人工辅助以便顺利达到交配目的。还需要注意的是，配种公、母羊的体型大小和体重差异，如果差距较大可以选择倾斜位置，让个体较弱的一方站在高处，配合人工辅助。

(二)人工输精

人工输精是利用器械采集公畜的精液，精液品质检查合格后，经过稀释等处理，再用器械将精液输入到发情母畜的生殖道内，达到繁殖后代的技术。

二、人工输精技术的发展概况

人工输精的发展经历下列 3 个阶段。

(1)试验阶段　1780 年,意大利生理学家 Spallanzani 第一次成功地用犬进行了人工输精试验。此后,直到 19 世纪末和 20 世纪初,才对马试验成功。然后又用于牛、羊。到 20 世纪 30 年代,人工输精技术才初步形成一套较完善的操作方法,并从试验阶段进入实用阶段。

(2)实用阶段　20 世纪 40～60 年代,人工输精的应用蓬勃发展,成为繁殖改良家畜的重要手段。以乳牛人工输精技术的普及率最高,发展最快,技术水平较高。后来,伴随着采精等技术的逐步成熟和新型输精器械的研发,人工输精技术得到了蓬勃的发展。

(3)冷冻精液阶段　20 世纪 50 年代英国的科学家 Smith 和 Polge 研究牛精液的冷冻保存方法,并取得了成功,人工输精技术进入了一个新的发展阶段。

我国人工输精发展是始于 1935 年江苏句容种马场的人工输精试验。随后人工输精技术在我国得到了大力的推广。直到 20 世纪 70 年代,我国开始大力推广牛的冷冻精液配种,20 世纪 80 年代推广猪的人工输精,之后该技术在其他动物、家禽中也得到了很快的推广。

三、人工输精的优越性

(1)人工输精发挥了优良种公畜的配种效能和种用遗传价值。以羊为例,自然交配公羊每年可配母羊 30～50 头;人工输精后,一只公羊可配母羊 700～1 000 头。大大提高了优良种公畜利用率。

(2)加速家畜品种改良进程,加速群体育种工作,有助于群体选种选育。通过优势基因的加入,有助于种群品种的改良以及后代生产能力的提高。

(3)减少了公畜的饲养数量、养殖经费以及人工管理的投入,降低了饲养管理费用。就以饲养公猪的专业场为例,其生产目的在于为养猪生产提供量多质优的精液。公猪饲养场往往与人工输精站联在一起,人工输精技术的推广与应用进一步扩大了种公猪的影响面。种公猪精液质量的好坏,直接关系到养猪生产的水平,为此,种公猪必须性能优良,必须来源于种猪性能测定站经性能测定的优秀个体或育种场种猪核心群(没有种猪性能测定站的地区)优秀个体。饲养的种公猪包括长白猪、大约克夏猪、杜洛克猪等主要引进品种和培育品种(品系),饲养数量取决于当地繁殖母猪的数量。如繁殖母猪数量为 50 000 头,按每头公猪年承担 400 头母猪的配种任务,则需种公猪 125 头,公猪年淘汰更新率如为 30%,还需饲养后备公猪 40 头,因此,该地区公猪的饲养规模为 165 头。如果人工输精技术水平高,饲养公猪数还可酌减。由此可见,人工输精技术的推广可以大大节省饲养成本和人工成本,提高生产效益。

(4)人工输精过程使用的器械要经过严格的消毒、精液要经过品质检查,在一定程度上防止各种疾病(布鲁氏菌病、毛滴虫病等)交叉感染,特别是生殖道传染病的传播。

(5)人工输精有助于对公畜精液品质的把控。另外,通过人工输精可以将精液输送到子宫颈口或子宫深部,有利于提高母畜的受胎率。

(6)人工输精技术通过常温、低温以及冷冻技术大大延长了精液的保存期,减少了优质精液使用过程中出现的时间和地域限制。

四、人工输精的限制

(1)在人工输精过程中,若疏忽了对于精液品质的把控,就会导致精液不良的公畜影响范围扩大。

(2)人工输精技术需要一定的资金投入。例如,采精室、精液检查、稀释以及输精设备等。

(3)人工输精技术需要严格的技术操作步骤与技术要求,需要对输精人员进行技术培训,不良的操作会造成更严重的问题。

任务二 采精

情境导入

阳光透过宽敞明亮的牛舍窗户，洒在一群悠闲漫步的荷斯坦奶牛身上。其中，一头体格健硕、毛色光亮的公牛引起了人们的注意。它正是今天采精工作的主角——种公牛“冠军”。工作人员早已做好准备，他们身着防护服，手持专业采精设备，等待着公牛进入特制的采精栏。栏内设有模拟母牛生殖器官的假阴道装置，以及用于记录采精过程的摄像头。随着种公牛“冠军”被引导进入采精栏，工作人员迅速行动起来。一人负责安抚公牛，使其保持平静，另两人则熟练地安装好假阴道，调试好电刺激器。一切就绪后，他们示意公牛靠近假阴道。公牛嗅探、触碰假阴道，逐渐展现出求偶行为。工作人员适时启动电刺激器，模拟母牛生殖道收缩，诱导公牛射精。精液沿着假阴道内的导管流入预先准备好的无菌采精杯。采精完成后，工作人员迅速取下假阴道，对公牛进行安抚奖励，确保其情绪稳定。他们将采集到的精液送入实验室进行后续的品质检测、稀释和分装，为接下来的母牛人工输精做好准备。

同学们，如果你是养殖场的一员，你想不想了解如何才能安全、采集到公畜全部的优质精液呢？让我们带着这个疑问，进一步学习采精操作。

采精是人工输精的重要环节之一，做好采精前的准备工作，正确掌握采精技术以及公畜采精频率，最大限度地激发公畜性欲，是保证采到更多更优质精液的先决条件。

一、采精前的准备

（一）采精场地

公畜一般对于采精环境非常敏感，一个稳定的采精环境，是公畜建立起稳固条件反射的基础。因此，采精场地一般应该宽敞、平坦、安静、清洁，场地门口设置体外消毒设备（热水器、消毒药水等），场内设有采精架以保定台畜，也可以使用假台畜，供公畜爬跨进行采精，场内要方便用水和配置消毒设备（喷洒设备、紫外线灯等）。另外，采精场应与人工输精操作室和公畜舍相连，方便精液的品质检查、稀释与保存。一般公畜室内采精场的面积不宜太大，不要超过$(10\times10)m^2$。

以公猪采精场地为例，一般在公猪舍的一端，为独立的房间，采精室面积可为$(2.5\times2.5)m^2$，或为$(3.0\times3.0)m^2$，太大或太小均不适用。采精室内有一个固定假台猪，上面应有公猪精液或母猪尿液等特殊气味以吸引公猪爬跨。假台猪一般固定在采精栏的中央或一端靠墙。地面的一端应略有坡度，便于排除公猪尿液等。在假台猪后面或周围铺设防滑地板胶，其余地面不应太光滑，以免公猪行走或爬跨时跌伤，损坏趾蹄。采精室还要设置采精人员安全区，使工作人员在公猪发怒或咬人时便于躲避。一般设在采精栏的四个角或与假台猪平行的靠墙两侧，周围用水泥柱或粗钢管竖起，使人可以自由出入而公猪头部却不能进入。假台猪的个数与公猪头数成比例，一般每个30～50头公猪。

（二）台畜的准备

台畜分为真台畜和假台畜。真台畜是指使用与公畜同种的母畜、阉畜或另一头性情温顺的公畜作台畜。真台畜选择要求身体健康、体壮、大小适中和性情温顺。一般选发情的母畜比较理想,经过训练的公、母畜也可作台畜。

真台畜保定时要注意:牛、猪保定在栏内;马使用绊腿法将前后腿拴牢防止后踢;羊用绳子拴系在羊角或颈部,并将绳子固定在木桩或护栏上;兔用左手固定头颈部;犬采用嘴套并且主人在旁牵住等。

假台畜就是指采精台,是模仿母畜体型、高低、大小,选用金属材料或者木料做成的一个具有一定支撑力的支架,上面蒙上帆布或者其他编织物以保护公畜(图 2-2-1)。相比使用真台畜来说,使用假台畜采精的主要优点是方便移动和清洁,高度一般可以调节,适用于各种动物。

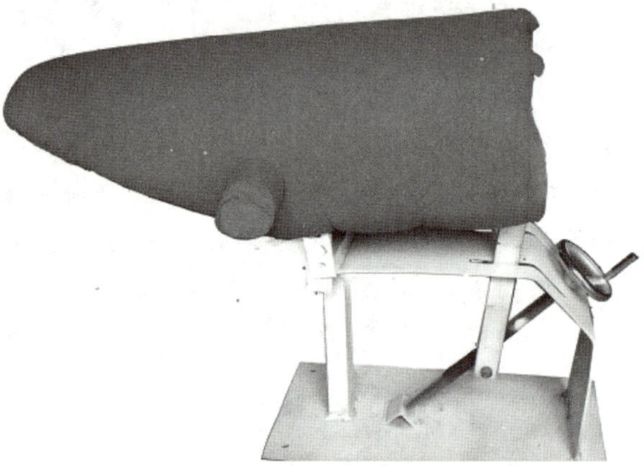

图 2-2-1 猪用假台畜

采精之前,需要对种公畜进行调教,以便建立稳定的条件反射。

1. 常见的调教的方法

(1)示范调教 通过已调教好的公畜示范,让待调教的公畜拴系旁边畜栏,目睹采精过程,采精过后,将待调教公畜带入采精畜栏,让其熟悉采精环境和精液的气味,将有助于调教成功。

(2)气味引导 在假台畜的后躯涂抹发情母畜的阴道黏液、尿液或者过期的精液,引导公畜进入采精畜栏进行嗅闻,嗅闻过程不能催促,以免产生不利影响,可以配合着敲打假台畜以吸引公畜爬跨。

(3)多次诱导 在假台畜旁边牵一发情母畜,诱使公畜进行爬跨,当公畜爬到假台畜上准备射精时将其拉下,反复 3～4 次,待公畜性冲动达到高峰时,进行采精。

2. 公畜调教时注意事项

(1)调教时间、地点以及人员要固定,调教时间不宜长,每次不要超过 20 min。调教一般选择在清晨,公畜精力充沛,神经敏感,容易产生性冲动。

(2)调教过程中,要有耐心,不允许出现恐吓、抽打等现象,以防止公畜产生抑制。

(3)可以在公畜调教期间补充蛋白质饲料(鸡蛋等),以提高性欲,调教过程中要给公畜的外生殖器消毒。

(4)调教地点不要远离生活畜栏,不要使公畜来回走动过远产生疲劳。

(三)器械准备

采精所需要的器械要按照材料不同采用不同的消毒方法,进行消毒、干燥处理。每次使用前可以用无菌生理盐水进行冲刷。

(四)种公畜的准备

公畜采精前要经过调教训练、体表消毒检查以及诱导射精 3 个方面的准备。等公畜经过多次调教训练已经建立了稳定的性反射后就可以进行采精了。体表消毒一般可以用温水擦拭公畜的外生殖器。如果是公猪，需要先将公猪包皮腔中尿液挤干净。体表消毒也可以先用0.1%高锰酸钾溶液等消毒液对外生殖器进行消毒，然后再用温水擦拭，最后用干布擦干。诱导射精是为了获取更多的精液，一般先使公畜空爬几次以产生足够的性兴奋，然后再采精，就可以采到足量的精液了。

二、采精技术

公畜的采精方法很多，主要有假阴道法、手握法、电刺激法、按摩法、海绵法等。假阴道法适用于各种家畜和部分小动物，手握法是公猪采精普遍使用的方法，按摩法主要用于禽类和犬类，电刺激法主要用于野生动物的采精。

(一)假阴道法

假阴道法是使用器械模拟发情母畜生殖道内环境，以诱导公畜射精而采集精液的方法。

1. 假阴道的结构

假阴道的主要结构包括塑料或铁质外壳、内胎、集精瓶、气阀、双联球等(图 2-2-2)。外壳多由轻质铁皮或硬塑料制成，两端凸起，内胎一般为弹性强、薄而柔软无毒的橡胶筒，比外壳要长，装在外壳内，两端外翻，扣在假阴道外壳两端，然后用强力胶圈固定，内胎就在外壳内形成了假阴道内壁，内壁与外壳之间可以加水、加气；集精瓶一般由暗色玻璃或塑料制成，装在假阴道的一端。各种家畜的假阴道结构基本相同，但形状和大小不一。

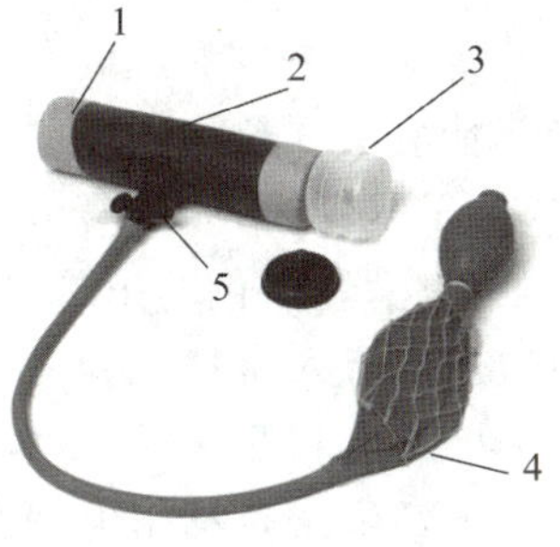

图 2-2-2　假阴道

1. 内胎　2. 外壳　3. 集精瓶　4. 双联球　5. 气阀

2. 假阴道的安装

假阴道在使用前要进行洗涤、安装内胎、消毒、冲洗、注水、涂润滑剂、调节温度和压力等步骤。

采集到符合要求的精液，假阴道应事先完成以下操作。

(1)检查　检查外壳、内胎、集精瓶、气嘴等有无破损情况。

(2)安装内胎、消毒和冲洗　将内胎插入外壳，两端外翻并用强力胶圈固定。用镊子夹取酒精棉球从内向外对内胎和集精瓶进行擦拭，擦拭后用无菌生理盐水进行冲洗，即可使用。

(3)注水　注入相当假阴道容积 2/3 的温水来维持温度，水温不宜太低，在 50 ℃左右。可以从假阴道一端来检查注入水的多少。如果集精瓶是双层的，也要在其中注入温水。要保证采精时假阴道内腔温度保持在 38～40 ℃，集精瓶也保持 34～35 ℃才能够使用。

(4)加压　通过气阀往内胎与外壳之间注入空气来调节假阴道的压力。压力不足不能刺激公畜射精，压力过大则使阴茎不易插入或插入后不能射精。测压时从侧面看，外壳两端应为三角形。

(5)润滑　用玻璃棒蘸取消毒过的润滑剂对假阴道内表面加以润滑，涂抹部位是假阴道前段 1/3～1/2 处到外口周围，若涂抹段过长及润滑剂过多会流入集精瓶影响精液品质。

(6)测温　上述操作正确完成后，用温度计对内胎内部进行测温，当温度达到要求后即可采精。

3. 采精操作

采精员位于台畜右后侧，当公畜爬跨台畜时将假阴道与公畜阴茎伸出方向一致，当公畜阴茎伸出足够长度后，迅速握住阴茎并将其导入假阴道内，经几次抽动后射精。公畜射精结束后，不要主动将假阴道取下，而是要等到公畜主动将阴茎从假阴道中抽出。然后假阴道集精瓶端下倾，开放气阀，以便精液全部流入集精瓶内。

(二)手握法

手握法一般适用于猪的采精。该方法需要的设备较少，条件简单，容易操作。由于猪的射精过程需要分段进行，手握法采精能采集富含精子部分的精液，所以作为目前被广泛使用的采集猪精液的一种方法。

操作时，采精员要戴上双层灭菌胶手套，蹲在假台畜左侧，通过诱导射精，提高公猪性兴奋程度。待公猪爬跨台畜后，阴茎从包皮内开始伸出时，立即紧握阴茎，顺势将其拉出。其间阴茎一直在旋转和抽送，手握成空拳状一松一紧给阴茎施加压力，锁定公猪的龟头，直至阴茎开始射精。另一只手持戴有 2～3 层无菌纺布或过滤纸的集精瓶收集精子浓厚部分的精液，其他稀薄精液及颗粒状胶冻分泌物排出时可随时弃掉。分段采精主要是指弃掉含副性腺分泌物多、精子较少、精液稀薄清亮白色的第一段和精液较稀、清亮、精子少的第三段，只收集精液浓、精子多、呈乳白色的第二段。在采精过程中，分段采精时集精瓶要高于公猪包皮腔高度，以避免包皮液流入集精瓶。

(三)电刺激法

电刺激法是利用电刺激采精器，通过电流刺激公畜引起射精而采集精液的一种方法。该法适用于各种动物，尤其是那些具有较高种用价值但失去爬跨能力的个体公畜，或不宜使用其他方法采精的小动物和野生动物。

电刺激采精器主要由电子控制器和电极探棒两部分组成。电刺激法实施前，一般采用镇静剂对采精公畜进行保定，以侧卧姿势保定为主。保定后，剪去包皮及其周围的被毛，并用生理盐水冲洗拭干，然后将电极探棒经肛门缓慢插入直肠，达到靠近输精管壶腹部的直肠底壁，大家畜插入深度 20～25 cm，羊 10 cm，犬 10～15 cm，兔 5 cm。然后调节控制器，选择好频率，开通电源。调节电压时，由低开始，按一定时间通电及间歇，逐步增加刺激强度和电压，直至公畜伸出阴茎，勃起射精，然后将精液收集于附有保温装置的集精瓶内。

(四)按摩法

此法适用于牛、犬和禽类。这里重点介绍背腹式按摩法采集种公鸡精液。采集过程中要求精液无粪便、无血液、无饲料等污染。采集后用棉花和纱布包好，置于保温杯中，送回实验室处理。

(1)公鸡的采精可由一个人单独操作。采精者可蹲下或坐下，并将公鸡两脚夹于膝盖间，以公鸡头部朝右放好，左手持集精瓶收集之。或由双人操作，一人固定公鸡，另一人采精。

(2)先清除泄殖腔附近之羽毛，以减少精液污染的机会。

(3)采精员使鸡身保持水平状态，把颈部轻轻夹与右腋下。采精员右手的中指和无名指夹住集精瓶的柄(瓶口向下藏于掌心)，四指并拢与拇指分开，轻轻扶在紧挨耻骨下缘的腹部。左手也四指并拢与拇指分开，手心向下，稍用力从颈后翅膀基部沿着身躯背部向尾根区域推滑，并且用拇指和另外四指捏的动作刺激尾根 3～4 次，频率要高。

(4)当公鸡外翻泄殖腔时，左手立即从背部绕到鸡尾后面，用中指、无名指及小指挡住尾羽，拇指与食指的指尖放在肛门稍上缘的两侧，做好挤压泄殖腔的准备。

(5)右手随之以较高的频率抖动腹部，直到泄殖腔完全外翻为止。

(6)此时右手的食指、拇指立即捏住外翻的泄殖腔基部，使乳头突完全露出，右手即停止抖动，手心迅速上翻，将集精瓶口放在泄殖腔开口下缘接取精液。

三、采精频率

采精频率是指一定的时间内对公畜的采精次数。合理安排采精频率，对维持公畜正常性机能、保持健康状况和最大限度采集精液是十分重要的。

公牛：通常每周采精 2 d，2 次/d。青年公牛采精次数应酌减。

公猪：采精宜隔日 1 次。如果需要每天采精，则每连续采精 2 d 后，需休息 1～2 d。

公马：同猪。

公绵羊和公山羊：由于配种季节短，可每天采精多次，并连续数周。

公犬：隔日 1 次。

任务三　精液品质检查

情境导入

在一间马精液品质实验室中，工作人员正在对刚刚采集到的阿拉伯种公马精液进行品质检测。他们使用离心机对精液进行分离，将精子与精浆分离，便于后续的检测工作。在显微镜下，工作人员仔细观察精子形态、活力、密度等指标，并通过计算机辅助精子分析系统（CASA）测定精子的动态参数。同时，他们还会进行精液 pH、渗透压、微生物污染等化学和微生物学指标的检测。根据检测结果，工作人员会进行精液品质评估，只有达到规定标准的精液才会被用于后续的人工输精。不合格的精液则会被标记并销毁，以防止其对母马生殖健康造成不良影响。

同学们，如果你是养殖场的一员，你想不想了解 CASA 系统是如何测定精子动态参数的呢？让我们带着这个疑问，进一步学习精液的品质检查。

精子是一类特化的细胞，是由公畜性腺，也就是睾丸产生的。精子由精原细胞在睾丸曲精细管中分化产生，在附睾中逐渐成熟，获得运动的能力，最终在母畜体内输卵管中获得受精的能力，并与卵子结合成受精卵。

一、精子的发生和形态结构

（一）精子的发生

精子的发生是指在睾丸内曲精细管中，精原细胞通过不断分化形成精子并释放的过程。

1. 精原细胞分裂形成精子的过程

曲精细管主要包括精原细胞和支持细胞。精原细胞是睾丸中最幼稚的生精细胞，位于曲精细管上皮的最外层。精原细胞形成精子大致经历 4 个阶段。

第一阶段　精原细胞首次分裂同时产生一个活动的精原细胞和另一个暂时休眠的干细胞；所有分裂都是有丝分裂。活动的精原细胞分裂 4 次，理论上可生成 16 个初级精母细胞。该阶段用时 15～17 d。

第二阶段　初级精母细胞进行第一次减数分裂形成次级精母细胞。该阶段用时 15 d 左右。

第三阶段　次级精母细胞第二次减数分裂形成精细胞。该阶段用时短，大约几个小时。

第四阶段　精细胞形成后不再分裂，位于支持细胞顶端，经复杂的形态变化形成蝌蚪状的精子。该阶段主要包括顶体的发生，核的浓缩拉长，尾的形成和多余细胞质的脱落等。该阶段用时 15 d 左右。

2. 支持细胞

支持细胞又称足细胞，附着于曲精细管的基底膜，形状不规则，多数呈长锥形。其功能如下。

(1)提供各级生精细胞营养以及适宜的微环境。

(2)吞噬、消化精子形成过程中脱落在管腔的残余胞质和在发育中部分退化的生精细胞。

(3)支持细胞之间紧密连接，形成血睾屏障阻止抗原物质进入机体血液，避免有害因子对精子的影响。白蛋白、胆固醇难以通过；促性腺激素与性激素可以通过；糖、脂肪酸、氨基酸等易通过。

(4)支持细胞里的微丝、微管收缩，把镶嵌在支持细胞上的生精细胞推入管腔。

(5)分泌雄激素结合蛋白、抑制素和雌激素。

(二)精子发生周期和曲精细管上皮周期

精子发生周期是指精原细胞开始，经过精母细胞至精细胞形成精子的全过程所需时间。

在曲精细管的横断面上存在处于不同生理状态的生精细胞，这些细胞是不断变化的，有周期性。

不同动物精子发生周期有所不同：猪 34.4～45 d，牛 54～60 d，绵羊 49 d，马 50 d 左右。

对于每条曲精细管和整个睾丸而言，精子的产生是连续而恒定的，而在曲精细管上皮某一局部精子的释放并非是连续的。

睾丸形成的精子，经附睾最后排出的最短时间 10～15 d，精子从发生到排出体外的时间各种家畜约 2 个月。

(三)精子成熟

睾丸精子在附睾运行中逐步获得运动和受精能力，此过程称为精子成熟。

1. 精子在附睾中的变化

精子在附睾中发生以下几个方面的变化。

(1)形态、结构变化　精子的顶体与头部发生收缩，头颈部的原生质滴逐渐往尾部转移并最终脱落，精子获得运动能力。精子细胞核的化学染色不断减弱，蛋白质与硫氢基结合减少，与二硫键结合相应增加，这些结构的改变有助于精子形态和细胞核的保护。精子细胞膜中的磷脂、脂肪酸及硫氢基等改变，同时一些糖蛋白也附着在精子表面，使精子膜成熟。但覆盖在精子表面物质也暂时抑制精子的受精能力，直至精子到达母畜输卵管，才能获得真正受精的能力。

(2)运动方式变化　来自睾丸的精子不能运动或者只能颤动。精子经过附睾头、体、尾，其运动形式和能力由不运动→原地摆动→转圈运动→螺旋式或直线前进。

(3)代谢方式的改变　精子在附睾中主要靠分解睾丸液和附睾中的乳酸来获取能量。

2. 精子在附睾中贮存

附睾内的精子主要贮存在附睾尾，占总量的 70%；输精管只有 2%。

附睾具有贮存精子作用，有以下主要原因。

(1)附睾管上皮可分泌营养物质，供精子发育所需。

(2)附睾内弱酸环境(pH 6.2～6.8)抑制活动，降低代谢。

(3)附睾管内是高渗压环境。颈部小滴下移时,发生脱水,使精子内缺乏可保持活动的最低限度的水分,故精子不运动。

(4)附睾温度较低,低于体温。牛、马、羊附睾温度低于体温 2～4 ℃。

以上因素使精子处于休眠状态,减少能量消耗,因此,可长期贮存。

(四)精子的形态和结构

1. 精子形态

精子是一种高度分化的雄性细胞,各类动物精子形态和结构基本相似,具有活动性,含有运转物质。精子表面有脂蛋白性质的薄膜,光镜下,可分头、尾两部分;电镜下,尾分中、主、末段,头尾间叫颈部。精子长度、体积不与个体大小成正比,甚至有的相反。

2. 精子结构(图 2-2-3)

(1)头部　扁卵圆形(鼠呈钩形,禽的略弯曲的圆锥形)。主要由细胞核构成,内含遗传物质 DNA。前为顶体,呈双层薄膜,内含中性蛋白酶、透明质酸酶、穿冠酶、ATP 酶,以及各种酸性磷酸酶。顶体是一个相当不稳定的部分,易变性和从头部脱落,使精子受精力降低或丧失。

(2)颈部　头尾连接的结构。由中心小体产生 2～3 个颗粒,核与颗粒之间形成植着区,尾的纤丝以此为起点。颈部是精子最脆弱的部分,易断裂,造成头尾分离。

(3)尾部　为运动器官。

①中段　颈、终环之间,外为线粒体鞘、致密纤维及精子膜,此段能量代谢。

②主段　最长部分,外皮质螺旋体(纤维鞘),此段是能量供应处,由线粒体补充能量。

③末段　很短,仅由纤丝和精子膜组成,是确定精子运动方向的部位。

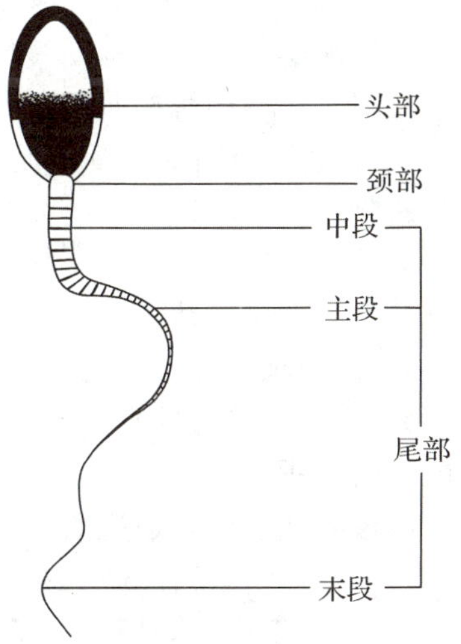

图 2-2-3　精子结构

二、精子的代谢与运动

(一)精子的代谢

精子只能进行分解代谢,不能进行合成代谢。

1. 精子的糖酵解

精子在无氧条件下,将精清中的单糖分解成乳酸并释放能量的过程称为糖酵解。精子获取能量主要通过呼吸作用,以精清中单糖为原料来完成的。精清中的单糖主要是果糖。

2. 精子的呼吸

精子呼吸的部位主要在尾部。呼吸旺盛,因此,通过适当降低温度,隔绝空气和充入 CO_2 等,可使精子减少能量的消耗,以延长生存时间。

3. 精子对脂类的代谢

当精子无法获取糖类物质时,精子也可以对卵磷脂进行氧化,使脂类分解,放出脂肪酸,经氧化而取得能量;同时产生的甘油,通过参与糖酵解过程,在精清中能促进精子消耗氧和产生乳酸。

4. 精子对蛋白质和氨基酸的代谢

正常情况下,精子不从蛋白质中获取能量。当精子分解蛋白质时,说明精液已经开始变性。精子在有氧情况下，将氨基酸分解成氨和过氧化氢。过氧化氢能降低精子的耗氧率，促进精液腐败。

(二)精子的运动

1. 精子的代谢机能与运动关系

环境温度对于精子运动影响较大。随着温度的升高，精子运动趋势越强，消耗的能量就越多，存活的时间就越短。

2. 精子运动类型

①直线前进运动　精子大方向是直线的运动方式，也是精子正常的运动方式。

②转圈运动　精子由一点出发，转圈运动。这种运动方式说明精子大多正在丧失运动能力。

③原地摆动　精子运动缓慢，且在原地摆动。这种运动方式说明精子正在丧失运动能力。

3. 精子运动的机制

ADP 水解得到的能量转变成可使尾丝中类似肌动球蛋白的分子排列发生改变，从而引起尾丝的收缩。同时在纤维丝存在一种能使 ATP 脱磷的酶，叫 ATP 酶，它具有促进纤丝收缩的功能。

精子尾部是给精子运动提供动力的部位，由中段、主段和末段构成。主要的结构是贯穿于中央的轴丝，轴丝是精子的运动器官，表面上看起来像是动物的鞭毛。轴丝的运动产生了向前的动力，而这些能量的来源则是细胞中的动力工厂，线粒体便是将糖类、脂肪与氨基酸氧化释放能量的场所。

4. 影响精子运动速度的有关因素

(1)温度　精子在 37～38 ℃运动快；低于 10 ℃基本停止运动。

(2)精液密度与黏度　精子的运动速率随精子密度和精液黏度的增大而降低。

(3)与精子运动趋性关系

①趋逆性(或趋流性)　精子在流动的液体中向逆流方向运动。

②趋物性　如果精液中有异物，精子会向异物运动，并用头部顶住异物做摆动。

③趋化性　精子具有向某些化学物质运动的特性。

5. 精子的存活时间

精子因生存环境、温度及保存方法不同，存活时间差异很大。

(1)在雄性生殖道内存活时间　牛的精子在附睾最长存活时间可达 60 d 以上，37 d 尚有 70%以上有活力；兔 60 d 以上，受精力维持 40%。

(2)在雌性生殖道内的存活时间　阴道环境是酸性环境，对精子不利，因此精子存活时间短，在子宫颈可存活 30 h 左右，子宫内可存活 7 h 左右。

三、精液的组成和理化特性

精液由精子和精清两部分组成。精清占绝大部分，精子及其他干物质占 2%～10%(反刍动物 10%；猪、马 3%左右)。

(一)精液的理化性状

(1)外观　一般为不透明的灰白色或乳白色，牛、羊精液为乳黄色，马为乳白色，猪多为灰白色。

(2)气味　正常为无味或微腥味；若混有腐败物时则带有臭味；若混有尿液则发生特有气味等。

(3)精液量　动物种类不同,生殖器官(副性腺)形态和构造差异,射精量差别很大。牛、羊、兔、鸡精液量少,而猪和马精液量较多。

(4)精子密度　又称浓度,是指每毫升精液中含有的精子数。

(5)pH　pH 决定于副性腺分泌液,牛、羊弱酸,马、猪、鸡弱碱。精子生存的最低 pH 5.5,最高 pH 10。

(6)渗透压　由于精子膜是半透膜,所以动物精液的渗透压通常与动物体液(如血浆)的渗透压相当,以维持精子在体内的正常生理功能。

(7)比重　与密度有关,与副性腺成分有关;精子密度大,比重大;密度小,比重小。

(8)黏度　与密度、精清中所含有的黏蛋白唾液酸的多少有关。精子密度大,黏稠度大。马的仅为羊的 1/20。当羊精液中的精子数达 5 亿个/mL 以上时,精液管斜放而不流。

(9)导电性　精液中含有各种盐类或离子,若含量大,导电性也就强。

(10)光学特性　透光性与精子密度反相关。精子密度大,透光性就差;精子密度小,透光性强。

(二)影响精液性状的因素

(1)遗传因素　动物的遗传背景对其精液性状有着根本性影响。不同品种、品系或个体间的精液性状可能存在显著差异,如精子数量、活力、形态、染色体异常率等。

(2)年龄　公畜的年龄对其精液性状有显著影响。一般来说,成年公畜(达到性成熟)的精液质量优于未成熟或老龄公畜。年轻公畜精液活力高、精子数量多,但可能存在成熟度不足的问题;老龄公畜则可能出现精子活力下降、畸形率升高等现象。

(3)营养状况　公畜的营养状况会直接影响其精液质量。缺乏必需营养素(如蛋白质、矿物质、维生素等)或营养过剩(如肥胖)都可能导致精液性状变差。合理的营养搭配和均衡的饮食对维持精液质量至关重要。

(4)环境因素　包括温度、湿度、光照、空气质量等。适宜的环境条件有利于公畜保持良好的生理状态,从而产生高质量的精液。高温、低温、湿度过大、空气质量差等恶劣环境可能对精液产生负面影响,如精子活力降低、精子畸形率增加等。

(5)应激因素　运输、饲养密度、疾病、噪声、陌生环境等应激源都可能影响公畜的心理状态,进而影响其精液性状。长期或严重的应激可能导致精液质量下降,甚至出现暂时性不育。

(6)疾病与健康状况　生殖系统疾病(如睾丸炎、附睾炎、前列腺炎等)、全身性疾病(如传染病、代谢病等)以及药物使用等都可能影响精液性状。健康状况良好的公畜精液质量通常较好。

(7)繁殖管理　包括采精频率、采精方法、精液处理(稀释、冷冻、解冻)等。不适当的采精频率可能导致精液质量下降;采精方法不当可能损伤生殖器官,影响精液质量;精液处理过程中如操作不当或使用不适宜的介质,也可能导致精液性状变差。

(三)精液中的化学成分

(1)DNA　集中在精子头部。

(2)蛋白质　是精子有氧代谢可利用的基质,有利于合成核酸,主要有以下几种。

核蛋白质　头部与 DNA 结合构成碱性蛋白。

顶体复合蛋白　含糖蛋白、脂糖蛋白,具有蛋白分解酶。

尾部收缩蛋白　肌动球蛋白。

精清蛋白　各种酶、以蛋白形式存在。

(3)酶　酶类对精子体外代谢起催化作用。主要有以下几种。

水解酶　脱氧核糖核酸酶、透明质酸酶、磷酸酶、糖苷酶。

氧化还原酶　乳酸脱氢酶、过氧化氢酶、细胞色素。

转氨酶　谷草转氨酶、谷丙转氨酶、甘油激酶等。

(4)氨基酸　精液中已发现十多种氨基酸，含量最多是谷氨酸，其次是丙氨酸、天冬氨酸、甘氨酸、组氨酸、苯丙氨酸和丝氨酸，是精子有氧代谢可利用的基质，有利于合成核酸。

(5)脂质　主要是磷脂质和游离脂肪酸。对延长精子寿命和抗低温打击有一定作用。

(6)糖类　主要包括果糖(精囊腺)、葡萄糖、山梨醇、肌醇、唾液酸及多糖类等，是精子代谢的能量来源。

(7)有机酸　主要包括柠檬酸、抗坏血酸、乳酸；少量甲酸、草酸、苹果酸、琥珀酸等。对维持精液正常的 pH 和刺激雌性生殖道平滑肌收缩具有重要作用。

(8)无机成分　主要有 Na^+、K^+、Mg^{2+}、Ca^{2+}、Cl^-、PO_4^{3-} 和 HCO^-，维持渗透压。

(9)维生素　核黄素(维生素 B_2)、抗坏血酸(维生素 C)、硫胺素(维生素 B_1)、泛酸和烟酸等。对提高精子活率和密度有一定作用。

(四)精清生理作用

(1)扩大精液容量与精子活动范围，稀释来自附睾的浓密精子。

(2)母畜生殖道内的运输载体，调整精液 pH，促进精子运动。

(3)含有精子所需的许多代谢基质，为精子提供营养物质，同时对精子起到一定的保护作用。

(4)清洗尿道和防止精液逆流。

四、外界环境条件对精子的影响

(一)温度

外界环境温度对于精子的代谢、运动、存活都有明显的影响。哺乳动物一般在 37～38 ℃；鸟类在 40 ℃左右。

当外界温度超过 40 ℃时，精子代谢增强，运动加快能量很快耗竭；当超过 45 ℃时，精子会短时间热僵直而死亡。

当温度在 0～10 ℃时，精子的代谢、运动力会很低，精子逐渐停止运动，处于休眠状态，是维持生命的最好温区。如果温度突然急剧降至 10 ℃以下，精子会很快失去活力，且不能复苏，这种情况称为冷休克。

精子冷休克的原因是精子膜受到破坏，使三磷酸腺苷、细胞色素、钾等从精子膜破坏处漏出，精子的渗透压增加，产生不可逆的变化以致损害其结构和活动力。

因此，精液处理时，一般在稀释液中加入卵黄、乳类物质，并缓慢降温。在 −196 ℃液氮中和 −79 ℃干冰中的超低温环境，精子的代谢和活动力基本停止，但是在超低温冷冻过程中要防止出现大的冰晶，需要加入甘油、二甲基亚砜等防冻剂。

(二)光线和辐射

日光中的紫外线等各种辐射线光对精子均有较强的杀伤作用，尤其对精子内遗传物质造成严重伤害。

(三)pH

弱酸环境会延长精子生存时间；偏碱环境会提高精子运动能力，但是生存时间会缩短。

(四)渗透压

精子对渗透压有逐渐适应的能力，但有一定的限度。低渗环境会造成精子尾部卷曲，吸水膨胀死亡；高渗环境会造成精子失水皱缩，运动减缓。低渗造成的影响更加严重。

（五）离子浓度

一定量的弱碱性盐类对维持精液 pH 有重要作用。但是高浓度离子浓度会破坏精子与精清的等渗性，对精子造成伤害。

（六）稀释

精子经适当稀释后活力更强。高倍稀释需要加入卵黄等物质，并采用逐步稀释的方式。

（七）药品

磺胺类药等抗生素能抑制微生物的繁殖，延长精子存活时间。甘油有保护（防冻）作用。烟雾以及酒精等一些消毒品能够直接杀死精子。

五、检查项目

精液品质检查的项目很多，在生产实践中，一般分为直观检查项目和微观检查项目。

（一）直观检查项目

1. 射精量

射精量是指公畜一次采精所射出的精液量。

测定：以连续 3 次以上正常采集到的精液的平均值代表。

测定方法：可用体积测量容器如刻度试管或量筒，也可用电子秤称重近似代表体积。

影响射精量的因素：动物种类、睾丸大小质地、季节、健康状况。

2. 色泽

色泽是指精液的颜色及其浓厚程度。它在某种程度上反映了精液是否正常、精子的浓度高低。

动物精液的颜色一般为乳白色或淡灰色，其颜色因精子浓度高低而异，乳白色程度越重，表示精子浓度越高。正常牛、羊精液呈乳白色或浅黄色，水牛为乳白色或灰白色，猪、马、兔为淡乳白色或灰白色。若呈淡绿色表示混有脓汁；呈淡红色表示混有血液；呈黄色表示混有尿液。

3. 气味

精液一般无味。有的带有动物本身固有的气味，如牛、羊精液略有膻味，猪精液有腥味。若有腥味可能掺有脓液；若有臊味可能掺有尿液或包皮液。

4. pH

家畜精液 pH 一般为 7.0 左右，牛、羊精液因精清比例较小呈弱酸性，故 pH 为 6.5～6.9；猪精液因精清比例较大，故 pH 为 7.4～7.5。

5. 云雾状

云雾状是指新鲜精液在 33～35 ℃温度下，精子成群运动所产生的上下翻卷的现象。云雾状的明显程度代表高浓度的精液中精子活力的高低。

正常牛、羊精液因精子密度大而混浊不透明。肉眼观察时，由于精子运动翻腾滚滚如云雾状。马、猪的精子少，混浊度也较小，云雾状不显著。

（二）微观检查项目

1. 精子活力

精子活力常指 37 ℃下，精液中前进运动精子占总精子数的百分率。精子活力是评价精液品质的一个重要指标，与精子受精力密切相关。

评定精子活力等级，通常采用十级一分制评定法，即按视野中呈直线前进运动的精子数占总精子数的估计百分比评定，100%直线前进运动者评为1.0，90%者评为0.9，80%者评为0.8，以下类推。

这种评定方法完全是凭检查者的主观经验评定，可以在显微镜上装置闭路电视或显微镜投影法反映在荧屏上。检查时，取一滴精液于载玻片上制成压片标本，放在400倍显微镜下观察，浓度大的精液先用生理盐水或等渗稀释液稀释后检查。

各种家畜的新鲜精液，精子活力一般在0.7～0.8。输精时，一般要求液态保存精子活力应在0.6以上，冷冻精液精子活力在0.3以上。

2. 精子密度

精子密度也称精子浓度，是指每毫升精液中含有的精子数目。表示方法为个/mL或亿个/mL。

目前，测定精子密度的方法常采用估测法、血细胞计计算法和光电比色计测定法等。

(1)估测法　在显微镜下根据精子分布的稀稠程度，将精子密度粗略地分为"密""中""稀"。

密——表示精子数量多，精子间隔距离不到1个精子；

中——表示精子数量较多，精子与精子的间距为1～2个精子；

稀——表示精子数量较少，精子与精子的间距为2个以上精子。

(2)血细胞计数计算法　通过计算每毫升精液中所含精子数的多少来衡量精子的密度。一般采用血细胞计数板进行。

(3)光电比色计测定法　是目前评定精子密度一种较准确的方法，适用于牛、羊精液，如果除去精液胶块，也可测定猪、马精液。此法是根据精子越多，精液越浓，其透光率越低的特性，使用光电比色计通过反射光和透光程度来测定精子的密度。

3. 精子形态检查

精子形态正常与否与受精率有着密切关系。如果精液中含有大量畸形精子和顶体异常精子，则受精能力就会降低。

(1)精子畸形率　精液中形态不正常的精子称为畸形精子，精子畸形率是指精液中畸形精子数占总精子数的百分比。

(2)畸形精子各种各样，一般可分为4类(图2-2-4)。

①头部畸形　头部瘦小、细长、缺损、双头等。

②颈部畸形　膨大、纤细、带有原生滴、双颈等。

③中段畸形　膨大、纤细、弯曲、屈折、带有原生滴等。

④主段畸形　弯曲、屈折、缺损、带有原生滴等。

在各种动物的正常精液，精子畸形率一般不超过20%，牛不得超过18%，水牛不超过15%，羊不超过14%，猪不超过18%，否则不能用于输精。

一般检查方法是做成涂片进行染色，在显微镜下观察计数。染色剂常称取0.5 g龙胆紫用20 mL酒精助溶，加水至100 mL，过滤至试剂瓶中备用；也可使用亚甲蓝试剂、纯蓝或红墨水等。

(3)精子顶体异常率　由于精子的正常顶体内含有多种与受精有关的酶类，所以精子顶体正常与否和精子存活、受精能力有密切的关系。顶体异常包括顶体膨胀、缺损、部分脱落、全部脱落等。

在正常情况下，牛的顶体异常率不超过5.9%，猪不超过2.3%。如顶体异常率显著增加，牛超过14%，猪超过4.3%，会直接影响受精率。

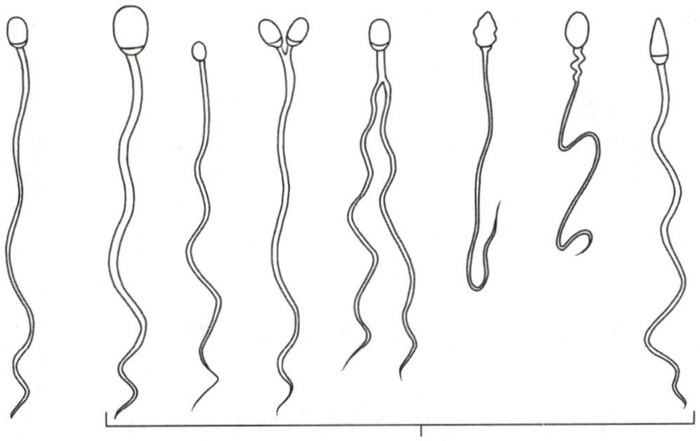

图 2-2-4　异常精子

任务四　精液的稀释与保存

情境导入

在高科技养猪场生物技术中心的一间专业猪精液稀释与保存实验室中，工作人员正在对刚刚采集到的杜洛克公猪精液进行稀释与保存工作。他们用移液器准确吸取一定量的精液样本，加入预先配制好的精液稀释剂中，搅拌均匀，制成精液稀释液。精液稀释剂中含有各种营养成分、抗氧化剂、缓冲剂等，可以为精子提供适宜的生存环境，延长其寿命。工作人员会根据精液品质、预期用途等因素，选择合适的稀释倍数，确保稀释后的精液仍具有良好的受精能力。稀释后的精液会被分装到预冷的精液瓶中，瓶口封口后放入液氮罐，冷冻保存。液氮罐内部充满液态氮，温度极低，可以有效地抑制精子代谢，延长其保存期限。工作人员会定期检查液氮罐的液位和温度，确保精液保存条件稳定。

同学们，如果你是养殖场的一员，你想不想了解怎样做才能在常温、低温以及超低温环境中保存精子？让我们带着这个疑问，进一步学习精液的稀释与保存。

一、精液稀释

(一)精液稀释的目的

精液稀释是向精液中加入适于精子存活的稀释液。精液稀释的目的有两个。

(1)通过加入稀释液可以扩大精液容量，从而增加输精头数，提高优质公畜的利用率。

(2)稀释液中有多种营养成分，加入稀释液可以延长精子的存活时间及受精能力，也便于精液的运输，使精液得以充分利用。

(二)精液稀释液的成分及作用

1. 营养物质

常用的营养物质有葡萄糖、果糖、乳糖、奶类制品和卵黄。主要作用是为精子提供营养，补充精子生存和运动所消耗的能量。

2. 保护性物质

(1)缓冲剂　精子在保存过程中，由于呼吸作用产生一定的二氧化碳会降低环境中的pH，缓冲剂可以平衡精子代谢过程中产生的代谢废物，平衡酸碱度。

常用的无机缓冲剂有柠檬酸钠、磷酸二氢钠(水溶液都呈酸性)等,有机缓冲剂有三羟甲基氨基甲烷(弱碱性)等。

(2)防冷抗冻物质　卵黄和奶类含有卵磷脂,其熔点低,在低温不易被冻结,可作为防冷抗冻物质。甘油和二甲基亚砜等可以有效减少精子体内环境中水分由液态向固态转化过程中所造成的伤害。

(3)抗菌物质　常用抗菌物质有青霉素、链霉素和氨苯磺胺等。主要是抑制细菌生长繁殖,延长精子存活时间。

(4)稀释剂　一般指单纯扩大精液容量的物质,如等渗的生理盐水、葡萄糖溶液等。

3. 其他添加剂

其他添加剂主要作用在于改善精子外在环境的理化特性,以及母畜生殖道的生理机能,以利于提高受精机会,促进受精卵的发育。常用的有酶类、激素类和维生素类。

(1)酶类　过氧化氢酶能分解精子代谢中产生的过氧化氢。

(2)激素类　催产素和前列腺素可促进母畜生殖道的蠕动。

(3)维生素类　维生素 B_1、维生素 B_2、维生素 B_{12}、维生素 C、维生素 E 等可以改善精子活率,提高受胎率。

(三)稀释液配制

精液的稀释液种类和配制方法很多,其选用的原则是以稀释保存效果好,简单易配,价格低廉为依据。配制时要注意下列事项。

(1)配制用具一般用去污粉洗涤干净,用无菌蒸馏水冲刷后烘干备用。

(2)所用稀释剂要求新鲜,所有药品要求纯度达到分析纯,配制的稀释液要严格消毒冷却后备用。

(3)使用的鲜奶需先经双层无菌纱布过滤后在水浴(92～95 ℃)中灭菌 10 min,将奶中凝固奶皮去掉,冷却备用;卵黄要取自新鲜鸡蛋,不要蛋清,卵黄使用前要搅拌成卵黄溶液。

(4)药物称量要准确,要用分析天平。

(5)卵黄、抗生素、酶类、激素类、维生素等添加剂必须在稀释液冷却至室温时,方可加入。氨苯磺胺可先溶于少量蒸馏水(用量计入总量)中,单独加热至 80 ℃,溶解冷却后加入稀释液。

(6)所有配制好的稀释剂要求尽快使用。

(四)稀释倍数和稀释方法

1. 稀释倍数确定

精液以稀释液进行适宜的稀释可以延长精子的存活时间,但稀释倍数超过一定限度,精子的存活即会随着稀释倍数的提高而逐渐下降,以致影响受胎率。

精液适宜稀释倍数与家畜种类和稀释液种类有关。确定稀释倍数应根据原精液的质量。尤其是精子的活力和密度、每次输精所需的精子数、稀释液的种类和保存方法而定。一般牛 4～6 倍,猪 1～3 倍,免 3～5 倍。

(1)牛、羊、马、驴等精液稀释倍数

用以下公式计算

$$稀释倍数 = x \div y - 1$$

式中:

x=精子密度×精子活率;为原精液每毫升精液有效精子数

y=每头应输入的有效精子数÷每头应输入的精液容积;为每毫升稀释精液含有有效精子数

稀释后总体积=原精体积×(N+1)

式中:N为最大稀释倍数

稀释后输精份数=稀释后总体积÷每一份精液容积

注意:牛、羊、马、驴一般必须使用有效精子数。

举例:一头公牛射精量为8 mL,精子密度为10×10^8=10亿个/mL,精子活率0.8,每头应输入的有效精子数10^7个,每头输入精液的容积为1 mL,求最大稀释倍数?

解:最大稀释倍数(N)=原精有效精子数密度÷稀释后有效精子数-1

x=精子密度×精子活率=10亿×0.8=8亿个/mL

y=每头应输入的有效精子数÷每头应输入的精液容积=10^7个÷1 mL=0.1亿个/mL

N=8亿个/mL÷0.1亿个/mL-1=79倍

稀释后总体积=原精体积×(N+1)=8×80=640 mL

稀释后输精份数=稀释后总体积÷每一份精液容积=640 mL÷1 mL=640份

(2)猪精液稀释倍数

猪的输精一般不按照有效精子数计算,而是原精液活力不低于0.6前提下,按照每个输精头份总精子数、输入精液的容积计算原精液稀释后可分装的份数和稀释后总体积。

总精子数=原精液精子密度×原精体积(重量)

可分装份数=总精子数÷每一份精液精子数

精液稀释后总体积(重量)=每一份精液的体积×可分装份数

需要配置稀释液=稀释后总体积-原精体积

举例:某公猪,一次采精300 mL,精子活力0.7,精子密度2亿个/mL,此公猪精液能给多少头母猪输精?(人工输精量每头80～100 mL,每份精液一般30亿～50亿个精子),以每次输精100 mL(含40亿个精子)为例

解:总精子数=原精液精子密度×原精体积(重量)=2×300=600(亿)

可分装份数=总精子数÷每一份精液精子数=600÷40=15(份)

精液稀释后总体积(重量)=每份精液的体积×可分装份数=100 mL×15=1 500 mL

需要稀释液=1 500 mL-300 mL=1 200 mL

猪的精液最高稀释倍数一般不超过9倍,即稀释后精液总体积不超过原精的10倍。

2.稀释方法

(1)新采集的精液应迅速放入30℃保温瓶中,以防止温度变化。特别是要避免室温低于20 ℃时,由于冷刺激,精子可能出现冷休克现象,不利于精子保存。

(2)采精后,精液应尽早稀释,原精液放置时间过长则降低其活力,一般在30 min以内完成稀释。

(3)稀释液与精液的温度必须调整一致,一般是将稀释液及精液置于30 ℃左右的保温瓶内片刻做同温处理。

(4)稀释时,使稀释液沿精液瓶壁缓缓加入,防止将稀释液迅速倒入精液瓶内,造成局部稀释打击。

(5)稀释后将精液瓶轻轻转动,使精液与稀释液混合均匀,切忌剧烈振荡。

(6)如做高倍稀释,应分次进行,先低倍后高倍,防止精子所处的环境突然改变,造成稀释打击。

(7)精液稀释后,即进行镜检,如果活力下降,说明稀释或操作不当。

二、精液保存

精液保存的目的是延长精子的存活时间,便于运输,扩大精液的使用范围。现行精液保存的方法按保存的温度分为常温保存(15～25 ℃)、低温保存(0～5 ℃)和冷冻保存(－196～－79 ℃)3 种。前两者保存温度都在 0 ℃以上,以液态形式短期保存,故称液态精液保存,后者以冻结形式作长期保存,故称冷冻精液保存。

(一)常温保存

保存温度在 15～25 ℃,允许温度有一定的变动幅度,所以也称变温保存或室温保存。常温保存所需设备简单,便于普及推广,特别适宜于猪的全份精液保存。

1. 原理

精子自身所产生的酸性物质和稀释液中的酸性物质使精液的 pH 降低到一定的水平,能够抑制精子的代谢,从而延长精子的存活时间。但常温会有利于微生物的生长,抗生素能够抑制微生物的繁殖,在稀释液中充入二氧化碳等气体也可以有助于保持精子活力。

2. 稀释液

稀释液成分主要有抗生素、单糖、缓冲剂。

一例猪精液的稀释液配方:葡萄糖 5 g,柠檬酸钠 0.3 g,乙二胺四乙酸二钠 0.1 g,蒸馏水 100 mL,青霉素 1 000 U,链霉素 1 000 μg。

3. 保存方法

一般是将稀释后的精液装瓶密封,用纱布或毛巾包裹好,置于 15～25 ℃温度中避光存放。

(1)向稀释液中充入二氧化碳,降低精液 pH。

(2)利用精子本身在代谢中产酸(碳酸),自行调节 pH。

(3)向稀释液中加入有机酸,如己酸稀释液(CME)。

(4)常温保存的稀释液除降低 pH 使精子代谢减慢外,还依靠给精子补充足够的养分,同时加入抗菌物质以抑制细菌的滋生。

(5)有的还在稀释液中加入缓冲物质,有的加入明胶以阻止精子运动。

(6)隔绝空气有益于精液保存。

(二)低温保存

1. 原理

0～5 ℃的低温能抑制精子的代谢和微生物的繁殖,但迅速降温会使精子遭受冷休克,加低温保护剂(卵黄、奶类等防冷物质)和缓慢降温并保持较低温度,可使精子代谢减弱,处于休眠状态,精液保存数天。当气温回升后,精子又恢复正常代谢状态。

2. 稀释液

稀释液成分主要有抗生素、15%～25%的卵黄(脱脂奶)、基础液。

3. 保存方法

(1)降温处理　应采取逐步降温的方法,并使用含有卵黄的稀释液,以防止冷休克。从 30 ℃降到 0～5 ℃时,降温速度以每分钟下降 0.2 ℃左右为宜,需要 1～2 h 完成降温过程。用纱布包数层在贮精瓶,置于 2～5 ℃的恒温冰箱中缓慢降温,用时 1～2 h。

(2)保存方法　最常用的方法是将精液放置在冰箱内保存,也可用冰块放入广口瓶内代替,或者放在盛有化学制冷剂(水中加入尿素、硫酸铵等)的凉水内,还可以吊入水井深处保存。

(3)升温处理　低温保存的精液在输精前要进行升温处理。升温的速度对精子影响较小,故一般可将贮精瓶直接投入 30 ℃温水中即可。

(三)冷冻保存

1950 年英国科学家 Polge 和 Smith 采用卵黄和甘油作保护剂,用干冰作冷源进行精液的冷冻,解冻后输精成功,开创了世界人工输精的新世代。到 20 世纪 90 年代,发达国家的全部奶牛和绝大多数肉牛采用冻精输精。精液冷冻保存成为最可靠的保存方法。精液冷冻技术解决了精液长期保存、难以运输的困扰,使精液不受时间、地域和种畜生命的限制,提高了优良公畜的利用率,加速了品种的育成和改育步伐。

1. 精液冷冻原理

超低温使精子处于零代谢状态,升温后能使精子复苏并且不失去受精能力。但精子冷冻过程会形成较大冰晶使精子内外出现的渗透压差,导致精子水分外渗,精子内渗透压增高,电解质浓度提高,酸碱失去平衡;与此同时,冰晶渗透入精子内部会产生机械压力,导致细胞表层破坏。如果在冷冻过程只形成微小冰晶,即玻璃化状态,则精子就不容易受到损伤,解冻后能恢复活力。

一般认为,冷冻过程中缓慢降温会形成较大的冰晶,较快的降温会形成较小的冰晶,更快的降温则可防止冰晶的形成。冷冻精液缓慢升温,也会形成较大冰晶。因此,精液冷冻时要快速降温,解冻时要快速升温。

2. 冷冻精液的冷源

冷冻精液的冷源最初采用干冰即固态 CO_2(−79 ℃),后改用液氮(−196 ℃)。

3. 冷冻精液的剂型

冷冻精液的剂型也称包装方法或分装方法。目前广泛应用的剂型有安瓿型、细管型和颗粒型 3 种,它们各有利弊。

(1)安瓿型　玻璃安瓿,剂量多为 1.0 mL 或 0.5 mL,分装精液后火焰封口,平衡后用液氮熏蒸法冷冻。具有剂量标准、标记明显、不易污染、使用方便等优点,但也有体积大、保存占地方多、解冻时易爆裂等缺点。可直接投入 35～40 ℃温水中解冻。解冻后精液可直接吸入常用输精器中给母畜输精。

(2)细管型　一般有 0.25 mL、0.5 mL、1.0 mL 3 种容量。是目前国外比较流行的包装方法。多用 0.25 mL 或 0.5 mL 无毒塑料细管,通过吸引装置,将精液分装入细管内,用聚乙烯醇粉末、圆珠或超声波封口。平衡后用液氮熏蒸法或干冰埋藏法进行冷冻。具有精液不易污染、便于标记、体积小、易贮存、冷冻效果好、适于机械化生产、便于解冻等优点,但成本较高。可将细管直接投入 35～40 ℃温水中解冻,解冻后的细管精液,装在同型号的细管输精器中给母畜输精。

(3)颗粒型　将精液直接滴冻在经液氮冷却的塑料板或金属板冻结成 0.1～0.2 mL 颗粒。具有操作简便、体积小、便于贮存和成本低等优点。但因保存时暴露在液氮中,易受污染;具有剂量不标准、不便标记、不易识别、容易混杂等缺点。

4. 冷冻精液生产技术

(1)采精　注意严格消毒,尽量做到不污染精液。

(2)精液检查　精液的密度和活力都必须符合要求,活力应在 0.7 以上。

(3)稀释　冷冻稀释液应事先配好。可采用一次稀释也可采用二次稀释或三次稀释。最常用的是二次稀释。

第一次稀释　将采出的精液在等温条件下，立即用不含甘油的第一液做第一次稀释，稀释后的精液经 30～40 min 缓慢降温至 4～5 ℃。

第二次稀释　将第一次稀释后的精液加入等温含甘油的第二液，加入的量通常为第一次稀释后的精液量，第二液的加入分三四次缓慢加入，每次时间间隔为 10 min。

(4)平衡　将精液瓶放入 2～5 ℃冰箱或冰瓶内平衡 2～4 h。制作塑料细管精液或安瓿精液，须将精液在 2～5 ℃下装入细管或安瓿内，封口后再平衡。平衡使甘油充分渗入精子体内，产生抗冻保护作用，使精子适应低温环境，为下一步低温冷冻做好生理上的准备。平衡后镜检精子活力，要求与平衡前差不多。

(5)分装　现行冻精常采用颗粒、细管和袋装等分装方法。

颗粒冻精是将精液滴冻在经液氮致冷的金属网或塑料板上，冷冻后制成 0.1～0.2 mL 的颗粒。

细管冻精是把平衡后的精液分装到塑料细管中，细管的一端塞有细线或棉花，其间放置少量聚乙烯醇粉(吸水后形成活塞)，另一端封口，冷冻后保存。细管的长度约 13 cm，容量有 0.25 mL、0.5 mL 或 1.0 mL。现生产中牛的冻精多用 0.25 mL 剂型。

袋装冻精主要用于马和猪。由于输精量大，可用塑料袋分装，但冷冻效果不理想。

(6)冷冻

①干冰法　将干冰盒中干冰压实，打孔，将平衡后的精液滴入孔中，再覆盖上干冰冷冻 2～4 min，取出即可。若是细管冻精，则将平衡后的细管平铺于干冰上，再覆盖上干冰冷冻 2～4 min，取出即可。

②液氮法　颗粒冻精是用预冷过的滴管按照既定好的量吸取平衡过的精液，滴入经液氮致冷的金属网或塑料板，3～5 min 后，待精液颗粒充分冻结、颜色变浅发亮时，将冻精颗粒取出，每 50～100 粒装入纱布袋中，沉入液氮保存。若是细管冻精可以将分装好的精液细管平铺于特制的细管架上，直接放入液氮中浸泡，5 min 后取出即可。

(7)解冻

①湿解冻法　在试管中加入 0.5～1 mL 解冻液，升温到 30～40 ℃，投入一粒冻精，摇动并取出。

②干解冻法　先将试管预热至 30～40 ℃，投入冻精颗粒后，至融化一半时，取出加入 20～30 ℃的解冻液。

③细管冻精解冻　将细管从液氮罐或液氮槽中取出，投入 38～40 ℃的水中 20 s，至融化一半时取出，用手搓至完全融化或用体温解冻。

解冻后温度：5～8 ℃。

解冻后保存：2～5 ℃或冰瓶中可保存 12 h 以上。

解冻后检查精子活力，不得低于 0.3。

任务五　输精

情境导入

在一个绿意盎然的奶牛牧场，专业繁殖技术人员正准备为一头处于发情期的荷斯坦奶牛进行人工输精。他们首先对母牛进行发情鉴定，确认其正处于最佳输精窗口期。技术人员手持特制的输精枪，小心翼翼地将经过处理、品质优良的公牛精液装入输精枪前端的精液袋中，并确保精液袋密封完好，避免精液在输精过程中泄漏。接着，技术人员引导母牛进入特制的输精栏，使用保定装置将其固定在适当位置，确保母牛在输精过程中保持稳定。技术人员轻轻抬起母牛的尾巴，使用消毒液清洁其外阴部，确保输精过程无菌。随后，技术人员手持输精枪，找准母牛阴道口，缓缓将输精枪插入阴道，沿着阴道壁轻轻推进，直至精液袋到达子宫颈口附近。技术人员轻轻挤压精液袋，将精液缓慢注入子宫颈内，确保精液均匀分布，提高受精成功率。输精完成后，技术人员撤出输精枪，对母牛进行安抚，确保其情绪稳定。他们会在母牛耳标上记录下输精日期、公牛编号等信息，以便后续的繁殖管理。

同学们，输精操作是人工输精能否成功的关键，怎样操作才是正确无误的呢？让我们带着这个疑问，进一步了解如何正确无误地进行输精操作。

一、输精前的准备

输精是人工输精的最后一个技术环节。适时而准确地把一定量的优质精液输到发情母畜生殖道内的适当部位是保证得到较高受胎率的关键。

（一）器械的准备

1. 器械的洗涤

器械在使用之前必须严格洗刷干净，用清水反复冲洗后晾干。

2. 器械的消毒

（1）蒸汽消毒　玻璃注射器、输精管、橡胶制输精管、毛巾等洗干净后用纱布包裹，在高压锅中蒸汽消毒 30 min，降温降压后取出，放入消毒柜中备用。

（2）酒精消毒　金属制输精枪、开膣器等用 75%酒精擦拭消毒，等酒精挥发完后放入消毒柜中备用。

（3）火焰消毒　金属器皿可在酒精灯外焰下消毒。

（4）煮沸消毒　玻璃器皿，稀释液等需要煮沸消毒。

（5）电热鼓风干燥消毒　一些玻璃器皿可在清洗后倒置在电热鼓风干燥箱中消毒。

（二）精液的准备

精液的剂量及有效精子数应符合该种家畜的相关要求。常温或低温保存的精液，需升温到 35 ℃左右，镜检活力不低于 0.5。冷冻保存的精液解冻后，镜检活力不低于 0.3。冷冻精液使用前应在 40 ℃水浴中升温 3～5 s，至一半解冻后，取出。解冻后的精液温度应为 5～8 ℃。

（三）母畜的准备

母畜在输精前用 0.1%高锰酸钾溶液洗净并用干燥毛巾或纸巾擦拭干净，保证外阴及外阴周围无残留溶液，然后进行保定。

（四）人员的准备

输精员应将指甲剪短磨光，将手洗净擦干，必要时用 75%酒精棉消毒。如果手臂伸入直肠或阴道内，应戴上长臂手套并涂以液体石蜡或稀释液。冬季应穿上棉坎保暖和方便操作。

二、输精的基本要求

母牛的输精一般应在开始接受爬跨后 18～20 h 进行。母羊应在发情后 12 h 输精，第 2 天仍发情者，再输精一次。母猪应在发情后 18～30 h，即发情的当天傍晚或次日早晨输精，间隔 12～18 h 再输精一次。初配母猪的输精时间应适当后延，可在发情的第 2 天输精。

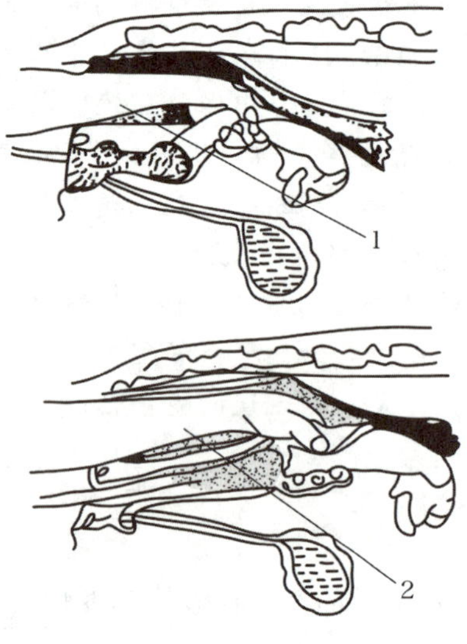

图 2-2-5　直肠把握法输精

1. 错误方法　2. 正确方法

三、输精方法

(一)母牛的输精方法

母牛的输精普遍采用直肠把握法(图 2-2-5)。

输精员一只手消毒后涂上润滑剂,呈锥形旋转伸入直肠内把握住子宫颈,另一手持输精枪,先向斜上方伸入阴道内 5～10 cm 后再水平插入到子宫颈口,两手协同配合,把输精枪伸入到子宫颈的 3～5 个皱褶处或子宫体内,慢慢注入精液。输精过程中,握住直肠内的手要保持子宫颈的水平状态。输精枪要稍用力前伸,每过一个子宫颈皱褶都有感觉,出现“咔咔”的响声。但要避免盲目用力插入,防止生殖道黏膜损伤或穿孔。

优点:①精液输入部位深,不易倒流,受胎率高;②对母牛刺激小;③输精过程中可以同时检查卵巢情况,能防止给孕牛误配,造成人为流产;④用具简单,操作安全、方便。

缺点:整个操作过程要求技术熟练,故此技术需经一定时间的训练才能掌握。

(二)母猪的输精方法

母猪的阴道与子宫颈接合处无明显界限,因此,一般都采用输精管插入法。猪的输精器种类很多,一般包括一个输精管(橡皮胶管或塑料管)和一个注入器(注射器或塑料瓶)。

输精时让母猪自由站立栏圈内,将精液吸入注射器内,在输精管前端螺旋体上涂抹少量的润滑剂。输精员右手持输精管先沿阴道上壁逆时针旋转插入,确保输精管前端螺旋体尖端紧贴阴道的背部表面。当输精管前端锁在子宫颈后,轻轻往回拉 2～3 次后,如果拉不动,即输精管已插入子宫,然后接上注射器,缓缓注入精液。注射过程中,按摩猪外阴部或者轻轻往回往下按压输精管几次,以刺激母猪子宫抽吸精液,避免精液倒流。

(三)羊的输精方法

一般采用开膣器输精法。母羊固定到输精架内,将开膣器侧扁方向与阴道呈同一方向,朝向背侧,插入母羊阴道内,向下转动开膣器,并保持打开状态,将准备好的输精器前端对准子宫颈外口,伸入 1 cm 或更深,将精液缓慢注入后抽出。

输精过程中开膣器应保持开张状态,以免夹伤阴道黏膜。如果无法找到子宫颈口,应拨动黏液,使子宫颈口暴露。如果仍无法确认,可将精液注入颜色较深的区域。

(四)兔的输精方法

母兔输精时需仰卧保定,将输精管朝着阴道背侧慢慢插入阴道内 7～10 cm,即可达子宫颈口位置,轻缓注入精液,输精后将母兔后躯抬高片刻,以防精液倒流。

(五)犬的输精方法

母犬保定后,先用医用棉签或手纸将母犬外阴部擦净,即可进行输精操作。先把开膣器外缘均匀涂上润滑剂,一边轻轻按摩母犬外阴,一边缓慢插入阴道;然后用一次性注射器套上输精针抽取精液,将母犬垂直提起臀部朝上,把精液缓慢注入子宫。

(六)禽类的输精方法

1. 鸡的输精

辅助人员一只手抓着鸡的双腿,使鸡身附着笼底并抬高尾部,另一只手压迫泄殖腔,使阴道外口突翻出来;输精员将输精管插入泄殖腔并轻轻伸入底部,注入精液。

2. 鹅、鸭的输精

一人抓住鹅(鸭)置于适当高度的台上,徒手握着两翅和两腿,或抱在怀里尾部朝向输精员。输精员手持输精管插入泄殖腔外口内,轻轻向左下方深插至阴道部,即可输精。输精后如看到输精管壁上沾有粪便残渣,说明插入部位不当,应重新输精。

项目小结

动物人工输精技术作为现代畜牧业的重要繁殖手段,旨在通过科学、规范的方式提高繁殖效率,优化种群遗传品质,降低饲养成本,促进畜牧业的可持续发展。

同学们在学习动物人工输精技术的过程中,通过精选性状优良、健康状况良好的公畜,了解如何进行科学饲养管理,确保精液质量;通过学习假阴道、电刺激等方法了解如何进行安全、高效的精液采集;通过使用显微镜观察、CASA 系统分析等手段,学会对采集的精液进行活力、形态、密度等多维度品质评估;通过使用保护剂等处理,学会了如何延长精液保存期限和保持精子;通过学习使用特制的输精枪,将处理好的精液准确、无菌地注入母畜子宫内,了解如何确保精液均匀分布,提高受精成功率。

通过人工输精技术,单头公畜的精液可服务大量母畜,大幅度提高繁殖效率,降低种公畜饲养成本,实现种群遗传品质的快速改良,提高家畜生产性能和适应性,有效预防某些生殖系统疾病传播,减少药物使用,实现绿色、环保的畜牧业生产模式,为现代畜牧业的可持续发展做出了重要贡献。

思政园地

我国著名畜牧科学家——胡祥璧

胡祥璧,原籍江西兴国县,1913 年出生在上海,生长在广州等地,是民主革命家、黄埔军校第一任教育长胡谦之子。由于父亲的民主革命军旅生活,他自幼居无定所。

胡祥璧中学时代就读于广州培正中学和上海沪江中学。1931 年考入前中央大学农学院畜牧兽医系,1935 年毕业并获农学学士学位。同年,他赴菲律宾兽医学院进修。1937 年以优异的成绩被录取为第五届中英庚子赔款兽医方面唯一的一名英国留学生,被送往英国爱丁堡皇家兽医学院深造。在留学期间,胡祥璧学习十分刻苦,成绩优良。

英国的全部六所兽医学院规定,凡能通过国家考试的学生均授予英国皇家兽医学院成员(也有称作院士)称号。1941 年,胡祥璧以优异成绩通过了这一考试,成为我国迄今为止留英学生中唯一获此殊荣者。或许是受其父辈的影响,他非常注意体育锻炼,练就了一副强壮的体魄。开朗的性格和健康的体魄对他完成青年时代繁重的学业和以后数十年艰巨的工作提供了极其有利的条件。在英国留学后期,他结识了一些年轻的英国共产党人,参加了他们的学习小组,阅读了《论国家与革命》《政治经济学初级读本》以及埃德加・斯诺先生的《红星照耀中国》等书籍,接受马克思主义的熏陶,同时也对中国共产党和陕北解放区有了一定的认识和了解。他质朴地认为,要改变中国面貌,只有科技才能兴国,只有科技才能救国,应当为祖国的繁荣富强作出贡献。他一获机会便毅然启程,乘船绕经大西洋到达仰光,途中两次侥幸躲过纳粹潜艇的追踪,再踏上不断遭日军飞机猛烈轰炸的抗战运输生命线滇缅公路,足足绕了地球大半圈,前后辗转颠簸3个月，终于在1941年底回到祖国的战时首都重庆。

他先在重庆担任了中央大学农学院畜牧兽医系教授，又前往陕西武功出任西北农学院兽医系主任，后又去兰州担任农林部西北兽疫防治处技正兼代处长。1946—1949年，胡祥璧受聘于广州岭南大学农学院任畜牧兽医系教授，从事兽医学教学和研究工作。

他治学严谨，热爱教学工作，善于结合专业特色及青年学生兴趣特点，对所教课程深入分析，并创造出自己的教学方法，使兽医科学知识得到很好的传播。

1949年4月下旬，他婉拒了上级领导希望他留在北京工作的建议，执意要到他认为更能发挥其专长的祖国最北部去工作。带着周恩来总理签署的聘任书，他来到了黑龙江省出任哈尔滨兽医研究所细菌研究室主任、副所长，后又兼任东北农学院教授。在哈尔滨工作期间，他主持并参与了多项对我国畜牧业发展起重要作用的课题研究工作，对我国防治畜禽疫病贡献卓著。在我国《第一代畜牧兽医人物志》中可以见到他的名字；在2009年《中国畜牧兽医学会禽病学分会成立20周年纪念册》中被誉为中国禽病科学创建者。

胡祥璧前后在黑龙江工作了30年，兼任黑龙江省农业（畜牧）厅副厅长11年，直至1966年“文化大革命”开始。他对该省乃至全国畜牧兽医事业的发展做出了巨大贡献。在他大力推动下，建起了黑龙江省兽医研究所和省、市、县各级兽医诊断实验室，密切结合畜牧业生产的实际需要开展科学研究。

20世纪50年代，全国猪瘟流行，造成了巨大损失。他主持了猪瘟预防疫苗的研究，并成功研制出猪瘟结晶紫疫苗，为控制猪瘟的发生提供了有效的预防手段，极大地保护了广大农民养猪积肥的积极性，在保护养猪业的发展和促进种植业生产上起到重要作用，产生了巨大的经济效益。当国内成功研制处于世界先进水平的猪瘟兔化弱毒疫苗后，他又全力推广应用该最新科技成果，在全省广泛开展疫苗注射，由点到面，率先建成无猪瘟县，最终使黑龙江省成为全国第一个无猪瘟省。20世纪50年代初我国猪群中发生了公猪睾丸肿大、不能种用、母猪产死胎的猪病。为了寻求病因，他组织科研人员进行研究，查阅资料。根据当时的资料报道，日本流行性脑炎虽然会导致母猪流产和产死胎等症状，但公猪没有睾丸肿胀。在他的领导下，哈尔滨兽医研究所的课题组用猪的脑、脾、睾丸组织和人工接种试验，均复制出与自然发病相同的病例，证明了该病是由乙型脑炎病毒引起的，为该病的防治做出了重要贡献。

同时，他还领导哈尔滨兽医研究所的研究人员找到了马爬窝病的病因，确认了磷钙平衡失调是引起该病的主要原因。1960年末，黑龙江省大规模暴发马传染性贫血（简称马传贫），造成马匹大量死亡。那时原本就汽油柴油奇缺，而此时暴发马传贫更大大削弱了原本就紧张的农用和运输畜力，也严重影响了中国骑兵部队的战斗力。他不顾天寒地冻，坐着无篷的运煤火车直奔疫区，又与农业农村部专家调查小组一起，冒着零下30多摄氏度的严寒，克服吃、穿、住、行的种种困难，在草原雪地上临诊检查、解剖诊断，进行流行病学调查，经过2个月的艰苦工作，进一步确定了该病的传染源。同时，他及时组织拟订并由省政府颁布了对此病的严格综合防治措施，及时制止了该病的进一步蔓延。1964年，胡祥璧主导设计并主持开展了马传染性贫血病免疫课题的攻关研究，为这项长期的研究工作奠定了坚实的基础。

在从事兽医科学研究的同时，胡祥璧结合工作与我国兽医学方面的需要，撰写文章，翻译国外公认的畜禽疾病方面的经典著作，为传播兽医学知识竭尽所能。据不完全统计，他一生撰写学术论文80余篇。他主编了百万余字的《中国家畜传染病学》，主译了《鸡的马立克氏病》《家畜解剖学》《禽病学》《家畜传染病学》等国外专著，承担了英国李约瑟博士的巨著《中国科学技术史》农业卷的主要翻译工作。另外，他还为美国《国际家禽》杂志撰稿，并为美国出版的《家禽免疫学》一书撰写了其中的第十一章，还曾为英国的《世界家禽科学》杂志撰写文章。

（选自百度百科和中国兽医发布，选入时有删减。）

职业能力测试

一、选择题

1. 精子的最后成熟是在（　　）内完成。
   A. 曲精细管　　B. 直精细管　　C. 睾丸　　D. 附睾
2. 精子运动的能量代谢中心位于尾部的（　　）。
   A. 主段　　B. 中段　　C. 末段　　D. 前段
3. 精液中含有的单糖主要是来自精囊腺的（　　）。
   A. 果糖　　B. 葡萄糖　　C. 甘露糖　　D. 岩藻糖
4. 对精子损害最大的是（　　）。
   A. 太阳光　　B. 荧光灯　　C. 红外线　　D. 紫外线
5. 精子的发生以（　　）为起点。
   A. 性原细胞　　B. 精原细胞　　C. 精母细胞　　D. 足细胞
6. 一次射精量最大的家畜是（　　）。
   A. 猪　　B. 马　　C. 牛　　D. 羊
7. 一次射精量最小的家畜是（　　）。
   A. 猪　　B. 马　　C. 牛　　D. 羊
8. 家畜精液的正常颜色为（　　）。
   A. 乳白色　　B. 淡红色　　C. 黄色　　D. 淡绿色
9. 交配时间最长公畜的是（　　）。
   A. 猪　　B. 马　　C. 牛　　D. 羊
10. 公畜利用假阴道采精，主要是（　　）刺激。
   A. 嗅觉　　B. 听觉　　C. 触觉　　D. 视觉

二、简答题

1. 简答精子运动类型。
2. 简答精液稀释液配制注意要点。
3. 简答常温保存精液方法。
4. 简答直肠把握法输精的优缺点。

项目三 助产、难产救治与产后护理

◆ 项目描述

本项目致力于在家畜分娩过程中，兽医或助产人员为确保母畜和胎儿的健康与安全，全面提升家畜繁殖过程中的助产技术、产后护理水平以及难产救治能力，以保障家畜母子健康，提高繁殖效率，降低死亡率，提升养殖户经济效益，并维护动物福利。

通过家畜助产技术的研究与实践，有助于学生了解家畜分娩中的胎位识别、产道解剖学特点以及分娩机制等内容，能正确识别临产征兆、手工助产操作技巧、适时使用助产器械（如产钳、牵引绳等）以及判断胎儿活力，并制定和推广助产应急预案，确保在突发情况下能迅速、准确地实施助产措施。产后护理与难产救治的学习，将有助于学生了解母畜个体差异化护理方案，包括产后卫生清洁、伤口处理、体况恢复、营养补充计划以及母乳喂养辅导等；建立母畜产后健康监测体系，定期对产后母畜进行体检和评估，及时发现并处理可能出现的产后代谢病、乳房炎等问题，掌握难产救治的方法。通过实施此项目，旨在为学生构建一套完整的家畜繁殖健康管理服务理念，提高我国畜牧业的整体繁殖管理水平，为家畜繁殖健康、种群优化和养殖业可持续发展提供有力保障。

◆ 知识目标

1. 了解母畜分娩过程中助产的方法和步骤。
2. 了解母畜分娩过程中难产救治以及产后护理的方法与步骤。

◆ 技能目标

1. 掌握助产的方法。
2. 掌握产后护理的方法，并根据难产状况进行相关救治。

◆ 素质目标

1. 培养学生严谨、认真的专业学习精神。

2. 对助产、产后护理与难产救治的学习，有助于学生掌握助产、产后护理与难产救治的方法和解决生产中常见的分娩难产，有助于培养学生在科研和生产中遵循科学、严谨的意识和对动物的福利关怀。

3. 培养学生爱农村、爱农业、爱畜牧行业、关注乡村振兴的热情。

任务一 助产与难产救治

情境导入

在广袤的乡村田野，一座现代化的奶牛养殖场内，饲养员们正忙碌而有序地进行日常管理工作。此时，一头待产的荷斯坦奶牛显得格外引人注目。它焦躁不安地在圈舍内来回踱步，时不时地舔舐自己的腹部，显示出即将分娩的迹象。养殖场负责人老张和经验丰富的兽医小李闻讯赶来，准备进行助产工作。助产情境：老张与小李首先对奶牛进行全面检查，通过观察其行为、触摸腹部感知胎动、测量产道开口大小等手段，判断产程进展。他们发现奶牛的宫缩力度适中，胎位正常，只是由于初产牛子宫颈开口较小，胎儿娩出较为困难。小李决定采用助产方法帮助奶牛顺利分娩。他戴上无菌手套，涂抹润滑剂，小心翼翼地用手调整胎儿位置，配合奶牛宫缩的力量，缓缓将胎儿头部引出产道。在几次有节律的宫缩后，一只健康的犊牛顺利降生。老张和小李迅速清理犊牛口鼻中的黏液，确保其顺畅呼吸，随后帮助母牛舔舐犊牛，激发其母性本能，进行自然哺乳。同学们，如果你也是奶牛场的一员，你想不想了解如何帮助母牛顺利分娩呢？

在群牧散养情况下，家畜运动量较大，身体能得到充分锻炼，一般均可以正常分娩，只需要留意观察。圈养家畜活动范围较小，身体得不到充分锻炼，容易在分娩过程中因体力不支出现不同程度的难产，因此，要进行随时观察，以便进行助产和难产救治。

家畜助产目的是对母畜和幼仔进行观察，在分娩过程加以帮助，以免幼仔和母体受到损伤，但是一般不要进行过度的干预，以免母畜产生敌意，损伤幼仔。

一、助产前的准备

助产工作对于动物正常分娩以及幼仔成活非常关键，也是一项细致而繁杂的工作。产房应僻静、冬暖夏凉、清洁干燥、通风良好、环境温度可控。有条件的产房，厩床上应铺垫清洁柔软的干草并及时更换。

助产员首先要遵循“全进全出”原则对产房进行全面消毒。检查产房栏位的所有部分是否已到位，其中包括保温灯、产床的后门和栓、产床的料槽和栓以及所有周围的栏杆；组装饮水器、保温灯及相关安装材料；检查产房栏位设备有无损坏或异常；检查所有可移动的电器设备是否安全；确保所有电器设备干燥；在产床上安装料槽，并检查里面是否有冲洗的水或消毒药；开启通风系统并检查所有的风扇、加热器和进口都正常工作。

以母猪分娩为例：根据母畜配种记录和分娩预兆的综合预测，将产仔母猪在分娩前 1～2 周转入产房进行饲养管理。其间，用赶猪板把母猪安静地赶到洗刷的地方，彻底清洗体表，使用 1∶200 卫可体表消毒，用 3%敌百虫体表驱虫。驱赶轻缓慢，潮湿处垫含有消毒水的麻袋，防滑防跌，都须遵守赶猪程序。一次最多赶 4 头母猪进产房。

助产前应准备好常用的药品（抗生素、消毒液以及催产素等）和有关器械，有条件时，还应备有常用的诊疗及手术助产器械（产钳、助产绳、医用手套、内窥镜、手术刀、缝合针等）。

助产人员应熟悉助产的常识和方法，做好以下工作。

（1）分娩观察与监控　注意监测母畜的临产征兆，如行为变化、生理指标等，准确判断分娩时机。在分娩过程中持续观察母畜的宫缩强度、频率以及胎儿的娩出情况，确保产程正常进行。

(2)熟悉助产操作　在母畜出现分娩困难时，如胎儿位置异常、产力不足等，及时进行手动助产，如调整胎位、适度牵引等。在必要时，熟练使用助产器械（如产钳、牵引绳等），确保操作准确、轻柔，避免对母畜和胎儿造成伤害。

(3)健康记录与报告　记录母畜的分娩过程、助产操作、产后状况以及新生仔畜的健康数据，形成详细的分娩记录。及时向上级汇报助产情况，包括助产结果、存在问题及改进建议。

(4)知识更新与技能培训　不断学习最新的助产理论知识与操作技术，提升专业技能。参加定期的技能培训和考核，保持助产技术的熟练度和准确性。

(5)做好自身防护工作，建立昼夜值班制度，做到产房随时有监护人员值班，以便出现问题及时处理。

助产人员要及时核实母畜入产舍前的饲喂情况。进产房后，维持怀孕后期的喂料量，在预产期前 3 d 开始控料，每天递减，分娩当顿不喂料。

产房温度对于母畜能否正常分娩非常重要，一般产房应不低于 15～18 ℃。以猪为例：猪产房适宜温度一般控制在 20～25 ℃为宜，产仔 3～5 d 后根据实际情况停用保温灯，个别弱的可多用 3～5 d。仔猪断奶温度低于 25 ℃时，加温到 25～27 ℃，断奶后环境温度要高于断奶前 2～3 ℃。

二、正常分娩助产

(一)基本原则

(1)适时介入原则　助产人员应密切观察家畜的分娩进程，只有在母畜自然分娩过程中遇到困难，例如长时间产力不足、胎儿位置异常或无法自行娩出时，才进行人工助产，尽量减少人为干预，让母畜在自然条件下完成分娩。

(2)最小伤害原则　在进行助产操作时，应尽量减少对母畜和胎儿的物理伤害。助产动作应当轻柔，避免强行拖拽或扭动，使用助产器械时确保正确、谨慎，以防对产道、胎儿造成额外损伤。

(3)无菌操作原则　助产前后务必进行严格的消毒处理，确保助产工具和操作人员的手部清洁无菌，降低感染风险。助产过程中避免污染产道，防止引起母畜产后感染或胎儿脐带感染。

(4)母畜舒适原则　为母畜创造安静、舒适的分娩环境，减少应激，有利于分娩进程。在整个助产过程中，要充分考虑母畜的生理和心理需求，减轻其痛苦。

(5)循序渐进原则　助产过程中，首先要进行产道检查，明确胎儿的位置、姿态和大小，根据实际情况逐步调整胎位，逐步引导胎儿娩出，避免急于求成而导致的损伤。

(6)优先保全母畜生命原则　在助产过程中，尤其是在面临严重难产可能导致母畜生命危险时，应优先保证母畜的生命安全，必要时可能需要牺牲胎儿来保全母畜的生命。

(7)事后护理原则　助产结束后，应立即对母畜进行产后护理，包括清洗消毒、检查伤口、补充营养、观察产后恢复情况等，确保母畜顺利度过产褥期。

家畜助产的原则是科学、严谨、人性化、注重动物福利，既要保证母畜和胎儿的安全，也要考虑到助产对后续繁殖性能的影响，同时确保助产技术的合理性和有效性。

(二)助产方法

(1)胎儿进入产出期，要及时通过 B 超诊断等方法确认胎儿的胎向、胎位和胎势，也可将消毒过的手臂探入产道进行确认。当胎水流失过多，导致产道干涩时，应及时往产道灌注肥皂水湿润产道。

(2)当胎儿前置和头部外露于阴门外时，如果延时过长，要及时将胎膜撕开，擦干净胎儿口、鼻内的黏液，保证胎儿的呼吸通畅。往外牵引胎儿时，切忌盲目用力，要顺着母畜努责的力量，沿着骨盆轴的方向牵拉。

(3)当胎儿过大，难以通过阴门时，可以先往阴道中灌注肥皂水，然后用手撑开母畜外阴，帮助胎儿产出。如果母畜站立分娩，要接住胎儿，以防止胎儿摔伤。

(4)胎儿产出后，要及时将胎儿口、鼻黏液擦干净，将胎儿脐带断掉，断处涂抹碘酊。

三、难产助产

(一)难产的分类

家畜难产主要分为产力性难产、产道性难产以及胎儿性难产。

(1)产力性难产　主要因为母畜子宫阵缩及努责微弱，破水过早及子宫疝气引起产力不足导致的难产。

(2)产道性难产　主要包括子宫不正，子宫颈、阴道、骨盆狭窄，以及产道肿瘤等引起的难产。

(3)胎儿性难产　主要是由胎儿的姿势、位置和方向反常或者胎儿过大、骨盆较小而引起的难产。

以上 3 种，以胎儿性难产最为常见。

(二)难产的检查

为了判明难产的原因，除了检查母畜全身状况外，必须重点对产道及胎儿进行检查。

(1)产道检查　主要检查是否干燥、有无损伤、水肿或狭窄，子宫颈开张程度(母牛子宫颈开张不全较多见)，硬产道有无畸形、肿瘤，并注意流出的液体和气味。

(2)胎儿检查　不仅了解其进入产道的程度、正生或倒生以及姿势、胎位、胎向的变化，而且要判定胎儿是否存活。

检查的要领是：正生时，将手指伸入胎儿口腔，或轻拉舌头，或按压眼球，或牵拉刺激前肢，注意有无生理反应，如吸吮、舌收缩、眼转动、肢伸缩等；也可触诊颌下动脉或心区，有无搏动；倒生时最好触到脐带查明有无搏动，或将手指伸入肛门，或牵拉后肢，注意有无收缩或反应。如胎儿已死亡，助产时可不顾忌胎儿的损伤。

(三)难产的救助原则

(1)及时识别与干预原则　早发现、早诊断难产迹象，如母畜长时间努责而无明显进展、胎儿露出部分停滞不动、母畜疲劳过度等。一旦确认难产，立即启动救助程序，避免延误导致母畜和胎儿健康受损。

(2)保护母畜与胎儿生命安全原则　救助过程中始终以母畜和胎儿的生命安全为首要考虑，避免因救助措施不当造成额外伤害。在必要时，优先保护母畜生命，如在极端难产情况下可能需要做出牺牲胎儿以保全母畜的决策。

(3)最小化损伤原则　采取最温和、最不具侵入性的方法进行救助，如手法调整胎位、适当牵引等。使用助产器械时(如产钳、牵引绳等)应轻柔操作，避免对产道、胎儿造成损伤。

(4)遵循生理规律原则　尊重家畜的生理特性，利用母畜自然宫缩力量，配合救助措施推动胎儿娩出。避免在宫缩间歇期进行强行牵引，以免损伤产道。

(5)无菌操作原则　救助过程中严格遵守无菌操作原则，使用消毒器械，确保救助人员手部清洁，防止感染。难产后对母畜产道进行彻底清洗和消毒，预防产后感染。

(6)合理用药原则　如有必要，可使用催产素等药物增强宫缩，但需严格控制剂量，避免宫缩过强导致子宫破裂。在母畜极度紧张、疼痛剧烈影响分娩进程时，可酌情使用镇痛药物，缓解其紧张情绪，有助于顺利分娩。

(7)后续护理与监测原则　难产后对母畜进行详细检查,处理可能出现的产道撕裂、子宫内膜炎等并发症。提供充足的营养支持,促进母畜体力恢复。监测母畜及新生仔畜的健康状况,及时发现并处理可能出现的问题。

(四)难产的预防

难产虽不是十分常见的疾病,但极易引起仔畜死亡,且若处理不当,使子宫及软产道受到损伤或感染。轻者影响生育,重者危及生命。一般预防措施如下。

(1)切忌母畜过早配种　否则由于母畜尚未发育成熟,分娩时容易发生骨盆狭窄,造成难产。

(2)合理饲养,给予完善营养　以保证胎儿的生长和维持母畜的健康,减少分娩时发生难产的可能性。怀孕末期,适当减少蛋白质饲料,以免胎儿过大。

(3)安排适当的使役和运动　提高母畜对营养物质的利用;使全身及子宫肌的紧张性提高。分娩时有利于胎儿的转位、防止胎衣不下及子宫复位不全等。

(4)做好临产检查,对分娩正常与否做出早期诊断

①检查时间　牛从开始努责到胎膜露出或排出胎水这一段时间;马、驴是尿膜囊破裂,尿水排出之后,胎儿的前置部分进入骨盆腔的时间。

②检查方法　将手臂及母畜的外阴消毒后,手伸入阴门,隔着羊膜(不要过早撕破,以免胎水流失,影响胎儿的排出)或伸入羊膜(羊膜已破时)触诊胎儿。如果摸到胎儿是正生,前置部分(头及两前肢)正常,可任其自然排出。如有异常应及时矫正。

(五)难产的救助

(1)产力性难产救助　当子宫颈柔软,子宫颈口已开张,胎儿的方向、位置和姿势正常,骨盆无狭窄或其他异常,胎膜未破时,可轻轻按摩腹壁,并将腹部向上向后推压,以刺激子宫收缩。

在胎水已经流出时,可以使用能够刺激子宫收缩的制剂,如垂体后叶素、麦角制剂及雌激素等。

若已经排出一个或几个胎儿,应等待自然恢复。若子宫完全无力,子宫颈又开张很小,而胎儿的排出受机械性障碍时,应尽早施行剖宫产术。

(2)产道性难产救助　生理性骨盆狭窄,可先向产道内灌注润滑剂,然后配合母畜的努责,拉出胎儿。

骨瘤或骨质增生引起的骨盆狭窄,强行拉出有损伤子宫壁的危险时,采用剖宫产术或截胎术。

子宫颈扩张不全,注射己烯雌酚(5 mg),然后再注射催产药及葡萄糖酸钙。将母畜的后肢垫高或提起,以减低腹压。如果条件许可,应施行剖宫产术。

(3)胎儿性难产救助　在牵引拉出胎儿过大时,一般将两肢错开,交替拉出,若胎儿过大不能拉出,则采用剖宫产术或截胎术。

双胎难产是双胎同时楔入骨盆,往往还伴有胎势和胎位的各种异常。其解决办法是先推回一个胎儿,再拉出另一个胎儿。

胎儿头颈姿势异常的处理,需要先用牵引绳拴住胎儿前肢,然后将胎儿推回子宫的同时,将胎儿头部摆正,顺着母畜努责力,将胎儿重新拉出。

胎儿出现前肢、后肢姿势异常时可以将胎儿矫正拉出。在胎头上绑上产科套,将胎儿推入子宫。用手握住掌部上端向前向上推,然后将手沿掌部迅速下移,握住蹄子,将前肢拉直,顺着母畜努责力,将胎儿重新拉出。

任务二 产后护理

情境导入

在高科技养牛场的繁育中心，小刘首先对刚刚经历过分娩的母牛进行细致的身体检查，确保其产道无明显撕裂或损伤，如有则需要进行缝合处理。接着，他用温热的消毒液清洗母牛的外阴部和肛门周围，防止细菌感染。随后，他为母牛注射了抗生素和止痛药，预防产后感染并缓解其分娩后的疼痛。为了帮助母牛恢复体力，小刘为其准备了富含蛋白质、矿物质和维生素的特殊饲料，确保其营养供给充足。他还特别留意母牛的饮水情况，保证其水分摄入，促进身体新陈代谢。

同学们，如果你是养殖场的一员，你想不想了解如何对产后母畜和幼仔进行护理，以保证母畜能尽快恢复、幼仔能健康成长呢？让我们带着这个疑问，进一步学习家畜产后护理。

一、新生仔畜的护理

（一）仔畜的护理

1. 仔畜保温

仔畜的护理首先要清除口鼻内黏液，用毛巾或者锯末擦干仔畜身体表面，防止仔畜体温散失。对环境温度较为敏感的仔畜，选择红外线灯具、火炕（墙、炉）、暖气片或空调等设备提升环境温度，确保产房温度适宜。

猪新生仔畜对环境温度非常敏感，环境温度控制要求如下。

1～3 日龄：环境温度范围为 30～35 ℃。如果温度太低，仔畜容易出现拉稀、腹泻、感冒等疾病。

4～7 日龄：环境温度可以保持在 28～30 ℃，这个温度范围适合仔畜的生长发育。

7 日龄以后：环境温度可以逐渐降低到 24～28 ℃，直到 30 d 以后，可以恢复到与成年猪相同的环境温度范围。

2. 断脐带

正常情况下仔畜出生后 1 周左右，脐带会自动干瘪脱落，仔猪生后 24 h 内即干缩。根据畜种不同，脐带一般可留 3～10 cm，要保证脐带不要落在地上，以免造成感染。在此期间，要注意观察脐带的变化，如果有滴血或流尿现象，要及时结扎，做好保温工作。另外，要防止仔畜之间互相吮吸脐带带来的感染。

（二）新生仔畜的喂养

新生仔畜要保证早吃初乳，吃足初乳。初乳中含有母源抗体、镁盐、丰富的维生素 A 以及丰富的蛋白质，可以有效地提高仔畜的抵抗能力。

（三）新生仔畜疾病防治

新生仔畜疾病是指在出生后一段时间内，仔畜由于自身生理机能不成熟、抵抗力较弱，加之环境、管理等因素影响，易患的一些特定疾病。这些疾病若不及时发现和妥善处理，可能严重影响仔畜的生存率和后期生长发育。以下是新生仔畜常见的几类疾病。

1. 新生仔畜窒息

原因：胎儿在出生时由于母体产力不足、胎位不正、脐带过短、羊水过多、胎儿过大等，导致呼吸道未能及时清理，造成呼吸困难甚至暂时停止呼吸。

症状：出生后无自主呼吸或呼吸微弱，皮肤苍白或青紫，心跳微弱或不规则，无反射或反射迟钝。

处理：立即进行新生仔畜复苏，包括清理呼吸道、按摩胸部、人工呼吸、保暖等措施。

2. 新生仔畜腹泻

原因：肠道菌群失调、营养不均衡、感染（如大肠杆菌、沙门菌、轮状病毒等）、寒冷应激、母乳质量差等。

症状：粪便稀软或水样，次数增多，可能伴有脱水、酸中毒、体温下降等。

处理：保温、补充电解质和液体、使用抗生素（针对细菌性腹泻）或抗病毒药物（针对病毒性腹泻）、调整母乳喂养或使用代乳品。

3. 脐炎

原因：脐带处理不当导致细菌感染。

症状：脐带周围红肿、热痛，严重时形成脓肿、破溃。

处理：局部清洁消毒，使用抗生素治疗，严重时可能需要手术排脓。

4. 肺炎

原因：呼吸道感染（如支原体、细菌、病毒等）或吸入污染物质。

症状：咳嗽、气喘、呼吸困难、体温升高、食欲减退等。

处理：抗生素治疗、氧气支持、环境改善、加强护理。

5. 新生仔畜低血糖症

原因：母乳不足、母乳中葡萄糖含量低、仔畜肝脏葡萄糖合成能力差等。

症状：虚弱无力、颤抖、昏迷、体温下降、抽搐。

处理：及时补充葡萄糖溶液，确保母乳充足或使用代乳品。

6. 新生仔畜溶血病

原因：母子血型不合导致的免疫介导性溶血。

症状：一般在吃初乳后 24～48 h 出现症状，表现为精神委顿，畏寒震颤，后躯摇晃，尖叫，皮肤苍白，结膜黄染，尿色透明呈棕红色，血液稀薄，不易凝固。

处理：停止仔畜吸吮原母畜的乳汁，由其他母畜代哺乳，或人工哺乳。可用适量多维电解质或能量合剂溶化于水中任仔畜自由饮用，以补充能量。同时，可选用地塞米松、氢化可的松等皮质类固醇配合葡萄酸治疗，以抑制免疫反应和抗休克。

7. 仔畜假死急救

原因：仔畜胎盘过早脱离母体胎盘，仔畜得不到足够的氧气，体内二氧化碳积累，过早地发生呼吸反射，吸入了羊水；仔畜倒生时脐带被压迫，胎盘血液循环受阻；仔畜出生时胎膜未及时破裂等。

症状：仔畜呼吸困难，或无呼吸而心脏仍在跳动，口腔、鼻腔内有大量黏液，张嘴做伸舌状，体温偏低。

处理：抬高仔畜后躯，拍打、抖动胎儿；手掌轻压心脏部位；进行人工呼吸。

8. 便秘

原因：胎儿胃肠道分泌的黏液、脱落的上皮细胞、胆汁和吞咽的羊水经消化后，残余的废物积累在肠道内，加之仔畜肠道干涩，粪便难以排出。

症状：通常在生后数小时即能排出体外，若生后 1 d 不排出胎粪，便是便秘。

处理：温肥皂水或油剂灌肠，用手指插入肛门掏出粪块。

二、母畜产后子宫、卵巢机能的恢复

产后期是指胎盘排出、母体生殖器官恢复到正常不孕的阶段。此阶段是子宫内膜的再生、子宫复原和重新开始发情周期的关键时期。

（一）子宫内膜的再生

母畜分娩后，子宫内逐渐往外排出一些变性脱落的母体胎盘、部分血液、残留的胎水和子宫分泌物等，这些混合物称为恶露。

恶露最初呈红褐色，以后变为黄褐色，最后为无色透明。

恶露排出时间：牛为 10～12 d，超过 3 周仍有分泌物视为病态；绵羊为 5～7 d；山羊 14 d 左右；猪 2～3 d；马一般 2～3 d，超过 3 d 还有分泌物排出，表示子宫有病理变化。

子宫内膜再生时间：牛产后 1 个月左右全部子宫内膜才能完成再生；马、驴产后 13～15 d 完成再生；猪产后 1～2 周内完成再生。

（二）产后子宫的恢复

母畜产后子宫恢复到未孕时的大小和位置，称为子宫复原。所需时间为：牛 30～45 d；猪 25～28 d；马 12～14 d。

（三）发情周期的恢复

马、驴的卵巢黄体在妊娠后半期开始萎缩，分娩时黄体消失。因此，分娩后很快就有卵泡发育，且产后发情出现得早，一般产后 8～12 d 便发生第一次排卵。母牛产后第一次发情较晚，黄牛大多数在产后 60～100 d 出现发情，肉牛为 40～104 d，奶牛为 30～72 d，水牛为 42～147 d，牦牛为 21～54 d，也有长达 75～100 d 的。母猪黄体在分娩后才萎缩，哺乳期不发情，断奶后才有卵泡发育、发情排卵。

三、产后母畜的护理

（1）产后最初几天要给予品质好、易消化的饲料，约 1 周后转为正常饲养。

（2）产后发现尾根、外阴周围黏附恶露时，要清洗和消毒，并防止蚊、蝇叮咬，垫草经常更换。

（3）分娩后要随时观察母畜是否有胎衣不下、阴道或子宫脱出、产后瘫痪和乳腺炎等病理现象，一有异常，及时诊治。

（4）产后及时补给温水，水中加入少量食盐，增强母畜体质，促进恢复。

四、产后胎衣不下的处理

（1）胎衣不下　母畜分娩后胎衣在正常时限内不排出就叫胎衣不下或胎衣滞留。胎衣为胎膜的俗称。产后排出胎衣的正常时间 12 h，如超过以上时间，则表示异常。

（2）病因　主要与产后子宫收缩无力、怀孕期间胎盘发生炎症及胎盘结构有关。

（3）症状　胎衣不下分为部分不下及全部不下两种。

①胎衣全部不下，即整个胎衣未排出来，胎儿胎盘的大部分仍与母体胎盘连接，仅见一部分已分离的胎衣悬吊于阴门之外。经过 1～2 d，滞留的胎衣就腐败分解，夏天腐败更快；从阴道内排出污红色恶臭液体，内含腐败的胎衣碎片，病畜卧下时排出得多。由于感染及腐败胎衣的刺激，发生急性子宫内膜炎。腐败分解产物被吸收后，出现全身症状。病畜精神不振，弓背，常常努责，体温稍高，食欲及反刍略微减少；胃肠机能扰乱，有时发生腹泻。

②胎衣部分不下症状比胎衣全部不下要轻。

(4)治疗

①药物疗法　肌内或皮下注射催产素,促进子宫收缩。催产素需早用,最好在产后 12 h 以内注射,超过 24～48 h 效果不佳。灌服羊水 300 mL,也可引起子宫收缩,促使胎衣排出。如灌服后 2～6 h 不排出胎衣,可再灌服一次。羊水可在分娩时收集,放在阴凉处,防止腐败变质。如用非本身的羊水,必须保证供羊水的母畜健康无病,尤其是没有结核病及传染性流产等传染病。

②手术疗法(剥离胎衣)　胎衣不下的病畜药物治疗无效时,可在子宫颈管尚未缩小到手不能通过以前(产后 2～3 d),进行剥离。剥离胎衣应注意的原则是,容易剥离就坚持剥,否则不可强行剥离,以免损伤子宫,引起感染;而且胎衣不能完全剥净时,其后果与不剥无异。体温升高的病畜,说明子宫已有炎症,不可进行剥离,以免炎症扩散,加重病情。对这样的病例可继续采用药物疗法。

(5)预防　怀孕母畜要饲喂含钙及维生素丰富的饲料;要适当增加活动时间,产前 1 周减少精料;分娩后让母畜自己舔干仔畜身上的黏液,尽可能灌服羊水,并尽早让仔畜吮乳或挤乳。分娩后立即注射葡萄糖酸钙溶液或饮益母草及当归煎剂或水浸液,也有防止胎衣不下的效用。如有条件,分娩后注射催产素 50 IU,可降低胎衣不下的发病率。

项目小结

助产、产后护理与难产救治是动物繁殖技术中的一个重要方面。它涵盖了动物助产的方法与步骤、产后护理的要点以及难产治疗等多个方面,旨在通过科学管理和先进技术,确保母畜安全,提高幼崽成活率,保障动物健康,提高生产效益。

动物助产是指在家畜分娩过程中,兽医或助产人员为确保母畜和胎儿的健康与安全,提供专业技术支持和服务的过程。助产人员需要掌握分娩观察、手动助产、器械助产等方面的助产技术和操作规程,以降低分娩并发症的发生概率。产后护理是母畜分娩后对其身体恢复、乳汁分泌、仔畜护理以及预防产后并发症的重要环节。其主要内容包括清洁与消毒、预防感染、营养补充与管理以及新生儿护理等方面。难产救治是指母畜在分娩过程中遇到严重的生理障碍,不能自主顺利娩出胎儿时,兽医或助产人员进行救治的方法。难产救治时需迅速准确判断难产原因,并采取针对性措施,其中包括原因分析、紧急处置、手术救治等方面。

总之,助产、产后护理与难产救治是动物繁殖管理的重要组成部分。同学们通过学习,可以详细了解提高动物繁殖效率、保障动物健康、维护养殖经济效益具有重要意义,掌握助产、产后护理与难产救治的方法,为今后的学习和工作打下基础。

思政园地

我国著名畜牧科学家——蔡无忌

蔡无忌(1898 年 3 月 30 日至 1980 年 4 月 10 日),原籍浙江绍兴,生于北京,兽医学家,我国现代畜牧兽医事业的先驱者和商品检验特别是畜产品检验事业的奠基人之一。他创办上海兽医专科学校,发起成立中国畜牧兽医学会,筹建中央畜牧实验所,为我国消灭牛瘟做过贡献。他领导过中国第一个商品检验机构,起草了中华人民共和国第一个商品检验条例,并对提高我国出口蛋、肉制品质量做出了一定贡献。

蔡无忌父亲蔡元培是中国民主主义革命的先驱，著名教育家。1913 年蔡无忌随父去法国求学，1919 年毕业于法国国立格里农学院，获农业工程师学位。1924 年毕业于法国国立阿尔福兽医学校获兽医博士学位。1927 年应中央大学聘请，出任中央大学农学院院长。

中华人民共和国成立后，蔡无忌担任华东局贸易部上海商品检验局局长，1955 年任外贸部商品检验总局副局长，1966 年改任顾问，并任中国国际贸易促进委员会和对外贸易部仲裁委员会的委员等职。

1953 年奉调北京期间，蔡无忌主持起草了《中华人民共和国输出输入商品检验暂行条例》，使我国逐步在国际贸易界树立了中国商检的信誉，维护了我国的主权，促进了外贸的发展。他还利用接待英国农渔部访华团的机会，使我国 16 家出口肉类、罐头、肠衣加工厂获准在英国注册登记，成为我国历史上第一批在外国注册的食品厂。这标志着我国外贸和商检工作发展到了一个新的阶段。20 世纪 60 年代，他怀着为祖国富强奋斗不息的赤子之心，不辞劳苦，深入边远地区调研、指导改进出口商品质量，做出了积极的贡献。

蔡无忌还担任过中苏友好协会上海分会委员、中国科学社理事等社会职务。1956 年加入中国民主同盟，1964 年当选为第三届全国人大代表，1978 年被推选为第五届全国政协委员。

他一生主要论著有《改进中国茶业计划》《中国的猪鬃》《中国的肠衣》《兽医检验手册》等。蔡无忌为人忠厚诚恳，和蔼可亲，深得同事、职工的爱戴。他具有强烈的爱国主义精神，献身商品检验特别是畜产品检验事业。他担任商品检验局局长职务长达 50 年，一直不畏权势，秉公执法，任人唯贤，不谋私利。他在晚年时说："我干了一辈子工作，两袖清风，党和政府补发给我 8 000 元工资，这就是我唯有的财产。"1980 年 4 月 10 日，蔡无忌病逝于北京。

（选自百度百科，选入时有删减。）

职业能力测试

一、选择题

1. 分娩较难的家畜是（　　）。

A. 猪　　B. 马　　C. 牛　　D. 驴

2. 分娩母猪恶露排出需（　　）d。

A. 1　　B. 1～2　　C. 1～3　　D. 2～3

3. 牛的胎衣排出期超过（　　）h，叫胎膜滞留。

A. 10　　B. 12　　C. 14　　D. 16

4. 当（　　）进入软产道时努责就会出现。

A. 胎胞　　B. 胎衣　　C. 胎水　　D. 胎儿

5. 猪产后子宫复原至少要（　　）d。

A. 30～45　　B. 39　　C. 25　　D. 18～20

6. 牛分娩后恶露排出期多为（　　）d。

A. 1～2　　B. 2～6　　C. 3～5　　D. 10～12

7. 马产后子宫恢复需要（　　）d。

A. 12～14　　B. 20～26　　C. 6～11　　D. 30～40

8. 家畜分娩后排出的恶露，最初为（　　）。

A. 黄褐色　　B. 红褐色　　C. 无色　　D. 脓绿色

9. 初乳中的(　　),可促使新生仔畜排胎粪。

A. 抗体　　B. 镁盐　　C. 蛋白质　　D. 维生素 A

10. 母(　　)对新生仔畜的排他性最强。

A. 猪　　B. 马　　C. 牛　　D. 羊

二、简答题

1. 母畜难产有几种,各自有什么特点?
2. 产力性难产如何救助?
3. 出生仔畜如何保温?
4. 简答胎衣全部不下产生的原因及症状。

项目四 动物繁殖管理

◆ 项目描述

动物繁殖管理是一个涵盖了动物繁殖生物学、遗传育种、健康管理、繁殖技术应用以及经济效益评估等多方面内容的系统性、综合性项目，旨在通过科学管理和先进技术应用，提高动物种群的繁殖效率、优化遗传品质、保障动物健康，从而实现养殖场（或保护区）的经济效益、社会效益和生态效益最大化。

在提高繁殖效率方面，通过精确的发情鉴定、适时的配种安排、高效的胚胎移植等技术手段，可以提升动物的受孕率、产仔数和成活率，缩短繁殖周期，增加种群数量。在动物健康保障方面，通过制订和执行科学的健康管理计划，包括疾病预防、营养调控、环境改善等措施，可以确保动物在繁殖过程中的健康状态，降低繁殖障碍和产后疾病的发生率。在经济效益方面，通过经济效益评估，证明了繁殖管理项目的经济效益，为养殖场（或保护区）的可持续经营提供有力支持。

◆ 知识目标

1. 了解动物繁殖力评定指标和繁殖力现状。
2. 了解常见动物繁殖障碍的特点以及防治方法。

◆ 技能目标

1. 掌握动物繁殖力评定方法。
2. 分析动物繁殖障碍的原因，并提出解决方法。

◆ 素质目标

1. 培养学生严谨、认真的专业学习精神。
2. 对动物繁殖力评定以及动物繁殖障碍的学习，有助于学生掌握动物繁殖力评定的方法和解决生产中常见的动物繁殖障碍，有助于培养学生在科研和生产中遵循科学、严谨的意识。
3. 培养学生爱农村、爱农业、爱畜牧行业、关注乡村振兴的热情。

任务一　动物繁殖力及评定方法

情境导入

阳光洒满整洁的奶牛舍，饲养员王晨正在使用智能发情监测系统，密切关注每头奶牛的行为数据。她向实习生小李解释："这套系统能实时监测奶牛的活动量、进食量、体温等指标，通过算法分析，准确预测奶牛的发情时间，提高奶牛的繁殖力。我们据此安排配种，既能提高受胎率，又能避免劳动力的浪费。"

同学们，如果你也是奶牛场的一员，你想不想了解如何进行奶牛繁殖力的测定呢？

一、繁殖力的概念

繁殖力是指动物维持正常繁殖机能、生育后代的能力，是评定动物生产力的重要指标。对于公畜来说，繁殖力取决于精子的数量与质量、性欲及交配能力。对于母畜来说，繁殖力取决于性成熟的早晚、发情是否正常、排卵多少、卵子受精能力、妊娠时间长短及哺育幼仔的能力等。

正常繁殖力是指动物在正常饲养管理条件下，所表现出的最经济的繁殖力水平。运用现代繁殖新技术（超数排卵等）所获得的繁殖力，则不属于正常繁殖力水平。

繁殖力测定的意义在于可以随时掌握动物的繁殖水平；反映某项技术措施对提高繁殖力的效果；还可以及时发现动物的繁殖障碍，以便采取相应的手段，不断提高动物数量和品质。

二、繁殖力的计算方法

（一）哺乳动物繁殖力指标

哺乳动物繁殖力的高低，常用发情率、受配率、受胎率、繁殖率等指标来评定。由于畜群中，繁殖力主要通过母畜发情、妊娠以及产仔得到体现，因此，本项目繁殖力的指标主要针对畜群中雌性群体而言。

通过统计动物繁殖力指标，可以评价哺乳动物雌性群体繁殖机能是否正常，检验动物繁殖改良工作成果的优劣，从而能够及时发现问题，找出不足，以便及时改进。

1. 发情率

发情率指在母畜群中，发情母畜数占应发情母畜数的百分比。

$$发情率=发情母畜数/应发情母畜数\times100\%$$

发情率可以反映母畜群体的发情活动是否正常，或者用于某种繁殖技术、繁殖管理措施对畜群发情活动的影响。

2. 受配率

受配率是指参加配种母畜数占群体中适繁母畜数的百分比。

$$受配率=参加配种母畜数/适繁母畜数\times100\%$$

该指标主要反映对畜群配种工作的组织情况。

3. 受胎率

受胎率是指受胎母畜数占参加配种母畜数的百分比。

$$受胎率=受胎母畜数/参加配种母畜数\times100\%$$

此项指标反映了对畜群配种效果的高低。

因为每次畜群配种中总有一些母畜没有受胎妊娠，需要多个发情周期配种后才能受胎，因此又有总受胎率和情期受胎率之分。总受胎率就是上述的受胎率。

情期受胎率是指妊娠母畜头数与各情期配种母畜数之和的百分比。

情期受胎率＝妊娠母畜头数/各情期配种母畜数之和×100％

第一情期受胎率是指第一次配种就受胎的母畜数占第一情期配种母畜总数的百分比。

总情期受胎率是指配种后最终妊娠母畜数占总配种母畜情期数的百分比。

4. 不返情率

不返情率是指配种后一定时间内(30 d、60 d、90 d)未再表现发情的母畜头数占配种母畜头数的比率。

不返情率＝配种一定时间内未再次发情母畜数/配种母畜头数×100％

不返情率往往表示配种的质量、技术水平以及母畜的生殖能力。

5. 配种指数

配种指数是指参加配种母畜每次妊娠的平均配种情期数。

配种指数＝配种情期数/妊娠母畜数×100％

一般来讲，情期受胎率越低，受胎指数越高。

6. 繁殖率

繁殖率是指本年度内出生仔畜数(包括出生后死亡的幼仔)占本年度适繁母畜数的百分率。其主要反映母畜的增值效率，与发情、配种、受胎、妊娠、分娩等生殖活动的机能以及管理水平有关。

繁殖率＝本年度内出生仔畜数/年度适繁母畜数×100％

7. 繁殖成活率

繁殖成活率是指本年度内繁殖成活仔畜数占本年度适繁母畜数的百分比。

繁殖成活率＝本年度内繁殖成活仔畜数/年度适繁母畜数×100％

繁殖成活率所反映的是畜群发情、配种、受胎、妊娠等生殖活动的水平，是衡量繁殖效率最实际的指标之一。

8. 断奶成活率

断奶成活率是指断奶时成活仔畜数占出生时活仔畜数的百分率。该项目指标反映了母畜的泌乳能力，护仔性及对母畜哺乳期饲养管理的成绩。

断奶成活率＝断奶时成活仔畜数/出生时活仔畜数×100％

9. 增值率

增值率是指本年度内出生仔畜在年终的实际存活数占本年度终存栏数的百分比。

增值率＝本年度内出生仔畜在年终的实际存活数/本年度终存栏数×100％

增值率主要反映畜群年增长情况，与企业繁殖管理水平有关。

10. 产仔窝数

产仔窝数是指畜群一年内产仔窝数。往往指的是兔、犬等妊娠期短的动物一年内产仔的平均窝数。

11. 窝产仔畜数

窝产仔畜数是指平均每一窝产仔畜的数量。窝产仔畜数往往是评定多胎动物繁殖力水平的重要指标。

(二)家禽繁殖力指标

常见反映家禽类繁殖力的指标有产蛋量、受精率、孵化率、育雏率等。

1. 产蛋量

产蛋量是指某群家禽在一年里平均产蛋的枚数。

2. 种蛋受精率

种蛋受精率是指种蛋孵化后，经过第一次照蛋确定的受精蛋数占入孵蛋数的百分比。

$$种蛋受精率=受精蛋数/入孵蛋数\times100\%$$

3. 种蛋孵化率

种蛋孵化率是指出雏数占受精蛋数或入孵蛋数的百分比，可分为受精蛋的孵化率和入孵蛋的孵化率 2 种。

$$受精蛋孵化率=出雏数/受精蛋数\times100\%$$
$$入孵蛋孵化率=出雏数/入孵蛋数\times100\%$$

4. 育雏率

育雏率是指在育雏末，成活雏禽数占入舍雏禽数的百分比。

$$育雏率=育雏期末雏禽数/入舍雏禽数\times100\%$$

三、我国家畜的正常繁殖力指标

(一)牛

牛的初情期一般在 8～12 月龄；初配适龄在 16～18 月龄；情期受胎率为 40%～60%，平均 50%；年总受胎率 75%～95%，平均 90%；年繁殖率 70%～90%，平均 85%；第一授精的情期受胎率 55%～70%；产犊间隔 12～14 个月；流产率 3%～7%；双胎率 3%～4%；奶牛的繁殖年限在 4 个泌乳期左右。

(二)猪

猪的情期受胎率一般在 75%～80%，总受胎率 85%～90%，每窝产仔数 8～10 头。

猪的繁殖力受品种、年龄、营养、管理水平等多方面的影响较大。国内品种每年可产幼崽一般在 15 头左右，国外品种一般在 11 头左右；杂交猪一般在 10～14 头。

(三)羊

羊使用鲜精进行人工输精，一般受胎率为 70%～85%；冻精一般只有 50%。

绵羊大多一年一产或二年三产。其中湖羊、小尾寒羊可年产 2 胎，双羔、三羔的比率很高，四羔也较常见，个别还有产六羔。

山羊年产羔 1～2 胎，每次产羔 1～3 只。

(四)马

马的一般情期受胎率为 50%～60%，全年受胎率为 80%左右，产驹率 50%左右。好的马场全年受胎率为 90%，产驹率 80%～85%。

(五)兔

兔一年可繁殖3～5胎，繁殖年限3～4年；每胎产仔6～9只；受胎率季节影响大，春季85%以上；7～8月份只有30%～40%。

(六)家禽

鸡蛋的受精率为90%左右；受精蛋的孵化率80%以上。蛋鸡的年产蛋量最高可以达到335枚。

四、影响繁殖力的因素

(一)遗传

遗传因素对于畜群繁殖力影响较大。相同物种、不同品种畜群遗传力也存在一定的差异。

(二)环境

环境是保障家畜繁殖力正常发挥的基本条件。在环境因素中，温度至关重要。家畜在高温环境中，睾丸生精能力下降，精子畸形率高，精子获能和受精过程均会受到影响，母畜受胎率也会下降。

(三)营养

营养也是保障家畜繁殖力的重要条件之一。营养不良会导致公畜精液质量下降，母畜发情规律紊乱，受胎率降低。营养过剩也会造成公畜交配能力、精液质量下降，母畜卵巢周围堆积过多脂肪，从而导致卵泡发育受阻，母畜受胎率下降。

(四)配种时间和技术

发情鉴定、配种时间以及配种技术的掌握直接影响母畜受胎率。有些家畜是季节性单次发情的动物，发情鉴定的误判会直接影响到后期的配种结果。同时，配种操作中，很多技术对温度、操作步骤都有严格要求，操作不当，也会对母畜受胎是否成功以及受胎率产生很大的影响。

(五)年龄和健康状况

家畜繁殖力随着家畜的生长有一个逐渐上升、稳定进而走向衰亡的过程。随着年龄的增加，公、母畜的繁殖能力均会出现下降，新生幼仔的成活率也会出现类似的下降趋势。

(六)管理

良好的畜群管理是保障畜群正常生长发育的关键，也是畜群繁殖力充分发挥的前提。饲喂、运动管理、调教、畜舍卫生、防疫等都是畜群管理的重要方面。管理不善会造成家畜繁殖力的下降，从而影响到整个畜群的生产力。

五、提高繁殖力的措施

(一)选择繁殖力高的公、母畜作种畜

繁殖力受遗传因素影响很大，不同品种和不同个体的繁殖性能也有差异。尤其是公畜，其品质对后代群体的影响更大，要选择繁殖力高的雌、雄动物留作种用；每年要做好动物群的更新，对老、弱、病、残的母畜应有计划地淘汰。提高适繁母畜的比例(一般是50%～70%)。

(二)科学的饲养管理

加强饲养管理是保证正常繁殖机能的物质基础。营养缺乏会使母畜瘦弱，内分泌活动受到影响，性腺机能减退，生殖机能紊乱，常出现不发情、安静发情、发情不排卵、多胎动物排卵少、产仔数减少等。公畜表现精液品质差、性欲下降等。

(三)保证优良的精液品质

繁殖力的高低，公、母畜责任各半。优良品质的精液是保证得到理想繁殖力的重要条件。

首先，要选择精液质量好、射精量多、品质好、壮年的公畜种用。其次，饲养好公畜，保证全价营养，加强公畜运动。再次，还必须合理利用，配种、采精不宜过频。最后，正确处理精液，定期检查精液品质。

（四）做好发情鉴定和适时配种

发情鉴定是掌握适时配种的前提，是提高繁殖力的重要环节。只有做好发情鉴定，才能确定适宜的配种时间，防止误配和漏配，提高受配率和受胎率。发情鉴定重要的是判断真假发情、是否正常发情、适时输精时间。只有严格操作规程，才能避免生殖道人为感染。

（五）推广繁殖新技术

繁殖新技术的推广应用为提高动物繁殖力将发挥更大的作用。推广早期妊娠诊断技术，可防止失配空怀；推广人工输精和精液冷冻保存技术，可大大提高繁殖效能；推广胚胎移植技术，可大大提高优良公畜的利用率，充分发挥公畜的繁殖潜力；合理应用生殖激素，可以诱发母畜发情，提高母畜的排卵率及恢复正常繁殖机能。

（六）减少胚胎死亡和防止流产

胚胎死亡是影响产仔数和繁殖力的一个很重要因素。动物早期胚胎死亡率很高，减少胚胎死亡和防止流产是提高繁殖力的一个有效手段。

（七）做好繁殖组织和管理工作

提高繁殖力是技术工作和组织管理工作相互配合的综合技术，不单纯是技术问题，所以必须有严密的组织措施相配合。在此过程中，要建立一支有事业心的技术队伍；定期培训、及时交流经验；做好各种繁殖记录；及时调整畜群结构，淘汰老、弱、病的动物。

（八）消除动物的繁殖障碍

消除动物繁殖障碍的常见做法是首先在人工输精过程中要严格遵守操作规程；确认动物不孕症后，要认真分析不孕的原因；对遗传性、永久性和衰老性不孕的动物要及早淘汰；对营养性和利用性不育，应通过改善饲养管理和合理利用加以克服。

任务二　动物繁殖障碍及防治措施

情境导入

在高科技养猪场的生物技术中心，繁殖技术人员小张正在对一头种母猪进行检查。这头母猪产完幼崽后，哺乳 30 d，幼崽已经断乳并转移到保育舍，可是母猪仍没有出现发情。旁边的实习生小李问道：“张哥，这头母猪产后断乳，已经 1 周了，还是没有出现发情，会不会有问题？”小张用便携式 B 超检查完后，对小李说：“……”。

同学们，如果你是养殖场的一员，你想不想了解这种情况是如何发生的，又会怎么处理呢？让我们带着这个疑问，进一步学习动物繁殖障碍及防治措施。

动物繁殖障碍是指动物生殖机能和生殖器官异常、暂时性或永久性不能正常繁殖后代的现象。母畜出现繁殖障碍不能繁殖后代的现象称为不孕或者不育。

一、不育与不孕

不育是一种永久性或暂时性的因素引起的繁殖障碍（生殖机能紊乱、生殖器官畸形），可泛指雄性和雌性个体。

不孕是对母畜而言，是指动物在应该受孕的时间内而未能受孕。

二、屡配不孕

发情周期正常，临床检查未见卵巢或子宫异常，但连续 3 次或 3 次以上发情配种不受孕，其原因不明者，即可认为屡配不孕。

三、引起繁殖障碍的原因

（一）遗传

遗传因素可引起动物生殖器官异常，如睾丸、卵巢发育不全，生殖器官畸形。

（二）年龄

各种动物随年龄的增长，繁殖障碍的发病率有所增加。

（三）环境

季节是繁殖障碍发生的重要原因之一，季节变化的重要因素是光和温度。

高温环境下公畜精子活力下降，畸形率升高；母畜易发生流产和胚胎死亡。

（四）营养

营养水平过低引起性成熟延迟和性欲减退；营养水平过高，公畜精子活力差、畸形率高；母畜卵巢周边脂肪积累过多，卵泡发育受到抑制，也会使性欲减退。

缺乏能量、蛋白质、矿物质和维生素等都可造成繁殖障碍。

缺钙：会引起生产瘫痪并难产、子宫脱出、子宫炎等。

缺磷：初情期延迟或者产后发情延迟。

缺硒：生育力下降，胎衣不下。

缺碘：初情期延迟、停止发情或者发情不排卵、产弱仔或者死胎。

缺镁：排卵延迟、流产以及胎儿初生体重小等。

（五）管理

管理水平低，采精操作不当、发情鉴定不准确、人工输精技术差以及配种不适时等都会造成繁殖障碍。

（六）疾病、病毒感染

卵巢疾病会导致卵巢发育不全、卵巢囊肿；生殖道疾病会导致子宫内膜炎、子宫积脓、子宫颈炎、生殖道肿瘤；传染性疾病会导致布鲁氏菌病、病毒性腹泻、生殖道弯杆菌病等。

四、公畜的繁殖障碍及防治措施

公畜繁殖障碍常出现以下几种：造精机能障碍、附睾及输精管机能障碍、副性腺机能障碍、射精障碍、性行为障碍以及免疫机能造成的繁殖障碍等。

（一）造精机能障碍

睾丸是重要的性腺，有产生精子、分泌激素的机能。

1. 隐睾

隐睾病又称睾丸停留或未下降睾丸。隐睾症状分为单侧隐睾和双侧隐睾 2 种。猪发生此病比例在 1%～2%；牛为 0.7%。这种现象在山羊比绵羊多见。公羊隐睾病发生率约为 0.5%，在长期近亲交配的羊群中，可能达到 10% 以上。发生隐睾症状的公畜需要淘汰，不能留作种用。

2. 睾丸变性

睾丸变性是指动物睾丸发育完成后因受多种因素影响（如高温、营养不良、年老、辐射、外伤等),从而使睾丸发生退化性变化而无法恢复其功能。因年龄偏大、严重损伤而发生睾丸变性的公畜也不能留作种用。

3. 睾丸发育不良

睾丸发育不良产生的原因往往是性成熟前缺乏营养,导致睾丸小,只有正常的1/3～1/2。饲料量不足或搭配不合理,致使营养不能满足公畜的需要,从而导致其繁殖机能下降。长时间采食能量低下的饲料,可致青年公畜睾丸体积小、精子数量少、精子产生缓慢。若发生于成年公猪或公牛,可通过加强饲养管理使其性机能得以恢复,前者不超过半年、后者不超过一年。

4. 睾丸炎

睾丸炎是由于布鲁氏菌、放线菌等传染及侵袭引起的,还可能因外伤、出血等机械因素引起,或由外围的炎症继发。发生睾丸炎时,睾丸中的生殖上皮部分或全部被损坏,严重者具有临床症状:睾丸初期肿大,之后体积变小,质地较硬并缺乏弹性,病畜伴有明显的疼痛感。发生睾丸炎的公畜查明病因之后,可以采取冷敷、封闭疗法、抗生素治疗以及减少活动等综合性治疗措施。

(二)附睾及输精管机能障碍

1. 附睾炎

睾丸炎或阴囊疾病以及精囊腺炎等可以引起附睾炎。当出现急性炎症时,病畜体温升高,食欲减退,行动谨慎,排便时伴有明显的疼痛。附睾炎与睾丸炎治疗方法相同。

2. 附睾萎缩

随着公畜年龄增加,附睾也会出现不同程度的萎缩,精液质量会有所下降。年轻公畜发生附睾萎缩可以注射雄激素刺激其发育,年龄偏大的公畜只能淘汰。

3. 输精管壶腹炎

常伴随睾丸炎、附睾炎和精囊腺炎发生。输精管壶腹炎与睾丸炎治疗方法相同。

(三)副性腺机能障碍

副性腺分泌副性腺液,是组成精液的主要成分。精囊腺炎和前列腺炎均会造成副性腺出现囊肿、肿瘤等症状,从而直接造成精液质量下降。副性腺发生机能障碍的公畜,可以采用广谱抗生素治疗或者手术治疗。如果是因为布鲁氏菌继发感染造成的副性腺炎则立即淘汰。

(四)射精障碍

公畜在射精过程中由于自身因素(身体畸形、神经功能失调等)造成射精行为无法正常发生。

性欲缺乏的公畜可以采用正发情母畜刺激、激素治疗或者其他公畜采精时旁观等多种方法协同治疗。交配困难的公畜要查明原因。确因身体残疾、年龄偏大等难以治愈原因造成的射精障碍应予以淘汰。年龄较小、精液质量良好、通过手术可以矫正的公畜应及时给予治疗。

(五)性行为异常

公畜在发情过程中也会出现一些性行为异常的现象。例如,公畜阴茎勃起后与周围物体摩擦而射精;交配次数过多造成的精液质量下降等。对于非疾病造成的性行为异常公畜可以从改善饲喂环境、改换台畜、采精频率等方面采取相应措施,也可以尝试雄激素治疗。

(六)公畜繁殖障碍的检查

公畜发生繁殖障碍的原因很多。对于公畜繁殖障碍的检查一般有以下程序:登记、病史调查、一般性检查、生殖器官检查、精液检查以及内分泌检查等。

五、母畜的繁殖障碍及防治措施

(一)先天性的繁殖障碍

母畜先天性繁殖障碍多因遗传因素或在早期胚胎发育过程中生殖器官异常造成。这种先天性繁殖障碍的母畜一般不能留作种用,只能淘汰。

1. 种间杂交后代不育

不同物种间杂交,由于遗传染色体数目不同(马为64,驴为62),其杂交后代一般无繁殖能力。其主要原因是雌性后代卵巢中卵原细胞数量极少;第一次成熟分裂时染色体不发生联会。生产中也有个别中间杂交后代具有繁殖能力的,如黄牛和牦牛所生后代,雌性个体有生殖能力。

2. 异性孪生不育

常见于牛、山羊、猪也有发生。异性孪生不育是指母畜怀双胞胎时,91%～94%的雌性幼崽会发生早期胚胎发育不良,雄性幼崽发育多数不受影响,能正常发育。

3. 雌雄间性

雌雄间性又称两性畸形,同时具有雌雄两性的生殖器官,但都不完全。

4. 生殖器官幼稚型和生殖器官畸形

生殖器官幼稚型是指公畜达到配种年龄时,生殖器官发育不全或者缺乏繁殖机能。生殖器官幼稚型往往是大脑生长激素、促性腺激素等内分泌激素分布不足或者分泌紊乱造成的。

生殖器官畸形发生在猪的繁育过程中,有子宫角畸形、阴道畸形、子宫颈畸形,输卵管堵塞等。一般认为是近亲繁殖的结果。

(二)卵巢机能障碍

1. 卵巢机能不全

卵巢机能不全主要表现为卵巢静止、卵巢萎缩、卵泡闭锁、卵泡交替发育或排卵延迟等。其产生原因是卵巢机能暂时受到干扰,使卵巢不能正常生长、发育、成熟和排卵。卵巢机能不全可以通过激素(如促卵泡素、促性腺激素释放激素等)治疗和改善。

2. 持久黄体

母畜持久黄体指在周期性排卵后形成的黄体,或分娩后周期性黄体或妊娠黄体持续存在卵巢内,使卵巢不能正常发育和不发情的病理状态。其特征为发情周期或分娩后黄体超过正常存在时间而不消失,其组织构造和机能都与发情周期黄体或妊娠黄体无区别,可导致持续分泌孕酮、抑制卵泡发育,从而使发情周期循环停止和不孕。

持久黄体治疗应先改善饲养管理,同时肌内注射 PGF2α 及其类似物氯前列烯醇等。一般在注射后1周之内即可奏效,并能配种受孕;也可用催产素、促卵泡素、孕马血清或雌激素等治疗。

3. 卵巢囊肿

卵巢囊肿是母畜生产中常见的生殖系统疾病。发病后会引起母畜不孕不育,给养殖场带来严重的经济损失。卵巢囊肿根据病情可分为卵泡囊肿和黄体囊肿,其中卵泡囊肿较常见,占卵巢囊肿的75%以上。卵泡囊肿为卵泡上皮细胞变性,卵泡壁增生,卵细胞死亡,使卵泡的发育停止,但是卵泡液没有被吸收或者增多而引起。牛、猪、马、驴等都会发生此病,乳牛和猪发病率较高。

卵泡囊肿主要是由于垂体前叶分泌的促卵泡素过多,而促黄体素不足,造成卵泡生长过快,排卵、黄体形成异常。母畜在雌激素的作用下,持续发情,表现为慕雄狂症状。卵泡囊肿多发生于产后 1.5 个月左右，尤其是精料饲喂过多，营养充足更易发生。卵巢炎症、子宫内膜炎、胎衣不下、流产、缺乏运动、长期发情而没有配种、气温过低或过高（低于 0 ℃，高于 35 ℃）等，都是诱因。

卵泡囊肿可以用绒毛膜促性腺激素治疗，静脉注射剂量为 2 500～5 000 IU，肌内注射剂量为 10 000～20 000 IU，经过 3 d 的治疗，一般表面症状可以消失。

黄体囊肿多是母畜排卵时，运动量过大或使役较重造成血压升高所致；有的是维生素 K 不足使机体的血凝能力降低，造成破裂的卵泡腔内出血多而不能形成真正的黄体；也有的是在治疗卵泡囊肿的过程中，使用促黄体素的剂量不足或用药时间过长，而导致黄体囊肿。

黄体囊肿可以通过加强饲养管理得到改善。当饲养管理条件得到改善时，某些小而时间短的囊肿在 4～5 周内可自行消散，卵巢机能也会随着恢复；也可以用 PGF2α 治疗，将 10 mg 的前列腺素溶解于生理盐水中注入子宫体内，1 次/d，连用 2 次，会逐渐好转。

（三）妊娠期的繁殖障碍

妊娠期胚胎死亡，又叫生前死亡，占所有不孕的 1/3 左右。

1. 胚胎死亡

造成胚胎早期死亡的原因有内分泌不均衡、遗传因素、蛋白质及能量营养不足、胎儿过多造成的子宫内环境较差、高温热应激等。绝大多数发生在胚胎附植前后。

对于胚胎早期死亡的治疗，首先要分析产生的原因，然后从改善生活环境和饲喂条件、采用激素治疗以及选种选配等多种手段进行调节和治疗。

2. 流产

流产多指胎儿或母体的生理过程被外界干扰，或它们之间的正常关系受到破坏，而使妊娠中断的现象，多见于怀孕早期。

流产又分为早产和死胎 2 种。一般不到分娩日期，而产出胎儿称为早产，胎儿一般不能成活。发生在妊娠中、后期产出死亡的胎儿称为死胎。

造成流产原因有激素分泌紊乱、营养不足、母畜饲喂管理上混乱以及母畜疾病的干扰等。

对于流产的治疗也是要分清原因，从改善生活环境和饲喂条件、采用激素治疗以及控制母畜疾病几个方面着手。

3. 胎儿死亡

胎儿死亡主要分为胎儿木乃伊和初生胎儿死亡 2 种。

胎儿木乃伊多出现在胎儿期，胎儿的血液供应受到干扰而导致的死亡。胎儿木乃伊常出现后不久与母体胎盘分离，进而出现不同程度的自溶和浸溶。

胎儿初生时死亡多发生在胎儿正常产期内或分娩过程中由于多胎难产、早产以及产中窒息造成的死亡。

胎儿初生时死亡，可以在 B 超查明胎儿生存状态的前提下，通过激素或者手术治疗等方法进行救治。

（四）生殖器官的疾病性繁殖障碍

1. 卵巢炎

卵巢炎多数是由于子宫炎、输卵管炎或其他器官炎症引起，可分为急性卵巢炎和慢性卵巢炎。

当卵巢炎属急性时，必须进行及时、持久的治疗。如属慢性则难以预期。如为化脓性炎症，只有手术切除卵巢，方可避免发生脓毒败血症。急性病例用青霉素 200 万 IU 肌内注射，

1 次/12 h；同时用 10%磺胺嘧啶钠 100 mL、5%葡萄糖 500 mL 静脉注射，1 次/12 h，连用 10～15 d。为了增强机体抗病能力，促进炎症渗出物的吸收，用 5%氯化钙 50～100 mL、无水酒精 50 mL、10%葡萄糖 500 mL 缓慢静脉注射，隔天可再注射 1 次。如卵巢已化脓，则以手术切除。如慢性卵巢炎，难以取得治疗效果。

2. 输卵管炎

输卵管炎常因子宫炎症蔓延到输卵管而发生。其治疗方法可参考卵巢炎的治疗。

3. 子宫内膜炎

子宫内膜炎是子宫黏膜发生的炎症，多见于马、牛，特别是奶牛，其次是猪和羊。

子宫内膜炎可分为隐性子宫内膜炎、黏液性子宫内膜炎和黏液性脓性子宫内膜炎。子宫内膜炎常造成母畜子宫积水和子宫蓄脓。

母畜分娩、助产过程中应注意消毒，防止子宫颈损伤和感染。治疗时，首先确定炎症发生的性质，采用无刺激性溶液（1%～2%盐水或者 0.1%雷佛奴尔液）冲洗子宫，然后用药物向子宫内灌注（宫颈管内填土霉素），其间可以结合雌激素等子宫兴奋剂来改善子宫内血液循环，促进药物效能，反复多次直至取得疗效。

4. 子宫颈炎

子宫颈炎是子宫颈内黏膜及子宫颈深部发生炎症和增生造成的。对于子宫颈炎的治疗一般也是先用消毒液进行清洗，然后用碘甘油或者 2%～3%鱼石脂软膏涂抹子宫颈外口，反复多次直至取得疗效。

5. 阴道炎

阴道炎是阴道黏膜、前庭及阴门部位发生的炎症。

阴道炎的治疗，先用温热的消毒液（1%～2%盐水、0.1%高锰酸钾等）冲洗阴道，然后阴道灌注防腐抑菌的乳剂或者糊剂（鱼石脂、碘甘油等），连续数日，直至取得疗效。

（五）产后并发症

1. 子宫脱出

子宫脱出的主要原因是母畜年龄较大，胎儿过大，分娩时努责力过强，加之阴道干燥，从而使子宫角或子宫伴随着胎儿内外翻至阴道内或者脱出阴门之外。

子宫脱出后，应先将脱出部分进行整理，剥离胎衣部分，用 0.1%高锰酸钾溶液冲洗脱出部分，随着母畜子宫收缩，将脱出部分送回到子宫内，同时注射少量催产素，促进子宫回位。为了避免子宫再次脱出，可以将会阴部分进行 2 针缝合，注射 3 d 抗生素，不再努责后，将缝合线拆除。

2. 阴道外翻

阴道外翻根据脱出的程度分为不完全脱出和完全脱出。

阴道外翻主要原因是在妊娠后期胎儿过大或双胎，腹内压过高，压迫阴道；或者胎盘大量分泌雌激素、松弛素，固定阴道的组织弛缓、韧带松弛而引起。

阴道外翻如果情况不严重，一般使其卧在前低后高的倾斜地面上，减轻腹压，会有所好转。如果阴道完全脱出，则需要及早手术治疗。

3. 子宫复旧不全

分娩后，母畜子宫恢复至未孕时状态的时间延长，称为子宫复旧不全或子宫弛缓。一般子宫复旧不全常发生在年龄较大的经产母畜。而且母畜发生子宫复旧不全常伴随着产后恶露排出时间大为延长，继发慢性子宫内膜炎。

子宫复旧不全的治疗，可用温的消毒液冲洗子宫，增强子宫的收缩，反复 2～3 次后，注射抗生素。

4. 产后败血症和产后脓毒血症

产后败血症和产后脓毒血症是局部炎症感染扩散并发的严重的全身性疾病。

对于产后败血症和产后脓毒血症的治疗多使用大剂量抗生素或磺胺类药物注射治疗，其间配合着使用雌激素和催产素以促进子宫内污物的排出。在治疗过程中要注意母畜生活环境及饲喂条件的改善。

5. 产后瘫痪

产后瘫痪常指产后突发的丧失知觉、四肢瘫痪为特征的严重代谢疾病。此病症多发生在产后 3 d 以内。该病症的治疗可以通过静脉注射氯化钙 20～30 g，或者 20% 葡萄糖酸钙 500 mL，注射 2 次/d，连续 3 d 左右会有所好转。同时，结合乳房送风补气，效果会更好。

6. 泌乳障碍

泌乳障碍常发生在初产母畜。主要症状是分娩后无乳或者泌乳量少。泌乳障碍常通过增加青绿饲料和蛋白质饲料的饲喂，减少劳役，注射促乳素或者催产素等方法治疗。

项目小结

动物繁殖管理是动物科学中的一个重要分支。它涵盖了动物繁殖力估计、常见动物繁殖障碍的发生与治疗等多个方面，旨在通过科学管理和先进技术，提高动物繁殖效率，优化种群结构，保障动物健康，提高生产效益。

动物的繁殖力学习包括哺乳动物和家禽两个方面，涵盖了从发情到产犊以及从产蛋到孵化、育雏的各个环节，通过对这些指标的监测和管理，可以有效评估和优化动物群体的繁殖性能，提升牧场的整体生产效益。

动物繁殖障碍学习涵盖了公畜、母畜常见的各类繁殖障碍疾病，详细地阐明了发病的原因，有针对性地提出了解决的方法，为同学们后续繁殖技能的提升打下了坚实的基础。

总之，系统实施动物繁殖管理不仅可以提升畜群动物繁殖效率，优化种群遗传品质，还能确保动物健康，促进动物产业的持续健康发展，同时也体现了对动物福祉和伦理道德的尊重。

思政园地

我国著名畜牧科学家——盛彤笙

盛彤笙(1911—1987)，男，江西永新人，著名兽医学家、微生物学家和兽医教育家，中国现代兽医学奠基人之一。

1922 年，盛彤笙进入长沙教会学校雅礼中学学习。1928 年，盛彤笙考入南京国立中央大学动物学系畜牧兽医专业。他刻苦钻研、勤奋好学，三年时间读完了四年的课程。同时，又考入上海医学院，并选定微生物学作为自己的终生专业。1934 年，盛彤笙赴德国留学。德国的大学鼓励学生转学、借读和选课，以便聆听各校著名教授的不同学术观点，兼收并蓄。这为基础扎实、才华横溢的盛彤笙提供了更加宽松的学习环境和发展空间。

1934—1938 年，盛彤笙先后取得医学和兽医学两个博士学位，精通英、德、俄三种语言。和许多仁人志士一样，学有所成的盛彤笙放弃国外的优厚待遇，义无反顾地选择回国，兴办教育，传播知识，培养人才，造福民族。

盛彤笙先后在江西省兽医专科学校、西北农学院和中央大学执教。1946年10月1日，国民政府决定在兰州创办一所国立兽医学院，助力西北畜牧业发展。为此，盛彤笙来到兰州，筹建国立兽医学院，并担任首任院长。

在盛彤笙等人的艰苦努力下，学院当年就依托兰州大学招收了新生。二三年后，几经周折，黄河之滨的小西湖畔建起了一座雄伟壮观的综合性大楼——伏羲堂，并聘请了十几位留洋博士，购置了颇具规模的仪器设备。自此，国立兽医学院这座崭新的高等学府屹立于兰州。

新中国成立后，党和政府高度重视兽医学院的发展，大批国内外著名专家学者齐聚在伏羲堂前，其中包括兽医病理学家朱宣人、动物寄生虫学家许绶泰、兽医内科学家蒋次昇等。

1950年12月，西北军政委员会决定将国立兽医学院改名为西北兽医学院；1951年年底，西北兽医学院改名为西北畜牧兽医学院，隶属西北畜牧部、西北教育部共同领导。1958年，西北畜牧兽医学院西迁至武威黄羊镇，组建成了新的甘肃农业大学。

盛彤笙创办的畜牧兽医学院，为新中国培养本、专科、硕士研究生及各类短训人员，推动了西北畜牧兽医事业从幼稚逐渐走向成熟，写下了中国农业教育史上浓墨重彩的一笔。

新中国成立前，我国很多地区的马都得马鼻疽，这是一种烈性传染病，流行甚广、危害很大。盛彤笙通过抗菌试验，发现一定密度的磺胺嘧啶对马鼻疽菌具有杀灭作用，并发表论文——《磺胺类药物对马鼻疽杆菌之效用》。国际上首度报道之后，国内外学者纷纷试用在马鼻疽病的治疗上，疗效显著。1951—1953年，他先后被任命为西北兽医学院院长、西北军政委员会畜牧部副部长和西北军政委员会财政经济委员会委员、西北行政委员会畜牧局副局长等；1954—1956年，他先后当选第一届全国人大代表、中国科学院生物学地学学部委员（即院士）、中国畜牧兽医学会副理事长。

广袤的大西北，随处可见盛彤笙忙碌的身影，他和同仁们奏响了一曲曲振兴畜牧业的壮歌。1954年，盛彤笙调任中国科学院西北分院筹备委员会第一副主任委员，主持筹备工作。随后，中国科学院物理研究所兰州物理室、中国科学院地质研究所西北地质室、中国科学院大连石油研究所兰州分所、中国科学院地球物理所西北物理观象台、西北兽医室等5个研究单位和中国科学院图书馆兰州分馆相继成立。此后，大批科技人员从全国各地陆续来到兰州，为中国科学院西北分院的发展奠定了坚实基础。

改革开放时期，我国在发展畜牧业方面还存在一定思想阻力，盛彤笙排除困难，于1980年提出，畜牧业产值达不到农业总产值的50%以上，不可能实现农业现代化。同年，他还指出，我国发展畜牧业潜力很大，现在远远没有地尽其利，物尽其用。盛彤笙认为，在树立“大农业”和“大粮食”观点的同时，还应树立“大畜牧业”的观点，力主加快畜牧业的发展。他撰写的《应当树立“大畜牧业”思想》《畜牧业在农业生产中的地位》《在畜牧业发展中解决饲料问题的途径》等文章均被公开发表。他的这些前瞻性的战略思想和理论观点，在我国农业现代化进程中产生了深远影响。

（选自百度百科和中国农业科学院官网，选入时有删减。）

职业能力测试

一、选择题

1. 用PGF2α处理母畜的前提是卵巢上有（　　）。

A. 卵泡　　B. 黄体　　C. 白体　　D. 红体

2. 自发性流产以(　　)最为常见。

A. 猪　B. 马　C. 奶牛　D. 山羊

3. 胎儿干尸化常见于(　　)。

A. 猪　B. 马　C. 牛　D. 羊

4. 异性孪生不育主要发生于(　　)。

A. 猪　B. 马　C. 牛　D. 羊

5. 卵巢囊肿最常见于(　　)。

A. 猪　B. 马　C. 奶牛　D. 羊

6. 黄体囊肿的母体(　　)水平较高。

A. P_4　B. E_2　C. FSH　D. LH

7. 家畜的子宫疾患中,以(　　)的比例最大。

A. 子宫内膜炎　B. 子宫积脓　C. 子宫积水　D. 子宫颈炎

8. 子宫积脓主要发生于(　　)。

A. 猪　B. 马　C. 牛　D. 羊

9. 子宫积水主要发生于(　　)。

A. 猪　B. 马　C. 牛　D. 羊

10. 导致母畜不育的最常见的原因是(　　)。

A. 子宫内膜炎　B. 子宫积脓　C. 卵巢发育不全　D. 卵巢囊肿

二、简答题

1. 简答提高繁殖力的措施。
2. 简答影响繁殖力的因素。
3. 简答持久黄体发生的原因及其治疗方法。
4. 简答子宫脱出原因及其治疗方法。

项目五 发情控制、胚胎移植与胚胎生物工程

◆ 项目描述

发情控制、胚胎移植与胚胎生物工程是现代生物技术和动物繁殖科学中的重要组成部分，它们各自具有独特的意义，且在农业生产、生物医学研究及濒危物种保护等领域发挥着重要作用。通过学习发情控制技术，如同期发情、诱导发情等，能够让雌性动物在预定的时间内集中进入发情期，便于集中进行配种或人工输精，提高繁殖效率，减少无效劳动和资源浪费，提升整个繁殖管理体系的标准化和精细化程度。对于珍贵或稀有的种畜，发情控制有助于更有效地利用其繁殖潜力，通过集中配种，确保优质遗传资源得到充分利用，加速良种推广。胚胎移植技术将优秀种畜的胚胎植入其他母畜体内，迅速扩大优秀基因在群体中的分布，加速种群遗传改良速度，可在不影响其生产性能的前提下，大幅增加其后代数量，提高单位母畜的繁殖效率。通过胚胎生物工程技术，如体外受精(IVF)、胚胎分割、基因编辑等，能够实现对胚胎基因组的精确操作，创造出具有特定遗传特性的后代，满足农业生产、生物医学研究及物种保护的需求。另外，利用胚胎生物工程技术可以实现其种群复壮，甚至复活已灭绝物种，对于生物多样性保护具有重要意义。可见，发情控制、胚胎移植与胚胎生物工程在提升动物繁殖效率、加速遗传改良、节约资源、推动科学研究、保护生物多样性等方面具有重大意义，是现代生物技术应用于动物繁殖领域的重要成果。

◆ 知识目标

1. 了解雌性动物发情控制各种方法的操作步骤及要点。
2. 了解胚胎移植的操作步骤及要点。
3. 了解胚胎生物工程中常见技术。

◆ 技能目标

1. 掌握雌性动物发情控制的各种方法。
2. 掌握胚胎移植的操作步骤及要点。

◆ 素质目标

1. 培养学生严谨、认真的专业学习精神。

2. 对发情控制、胚胎移植与胚胎生物工程的学习，有助于学生掌握发情控制和胚胎移植技术、了解胚胎生物工程的进展、培养学生在科研和生产中遵循科学、严谨的意识。

3. 培养学生爱农村、爱农业、爱畜牧行业、关注乡村振兴的热情。

任务一　发情控制

情境导入

在设备先进的赛马繁育中心，首席育种师王逸正在使用直肠超声探查一匹纯血母马的卵巢。他一边操作一边对参观者说："为了保证顶级赛马血统的传承，我们严格控制母马的发情周期，通过超声监测卵泡发育，精准安排人工输精或自然交配。这样可以确保每一匹新生马驹都具备最优秀的遗传潜力。"

在宽敞明亮的养猪场中，繁殖技术员李姐正在使用电子发情监测系统监测母猪的活动。她指着电脑屏幕向新入职的同事解释："这套系统能实时监测母猪的运动量、采食量等行为参数，通过算法分析，准确预测母猪的发情时间。我们据此安排配种，既能提高受胎率，又能避免无效劳动力的浪费。"

可见，发情控制技术在不同动物繁殖过程中都有着重要的意义，理解发情控制在实际生产中的应用，将为后续深入学习或实践操作奠定基础。

发情控制技术是利用人工处理的方法使不发情母畜在特定时间范围内发情排卵的技术。通过发情控制技术可以打破季节性繁殖和生理及病理性乏情期；由单胎变多胎，以提高年产胎次；由分散发情到集中发情；实现繁殖的专业化，提高优秀种畜的利用率。发情控制的主要方法有诱导发情、同期发情、超数排卵等。

一、诱导发情

（一）概念

诱导发情是指利用人工的方法，通过某种刺激（如激素处理、环境气候变化、断奶和性刺激）诱发乏情的雌性动物发情，达到缩短繁殖周期，增加胎次的目的。

（二）机理

在季节性或泌乳性乏情的情况下，促卵泡素和促黄体素分泌量不足以维持卵泡发育，卵巢处于静止状态，卵巢上既无黄体存在也无卵泡发育，此时如果对乏情动物通过激素处理、环境气候改变、断奶和性刺激等内分泌和神经作用，激发卵巢从静止状态转变为机能活跃状态，从而促进卵泡的正常生长发育，使雌性动物恢复正常发情和排卵。另外，因持久黄体造成的病理性乏情，利用激素消除黄体，使卵巢恢复周期性活动，这种治疗处理从广义上讲也属于诱导发情。

（三）方法

诱导发情最直接最快引起效应的方法是激素处理，在神经刺激中，异性刺激所产生的效应最明显，在生产中采用的"公畜效应"表明了此方法的特殊作用。

1. 猪的诱导发情

母猪在哺乳期内通常不发情，即使发情也不一定排卵。如要在哺乳期诱导发情，则在哺乳6周后注射PMSG 750～1 000 IU能引起发情和排卵，早于这个时间，剂量应加大，但一般不早于1个月。对于一般性乏情的母猪可注射PMSG或氯地酚20～40 mg/头。对不发情后备母猪肌内注射PMSG 800～1 000 IU诱导发情和促使卵泡发育，再注射HCG 600～800 IU促排，母猪一般在3～5 d内表现发情和排卵。除使用激素外，还可以使用公猪尿液、声音等刺激母猪，也可以起到很好的效果。

现代化养猪业提高母猪繁殖力的重要技术措施之一是早期断奶，这种方法能有效地诱导母猪提前发情配种。哺乳期施行早期断奶，可以使分娩到发情配种时间缩短，达到 2 年 5 胎。

2. 牛的诱导发情

产后提早配种的母牛，可采用提前断奶方法或用孕激素处理 1～2 周（埋植），并在处理结束时注射 PMSG 800～1 000 IU。

对于产后泌乳奶牛，可肌内注射 LRH-A2 200～400 μg，1 次/d，连续 1～3 次。

对于持久性黄体或者黄体囊肿乏情的母牛，可采用肌内注射前列腺素，促使黄体消失，引起发情。

3. 羊的诱导发情

绵羊通常为一年产一胎，多数品种产羔后有一个很长时间的乏情期。在非发情季节，对乏情母羊用孕激素（孕酮）处理 12～16 d，每次 10～12 mg，随后在 1～2 d 内一次注射 PMSG 750～1 000 IU，即可引起发情排卵。应用氯地酚也可促使母羊发情排卵，做到 2 年产 3 胎。

母羊在春夏非繁殖季节，利用人工暗室，模拟秋季，逐渐缩短光照时间，每日光照 8 h、黑暗 16 h，处理结束后 7～10 周开始发情。

在发情季节到来之前数周，在母羊群中放入公羊，通过公畜刺激使乏情母羊发情。也可使用“补饲催情”的方法，在母羊临近发情季节，补饲精料，增加营养，加强管理来促进母羊发情。

4. 兔的诱导发情

使用中草药诱导发情。取益母草 10 g、黑豆 25 g，水煮 20～30 min，汤拌料，豆喂兔，连喂 3～5 d，母兔即发情。

使用激素催情。可以选用 PMSG 等药物肌内注射，PMSG 50～80 IU 或己烯雌酚 0.75～1 mL，2～3 d 发情配种，受孕率在 85%以上。

公兔诱导发情。对于长期不发情的母兔，于 8:00 将母兔放入公兔笼内让公兔调情，或者将公兔母兔同放一圈，任其追逐爬跨 2 h 左右，然后将母兔取出，6 h 后即有发情表现。若不行，再进行 1 次。

光照强度每天在 14 h 以上也有助于母兔发情。

5. 马的诱导发情

非发情季节的母马，每日注射雌激素 5～10 mg，连续 10～15 d，总剂量 75～150 mg，可在一定程度上恢复发情周期。

也可以用光照刺激，在乏情季节时，人为地在马厩内离地面 2.5 m 高处悬挂 200～400 W 灯泡，从日落开始延长 5～6 h 的光照时间，可促进卵巢机能在第二年 2 月左右恢复，表现出正常发情。

6. 犬、猫的诱导发情

在生产实践中多用 PMSG 结合 HCG，诱导经产母犬、母猫发情，效果较好。

使用雌激素诱导母犬、母猫发情，绝大多数均有发情表现，但是排卵效果不好。使用中草药如益母草、覆盆子等也能收到较好的效果。对于持久性黄体的母犬，可多次注射前列腺素，但会有呕吐、腹泻等副作用。

二、同期发情

自然条件下，单个动物的发情是随机的，而对于具有一定数量、生殖机能正常且未妊娠和正处于繁殖季节的群体来说，每日会有一定数量的动物出现发情。然而，大多数动物则处于黄体期或非发情期。同期发情，就是对群体母畜应用人工的方法，使之在一定时间内集中发情。

(一)概念

同期发情又称同步发情，就是利用某些激素制剂人为地控制并调整一群处于不同发情状态的母畜的进程，使之在预定时间内集中发情，以便于有计划组织配种的一种技术。

(二)意义

(1)有利于推广人工输精　人工输精技术在实际生产中往往由于畜群过于分散而受到限制。如果能在短时间内使生产地区的畜群集中发情，就可以根据预定的日程巡回进行定期配种，有利于人工输精的普及和推广。

(2)便于组织批量生产　控制母畜同期发情，可使母畜配种妊娠、分娩及幼崽的培育在时间上相对集中，便于成批生产，从而有效地进行饲养管理，节约劳动力和费用，有很大的实用价值。

(3)提高繁殖率　同期发情不但用于周期性发情的母畜，而且也能使乏情状态的母畜出现性周期活动。例如，卵巢静止的母畜经过孕激素处理后，很多表现发情；因持久黄体存在而长期不发情的母畜，用前列腺素处理后，由于黄体消散，生殖机能随之得以恢复。

(4)在胚胎移植中必不可少　当胚胎长期保存的问题尚未解决前，同期发情是经常采用的；而在鲜胚移植中，同期发情则是必不可少的方法。

(三)机理

母畜的发情周期从卵巢的机能和形态变化方面可分为卵泡期和黄体期 2 个阶段。卵泡期是在周期性黄体退化，孕酮水平下降以后，卵泡生长发育并成熟排卵的时期。当卵泡破裂并发育成黄体，随即进入黄体期。黄体期内，卵泡发育受到黄体分泌的孕激素的抑制，母畜不表现发情。如果有交配行为但是卵细胞未受精，黄体维持 10 余天便自行退化，紧接着进入另一个卵泡期。总的来讲，较高的孕激素水平可抑制卵泡发育和动物发情，由此可见黄体是发情周期正常运转的关键因素。所以，控制黄体寿命，就可以调整发情周期的进程。

目前，控制雌性动物同期发情的途径有以下 2 种。

(1)延长黄体期　具体做法是向一群待处理的母畜同时施用孕激素，抑制卵泡的发育，经过一定时间同时停药，随之引起同期发情。这种方法，当在施药期内，如黄体发生退化，外源孕激素代替了内源孕激素(黄体分泌的孕激素)，造成了人为黄体期，推迟了发情期的到来。

(2)缩短黄体期　使用前列腺素使黄体溶解，促进垂体促性腺激素的释放，使卵巢进入卵泡期，达到同期发情的目的。

(四)同期发情的药物和使用方法

1. 孕激素法

(1)阴道栓塞法　将泡沫塑料块或者脱脂棉团灭菌、干燥后浸吸一定量的孕激素，放于子宫颈口附近，塑料块上拴一细线，引出阴户外，放 9～12 d 后取出，隔 2～3 d 即发情。此方法可以使药液缓慢、持续不断释放至周围组织。只需要一次用药，省事。但是使用此法要注意消毒防止生殖器感染，要在栓塞物中加入适量杀菌、消炎药物，并且要防止阴道栓塞脱落丢失。

(2)口服法　将一定量的孕激素拌于饲料内，连续喂一定天数后，停药，不久即发情。此法主要用于舍饲母畜，费时费工，而且剂量不易掌握。

(3)皮下埋植法　将一定量的成型孕激素试剂装入多孔的塑料细管内或硅橡胶乳管内，用套管针或埋植器埋于母畜耳背皮下，经过若干天后取出，过 2～3 d 就可发情。此法操作简单易行，不易丢失，用药量也较阴道栓塞法少。

(4)注射法 将一定剂量的孕激素皮下或者肌内注射,连续若干天后停药。此法工作量较大,但是施药剂量准确。

上述各法各有特点,实际工作中要结合工作状况合理安排。

2. 前列腺素法

使用前列腺素进行同期发情处理,主要有 2 种做法。即肌内注射及子宫内注射。子宫内灌注药物,其剂量要少于肌内注射,只是当注入小型牛、青年母牛、母羊时有一定难度。

使用前列腺素有一定缺点,就是不同动物对前列腺素敏感期有所不同。猪在发情周期的第 10~16 天较为敏感;牛、山羊、马在发情周期的第 5~16 天较为敏感。另外,在前列腺素处理过程中如能配合促性腺激素释放激素或孕马血清促性腺激素处理也可提高发情率及受胎率。

(五)各种常见动物同期发情的方法

1. 猪的同期发情

(1)同期断奶法 对于正在哺乳的母猪来说,同期断奶是母猪同期发情常采用的有效方法。一般断奶后 1 周内绝大多数母猪可以发情。如果断奶同时注射 PMSG 1 000 IU 或者 HCG 500 IU,发情排卵的结果会更好,可以同时提高同期发情率和受胎率。

(2)孕酮处理法 每天给母猪饲喂去甲睾酮 20~40 mg,共 18 d,处理后 4~7 d 出现发情,繁殖力正常,而且不会出现卵巢囊肿。缺点是药物的开支较大。优点是有利于生产管理和安排生产,减小劳动强度,而且后备母猪和经产母猪都可以用,适合于集约化程度很高的养猪场。

要注意的是,当采用孕酮处理法对母猪进行同期发情时,容易引起卵巢囊肿,且影响以后母猪的繁殖性能,甚至导致不育。另一方面,母猪只在发情周期的第 12~15 天对前列腺素敏感,在这期间用前列腺素处理,黄体才能退化。

2. 牛的同期发情

用于母牛同期发情处理的药物种类很多,方法也有多种,但较适用的是孕激素埋植法和阴道栓塞法以及前列腺素法。

(1)孕激素埋植法 将一定量的孕激素制剂装入管壁有小孔的塑料细管,利用套管针或者专用埋植器将药管埋入耳背皮下,经一定的时间,在埋植处作切口将药管同时挤出,并注射孕马血清促性腺激素 500~800 IU。药物用量依种类而不同,18-甲基炔诺酮为 15~25 mg。

(2)孕激素阴道栓塞法 栓塞物可用泡沫塑料块或硅橡胶环,后者为一螺旋状钢片,表面敷以硅橡胶。它们包含一定量的孕激素制剂。将栓塞物放在子宫颈外口处,其中激素即渗出。处理结束时,将其取出即可,同时注射孕马血清促性腺激素。孕激素的处理有短期(9~12 d)和长期(16~18 d)2 种。长期处理后,发情同期率较高,但受胎率较低;短期处理后,发情同期率较低,而受胎率接近或相当于正常水平。

(3)前列腺素处理法 前列腺素的投药方法有子宫内注射和肌内注射 2 种,前者用药量少,效果明显,但注射时较为困难;后者虽操作容易,但用药量需适当增加。前列腺素处理法只有当母牛在发情周期第 5~18 天才能产生发情反应。对于发情周期第 5 天以前的黄体,前列腺素并无溶解作用。因此,用前列腺素处理后,总有少数牛无反应,对于这些牛需做二次处理。用前列腺素处理后,一般第 3~5 天母牛出现发情,比孕激素处理晚 1 d。因为从投药到黄体消退需要将近 1 d 时间。

3. 羊的同期发情

(1)阴道栓塞法 羊实用型阴道海绵栓,是以孕酮为主的羊同期发情制剂。使用方法易行,效果可靠,成本低廉,和牛的处理方法一致,只是剂量相当于牛的 1/3。在海绵栓上涂抹专用的润滑药膏,用海绵栓放置器将其放入母羊子宫颈口,海绵栓上的尼龙牵引线留于阴户外。牵引线不可留得过短,以防缩入阴道,造成去栓困难。在放置阴道海绵栓的同时,皮下注射苯甲酸雌二醇 2 mg 或者孕马血清促性腺激素 350~700 IU,可提高诱导发情效果。阴道海绵栓在阴道内放置 9~12 d 后,用止血钳夹住阴道外的牵引线轻轻拽出。如果牵引线拉断或牵引线缩入阴道内,要用开膣器打开阴道后取出。撤出阴道海绵栓后 2~3 d 内即可发情,有效率达 90%以上。

(2)前列腺素处理法　全部母羊第 1 次全部注射 15-甲基-PGF2α 0.5~1.2 mg,卵巢上有黄体的母羊,在注射后 72~90 h 内发情,发情后即可输精。对第 1 次注射无反应的羊,10 d 后第 2 次注射。在此期间,这些母羊可能由于自然发情卵巢上形成黄体,从而对第 2 次注射产生反应。

(3)孕激素埋植法　在发情季节,给羊耳背皮下埋植孕激素药管 6~9 d,再注射孕马血清促性腺激素 10 IU/kg 体重,72 h 内母羊的同期发情率达 80%以上,并可提高产羔率。

4. 兔的同期发情

由于家兔的发情周期卵泡期较长,黄体期较短,所以兔的同期发情操作多采用缩短黄体期的途径。主要操作是在母兔交配前,注射 PMSG 或交配刺激,通过负反馈机制促进垂体分泌促黄体素,促进母兔在同一时期集中发情排卵;或者采用肌内注射氯前列烯醇,一般在用药后 37~48 h,会有发情表现,在 48~72 h 内表现比较明显。

5. 马的同期发情

诱导马同期发情一般采用前列腺素类似物的效果较好,其方法与牛相似。由于马的发情持续时间较长,排卵后 5 d 内的黄体对前列腺素不敏感,因此多在间隔 8~12 d 使用二次前列腺素法。

6. 犬、猫的同期发情

犬、猫的同期发情研究,受到犬、猫发情特点、种类、饲养环境条件等多方面的影响,目前没有取得较为明显的进展。其处理方法也主要针对肉犬饲养繁殖,多采用延长或者缩短黄体期法。

三、超数排卵

超数排卵是指应用外源性促性腺激素诱发卵巢多个卵泡发育,并排出具有受精能力的卵子的方法。

(一)原理

母畜出生之时,卵巢上有几十万卵泡,随着发育过程,绝大多数卵泡发生闭锁和退化,只有大约 1%的卵泡能够发育并成熟排卵。在发情周期的末期,也就是黄体处于消退和卵泡处于进行性交替变化的关键时期,使用适当剂量的促性腺激素处理,以提高体内促性腺激素的水平,使卵巢上有比自然情况下数量多十几倍的卵子,在同一发情周期内发育成熟以致集中排卵。

(二)方法

用于超数排卵的药物大体可分为 2 类:一类促进卵泡生长发育,如孕马血清促性腺激素和促卵泡素;另一类促进排卵,如人绒毛膜促性腺激素和促黄体素。

1. PMSG、FSH

PMSG 在体内半衰期长,一般一次肌内注射。另外,PMSG 药效稳定,卵巢体积不会增大,排卵率高。FSH 在体内半衰期短,需多次递减注射,注射 2~3 次/d 效果较好。

2. PGF2α

在超数排卵中作为配合药物使用，不仅能使黄体提前消退，而且能提高排卵效果。

3. LH、HCG

在供体母畜超数排卵处理后，出现发情时，静脉注射外源促排卵激素 LH、HCG 或 GnRH，可以增强排卵效果，减少卵巢上残余的卵泡数。

4. 孕酮

一般在超数排卵处理之前，用孕酮进行预处理刺激，可以有效提高母畜对促性腺激素的敏感性。

（三）各种常见动物超数排卵的方法

1. 猪的超数排卵

生产上采用对后备母猪和断乳母猪进行超数排卵处理，具有一定效果。一般措施是在性周期的 15～17 d，肌内注射 PMSG 750～1 200 IU，72 h 后再注射 HCG 500～1 000 IU，一般 40 h 左右就可以发情，并增加排卵数，如果增加一针 PGF2α，则可进一步改善激素处理的效果，对于产后乏情的猪也有一定效果。

2. 牛的超数排卵

目前，各国对供体母牛作超数排卵处理的方法是供体母牛发情周期的中期肌内注射 PMSG，以诱导母牛有多数卵泡发育，2 d 后肌内注射 PGF2α 以消除黄体，2～3 d 发情。我国内蒙古自治区制定的超数排卵方法地方标准为 FSH 5 d 注射法：以母牛发情之日作为周期的 0 d，在母牛发情周期的第 9 天，每天早晚各注射 1 次，连续 5 d，递减注射。也可以在供体母牛发情周期的第11～13 天中任意一天肌内注射 PMSG 1 次，5 IU/kg 体重，在注射后 48 h 和 60 h，分别注射 PGF2α 0.4～0.6 mg，紧接着在第一次输精同时注射与 PMSG 等剂量的抗 PMSG，用以消除副作用。

3. 羊的超数排卵

羊超数排卵方法主要是利用外源促性腺激素（孕激素、促卵泡素和孕马血清促性腺激素等）刺激卵泡发育，进而进行超数排卵。目前，羊超数排卵方法主要有孕酮＋促性腺激素、促性腺激素处理和促性腺激素＋前列腺素等多种方法。

（1）孕酮＋促性腺激素　将孕酮以栓剂形式放置阴道内一定时间进行预刺激后，再用促性腺激素刺激，然后撤掉孕酮栓，再进行卵母细胞采集。

（2）促性腺激素　绵羊在发情周期 12～13 d 一次肌内注射 PMSG 750～1 500 IU，出现发情后或配种当天注射 HCG 500～750 IU。

（3）促性腺激素＋前列腺素　供体发情周期第 17 天（绵羊为第 12～13 天）注射 FSH，早晚各一次，以递减方式连续 3 d，第 3 天上午注射时，同时肌内注射 PG 0.1 mg。

4. 兔的超数排卵

母兔超数排卵常用的较为经济的方法是皮下注射 PMSG 100～150 IU，经超数排卵处理 60～70 h 后，可获得约 30 个卵。也可以注射 FSH 10 IU/次，早晚各一次，连续 3 d，第 4 天输精后，静脉注射 HCG 100 IU。

5. 犬、猫的超数排卵

犬、猫超数排卵的方法一般采用 FSH 和 PMSG 处理。以犬 FSH 超数排卵法为例：在发情周期（发情当天为 0 d）5～9 d 中的任意一天开始肌内注射 FSH。可选用国产纯化 FSH 1～3 mg，其他厂家的 FSH 80～100 IU，分 8 次用减量法或等量法肌内注射。通常，在注射开始后第 3 天早、晚各肌内注射一次前列腺素（氯前列烯醇 0.1 mg/次），也可仅注射一次前列腺素。

（四）影响超数排卵效果的因素

影响超数排卵的因素主要有以下几个方面：个体情况（不同的个体对激素的敏感度不同）、年龄与胎次（青年母畜对超数排卵药物敏感，效果好）、超数排卵时间（不同动物对药物的敏感时间不同）、品种、季节（如母牛在 27 ℃以上，超数排卵效果不理想）、泌乳（对泌乳期母牛的超数排卵处理要优于干奶期母牛，泌乳高峰期的反而对 PMSG 不敏感，一般在分娩后 45～60 d 以后进行）。因此，要多种因素综合考虑。

任务二　胚胎移植

情境导入

在高科技养猪场的生物技术中心，繁殖技术人员正通过显微镜观察体外培养的猪胚胎。技术负责人陈经理向参观团介绍："我们采用体外受精技术获得优质胚胎，再通过胚胎移植技术将其植入大量代孕母猪体内。这种方式极大地提高了优良种猪的繁殖效率，降低了对顶级种猪的依赖，有力推动了养猪业的集约化、规模化发展。"

那么胚胎移植技术具体是如何操作的呢？让我们带着这个疑问，进一步学习胚胎移植技术的实际应用与操作流程。

一、胚胎移植的概念

胚胎移植是将一头良种母畜配种受孕后的早期胚胎取出，或体外受精的早期胚胎移植到另一头同种的生理状态相同的母畜体内适当位置，使之继续发育成为新个体。

提供胚胎的个体叫供体，接受胚胎的个体叫受体。胚胎移植产出后代的遗传特性与供体母畜、公畜的遗传特性相似。

胚胎移植的时间一般是发育至多细胞的桑椹胚或囊胚阶段的胚胎（3～8 日龄），最早不能在 2 细胞前。

二、胚胎移植的意义

胚胎移植技术具有多方面的深远意义，涵盖了动物繁殖、动物辅助生殖、生物技术研究、种质资源保护等多个领域。

1. 挖掘优良母畜繁殖潜力

（1）加速品种改良与育种进程　胚胎移植可以将优良母畜的遗传物质快速传递给更多后代，无需等待母畜自然分娩后再进行下一轮繁殖，显著缩短了品种改良的时间周期。

（2）提高单个母畜的后代产量　结合超数排卵技术，一头供体母畜在一个发情周期内可产生多个胚胎，这些胚胎经过移植，使得一个母畜在短时间内能孕育多个后代，极大地提高了其繁殖效率。

2. 解决不孕不育问题

胚胎移植是辅助生殖技术的关键环节，对于易发生习惯性流产或者难产优良母畜，胚胎移植提供了有效的治疗途径，通过优化移植时机（如囊胚期）和选择高质量胚胎，可以提高妊娠率。

3. 缩短种畜改良周期，加快品种改良

（1）替代种畜引进　通过胚胎移植，可以快速引入和推广优良品种，避免了长途运输活体种畜的风险和成本，有助于全球范围内的种质资源共享。

（2）保护濒危动物和品种资源　胚胎冷冻技术和胚胎库的建立，使珍贵或濒临灭绝动物的遗传资源得以长期保存，并可在适宜时机复苏移植，对于生物多样性保护具有重要意义。

4. 提高农业生产效率与经济效益

移植双胞胎或半胚以增加双胎率。在肉畜养殖业中，通过移植双胚胎或分割胚胎（双半胚），可以显著提高双胎出生率，进而提高单位面积或单位时间内畜产品的产出，提升经济效益。

5. 促进生物医学研究与应用

胚胎移植可用于创建遗传疾病模型动物，为疾病机理研究、药物筛选和治疗策略开发提供实验平台。在特定情况下，胚胎移植技术还可直接应用于某些疾病的诊断与治疗，如胚胎植入前遗传学诊断（PGD）可预防遗传病患仔出生。

6. 推动生物技术创新与应用

胚胎移植技术是胚胎分割、嵌合体、核移植、体外受精、转基因动物等家畜生物技术创新的基础与核心环节，对于生物工程技术的发展起着支撑作用。在分子生物学和医学研究中，胚胎移植为探究胚胎发育、细胞分化、遗传调控等问题提供了实验手段。

三、胚胎移植的基本原理

（一）胚胎移植的生理学基础

1. 母畜生殖器官孕向变化

在发情后的最初一段时间，无论母畜是否受精，母畜生殖系统都处于受精后的生理状态，这就使得在进行胚胎移植时，未配种的受体可以接受胚胎，并为胚胎后期发育提供各种生理条件。

2. 早期胚胎的游离状态

在受精后的早期阶段（如卵裂球期、桑椹胚期、囊胚期），胚胎尚未与母体子宫建立起紧密的生理联系，处于相对游离的状态。这使得胚胎能够在一定时间内被安全取出并在体外操作，如进行遗传诊断、胚胎分割等，之后再移植回子宫。

3. 子宫内膜容受性

子宫内膜在特定的“着床窗期”内，具备接纳胚胎的能力，即具有“容受性”。这一时期内膜厚度适中、血管丰富、分泌多种有利于胚胎附着和侵入的因子。胚胎移植需在受体子宫内膜处于容受期时进行，以提高着床成功率。

4. 免疫耐受机制

虽然胚胎含有部分来自父系的遗传物质，理论上可能被视为“半异体”，但在自然妊娠和胚胎移植过程中，母体免疫系统通常不对胚胎产生强烈的排斥反应。这得益于母胎界面形成的一系列免疫耐受机制，如滋养层细胞表达的免疫调节分子、局部免疫抑制环境等，保护胚胎免受母体免疫系统的攻击。

5. 胚胎与子宫的相互作用

成功的胚胎移植依赖于胚胎与子宫内膜间的相互识别和对话。胚胎分泌的某些因子（如HCG）和子宫内膜分泌的细胞因子、生长因子等相互作用，引导胚胎定向迁移、附着和侵入子宫内膜，最终完成着床。

(二)胚胎移植的基本原则

1. 同种动物生殖器官生理同步性

供体和受体动物在发情周期或生殖状态上的同步性是胚胎移植成功的基础。通过激素调控,可以确保供体和受体动物的生殖器官处于相似的生理状态,如子宫内膜的同步准备,为胚胎着床提供适宜的环境。

2. 同种移植

胚胎移植应在同种动物间进行,以确保供体胚胎与受体母体在生理结构、免疫特性、遗传背景等方面的兼容性,减少移植排斥反应和胚胎发育异常的风险。

3. 胚胎质量评估

移植前应对胚胎进行严格的质量评估,选择形态正常、发育速度快、染色体数目正常的优质胚胎进行移植,以提高妊娠成功率和活产率,减少遗传缺陷风险。

4. 适宜移植时期

根据受体母体的子宫内膜形态、激素水平和胚胎发育阶段,选择最佳的移植时机(通常称为“着床窗期”),以确保胚胎与子宫内膜的同步发育和相互作用,利于胚胎成功着床。

四、胚胎移植的操作步骤

(一)供体和受体的选择

供体一般为良种母畜,具有遗传优势,在育种上有相当高的育种价值,具有良好的繁殖能力,无生殖道疾病,无遗传性疾病,体质强壮,健康无病,营养良好。

受体可以选择非良种母畜,但应繁殖性能好,对地方适应性强,容易购买,体型中上等,如本地牛、羊及生产性能低的其他牛、羊。受体应健康状况良好,已进入发情季节,最好与供体发情时间相同。

(二)供体与受体的同期发情处理

供体与受体的同期发情处理是为了受体与供体母畜能处在同一生理阶段。常用的方法有孕激素延长黄体期法和 PG 缩短黄体期法。

(三)供体的超数排卵

超数排卵处理是胚胎移植技术中一个重要的环节。在母畜发情周期的适当时机,利用外源性促性腺激素(FSH 等)处理,促进卵巢上多个卵泡同时发育成熟并排卵,从而获得多数卵泡。

(四)供体母畜发情配种

供体母畜发情并超数排卵后,采用优质种公畜的精液进行人工输精,完成对供体母畜的配种,一般隔 8～12 h 进行一次配种,直到发情结束。受体发情不配种。

(五)胚胎的采集

1. 胚胎采集时间

胚胎采集时间通常在供体母畜配种后 3～8 d。一般是当胚胎发育到桑椹胚或早期胚胎的时候为好。当然,物种不同,胚胎采集时间略有不同。

2. 胚胎采集方法

胚胎采集方法有手术法和非手术法 2 种。手术法主要包括输卵管冲胚和子宫角冲胚。非手术法包括二通管法和三通管法。

(1)手术法采胚

输卵管法　按照外科手术要求在腹中线作一切口,找到输卵管和子宫,引出切口外,观察卵巢上的排卵情况与数量，再用注射器把冲胚液20～30 mL注入子宫角前端，在输卵管伞部插入一根玻璃管或塑料导管，把冲胚液接入器皿内，等待捡胚。

输卵管法采胚的优点是采胚率较高，冲胚液使用量较少，捡胚容易。缺点是输卵管较细，管壁较薄，冲胚过程中容易造成损伤。

子宫角法　在子宫角基部插入二路式冲胚管，并充气固定，再用冲卵针头从子宫角尖端插入，推入冲胚液（50～60 mL），回收胚胎。优点是子宫角管壁较厚，容易操作。缺点是使用冲胚液的量较大，容易造成采胚数量不全，有遗漏。

（2）非手术法采胚

马、牛等大家畜一般采用非手术法采胚。非手术法采胚对母畜子宫伤害较小，简单易行。

目前，牛的采胚多在配种后6～8 d桑椹胚晚期或胚泡早期用非手术法采胚。母牛在采胚前要禁水禁食1 d。采胚前10 min进行麻醉（如注射静松灵1～1.5 mL），操作者按直把输精法将采胚管插入一侧子宫角小弯附近，由助手抽出不锈钢导杆，从进气口注入18～20 mL空气，堵住子宫角；再由助手用注射器从进水口注入事先准备好加温至37 ℃的冲胚液，反复冲洗5～6次，将回收的冲胚液收入集胚器内，置于37 ℃恒温箱或无菌室内等待检查。一侧子宫角冲洗完后，按上法再冲另一侧子宫角。结束后向子宫内注入抗生素以防感染。

冲胚液现多用杜氏磷酸盐缓冲液（PBS）、合成输卵管液（SOF）、布林斯特液等；冲胚液可加1%～5%牛血清白蛋白，也可不加；培养液、检查液、保存液需加入0.1%～3.2%的牛血清白蛋白，或用1%～50%犊牛血清代替（用前56 ℃ 30 min灭活）。

（六）胚胎的检查

从母畜体内冲出的冲胚液收集后一般保持在37 ℃环境下，冲胚结束后置于30 ℃的无菌箱中进行检查。

将冲胚液静置10 min后，在室温下用实体显微镜放大20倍捡胚。先用吸管吸取上清液并弃掉，再用吸管将胚胎转移至另一培养皿中，反复寻找胚胎，将所有胚胎捡出。

体视显微镜放大20～30倍检查胚胎的大小、色调、形态、均匀度、分裂程度、透明带等，并对胚胎进行质量分级。根据透明带、胚胎细胞、发育阶段及细胞在透明带中的比例确定胚胎级别。

A级：形态完整，卵裂球均匀对称，无碎片，细胞紧凑、光滑，透明带正常；

B级：形态完整，卵裂球轻微不对称，15%碎片，透明带正常；

C级：卵裂球不对称，30%碎片，胚胎轮廓粗糙、结构松散，卵裂球间有大液泡，色调暗淡，游离细胞多；

D级：胚胎未受精，细胞变性，出现较多碎片，胚胎发生退化。

在捡胚过程中移动捡胚针时要保持稳定，一旦倾斜，胚胎移动位置会出现较大偏移。用捡胚针将胚胎移到小的一次性培养皿中，一次性培养皿中要放一些胚胎保存液。捡胚时手腕一般靠在体视显微镜底部起到稳定作用，手要稳不要抖。

捡出的胚胎可以采用代谢活性法进行活力检测。其做法是将待检测的胚胎放入葡萄糖营养液中，培养1 h，测定葡萄糖的消耗量，每培养1 h，消耗葡萄糖2～5 μg或者5 μg以上者为活的胚胎。

（七）胚胎的保存

常温保存是指胚胎在PBS、SOF培养液中，室温下只能存活10～20 h。

低温保存是指牛羊胚胎在5 ℃和10 ℃下可存活数日，猪胚胎对低温更敏感，较难存活。

冷冻保存分为以甘油为冷冻液和以乙二醇为冷冻液 2 种。

以甘油为冷冻液是在 20 世纪 90 年代以前，绝大部分牛胚胎都是用常规甘油冷冻法冷冻的，需要烦琐的分步脱甘油过程。

以乙二醇为冷冻液不需分步脱除，可像细管冻精一样解冻并直接移植给受体，不需实验室条件。

（八）胚胎的移植

胚胎的移植分为手术法和非手术法 2 种。前者适用于各种家畜，后者仅适用于大家畜。

手术法需要在受体母畜腹部开一切口，根据其卵巢黄体的发育情况而定。一般找到子宫角，用注射器将胚胎注入排卵卵巢同侧子宫角上端，并复位和缝合腹腔切口。

非手术法是通过直肠把握子宫颈后，使用胚胎移植枪插入到排卵卵巢同侧子宫角内，注入胚胎。

任务三　胚胎生物工程

情境导入

同学们，想象一下，你正在参观国家生物资源保护中心。在国家生物资源保护中心的低温保存室，工作人员李博士正在小心翼翼地处理冷冻保存的珍稀野生动物胚胎。他介绍说："这些冷冻胚胎是濒危物种的宝贵遗传资源。通过胚胎生物工程技术，我们可以在未来合适的时机将它们解冻并移植到代孕母体内，助力濒危物种的复壮与保护。"

事实上，胚胎生物工程在生物科技研究、农业生物技术、动物医疗、生物资源保护以及生物制药等领域已经广泛地应用，主要涉及基因编辑、克隆技术、胚胎性别鉴定、冷冻保存以及干细胞研究等关键技术。通过了解胚胎生物工程的多元化应用场景与前沿技术手段，将为后续深入学习或实践操作打下坚实的基础。

胚胎工程是在胚胎移植技术上发展起来的现代生物技术，在畜牧业生产和临床上具有广泛的应用，它主要包括体外受精技术、胚胎移植技术、胚胎分割技术、胚胎冷冻保存技术和性别控制技术等。20 世纪 90 年代以来，随着生物技术的发展，胚胎工程技术也日新月异，在促进畜牧业发展及其相关领域研究中取得了令人瞩目的成就。

一、动物体外受精

体外受精是指哺乳动物的精子和卵子在体外人工控制的环境中完成受精过程的技术。它的基本原理是在人工模拟体内环境（包括营养、温度、湿度、气体、渗透压、pH 等），使卵丘卵母细胞复合体中的初级卵母细胞成熟，同时使精子获能，进而完成受精。

体外受精技术主要包括卵子的回收及成熟培养、精子体外获能及体外受精等。

（一）卵母细胞体外成熟

1. 超数排卵输卵管冲取

对于小鼠、兔等实验动物，以及猪、羊等家畜采用的主要方法是用促性腺激素处理，使其排出更多的卵子，然后，从输卵管中冲取成熟卵子，这些卵子可直接与获能精子受精。通过超数排卵获得较多成熟卵子，从而提高母畜的繁殖效率。

卵母细胞一般已经成熟，因为存在于输卵管中的卵子是排卵产生的，所以大多数是成熟的。但是有些动物排卵产生的卵子第一次减数分裂都没有完成，还要在输卵管中一段时间才成熟，所以有的可能没有成熟。大多数是第一种，因为卵子在输卵管中成熟的时间很短。

2. 从活体卵巢中采集卵母细胞

这种方法是借助超声波探测仪、内窥镜或腹腔镜直接从活体动物的卵巢中吸取卵母细胞。

在家畜中，牛和马等大家畜常用超声波探测仪辅助取卵，其方法是用手从直肠把握卵巢，经阴道壁穿刺插入吸卵针，借助 B 型超声波图像引导，吸取大卵泡中的卵母细胞。按照技术水平，一头健康母牛每周可获得 5～10 枚卵子。在家畜中，活体采集的卵母细胞一般要经成熟培养后才能与精子受精。这种方法对扩繁优良母畜具有重大意义，在有些国家已用于商业化生产。

3. 从屠宰后母畜卵巢上采集卵母细胞

这种方法是从刚屠宰母畜体内摘出卵巢，经洗涤、保温（30～37 ℃）后，快速运到实验室，在无菌条件下用注射器或真空泵抽吸卵巢表面一定直径卵泡中的卵母细胞（牛卵泡直径要求 3～10 mm）；也可对卵巢进行切片，收集卵母细胞。从废弃卵巢中采集卵母细胞的关键是注意卵巢的保温和防止细菌污染。因此，卵巢从畜体摘取后须放入含有生理盐水或磷酸缓冲液（PBS）的保温瓶中；吸卵前卵巢要用生理盐水或 PBS 多次洗涤；所用溶液都要添加抗生素。

这种方法的最大优点是材料来源丰富，成本低廉，但确定母畜的系谱困难。

（二）精子获能

1. 精子获能

精子获能是指精子获得穿透卵子透明带能力的生理过程，是精子在受精前必须经历的一个重要阶段。其实，精子在附睾内已经获得了受精能力，但由附睾分泌的一种物质附于精子表面，抑制了他的受精能力，这种物质被称为去能因子。精子进入雌性生殖道以后，去能因子的作用被解除，精子才具有真正的受精能力，这就是精子获能。能够解除去能因子的物质称为获能因子。

精子在阴道内不能获能，只有当他穿过子宫颈时，精浆内大量的去能因子才能被阻挡。精子同子宫内膜接触后，子宫内膜产生获能因子。输卵管的分泌物也参与了精子获能。因此，可以说精子的获能过程是一个多时相的过程。先在子宫内，后在输卵管内。随着精子的获能，氧耗量增加，精子运动加速，并迅速游向卵子，最终使精卵结合。

2. 精子获能的生育意义

（1）去除精子表面的覆盖物，暴露出精子膜表面与卵子相识别的位点。

（2）增加精子活力，改变膜的通透性。

（3）精子头部出现流动性不相等的区域，为精子膜与顶体膜融合做好准备。

（4）精子顶体后区膜的流动性加大，以准备与卵膜结合。

3. 精子获能的处理方法

（1）培养法　对啮齿动物、家兔和猪等动物，将取自附睾的精子，放入人工配制的获能液中，培养一段时间后，精子就可获能，这种方法称为培养法。

（2）化学法　对于牛、羊等家畜，将精子放在一定浓度的肝素中，用化学药物诱导精子获能，称之为化学法。

（三）体外受精

体外受精有 2 种方法：一种是利用受精液进行精卵共孵育法；另一种是辅助受精法。

1. 精卵共孵育法

一般将成熟的卵母细胞移入受精液微滴（通常使用改良台氏液）中，再加入获能精液。每滴中加入5～10个卵母细胞，每毫升精液中的精子数通常在$(0.5\times10^6)\sim(5.0\times10^6)$。在39 ℃，5%$CO_2$气体的台氏液中共同培养。

2. 精子显微注射法(辅助受精法)

用显微操作方法将处理后的精子核或完整的精子直接注入卵子，从而完成受精过程。

在高倍显微镜下，挑选外观正常且活动力佳的精子，利用显微操作技术以极细的玻璃注射针将单个精子取出，穿透卵膜注入成熟的卵子细胞质内。显微注射的精卵受精率为60%～70%。

二、精子分离技术

精子分离的主要依据是X精子、Y精子在DNA含量、大小、比重、活力、膜电荷、酶类、细胞表面、移动速度、抵抗力等均有差异，但差异甚小。其主要分离方法有电泳法、沉降法、离心沉降法、密度梯度离心法等。

目前比较成功的是流式细胞分离法。其原理是由于X精子的DNA含量比Y精子多3%～4%，先用DNA特异性染料对精子进行活体染色。精子连同少量稀释液逐个通过激光束。探测器探测到精子的发光强度不同，计算机指令液滴充电器使发光强度高的液滴带正电，弱的带负电。带电液滴通过高压电场，不同电荷的液滴在电场中被分离。正电荷收集管为X精子，负电荷收集管为Y精子。

三、胚胎分割技术

胚胎分割即是将一枚胚胎用显微手术的方法分割成二分胚、四分胚甚至八分胚，经体内或体外培养，然后移植入受体中，以得到同卵双生或同卵多生后代的技术，也是胚胎克隆的一种方法。胚胎分割过程中一定要均分胚胎。

胚胎分割的方法有显微针分割法、显微刀分割法、酶软化透明带后显微分割法、酶消化去透明带后分割法、徒手分割法等。

(一)显微针分割法

该法适用于卵裂球阶段的胚胎。操作时在显微操作仪下将胚胎固定，用玻璃针在透明带上作一切口，将卵裂球从透明带中移出，并吹吸卵裂球使之离散，将其装入2个预先准备好的空透明带内，进行移植。该方法具有较高的同卵双生率，但操作程序复杂。

(二)显微刀分割法

该法适用于对桑椹胚和早期囊胚进行分割。在显微操作仪下固定胚胎，用特制显微刀片将胚胎均匀一分为二，分别装入空透明带中，进行移植。

(三)酶软化透明带后显微分割法

用0.5%的链霉蛋白酶软化胚胎透明带，若是紧密化胚胎(如桑椹胚)，则需在无钙、镁的平衡盐溶液中处理20 min，使胚胎去紧密化，将胚胎固定，将针置于欲分割的胚胎上面，使其与胚胎呈30°角，对准胚胎的正中平分线徐徐下压，即可将一个胚胎分割成两半。

(四)酶消化去透明带后分割法

用0.25%～0.5%的链霉蛋白酶去掉胚胎透明带，然后用显微玻璃针或微手术刀将裸胚一分为二。

(五)徒手分割法

徒手分割法主要适用于分割体积较大的胚胎，其优势在于可以不用显微操作仪。在立体显微镜下，用止血钳夹住切割刀片，将透明带切开一部分，再用直径略小于胚胎的毛细管吹吸几次，胚胎从透明带中脱出。手持玻璃针自上而下对称切割裸胚。这种方法多用于分割桑椹胚和囊胚。该方法操作简便、快速，便于生产应用，但要求要有较为灵巧的操作技能。

四、胚胎嵌合

胚胎嵌合体是指在同一个体中，基因型不同的细胞或组织互相接触，且各自独自并存的状态。

发育早期，如卵裂球甚至受精卵所形成的嵌合体称为原发性嵌合体；在发育的较晚期，如胚层已经分化，或器官开始形成后，通过组织移植或嫁接等方法所形成的部分组织或器官的嵌合，称为次生性嵌合体。

（一）聚合法

第一种是利用胚胎与胚胎聚合，即使用发生致密化后的胚胎，用酸性台氏液（pH 2.5）或0.5%链霉蛋白酶除去透明带，充分洗涤后，放入含有5 μg/mL 植物凝集素 A（PHA）的聚合液滴中。让一个胚胎垂直位于另一胚胎之上，借机械压力和 PHA 的作用，更易聚合。若放到37 ℃时，效果更佳。聚合完毕后，洗除 PHA，继续培养，或进行胚胎移植。

第二种是利用卵裂球或细胞与胚胎聚合，将胚胎卵裂球解离或用其他游离的细胞，与胚胎聚合。当用一个已经除去透明带的胚胎时，将卵裂球或细胞在胚胎的正上方慢慢释放，使两者直接接触，借助 PHA 的作用使之聚合。

第三种是利用两种细胞间聚合。聚合时，各取数个细胞或卵裂球，放入空透明带内，用PHA 使之聚合，并用琼脂包埋。通过中间受体培养一段时间后，观察其发育的情况。

（二）囊胚注射法

囊胚注射法是把某些种类细胞注射入囊胚的囊胚腔中，注射的细胞可以是卵裂球、内细胞团细胞、胚胎干细胞、甚至是已经分化的细胞。若注入的细胞并入内细胞团并参与胚体的形成，那么就形成了嵌合体。注射时，选取健康、生长良好的细胞。如果是培养细胞，应该保证其整二倍体性。将10～12个细胞吸入到注射吸管的顶端。用固定吸管吸住内细胞团与滋胚层交界处，让内细胞团位于囊胚的底部位置。调整注射吸管与固定吸管使处于同一焦点平面，将注射吸管插入囊胚腔。将细胞推入囊胚腔，使之落到内细胞团之上。操作后的囊胚形态不规则，经短期培养后，可以恢复正常状态。

项目小结

发情控制、胚胎移植与胚胎生物工程是现代动物繁殖科学与生物技术领域的重要组成部分。发情控制主要是通过科学手段干预动物的发情周期，使其在预期的时间内进入或保持发情状态，以适应繁殖管理和遗传改良的需求。通过掌握发情控制的各种技术手段能够在农业生产（如提高繁殖效率、便于集中配种管理）、科研（如实验动物模型建立）和动物福利（如避免非繁殖季节的发情困扰）等方面产生重要意义。

胚胎移植是将体外（或体内）产生的胚胎移入同种或近缘种动物的生殖器官内，使其继续发育为新个体的技术。学生通过了解胚胎移植的操作步骤，包括供体动物超数排卵与配种、胚胎采集（或体外受精）、胚胎评估、受体动物准备、胚胎移植及移植后管理等，能够认识到胚胎移植在动物繁殖（如快速扩增优良种畜、解决繁殖障碍）、人类辅助生殖（如试管婴儿技术）、生物医学研究（如遗传疾病模型建立）和濒危物种保护（如利用冷冻胚胎复活灭绝物种）等方面的重大意义。

胚胎生物工程是利用现代生物技术手段对胚胎进行遗传操作、体外培养、冷冻保存、性别鉴定等处理，以实现特定繁殖目标的技术集合。学生通过体外受精、胚胎分割、胚胎性别鉴定、胚胎嵌合等技术的学习，有助于了解现代胚胎生物工程的发展前景，有助于在实践中推动农业生产、生物医学研究和物种保护的发展。

思政园地

我国著名畜牧科学家——吴常信

吴常信，男，中国农业大学教授，动物遗传育种学家、畜牧学家，中国科学院院士。1957年毕业于北京农业大学畜牧系，留校任教。1979—1981年赴英国爱丁堡大学进修动物遗传育种学。历任北京/中国农业大学副教授、教授，系主任、动物科技学院院长。1995年当选为中国科学院院士。60余年来一直从事动物遗传理论与育种实践的研究工作，先后主持国家“973”项目课题、农业农村部“948”项目、国家自然科学基金重点项目、科技部重大专项、国家蛋鸡产业技术体系课题等研究项目。在蛋鸡育种的理论与实践、节粮小型蛋鸡选育、畜禽遗传资源保存的理论与技术、藏鸡高原低氧适应的生理学和遗传学基础研究等领域取得了一系列重要研究成果，其中9项获得国家级奖励、7项获得省部级奖励。曾任中国畜牧兽医学会理事长，中国马业协会理事长，世界家禽学会中国分会主席，并入选国际家禽名人堂。

吴常信院士从理论到技术、从宏观到微观，对畜禽遗传资源的保存和利用做了系统的研究，提出了保种的优化设计，解决了保种群体的大小、世代间隔的长短、公、母畜最佳的性别比例和可允许的近交程度等一系列理论问题，并把计算机技术、分子生物技术、实验动物模拟和地理信息系统综合应用于畜禽遗传资源的保存与管理。1992年，联合国粮农组织（FAO）邀请吴常信教授作为主讲教师之一，在亚洲动物基因库培训班上讲授他的保种理论与方法。作为第一完成人的研究成果“畜禽遗传资源保存的理论和技术”在2001年获国家科技进步奖二等奖。

吴常信院士强调让学生既要学知识，也要学做人，尤其注重对学术诚信和道德的培养。他每年为研究生新生亲授“科研诚信与学术规范”课程，指导学生坚守学术规范和科研道德，他组织编写了教育部《高等学校科学技术学术规范指南》。吴常信院士希望年轻人在重视科研工作的同时，加强自己做人、做事、做学问的道德修养。即做事认真负责，做学问实事求是，注重学术道德，做人要多为他人着想。

吴常信院士长期从事动物遗传理论与育种实践研究。在选种理论中，首次提出了“数量性状隐性有利基因”假设，并通过实验得到证实；在蛋鸡育种中，应用合成系育种的理论与方法，解决了中国蛋鸡育种由于长期闭锁选育造成的遗传进展缓慢的问题，取得了明显的经济效益和社会效益。

（选自百度百科和中国农业大学动物科学技术学院官网，选入时有删减。）

职业能力测试

一、选择题

1. 用PGF2α法作同期发情时，使（　　）缩短。

A. 卵泡期　　B. 黄体期　　C. 发情前期　　D. 发情后期

2. 母牛用 PGF2α 法作同期发情时，只有在周期第(   )天才能产生发情反应。
A. 0～5 B. 5～18 C. 18～21 D. 0
3. 胚胎移植处理的第一步是(   )。
A. 超数排卵 B. 诱导发情 C. 同期发情 D. 诱导排卵
4. 胚胎移植成功的根本条件是(   )。
A. 超数排卵 B. 诱导发情 C. 同期发情 D. 诱导排卵
5. 同期发情时，供体、受体的发情时间，前后不宜超过(   )d。
A. 1 B. 2 C. 3 D. 4
6. 超数排卵的排卵数以(   )个最为理想。
A. 5 B. 5～10 C. 10～15 D. 15～20
7. 体外受精最早在(   )上取得成功。
A. 猪 B. 马 C. 牛 D. 兔
8. 胚胎移植最早在(   )上取得成功。
A. 猪 B. 马 C. 牛 D. 兔
9. 用(   )可使母畜同期发情。
A. OXT B. FSH C. PGF2α D. HCG
10. 胚胎分割技术中，显微刀法适合(   )。
A. 成熟胚胎 B. 孵化胚 C. 桑椹胚 D. 囊胚

二、简答题

1. 简答同期发情的概念与意义。
2. 简答猪的超数排卵操作。
3. 简答胚胎移植的基本原则。
4. 什么是体外受精，主要包括哪些方面？

模块三

宠 物 繁 殖

项目一　犬和猫的生殖生理

◆ **项目描述**

犬和猫的生殖生理是繁殖管理中至关重要的一环。通过本项目，学生将全面了解犬和猫的生殖器官、生理特征，以及雌犬和雌猫的发情鉴定、配种、妊娠、分娩和泌乳等关键过程。这些知识将有助于学生在繁殖管理中提高效率、识别和预防繁殖相关的问题，并促进犬和猫种群的健康和繁荣。

◆ **知识目标**

1. 理解犬和猫生殖器官的解剖结构和功能。
2. 掌握犬和猫的生殖生理过程，包括发情、交配和妊娠等。
3. 熟悉雌犬和雌猫发情的鉴定方法和周期特征。
4. 了解犬和猫的配种过程及相关管理技巧。
5. 理解犬和猫的妊娠周期、分娩过程和分娩后的泌乳行为。

◆ **技能目标**

1. 能够准确识别和描述犬和猫的生殖器官，理解其功能。
2. 能够根据观察和记录，判断雌犬和雌猫的发情周期。
3. 具备正确的配种技能，包括确定最佳配种时间和执行配种过程。
4. 能够监测和管理雌犬和雌猫的妊娠过程，及时处理分娩并提供必要的支持和护理。

◆ **素质目标**

1. 培养学生对犬和猫生殖管理的责任感和专业精神。
2. 提高学生对繁殖过程中伦理问题的认识和重视，确保动物福利和人道管理。
3. 激发学生对犬和猫养殖行业的热情，促进养殖业的健康发展和乡村经济的振兴。

任务一　犬和猫的生殖器官

情境导入

在家庭中，宠物犬和猫是我们生活中不可或缺的伙伴，它们给我们带来欢乐和陪伴，还承载了繁衍后代的重要使命。然而，你是否曾好奇过，它们身体内的生殖器官是如何运作的呢？

想象一下，你的家中有一只可爱的雌猫，它在家里自由自在地奔跑着，偶尔发出撒娇的叫声。突然，你发现它的行为发生了一些奇怪的变化，它开始频繁地在家里来回踱步，甚至向家中的其他动物或物体发出挑衅的行为。你开始思考，这是怎么回事呢？同时，你家里还有一只可爱的雌犬，它温顺地趴在你的腿旁，不时舔舔你的手，似乎对你有着特别的依恋。然而，最近几天，你发现它的情绪变化比较大，有时会显得疲倦不安，有时又异常活跃。你开始担心，这是否意味着它身体出了什么问题？

这些情境或许让你好奇，宠物犬和猫的身体内部究竟发生了什么？它们的生殖器官是如何影响它们的行为和生理状态的呢？接下来，让我们一起深入了解犬和猫的生殖器官，探索它们的奥秘，为更好地理解和关爱我们的宠物提供一些线索。

一、雄犬、雄猫生殖器官

雄犬、雄猫的生殖器官由睾丸、附睾、输精管、尿生殖道、副性腺、阴茎和阴囊所组成(图 3-1-1)。

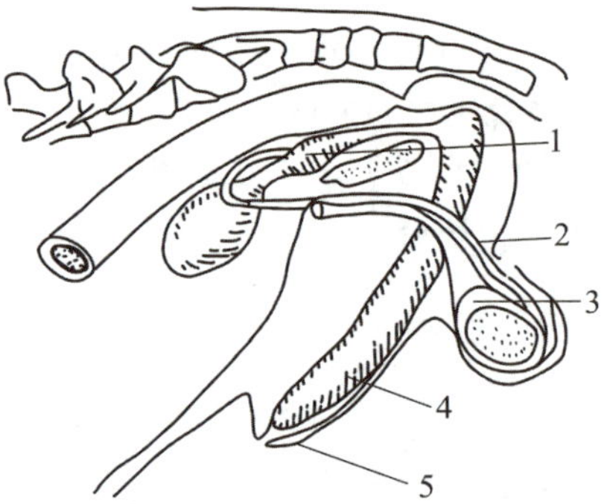

图 3-1-1　犬生殖器官结构图

1. 前列腺　2. 输精管　3. 附睾头　4. 阴茎　5. 包皮

(一)睾丸

睾丸是犬和猫生殖系统中的主要生殖腺，外观呈椭圆形，位于阴囊内，覆盖着坚韧的外膜。犬的睾丸较小，位于阴囊内，左右各 1 个，呈卵圆形，长轴自后上方向前下方倾斜。成年中型犬睾丸体积为 3 cm×2 cm×1.5 cm，两睾丸总重约为 30 g，约占体重的 0.32%。胚胎期的睾丸位于胚胎腹腔内，在两肾的附近。大部分犬出生时，睾丸已降落到阴囊，迟的也在半岁内降到阴囊。成年公猫睾丸大小为 14 mm×8 mm，位于肛门下侧。

(二)附睾

犬和猫的附睾是一对位于睾丸旁边的长管状结构，其内部包含有大量的褶皱和腔隙。这些褶皱和腔隙形成了复杂的内部结构，提供了充足的表面积，以便储存和成熟精子。犬的附睾相对较大，由 12～25 条睾丸输出小管构成。

(三)输精管

犬和猫的输精管起源于睾丸、附着于睾丸后方并延伸至腹腔。它们是细长的管道，其直径逐渐增大，以便输送精子。

(四)副性腺

犬没有精囊腺和尿道球腺，只有发达的前列腺，呈黄色球状，环绕在膀胱颈和尿道起始部。前列腺组织坚实，有许多输出管，位于尿生殖道骨盆部。它分为体部和扩散部，体部较大，位于耻骨前缘，扩散部较小，隐藏于尿道壁内。

猫的副性腺由发达的前列腺和不发达的尿道球腺组成，功能上与犬类似。尿道球腺呈豌豆状，位于坐骨弓旁。

(五)阴茎

1. 位置和形态

阴茎是雄性动物的交配器官，其位置起自阴茎根形成的一对阴茎脚，固定在坐骨弓的两侧。犬的阴茎向前延伸，包皮口位于腹下。猫的阴茎向后延伸，包皮口位于尾部阴囊下面。

犬、猫的阴茎呈粗细不等的长圆锥形,无“S”状弯曲,龟头的形状各异。犬、猫的阴茎基部有一条长圆形的软骨称为阴茎骨。犬的阴茎骨外围有一圈特殊的海绵体结节,称为茎球腺,在交配时充血膨大使阴茎难以从阴道中抽出。

2. 结构

犬的阴茎由阴茎根、阴茎体、龟头和包皮 4 部分组成。阴茎根是阴茎的起始部,附在坐骨弓两侧的坐骨结节上。由阴茎脚开始向阴茎体延伸,是阴茎血管和神经的入口。阴茎体是阴茎脚的延伸,犬的阴茎体发育较差,阴茎勃起时不起主导作用。在与雌犬交配后,随着雄犬转身相向,阴茎体随之弯曲翻转 180°。其由海绵体组织和厚的阴茎白膜所构成。龟头是阴茎体的延续部分。犬的龟头非常发达,由龟头球和龟头体 2 部分构成。龟头体呈圆柱状,游离端为尖端,勃起时龟头前端明显看出有龟头颈、龟头冠、尿道突起。龟头球是龟头体后方凸起的 2 个圆形膨大部。龟头中心有阴茎骨,呈三角锥形,大型成年犬的阴茎骨长达 16 cm,甚至更长。包皮是包裹阴茎和阴囊的腹壁皮肤,具有保护阴茎的作用。但有部分犬因包皮口狭窄,使成年雄犬的阴茎滑出后被嵌在包皮外,长时间会导致阴茎出血、坏死。

雄猫的阴茎呈圆柱状,尖端指向后方。阴茎的外面包被一层皮肤,伸至其游离端呈一褶皱,称为包皮,套着阴茎头。猫的阴茎是由 3 部分组成,即 2 个阴茎海绵体和 1 个尿道海绵体。阴茎海绵体是圆柱形的,外边有厚而密的纤维组织套,里面是小梁分隔的血窦。海绵体的附着端互相接近,形成阴茎脚,其内侧互相贴合,到阴茎末端,被包埋在阴茎头里。在阴茎背侧和腹侧两海绵体之间有一条凹沟,分别是精液和尿液经过的通道。尿道海绵体是尿道的海绵部分,在阴茎腹侧的凹沟里。阴茎远端有一块阴茎骨。猫的阴茎头膨大,且有 100～200 个角化小乳头,长度为 0.75 mm,小乳头指向阴茎基部。当雄猫 6～7 月龄时,这种小乳头发育最大,对刺激排卵有一定作用。

二、雌犬、雌猫生殖器官

雌犬、雌猫的生殖器官由卵巢、输卵管、子宫、阴道、尿生殖前庭、阴唇和阴蒂组成(图 3-1-2)。

(一)卵巢

犬、猫的卵巢较小,左右各 1 个。犬的卵巢位于腹腔背部肾脏后方,在第 3～4 对腰椎之间,由腹膜形成的卵巢系膜所固定,两侧卵巢分别包在卵巢囊内。卵巢的大小形态有个体差异,而同一个体性周期各阶段及妊娠期也有显著差异。无卵泡和黄体的卵巢一般呈长卵圆形或蚕豆状,稍扁平。青年雌犬的卵巢表面光滑,稍柔软;老年犬的卵巢萎缩,表面有大小不同的凹陷和凸起,凹陷中有闭锁卵泡和陈旧黄体,结缔组织增多;成年犬的卵巢在接近发情期时,有数个至数十个卵泡发育,成熟卵泡的卵泡壁有部分隆起突出于卵巢表面。犬卵巢长度为 1.0～2.5 cm,宽度为 0.8～1.4 cm,厚度为 0.7～1.0 cm,重为 350～2 000 mg。

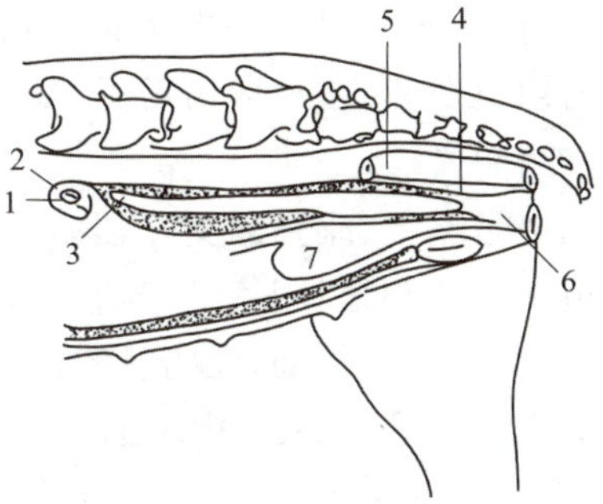

图 3-1-2 雌犬、雌猫生殖器官示意图
(引自:杨万郊,张似青.宠物繁殖与育种.北京:中国农业出版社,2007)
1.卵巢 2.输卵管 3.子宫角 4.子宫颈 5.直肠 6.阴道 7.膀胱

雌猫卵巢位置与雌犬类似。其长度为 0.6～0.9 cm,宽度为 0.3～0.4 cm,厚度 3.0～5.0 mm,重约为 1 200 mg。卵细胞起源于卵巢的生殖上皮,在卵巢中成熟和排出,是雌猫性成熟的重要生理特征。发情期卵巢上有3～7个卵泡得到发育，卵泡直径可达2～3 mm。卵泡发育过程中分泌雌激素导致雌猫发情，排卵后形成黄体，分泌孕酮以维持妊娠需求。

(二)输卵管

输卵管是连接卵巢与子宫角之间的弯曲细管，是由缪勒氏管发生的，被卵巢系膜和输卵管系膜包裹。犬管长4～10 cm，猫管长4～5 cm。未成年犬的输卵管一般为直管状，成年犬的输卵管明显弯曲，呈螺旋状。朝向卵巢端输卵管开口呈漏斗状，称为漏斗部，其边缘有不规则的皱襞，呈伞形，称为输卵管伞。犬的输卵管的特点是输卵管口直接进入卵巢囊，包埋在卵巢的脂肪中。输卵管的前段(为全管的1/3～1/2)较粗且软，称为输卵管壶腹部，是卵子和精子结合形成受精卵的部位。壶腹后段细而硬，称为峡部。输卵管的壶腹部和峡部没有明显的界线，由粗逐渐变细，并与同侧子宫角相连。

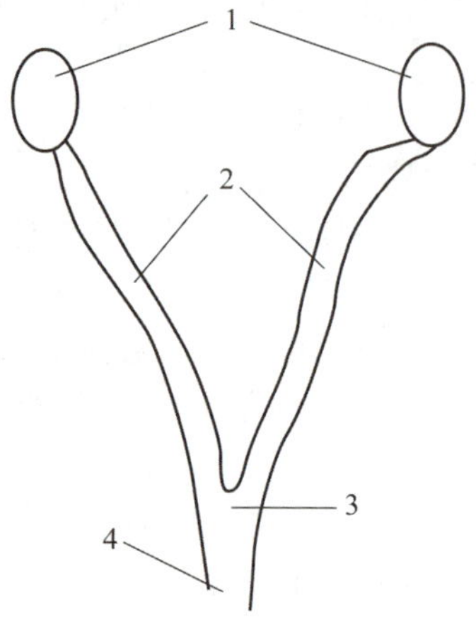

图 3-1-3 犬的"V"形子宫

1.卵巢 2.子宫角

3.子宫体 4.子宫颈

(三)子宫

子宫前接输卵管，后接阴道，背侧为直肠，腹侧为膀胱，借助子宫阔韧带悬于腹腔或骨盆腔。子宫由子宫角、子宫体和子宫颈3部分组成。犬的子宫是呈"V"形的双角子宫，子宫体很短，子宫角细长(图3-1-3)。子宫的大小依犬的品种、体型大小而有明显差异，经产与未经产犬也有不同。以中型犬为例，子宫体长2～3 cm，子宫角长12～15 cm。子宫角腔内径均匀，没有弯曲，近于直线，呈圆筒形。猫的子宫体长约4 cm，子宫角长9～10 cm。

子宫颈是子宫体与后部的阴道相连接的圆筒形部分，此部的环形肌很发达，组织结构是平滑肌与弹性纤维所组成。子宫颈壁厚1.0～2.0 cm，中央通路是子宫颈管，子宫颈管与子宫体腔相接的部位是子宫内口，开口于阴道的部位是子宫外口。犬的子宫颈较短，长度0.5～1 cm，界限清晰。猫的子宫颈长度约为2 cm，子宫颈阴道部的两侧由阴道穹窿环绕，但背侧部直接与阴道壁相连，形成向后呈"V"形的子宫颈外口。

(四)阴道

阴道是雌犬、雌猫的交配器官，也是胎儿分娩的产道。犬的阴道较长，位于直肠和膀胱之间，前部与子宫颈相接，较细，无明显的穹隆，子宫阴道部由前上方呈圆锥状突出于阴道腔0.5～1.0 cm，其直径为0.8～1.0 cm。后部与阴道前庭相接(图3-1-4)，以不明显的处女膜分界。犬的阴道因品种不同，大小和长度有差异，成年中型犬阴道长度为9～15 cm，成年德国牧羊犬的阴道长达18 cm。猫的阴道连接着膀胱颈，向后延伸而成尿生殖窦，相当于雄猫的尿道，长约1 cm。尿生殖窦的开口即阴户，尿生殖窦的腹底为阴蒂，相当于雄猫的阴茎，成年猫阴蒂的包皮充满了丰富的血管组织，呈红色。

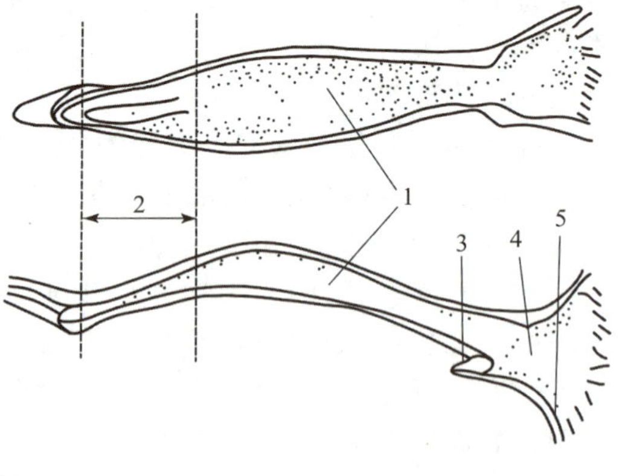

图 3-1-4 犬的阴道

(引自：崔泰保，鄢珣. 藏獒的选择与养殖. 北京：金盾出版社，2003)

1.阴道 2.子宫颈后褶长度 3.尿道

4.前庭 5.阴蒂窝

(五)外生殖器官

外生殖器官包括阴道前庭和外阴部 2 大部分。

阴道前庭是阴道与阴门裂的接合部,前部以窄的环状处女膜皱襞与阴道分界,后部与阴唇相连。犬在胎儿期的尿生殖道较发达,有处女膜,但当出生时,处女膜则萎缩或消失,仅留有退化的阴道瓣。尿道外口位于阴道的腹侧壁,开口处隆突称作尿道结节。前庭管壁是由直束肌纤维构成的括约肌,且有 2 个由弹性纤维组成的球状前庭球,这 2 个前庭球在背侧结合在一起。阴道前庭的宽度依犬妊娠与否和体型大小有很大差异。一般未妊娠成年犬的阴门裂宽 3.0 cm 左右,尿道口到阴门下连合的长度约为 5.0 cm,阴道前庭连接部的直径为 1.5～2.0 cm。犬只有小前庭腺,隆起于前庭腹壁的黏膜正中部,纵行两列并排开口。前庭黏膜红色较平滑,黏膜表面为扁平上皮细胞。

外阴部包括阴唇和阴蒂。阴唇为肛门下部皮肤形成的皱襞。左右阴唇上、下相连形成阴裂,称为阴门。两阴唇的上部联合与肛门皮肤之间没有明显界线,中型犬的肛门到上部联合的距离为 8～9 cm,下部联合稍离体下垂,呈突起状。阴唇在雌犬发情期发生充血、肿大。阴唇的内侧黏膜为复层扁平上皮,有多角形上皮细胞和角化细胞层,阴唇具有保护性作用。

阴蒂是阴唇下联合内侧的圆锥状小突起,由阴蒂脚、阴蒂体及阴蒂头构成。阴蒂体属勃起组织,但脂肪含量较多,表面被覆厚的白膜。阴蒂的游离部分长 0.6 cm,直径 0.2 cm,阴蒂具有神经感受机能。

综上所述,雌犬、雌猫的生殖器官特点可以概括为表 3-1-1。

表 3-1-1　雌犬、雌猫的生殖器官特点

<table>
<tr><th colspan="2">项目</th><th>犬</th><th>猫</th></tr>
<tr><td rowspan="4">卵巢</td><td>形态</td><td colspan="2">椭圆形,稍扁平</td></tr>
<tr><td>大小</td><td>平均长度 2 cm</td><td>长约 1 cm</td></tr>
<tr><td>位置</td><td>小型犬紧邻同侧肾的后端,大型犬距同侧肾的后端 1～2 cm 处</td><td>位置与犬卵巢的位置相似</td></tr>
<tr><td>特点</td><td colspan="2">非发情期,卵巢全被包于卵巢囊内</td></tr>
<tr><td colspan="2">输卵管</td><td colspan="2">输卵管伞和前段输卵管全在卵巢囊内,后段绕行到卵巢囊外</td></tr>
<tr><td rowspan="3">子宫</td><td>子宫角</td><td colspan="2">左右子宫角分叉处呈“V”形,每个子宫角细直而长,未孕时近似直线,怀孕时形似串珠,衬有单层柱状纤毛上皮,腺体发达</td></tr>
<tr><td>子宫体</td><td>短小(小型犬长约 1 cm,中型犬长 2～3 cm),衬有单层柱状纤毛上皮</td><td>平均长 4 cm</td></tr>
<tr><td>子宫颈</td><td colspan="2">很短(长约 1 cm),肌层发达,衬有复层柱状纤毛上皮</td></tr>
<tr><td colspan="2">阴道</td><td colspan="2">较长(大型犬长约 9 cm),有阴瓣作为阴道和尿生殖前庭的分界</td></tr>
<tr><td colspan="2">尿生殖前庭</td><td colspan="2">有发达的前庭小腺和前庭肌,但缺乏前庭大腺,尿道外口与阴门间有小凹陷</td></tr>
<tr><td colspan="2">阴门</td><td colspan="2">阴唇较厚,腹联合较尖锐,其前部内腔有阴蒂头和阴蒂窝</td></tr>
</table>

任务二　犬和猫的生殖生理

情境导入

当我们谈论犬和猫的生殖生理时，仿佛置身于一个微小而又神秘的世界中，它们是我们身边最常见的宠物，却又有着惊人而复杂的生殖机制。它们的身体是如何在繁衍后代的道路上与时间、环境和生物学因素相互交织，构成了一个令人惊叹的故事。我们随着不断地探索，将深入了解这些动物是如何通过复杂而精密的生理过程来延续自己的基因，并在我们的生活中留下不可磨灭的痕迹。

一、雄犬、雄猫的生殖生理

（一）生殖机能发育阶段及性行为

1. 生殖机能发育阶段

雄犬、雄猫的生殖机能发育阶段包括初情期、性成熟期、配种适龄和繁殖停止期。

（1）初情期　是雄犬、雄猫首次能够射精时的年龄，是性成熟过程的初始阶段。一般雄犬的初情期为 7～12 月龄、雄猫为 6～12 月龄。初情期受很多因素的影响，如体型大小、繁殖力高低、寿命长短、动物种类和品种的不同、个体之间的差异、环境条件和饲养管理的好坏等都会影响初情期的长短。达到初情期的雄犬、雄猫生殖器官发育迅速，开始有配种的机能。初情期是脑垂体促性腺激素活动增强、性腺类固醇激素生成和精子发生能力具备的时期。此时，由于雄犬、雄猫生殖器官尚未发育成熟，性机能表现不完全，一般不具有生育能力，故其不能用于繁育。大多数雄犬、雄猫的初情期比同品种雌犬、雌猫稍大一些。

（2）性成熟期　是指雄犬、雄猫的生殖器官基本发育完全，具有明显的雄性特征和正常的性行为，睾丸内能产生成熟的精子，配种能使雌犬、雌猫正常受胎时的年龄。雄犬的性成熟期一般为 7～14 月龄，有的大型犬如亚雷特犬，其性成熟期可达 18～24 月龄。雄猫的性成熟期为 7～13 月龄。性成熟期受犬、猫的品种、个体、性别、所处的地理位置、环境条件、饲养管理等因素的影响。一般而言，小型犬性成熟较大型犬早。如小型犬的性成熟期为 6～10 月龄，大型犬一般为 9～12 月龄。雄犬的性成熟期一般稍迟于雌犬。

（3）配种适龄　是指对雄犬、雄猫一生中第一次进行配种利用的最佳年龄。雄犬、雄猫的配种适龄应在性成熟期之后，接近体成熟的年龄。中、小型犬的配种适龄一般为 12～18 月龄，大型犬为 2 岁左右，一些名贵纯种犬的配种适龄应更晚一些为好。猫的配种适龄为 10～12 月龄，一些长毛品种猫在 12～18 月龄配种较合适。犬、猫到达配种适龄的体重占成年体重的 75%左右。确定犬、猫配种适龄应根据其品种、年龄、体重和健康状况灵活掌握，总的原则应是在性成熟之后的 2～3 个月，但不能一概而论。如果初配年龄过早，犬、猫的骨骼、肌肉及某些器官还处在较快的生长发育阶段，这时让其参加配种不仅影响身体的生长发育，容易导致个体变小、早衰，使寿命缩短，还容易出现所配雌犬、雌猫的产仔数减少，产弱仔，幼仔不易成活等不良后果。

（4）繁殖终止期　是指老龄犬、猫繁殖机能停止，即生精机能消失，不能进行交配时的年龄。一般而言，犬的繁殖终止期为 10 岁左右，猫为 8 岁左右。雄犬、雄猫繁殖年限的长短，因品种、饲养管理、健康状况、利用程度等不同而异。一般雄犬的繁殖年限不超过 7～8 年。从未交配过的雄犬，一般到 5～6 岁时性机能衰退，往往出现死亡精子或不活泼的精子。种雄猫一般利用 5～7 年后即可淘汰。

2. 性行为

性行为是动物生长发育到一定年龄后，所出现的一种特殊的生殖行为表现，是在生殖激素的作用下，通过嗅、视、触、听等感觉神经接收到某些刺激后，对异性产生的性反射过程。这种性反射具有本能性，完整的性反射过程直接关系到动物配种的成败，是维持动物繁衍后代所必需的。犬、猫在性成熟以后，雄、雌两性个体以各自的性行为表现形式相互协调配合，从而保证有效地交配、繁殖后代。影响性行为的因素很多，概括起来有以下几个方面。

(1)遗传因素　不同品种乃至不同个体之间，犬的性行为都有很大差异。这些差异表现在个体间交配行为的强度、频率、精力、体力以及性兴奋高峰期持续时间长短等方面。

(2)环境因素　季节和气候对雄犬、雄猫都有影响。在炎热的季节，精子生成减少，精液品质下降，性欲降低，受胎率也明显降低。雄犬交配过程中易受外界环境的影响。如果雄犬与雌犬相距很远，应把雌犬运往雄犬处，以免陌生的环境影响雄犬的性欲；害怕主人的雄犬交配时，如果主人站在旁边，雄犬的性欲就会受到压抑；但有些雄犬则喜欢主人在旁。

(3)性经验　对犬、猫的性行为都有明显的影响。从小将它们从群体中隔离饲养，有碍于性行为的发生。被隔离的雄犬有的不能正常交配，有的则缩短性欲高潮所持续的时间；被隔离的雄犬性行为缺陷主要表现在对雌犬的空间定位能力上，最初与雌犬交配往往慌张、犹豫或不经勃起就急于爬跨。隔离不仅影响雄犬、雄猫的性行为，而且使其缺乏更多的感觉信息。在正常群体生活中，这种信息是参与性行为调节过程的。

(4)性抑制　是由内、外因素造成的性反应缺陷。如交配和采精时的恐惧、痛感、干扰及过分的刺激等，这些因素对于容易建立条件反射的犬来说，影响特别明显。

(5)配种前的性刺激　在配种前通过感觉的性刺激对配种很有利。这种配种前的性刺激还有助于提高精液质量和精液数量，能引起间质细胞刺激素(ICSH)的分泌，提高血液中雄激素的浓度。

(6)疾病与性行为异常　器质性疾病造成阴茎不能勃起或丧失性欲，或者由于关节炎以及后躯外伤造成的疼痛所致。雄犬、雄猫在幼年时缺少与同类的接触，也会影响其交配行为。

(二)精液

1. 精液的形成和排出

精液是雄犬、雄猫在交配过程中，由尿生殖道中排出的黏稠状液体。在雄犬、雄猫的非交配状态下，睾丸内产生的精子被输送到附睾中贮存。当雄犬、雄猫发生交配活动时，受神经和激素的调节作用，附睾管和输精管产生收缩反应，将贮存在附睾尾部的精子经输精管排入骨盆部尿生殖道内，同时，位于骨盆部尿生殖道周围的副性腺分泌出液体并排入尿生殖道内与精子混合在一起形成精液，再经尿生殖道肌肉的收缩作用被排出体外或排入雌犬、雌猫生殖道内。

2. 精液的组成

犬、猫的精液由精子和精清 2 部分组成。精清主要是副性腺的分泌物，此外还有少量睾丸液和附睾液。精液中干物质只有 2%～10%，其余 90%～98%为水分。在干物质中，蛋白质含量占 60%左右。精液中的化学成分包括有机成分和无机成分 2 大类，无机成分主要有 K^+、Na^+、Ca^{2+}、Mg^{2+}、Cl^-、PO_4^{3-} 等，其中 K^+、Na^+ 的含量最高，对维持渗透压起重要作用。精液中的有机成分较为复杂，主要有糖类、氨基酸、酶、维生素、脂类和核酸等。

犬精液中 K^+、Na^+、Ca^{2+} 的浓度较高，阴离子主要是 Cl^-。果糖、乳糖及柠檬酸浓度较低。

在 6～10 月龄雄犬精液中，睾酮浓度为 0.36～3.64 ng/mL。精液中酸性磷酸酶的浓度高低能反映前列腺功能的变化，且磷酸酶浓度与精子异常或损坏以及活力有一定关系。在隐睾雄犬精液中，乳糖、柠檬酸及磷酸酶浓度升高，而乳酸浓度降低，在输精管结扎后，Ca^{2+} 浓度明显降低，其原因可能是缺乏精子和睾丸液。

3. 精液的理化特性

(1)射精量　犬的射精量在品种和个体间差异较大，从几毫升至十几毫升不等，有的大型犬一次射精量可达 30 mL。射精量和精子密度之间有显著的负相关，而射精时间和射精量之间关系不大，但交配或采精时雄犬、雄猫的性欲强弱会影响射精量。一般情况下，大型犬的精液量比小型犬多，冬、春季射精量多，而夏季射精量少。雄猫每次可射精 0.01～0.2 mL，平均 0.05 mL。

(2)精子密度与精子数　雄犬的性成熟状况、营养状况、犬种、个体的大小以及采精时的性欲等可影响精子密度和精子数。为了稳定雄犬的精液性状，除了要有稳定的饲养条件外，采精人员的操作技术、固定的采精条件等也要考虑。一般来说，正常犬一次射出的总精子数为 0.5 亿～5 亿个，精子密度一般为 1.68 亿～3.05 亿个/mL。雄猫的精子密度为 0.57 亿个/mL 左右，精子活力 0.8～0.9，每周可采精 2～3 次。

(3)精液的 pH　主要由副性腺分泌物决定，刚采出的精液 pH 接近于 7，此后由于精子的代谢，造成酸性物质累积，致使 pH 下降。犬精液一般呈弱酸性，pH 为 5.8～6.7。猫精液的 pH 为 7～7.9，平均为 7.4。

(4)精子异常率　精子的异常形态可分为头部畸形(巨大、矮小、变形、部分缺损、双头、轮廓不清等)、颈部畸形(曲折、膨大、脱离等)和尾部畸形(长度异常、曲折、螺旋、缺损、双尾等)。这些异常形态是由精子形成过程异常所致的，其中尾部畸形的出现频率较高。在精液处理过程中，当渗透压不适宜时，多发生尾部曲折畸形；采精频率高时，附有原生质滴的未成熟精子会增加。精子异常率不超过 10%～20%的精液可以用于人工输精。

(5)精液颜色　一般呈灰白色或乳白色，混浊不透明，且精子密度越大，颜色就越深，如果精液呈水样透明，则不含精子；若呈现淡黄色，可能混入尿液；雄犬、雄猫若患了龟头炎或包皮炎造成出血时，则精液呈现红色或粉红色。

(6)精液的气味　腥味或汗渍味。犬的不同品种和不同季节的精液特性并不完全一致。

二、雌犬、雌猫的生殖生理

(一)性机能发育阶段

性机能的发育是指犬、猫在生命活动中与生殖机能有关的一系列生理变化过程。雌犬、雌猫的性机能发育过程分为初情期、性成熟期、配种适龄和繁殖机能停止期 4 个阶段。犬、猫的不同品种、个体及不同的环境和饲养管理条件等因素的差异，其性机能发育阶段的时间长短均有不同。

1. 初情期

雌犬的初情期一般为 7～12 月龄，雌猫一般为 6～12 月龄。达到初情期的雌犬、雌猫生殖器官发育迅速，开始有繁殖后代的机能，一旦配种就有受胎的可能。

2. 性成熟期

达到性成熟的雌犬、雌猫的卵巢上能周期性出现卵泡生长发育并排出成熟的卵子，生殖激素的分泌也呈现出有规律的变化，有正常的发情表现和性行为，配种能正常受胎。雌犬的性成熟期一般为 8～14 月龄，有的大型犬如亚雷特犬，其性成熟期可达 18～24 月龄。雌猫的性成熟期为 7～13 月龄。

3. 配种适龄

雌犬、雌猫的配种适龄应在性成熟期之后，接近体成熟的年龄。中、小型犬的配种适龄一般为 12～18 月龄以后，大型犬为 2 岁左右，一些名贵纯种犬的配种适龄更晚一些。猫的配种适龄为 10～12 月龄，一些长毛品种猫在 12～18 月龄配种较为合适。

4. 繁殖机能停止期

正常情况下，雌犬的繁殖机能停止期为 10 岁左右，雌猫为 8 岁左右。雌犬的繁殖力是随年龄的老化而逐渐下降的。雌犬、雌猫繁殖年限的长短，因品种、饲养管理、健康状况、利用水平等不同而异。一般犬、猫的繁殖年限不超过 7～8 年，但有些犬在 20 岁时仍能发情配种。

（二）发情周期各分期特征

1. 雌犬特征

（1）发情前期　从阴户滴出带有鲜血的黏液开始至接受雄犬爬跨前的阶段。此期一般持续 6～12 d，有的犬可达 27 d。在发情前期，雌犬卵巢中上一个发情周期所产生的黄体已经退化，新的卵泡开始生长。外阴部逐渐充血肿胀、潮红、湿润，2～4 d 后由阴门流出带有鲜血的黏液，此为发情开始的标志。阴道涂片检查时，主要为有核上皮细胞、多量红细胞和少量嗜中性粒细胞。行为上表现跑动不安，饮水量增加，不听从饲养员的命令，有时接近雄犬并与其戏耍，有的雌犬可互相爬跨，排尿次数增加而量少，尿液可吸引雄犬嗅闻。雄犬爬跨时，雌犬不接受交配。到第 7～8 天时阴唇变成粉红色且隆肿，此时表明卵泡已接近成熟。年龄较大的雌犬发情前期表现不太明显，可利用雄犬进行试情。

（2）发情期　雌犬从接受雄犬爬跨开始到不接受爬跨为止的时期，即从阴户滴血的第8～18 天。此期一般持续 4～13 d，平均 9 d，长者可达 30 d。在发情期，雌犬外阴部红肿、变软并有节律地收缩，阴门中滴出的带血黏液减少或停止，颜色由鲜红变为淡红或淡黄色。子宫角和子宫体呈充血状态，肌层收缩加强，腺体分泌活动增加，子宫颈管道松弛。卵巢上卵泡发育很快，多数在发情开始后 2～3 d 内排卵。雌犬兴奋不安，主动接近雄犬和接受雄犬爬跨。当雄犬舔其阴户或爬跨时，其四肢站立不动，并下蹋腰部，臀部朝向雄犬，尾巴歪向一侧，阴户频频开张。如用手指刺激雌犬的臀部，则尾部歪斜，露出阴部，做接受交配的姿势。阴道黏液涂片检查时，主要为角质化上皮细胞，缺乏嗜中性白细胞，红细胞早期较多，末期减少。发情期为雌犬交配最佳时期。

（3）发情后期　发情期过后，即进入发情后期。如雌犬在发情期配种受胎则进入妊娠期，乳腺会逐渐胀大。如发情期未配或配后未受胎，发情后期一般维持 60～80 d，然后进入间情期。在发情后期，雌犬发情外表症状逐渐消失，性情变得安静，拒绝雄犬交配。阴户滴出带血黏液进一步减少，颜色由淡红变成暗红或无色，阴唇肿大程度减退，逐渐恢复正常。子宫颈管逐渐收缩，腺体分泌活动逐渐减弱，黏液分泌量少而黏稠。子宫内膜逐渐增厚，表层上皮较高，子宫腺体逐渐发育。卵泡破裂排卵后开始形成黄体。阴道黏液涂片检查时，重新出现有核上皮细胞和嗜中性白细胞，缺乏红细胞和角质化细胞。

（4）间情期　雌犬卵巢处于无生理活动的非繁殖时期。犬的间情期很长，一般持续 3～4 个月。在间情期，雌犬的性欲已完全停止，精神状态、行为举止、体形外貌均为正常表现。在间情期早期，卵巢上黄体已发育完全，因此这个时期为黄体活动时期，子宫内膜增厚，表层上皮呈高柱状，子宫腺体高度发育弯曲，腺体分泌活动旺盛。在间情期后期，卵巢上的黄体萎缩退化，增厚的子宫内膜回缩，呈矮柱状，腺体变小，分泌活动停止。外阴部表现为干瘪，无黏液滴出。不愿接近雄犬，不容许雄犬爬跨，雄犬对其尿液和身体气味不感兴趣。阴道黏液涂片检查时，主要为有核上皮细胞和少量嗜中性粒细胞，缺乏红细胞。

2. 雌猫特征

(1)发情前期　持续 1～3 d，通常表现为喜欢人抚摸，尿频。但与犬发情前期的表现不同，猫在发情前期阴门水肿不明显或不水肿，阴道无血红色分泌物排出。卵巢上有 3～7 个卵泡发育，直径可达 2 mm。

(2)发情期　持续时间因季节不同和是否排卵而异。在春季，发情期长(5～14 d)，在其他季节发情期缩短(1～6 d)。如果交配后排卵，则发情期持续约 5 d；如果交配未排卵，则发情期一般持续约 8 d。而未交配过的雌猫，发情期却较短。猫发情时表现为腰部下凹，尾巴弯向一侧呈接受交配的姿势，会阴部前后抽动。猫发情时还表现出厌食和撒尿方式异常等。此期内卵泡直径为 2～3 mm。

(3)发情后期　雌猫如果在发情后未交配，发情后期持续 14～28 d，平均 21 d，交配后诱发排卵，但未受精，则导致假妊娠，可持续 30～73 d，平均 35 d。

(4)间情期　卵巢体积缩小，卵泡直径仅为 0.5 mm，无发情表现。

任务三　雌犬和雌猫的发情鉴定

情境导入

假设你是一家动物收容所的工作人员，负责接待和处理流浪动物。今天，一位焦急的居民带来了一只雌犬和一只雌猫，声称它们可能处于发情期，担心它们可能会生下更多无家可归的小动物。作为动物收容所工作的一部分，你们有一个专门的项目，用于鉴定动物是否处于发情期，以便采取相应的措施，这样就不会有更多的流浪动物产生。你需要进行一系列的测试和观察，以确定这只雌犬和雌猫是否真的处于发情期。这些测试可能包括观察它们的行为模式、生理特征，以及可能进行的其他检查，以便最终做出正确的鉴定。这样，你们就可以采取适当的措施，帮助这些动物和控制流浪动物的数量。

一、雌犬的发情鉴定

常用的发情鉴定方法主要有：外部观察法、试情法、阴道检查法、电测法等几种。

(一)外部观察法

通过观察雌犬的外部特征、行为表现以及阴道排出物，来确定雌犬的发情阶段。在发情前数周，雌犬即可表现出一些症状，如食欲状况和外观都有所变化，愿意接近雄犬，并自然地厌恶与其他雌犬作伴。在发情前的数日，大多数雌犬变得无精打采，态度冷漠，偶见初配雌犬出现拒食现象，甚至出现惊厥。发情前期的特征是：外生殖器官肿胀，从阴门排出血样分泌物并持续 2～4 d，当排出物增多时，阴门及前庭均变大、肿胀。雌犬变得不安和兴奋，饮水量增加，排尿频繁，其目的是吸引雄犬，但拒绝交配。从发情前期开始算起，大多数雌犬在 9～11 d 接受雄犬交配而进入发情期。随后排出物大量减少，颜色由红色变为淡红色或淡黄色。触摸尾根部时，尾巴翘起，偏于一侧，站立不动，接受交配。某些雌犬具有选择雄犬的倾向。发情期过后，外阴部逐步收缩复原，偶尔见到少量黑褐色排出物，雌犬变得安静、驯服、乖巧。

(二)试情法

试情法是以雌犬是否愿意接受雄犬交配来鉴定发情阶段的一种方法。一般情况下，处于发情期的雌犬见到雄犬后会立即表现出愿意接受交配的行为，尾偏向一侧，故意暴露外阴，并出现有节律的收缩，站立不动等。试情时，最好采用输精管结扎的雄犬来进行。

(三)阴道检查法

通过阴道黏液涂片的细胞组织分析，来确定雌犬发情阶段。发情前期，阴道黏液涂片中含有很多角质化的上皮细胞、红细胞，少量白细胞和大量碎屑。发情期涂片中含有角质化的上皮细胞，较多红细胞，而白细胞不存在。排卵后，白细胞占据阴道壁，同时出现退化的上皮细胞。发情后期涂片中含有很多白细胞，非角质化的上皮细胞，以及少量的角质化的上皮细胞。休情期的黏液涂片中上皮细胞是非角质化的，但到发情前期上皮细胞变为角质化。

(四)电测法

应用电阻表测定雌犬阴道黏液的电阻值，以便确定最合适的交配时间。发情周期中，电阻值变化大。发情前期的最后 1 d 变为 495～1 216 Ω，而在此之前为 250～700 Ω。在发情期也有不同变化，特别是在发情期开始时，有些雌犬阴道黏液的电阻值下降，而有些雌犬与发情前期相比则上升，但所有的雌犬，发情期的后期部分时间内电阻值下降。

二、雌猫的发情鉴定

雌猫发情外部表现比较明显且有规律，发情鉴定主要用外部观察法和试情法。

(一)外部观察法

外部观察法是对雌猫发情鉴定最常用的一种方法，主要是根据雌猫的外部特征和精神状态判断。青年雌猫初次发情时表现不明显，仅出现外阴部稍有红肿、排尿次数增多、尾根常翘起等。成年雌猫发情时表现较明显，每次发情持续时间为 4～10 d。在发情期间，雌猫愿意与主人接近，喜欢在主人面前走来走去，在主人两腿之间摩擦，并发出“喵、喵”的叫声，性情变得温顺，常依于主人身边，并出现弓背、举尾现象，或将腹部紧靠在地上摩擦或滚动，排尿次数增多，活动性增加，喜欢外出游荡，尤其在夜间更是卧立不安，频频发出与平时不同的叫声，声音粗大，甚至是嚎叫，以此招引雄猫的注意。雌猫发情时，如主人用手抚摸、按压雌猫的颈背部，则表现静止不动，尾部高举、摆动，后肢不停地踏步，呈现出接受交配的姿势。发情期间，雌猫外阴部的阴毛明显分开、倒向两侧，阴唇红肿、湿润，有时外翻，有黏液流出，有时可见到会阴部的收缩活动。发情雌猫肛门附近的一对肛门腺分泌物具有很强的气味，有招引雄猫的作用。见到雄猫后，雌猫表现兴奋，常与雄猫对峙，相互逗引，可持续很长时间。当发情雌猫受雄猫挑逗或爬跨时，身体常蹲伏下来，踏足举尾，尾根偏向一侧，接受雄猫爬跨。发情雌猫如被关在笼子内，表现很不安静，当听到雄猫叫声或在笼子附近的走动声，就会狂暴地抓挠笼子。

(二)试情法

试情法是利用体质健壮、有交配经验、性欲旺盛、无恶癖的雄猫对雌猫进行试情，根据雌猫对雄猫的反应来判断雌猫是否发情的方法。

非发情的雌猫不愿接近雄猫，也不接受雄猫的爬跨和交配。当雌猫发情时，见到雄猫后，表现兴奋，常与雄猫对峙，相互逗引，如受雄猫挑逗或爬跨时，身体常蹲伏下来，踏足、举尾，尾根偏向一侧接受雄猫爬跨和交配。

(三)生殖道分泌物细胞学检查法

与犬阴道细胞学变化相类似，猫发情期阴道黏液中可发现有多量的角质化细胞和白细胞。

猫阴道上皮细胞的变化不能很准确地反映发情的开始时间，有大约 1/3 的猫在阴道上皮细胞角化前就开始发情。在发情期和发情后期，看不到基细胞，而间情期基细胞最多。

任务四　犬和猫的配种

情境导入

同学们，假设你家里有一只小型泰迪母犬，正处于发情期。你想给它找一个身体健康、体型相当的泰迪公犬作为配偶。为此，你来到了一家宠物繁殖中心。繁殖中心里面犬特别多，而你家的泰迪犬不仅体型小，胆子也很小，容易受惊吓，并且还是第一次参加配种，没有交配经验。那么，你想不想了解如何才能让你的爱犬顺利完成配种，并怀上宝宝吗？让我们带着这个问题进入任务四的学习。

一、犬的交配

(一)交配适期

犬的交配适期是排卵前 1.5 d 到排卵后 4.5 d，受胎的概率较大。一般的经验，发情出血后第 9～11 天首次交配，间隔 1～3 d 再次交配。如果发情鉴定准确，仅交配一次也基本能够保证受胎，并可减轻种雄犬的疲劳。

(二)交配方式

目前采用自然交配和辅助交配 2 种方法。无论采用哪种方法，雌、雄犬必须是经过选定的，并由专人负责，做好交配记录。

自然交配是指雌、雄犬的交配是在没有人为帮助下进行的，就是把雄犬与雌犬牵入交配场地让其自然交配，一般较顺利。辅助交配是指雌犬虽已到交配期，但由于交配时慌乱、蹦跳并扑咬雄犬，或雄犬缺乏“性经验”，或雌、雄犬体型大小悬殊等原因而不能完成交配时，有关人员可辅助雄犬将阴茎插入雌犬阴道，或抓紧雌犬脖圈，协助固定，托住腹部，使其保持站立姿势，迫使雌犬接受交配。交配场所应选在固定场地或被动一方的饲养地，以免犬受陌生环境影响而加重交配的困难。交配前应让雌、雄犬彼此熟悉和调情。

有些雌犬极不配合，甚至撕咬雄犬，应将雌犬用口笼套住，一人用皮带牵着，另一人抱着它并用手托着其后臀，不要让雌犬坐下或左右摆动身体；如果雄犬过高，就拿一块适当高度的木板放在雌犬脚下垫起来，让雄犬交配。有的雌犬因有选择雄犬的倾向而拒绝交配，可以换一条雄犬。在换雄犬后，交配即可顺利进行。性情较温顺的雌犬配不上种，还可让雌、雄犬同居一段时间，培养感情，以达到顺利交配的目的。判断是否配上，视雌犬阴户外翻程度，交配后阴户外翻明显，则已配上；若阴户自然闭合则未配上。

(三)交配过程

对雄犬来说，大体上经过勃起、交配、射精、锁结、交配结束等过程。

1. 勃起

雄犬经发情雌犬刺激以后，阴茎勃起，但犬的阴茎勃起机制由于其解剖生理的特点与其他动物有明显不同。阴茎在插入雌犬的阴道前，海绵体窦呈充血状态，阴茎的静脉尚未闭锁，只是动脉血液流入多于静脉流出。因此，阴茎呈不完全勃起状态。犬的阴茎有阴茎骨，是靠阴茎骨支持而使阴茎呈半举起状态插入阴道的。阴茎插入阴道后，由于雌犬阴唇肌肉的收缩而使阴茎静脉闭锁。阴茎动脉血液仍继续流入,使阴茎龟头体变粗,龟头球膨胀。此时,阴茎才完全勃起。

2. 交配

雄犬爬跨到雌犬背上,两前肢抱住雌犬。此时的雌犬站立不动,脊柱下凹,使会阴部抬高,便于阴茎插入阴道。雄犬的腹部肌肉特别是腹直肌的突然收缩,后躯来回推动,而将阴茎插入雌犬的阴道内。

3. 射精

犬的射精过程可分为 3 个阶段:第一阶段是当犬阴茎刚插入阴道时,就开始射精,这时的精液呈清水样液体,没有精子;第二阶段是经过几次抽搐动作后,再加上阴道节律性收缩,阴茎充分勃起,而将含有大量精子的乳白色精液射入子宫内,射精过程在很短的时间内即可结束;第三阶段射精是在锁结时发生的,此时的精液为不含精子的前列腺分泌物。

4. 锁结

犬是多次射精动物。完成第二阶段射精(含有精子的部分)后,还有第三阶段的射精,这时的阴茎尚处于完全勃起状态,阴道括约肌仍在收缩。因此,雄犬从雌犬背上爬下时,生殖器官不能分离而呈臀部触合姿势,此状态称为锁结,也称为闭塞、连锁或连裆。在这种相持阶段,雄犬完成第三阶段的射精。锁结阶段一般持续 5～30 min,个别情况下可长达 2 h。

5. 交配结束

第三阶段射精完毕后,雄犬性欲降低,雌犬阴道的节律性收缩减弱,阴茎勃起停止并变软,从阴道中抽出,缩入包皮内。雌、雄犬分开后,各躺在一边舔着自己的外生殖器,雄犬不再表现出对雌犬的兴趣。

(四)交配时应注意的问题

1. 雌、雄犬适宜繁殖的年龄

雌、雄犬初配年龄以体成熟为基准。大约以雌犬 1.5 岁、雄犬 2 岁为宜。超过 8 岁的雄犬已进入老年期,一般不再作为种用。

2. 雄犬的交配频率

由于种雄犬交配时体能消耗大,所以种雄犬要有良好的体质,旺盛的性欲。一只雄犬在一年中的交配次数不能超过 40 次,在时间上要尽可能均匀分布。雄犬的精液排空试验表明,需要 24～36 h 以后才能产生新的精子。因此必须控制犬的配种次数,两次交配至少要间隔 24 h,否则不利于雌犬受孕。

3. 交配时间和地点的选择

以清晨雌、雄犬精神状态良好时为最佳。要选择安静的地方,雌、雄犬在不受外界不良刺激和影响的情况下自然交配,必要时可人工辅助。若雌、雄犬相距较远时,应将雌犬运送到雄犬处交配。否则,雄犬因长途运输的颠簸会影响配种效果。

4. 人工辅助交配要注意安全

对缺乏性经验的初配雄犬,可令其观摩别的雄犬交配,或令其与经产雌犬交配,以激发正常的性行为。发情明显的经产雌犬性兴奋强烈,可诱引初配雄犬进行交配。若雌犬性反射不强,导致自然交配困难时,辅助人员可抓紧雌犬脖圈,托住雌犬腹部,使其保持交配姿势,并辅助雄犬将阴茎插入阴道,使雌犬接受交配。对咬雄犬或咬人的雌犬应戴上口笼。交配中要防止雌犬蹲坐挫伤雄犬阴茎。因犬的交配特殊,锁结状态所持续时间较长,不能强行分开它们,应等交配完毕后自行解脱。采食后 2 h 内不要交配,以免雄犬发生反射性呕吐。在交配前,先让雄犬与雌犬接触几次,这样可增加雄犬的性欲。交配完毕后,最好用短皮带牵雌犬,不准其坐下。此外，雌犬不宜年产 2 窝，否则会造成雌犬消瘦、多病，甚至不孕，如果一味地追求产仔数量，即使怀孕，对胎儿发育也是有害的。对于达到体成熟的雌犬，也不要发情即配种，而应有计划地合理安排。

（五）犬的人工输精

在动物中，犬的人工输精开展得最早。在 1780 年，意大利生理学家 Spallanzsni 首次用犬进行人工输精试验取得成功。1959 年，Seager 首次报道了犬的冻精人工输精获得成功。之后，又相继建立了有关精液品质、冷冻精液及人工输精的一系列参数。1976 年，武石昌敬等也报道了犬的冷冻精液人工输精成功。

世界上一些发达国家犬的冷冻精液与人工输精的研究起步早，进展快，目前已得到了广泛应用。美国养犬俱乐部（AKC）早在 20 世纪 70 年代即投入了大量的资金用于冷冻精液和人工输精的研究，并详细制定了冷冻精液生产及人工输精各主要环节的操作规程；同时规定，从 1981 年起，只有经过 AKC 审验合格的配种站才能提供犬的冷冻精液。

我国在这方面的研究起步较晚，目前尚处于试验研究阶段。1985 年，潘寿文等对德国牧羊犬的冷冻精液和人工输精进行了研究，输精 9 只雌犬，2 只怀孕，受胎率为 22%，平均窝产仔 2 只；1988 年，洪振银用冻精为 9 只雌犬输精，受胎产仔结果同上；1991 年，王力波等对德国牧羊犬的冻精的研究也获成功，输精 5 只，4 只怀孕，平均窝产仔 7 只；1993 年，安铁洙等对比格犬的精液冷冻获得成功，冻后活力达 0.4 以上；1994 年，刘海军等对德国牧羊犬精液进行冷冻研究，结论为：在最优条件下，解冻后精子的活力为 0.47，复苏率 52.2%，存活时间 8.23 h，存活指数 1.08，顶体完整率 43%；1995 年，张居农等对犬精液稀释液进行筛选并对犬的人工输精技术进行研究，结果表明，一次发情 3 次处理的初产、第 2 胎、第 3 胎德国牧羊犬的受胎率和产仔数分别为 100/6.5，100/6.0，100/7（%/只），不同品种雌犬的产仔数和受胎率不同；1999 年，孙岩松等对比格犬的精液进行冷冻研究，结果是：比格犬精液冷冻保存后，最高解冻存活率达 74%，解冻复苏率达到 97.3%。

二、猫的交配

（一）选种与选配

1. 猫的选种

猫的选种是指按照预定的育种目标，通过一系列方法，从猫群中选择优良个体作为种用的过程。对于宠物猫，由于人们的爱好和要求不同，选择的标准也就应该有所区别。如猫的毛有长有短，耳朵有大有小，眼睛颜色有黄、蓝、白和红色之别，尾巴有长有短，体型的大小以及身体各部位的相互比较等都是选择的条件。一般来说，毛长、性情温顺、活泼可爱、体型较大、毛色纯白或花纹美丽，以及眼睛呈蓝、白或红色猫常是讨人喜爱的宠物猫。

2. 猫的选配

猫的选配是指为了获得优良的、有稳定遗传特性的不同用途的猫，而人为安排优良品种雄猫、雌猫进行配种。选配过程中禁止具有相同缺点的雄猫、雌猫交配。优良品种猫，要在本品种内选配偶，但严禁近亲（三代以内）繁殖。

（二）猫的自然交配

猫的交配行为受交配经验及体内激素水平的影响。处女猫对雄猫，开始时抵抗，通过接触次数的增多才慢慢接受。因此，让雌猫与雄猫多接触，有助于交配的顺利进行。在乏情期和发情后期，雌猫和雄猫之间无性吸引。在发情前期和发情期，雌猫主要是通过叫声、行为以及尿味等来吸引雄猫的注意。

1. 外激素

雌猫在发情时，阴道分泌物中含有戊酸。戊酸作为一种外激素，不但可吸引雄猫，而且可刺激雌猫发情。此外，雄猫的气味也是由外激素产生的，这种气味用于雌猫识别一只雄猫的活动范围，并能促进雌猫发情。

2. 交配前性行为

雌猫进入发情期后，主要表现为活跃、紧张和鸣叫不断，到处摩擦头部，并在地上打滚。当雄猫接近时，这种表现更为突出。如果听到雄猫的叫声，或雄猫接近时，雌猫表现为腰部下弯，骨盆区抬高，尾巴弯向一侧，后脚做踏步运动，则为接受交配。轻敲或触摸雌猫腰部或骨盆区，或抓住雌猫颈部皮肤和轻击会阴部，均会出现上述行为。

3. 交配过程

猫的交配一般发生在光线较暗、安静的地方，以夜间居多。交配期平均 2～3 d。交配时，雄猫骑在雌猫的身后，用牙齿紧咬住雌猫颈部。前爪前腿抱住雌猫胸部，而后爪着地。在平时，雄猫阴茎方向朝后；而交配时，阴茎稍勃起，方向朝前下方，与水平方向呈 20°～30°角。阴茎进入阴道后立即射精。交配后，雌猫哀鸣，称为交配哀鸣，可能是由阴茎上角质化的球状突起刺激所致。一旦交配结束，雄猫立即走开，以避免雌猫的攻击。此时雌猫会妩媚地炫耀自己，脚趾张开，爪子伸展，打滚，摩擦身体，伸懒腰并舔舐阴门区，5～10 min 后，再次开始交配。发情期间，雌猫一天可以交配多次，通常由雌猫决定终止交配。

(三)猫的人工输精

目前，我国在猫的繁殖中，采用人工输精的报道还没有。随着养猫业的发展，人工输精将作为猫的主要繁殖技术而得到发展。因为采用人工输精技术，能提高优良品种雄猫的精液利用率，促进猫的品种改良和防止疾病的传染等。猫的输精可采用鲜精或冻精。成功的先决条件是雌猫要处于发情期。

任务五　犬和猫的妊娠、分娩和泌乳

情境导入

假设你是一家宠物繁殖中心的负责人，专门负责犬和猫的妊娠、分娩和泌乳项目。你们的中心致力于确保孕育出健康、优良品种的小狗和小猫，并为它们提供最佳的照顾和生活条件。今天，接近分娩的一只雌犬和一只雌猫入驻你们中心。你需要确保雌犬和雌猫在妊娠、分娩和泌乳期间得到最好的关怀和支持。

在妊娠期间，你需要密切观察雌犬和雌猫的健康状况，提供适当的营养和医疗护理。在分娩前，你需要准备好安全的分娩环境，并确保有专业人员在场，以应对任何可能的并发症。一旦小狗和小猫出生，你需要确保它们得到及时的清洁、营养和温暖，并为它们提供必要的医疗检查和保健措施。同时，你也需要注意雌犬和雌猫的泌乳情况，确保它们产生足够的乳汁，并能够正确地哺育幼崽。通过精心地计划和管理，你可以确保雌犬和雌猫在妊娠、分娩和泌乳期间都得到最好的照顾，为健康、可爱幼崽的出生和成长创造良好的条件。

一、妊娠诊断

(一)犬的妊娠诊断

妊娠诊断的目的是掌握犬配种后妊娠与否和妊娠月份以及与妊娠有关的其他情况。妊娠过程中，雌犬生殖器官、全身新陈代谢和内分泌都发生变化，而且这些变化在妊娠的各个阶段具有不同的特点。妊娠诊断就是根据雌犬妊娠后所表现出的各种变化症状来判断是否妊娠以及妊娠的进展情况。

临床上早期妊娠诊断的意义较大，对确诊已经妊娠的雌犬，要加强饲养管理，增强雌犬的体质，保证胎儿正常生长发育，防止流产，预测分娩日期，以便做好产仔准备。对未妊娠的雌犬，可以及时进行检查，找出未孕的原因，采取相应的治疗或管理措施，从而提高雌犬的繁殖效率。目前，给犬妊娠诊断的方法主要有以下几种。

1. 外部观察法

雌犬妊娠 20 d 左右，表现食欲增加，被毛光亮，性情温顺，行动迟缓。随着妊娠时间的推移，以上变化逐渐明显。妊娠 35～40 d，可以看到腹围明显增大，体重迅速增加，排尿次数增加，乳腺逐渐胀大，甚至可以挤出乳汁。妊娠 50 d 后在腹侧可见“胎动”，在腹壁可用听诊器听到清脆、频率快、第二心音不明显的胎儿心音。雌犬配种后因营养、生理疾患或环境应激造成的乏情也有时被误诊断为妊娠的表现。因而，外部观察法并非一种准确和有效的方法，常作为早期妊娠诊断的辅助方法。

2. 触诊法

触诊法是隔着母体腹壁触诊感知是否有胎儿和胎动的方法。腹壁触诊到胎儿者即可诊断为妊娠，但触不到胎儿时不能否定妊娠。此法可用于妊娠早期（配种 20 d 后）的诊断，是妊娠诊断中最实用、最可靠的方法。

经腹壁触诊子宫可进行早期妊娠诊断，其准确性因犬的性情、大小、妊娠阶段、胎儿数目及操作者的水平而异。妊娠 20～23 d 时，子宫角增粗，能隐约感觉到子宫内胎儿的存在；妊娠 24～30 d 时，可以清楚地摸到子宫角内胎儿的散在性分布，胎儿之间有明显的距离；妊娠 30 d 后，很难摸到子宫角，胎囊体积增大、拉长、失去紧张度，胎儿位于腹腔底壁；妊娠 40 d 后，子宫体积增大，仅能摸到增粗的子宫角，仔细触摸可感觉胎儿的形状；妊娠 50 d 后，隔着腹壁可感觉胎动；妊娠 55～60 d 胎儿增大，很容易触诊到。

3. 超声波诊断法

此法是通过线形或扇形超声波装置探测胚泡或胚胎的存在来诊断妊娠的方法。即将犬仰卧或侧卧保定，剪掉下腹部被毛，探头及探测部位充分涂抹耦合剂，使探头与皮肤紧密接触。

（1）多普勒诊断法　根据雌犬子宫动脉、胎儿脐静脉或脐动脉的血流以及胎儿心跳搏动反射的超声信号，将其转变成声音信号，从而判断雌犬是否妊娠。此方法的诊断准确率随妊娠的进程而提高，在妊娠 36～42 d 时为 85%，从妊娠第 43 天到分娩前可达 100%。

（2）B 型超声波诊断法　通过在荧光屏上显示子宫不同深度的断面图，来判断胎儿的有无、存活或死亡。在配种后的第 18～19 天就可诊断出来，在第 28～35 天是最适合的诊断期，在第 40 天后，可清楚地观察到胎儿的身体情况，甚至鉴别胎儿的性别。

4. X 线诊断法

在妊娠 30～50 d，可见子宫外移，在 49 d 时，胎儿骨骼钙化，能充分显示出反差。在少数雌犬妊娠 40 d 做 X 线诊断时，胎儿的椎骨和肋骨明显可见。检查时，必须根据雌犬的大小，在腹腔内注射二氧化碳 200～800 mL。

（二）猫的妊娠诊断

猫的妊娠诊断与犬的妊娠诊断相似。猫妊娠诊断阳性只说明一时的情况，并不能保证一定会生产活胎儿。因为猫妊娠期可能会发生流产，而且由于流产胎儿常被母体吸收掉，是依据猫妊娠后体内新陈代谢和内分泌系统变化，导致行为和外部形态特征发生一系列规律性变化，来判断雌猫是否妊娠。因此，常不易被人们所看到。

1. 外部观察法

妊娠雌猫的主要特征是：妊娠初期，雌猫不再发情，表现食欲增加，行动迟缓，睡眠时间长，外阴部肥大、颜色变红，排尿频繁。随着妊娠时间的推移，以上变化逐渐明显。妊娠 1 个月后，腹部明显增大，轻压其后腹部能触摸到胎儿的活动，乳房明显膨胀，食欲旺盛，体重继续增加。

2. 腹壁触诊法

由于猫腹壁通常比较松弛，容易触诊。最适触诊时间为妊娠后第 20～30 天，因为在这一阶段各胎儿之间分隔最明显。触诊时应特别小心，手法太重容易引起雌猫流产。在妊娠 30 d 之后，各胎儿之间间隔变得不明显，因而不易触诊。在妊娠后期，通过腹壁可触及胎儿。

3. 超声波诊断法

在妊娠 30 d 后，可用多普勒妊娠诊断仪探测脐动脉血流、胎儿心跳或子宫动脉血流。B 超可在妊娠 19 d 后进行诊断。

4. X 线诊断法

在妊娠 17 d 以后，可借助 X 线透视胚胎在子宫上形成的一个个突起。从这种突起最小直径，还可以近似推断出妊娠的日期。此诊断方法不能用于早期妊娠诊断，因为放射线对早期胎儿影响较大。

二、分娩

(一)犬的分娩

1. 临产预兆

随着胎儿发育成熟和分娩期的临近，雌犬的生理机能、行为特征和体温都会发生变化，这些变化就是分娩预兆。对这些变化进行全面观察，可以预测分娩的时间，从而有利于做好雌犬分娩的接产工作。犬的正常分娩多在凌晨或傍晚。雌犬分娩预兆主要表现在以下 3 个方面。

(1)生理变化

①分娩前，乳房迅速膨胀增大，乳腺充实，乳头增大变粗。有些雌犬在分娩前 2 d 可挤出乳汁，极少数雌犬在分娩前 1 个月就已有乳汁，而大部分雌犬则需要等分娩 1 h 后才有乳汁。

②在分娩前 1～2 d，雌犬外阴部和阴唇肿胀明显，呈松弛状态：阴道黏膜潮红，阴道内黏液变为稀薄、润滑；子宫颈松弛。

③临近分娩时，雌犬的骨盆荐坐韧带开始变得松弛，臀部坐骨结节处下陷，后躯柔软，臀部明显塌陷。

(2)行为变化

①精神状态　临产前雌犬表现精神抑郁、徘徊不安、呼吸加快。越临近生产时其不安情绪越明显，并伴以扒垫草、撕咬物品，发出低沉的呻吟或尖叫等行为。初产雌犬表现尤为明显。

②食欲状况　多数雌犬在分娩前 24 h 内表现为明显的食欲下降，只吃少量爱吃的食物，甚至拒食，有的雌犬也会表现出临产前食欲正常的情况。

③排便状况　雌犬分娩前粪便变稀，排尿次数增加，排泄量减少。

(3)体温变化　分娩前雌犬体温有明显的变化。在怀孕的最后几周，雌犬的体温要比正常体温略低一些。体温变化最明显的是在临产前 24 h 内，体温会下降到 36.5～37.2 ℃。大多数雌犬在分娩前 9 h 体温会降到最低，比正常体温要下降 1 ℃以上。当体温开始回升时，就预示即将分娩。雌犬分娩前明显的体温变化是预测分娩时间的重要指标之一。

2. 分娩机理

分娩是胎儿发育成熟后的自发生理活动。发动分娩的因素是多方面的，是由机械性扩张、激素、神经及胎儿等诸多因素相互联系、协调而促成的，其中胎儿的下丘脑-垂体-肾上腺轴对发动分娩有决定性作用。

(1)机械因素　随着胎儿的迅速生长，子宫也不断地扩张，一方面增强了子宫肌对雌激素和催产素的敏感性；另一方面由于子宫壁扩张后，胎盘血液循环受阻、胎儿所需氧气和营养得不到满足，引起胎儿强烈反射性活动，而导致分娩。

(2)激素因素　对分娩启动有作用的激素很多，包括催产素、孕酮、雌激素、前列腺素、肾上腺皮质激素、松弛素等。这些激素共同作用，启动分娩。其中催产素能使子宫发生强烈收缩，对分娩起着重要作用。

(3)中枢神经　对分娩的启动并不起决定性的作用，但对分娩具有很好的调节作用，可以接受并传导分娩期间的各种信号。

(4)胎儿因素　胎儿的下丘脑-垂体-肾上腺轴对分娩的启动有决定性作用。若该轴缺乏和异常就会阻止雌犬分娩，延长妊娠期。

分娩启动的过程在临近分娩前，子宫肌对机械性及相关激素的敏感性逐渐增强。当胎儿完全发育成熟时，它的脑垂体分泌大量促肾上腺皮质激素，从而使胎儿肾上腺皮质激素分泌增多。大量的肾上腺皮质激素又引起胎儿胎盘分泌大量的雌激素，同时也刺激子宫内膜分泌大量的前列腺素。在这些激素刺激下，胎儿就对子宫颈和阴道产生刺激，使雌犬垂体后叶反射性地释放大量的催产素。在高浓度的雌激素、催产素和前列腺素共同作用下，子宫平滑肌发生强烈的阵缩，从而发动分娩排出胎儿。

3. 分娩过程

整个分娩过程从子宫颈口张开、子宫开始阵缩到胎衣排出为止，一般分为 3 个阶段。

第一阶段开口期　从子宫开始阵缩，到子宫颈充分扩张为止。这一阶段持续的时间差别较大，一般为 3～24 h。这一阶段的特点是：一般只有阵缩，没有努责。行为上的表现是：轻微的不安、烦躁；时起时卧，来回走动；常做排尿动作，有时也有少量粪尿排出；呼吸、脉搏加快。一般初产犬表现明显，而经产犬相对比较安静。

第二阶段产出期　从子宫颈充分扩张，至所有胎儿全部排出为止。这一阶段持续时间的长短取决于雌犬的状况和仔犬的数目，一般在 6 h 之内，仔犬数多的不应超过 12 h。这一阶段的特点是：阵缩和努责共同发生，而且强烈。行为上的表现是：极度不安，烦躁情绪增强，并伴有努责。当第一只仔犬进入骨盆时，阵缩和努责更加强烈，而且持续时间更长、更频繁。同时雌犬常常会将后肢向外伸直，强烈努责数次后，休息片刻继续努责，直到胎儿排出。

当雌犬发现包着胎膜的胎儿出现在阴门时，就会用牙齿撕破胎膜，露出胎儿。撕破胎膜可润滑产道，利于胎儿排出。胎儿产出后，雌犬会拽出并吃掉胎膜和胎盘，咬断胎儿的脐带，并不停地舔舐仔犬的全身，特别是舔去仔犬的鼻和嘴处的黏稠羊水，确保仔犬呼吸畅通，并舔干全身的被毛。同时还会舔舐自身外阴部，以清洁阴门。

一般在分娩出第一只仔犬后的 2 h 内，第二只仔犬就会娩出。当第二只仔犬要娩出而产生阵缩时，雌犬就会暂时撇开第一只仔犬，来处理第二只仔犬的出生。如此重复这一行为直到所有仔犬产出。在产仔间隔时间里雌犬有站起来走动和喘气的习惯。当所有仔犬娩出后，雌犬就安静下来精心地保护和照顾仔犬，不停地用力舔舐仔犬的肛门及其周围，以刺激仔犬胎粪排出。在分娩期间雌犬不会专注地哺乳，分娩结束后才会专心为仔犬哺乳。

一般在这一阶段，雌犬不需要人为帮助，而且多数雌犬还会厌恶有人在其附近（包括主人）。但对初产雌犬在这一阶段要特别加强观察，随时提供帮助。

第三阶段胎衣排出期　从胎儿排出后到胎衣完全排出为止。这一阶段的特点是：轻微的阵缩，偶有轻微的努责。胎盘和胎膜一般是在每只仔犬娩出后 15 min 内排出，有的可能与下一只仔犬娩出时一起排出。胎盘具有丰富的蛋白质，雌犬通常会吃掉胎盘和胎膜，用于补充能量，有利于分娩。同时舔舐外阴部流出的黏液，清洁阴门。这一阶段的雌犬比较安静，处于疲劳状态。

（二）猫的分娩

分娩是指雌猫经过一定的妊娠期后，胎儿在母体内发育成熟，母体将胎儿及其胎衣膜从子宫内排出体外的生理过程。

1. 临产预兆

猫的妊娠期平均为 63 d。雌猫交配后 40 d，即可观察到孕猫腹部逐渐膨大、下垂，两排乳头逐渐肿胀。在临产前数日内，猫的活动量减少。随着产期的临近，雌猫表现为不安、不停地变换姿势、呜叫或者蹲在地上，从腹壁上可以看到胎儿的运动，会阴部肌肉松弛变软，部分孕猫有乳汁自流现象。孕猫临产时出现造窝行为，对陌生人的敌对情绪增强。有些猫直肠温度降低，食欲减退或消失。

2. 分娩机理

猫的分娩机理还有待研究，就目前的研究结果可作如下解释：在妊娠期末，胎儿成熟，胎儿下丘脑（可能受到某种因素的刺激）释放促皮质激素释放激素，引起促肾上腺皮质激素（ACTH）释放，ACTH 刺激肾上腺皮质，释放皮质类固醇激素，皮质类固醇诱发胎盘合成并释放前列腺素。前列腺素能够溶解黄体，因此分娩前，前列腺素释放导致卵巢上黄体溶解，孕酮水平急剧下降，孕酮与雌激素的比值变小，子宫平滑肌对催产素的敏感性不断提高。前列腺素还能诱发卵巢和胎盘释放松弛素，而松弛素与雌激素共同促进骨盆韧带和产道松弛，使雌猫顺利分娩。

此外，前列腺素还有诱发催产素释放的作用，它们共同作用于子宫，引起子宫收缩。胎儿及胎膜对子宫颈、阴道等部位的扩张性刺激，也引起催产素释放及腹壁收缩，从而促进胎儿排出。前列腺素的这种作用已被人们利用，成为诱导分娩（人工引产）中常用的一种激素。

3. 分娩过程

分娩是雌猫借助子宫和腹肌的收缩，把胎儿及胎衣排出母体外。猫的分娩可分为 3 个阶段。

第一阶段宫颈开张期　胎膜由子宫角挤入子宫颈时，第一阶段就开始了。这一阶段可能延续 6 h，这时子宫肌肉本能地收缩，呼吸开始加快，喉咙发出呼噜呼噜的响声，但并不痛苦。此外，可以看到阴道有透明的液体流出。第一阶段结束时，阴道流出透明或有点浑浊的液体，有时还夹有一些血液。

第二阶段胎儿娩出期　从子宫颈完全开张到排出胎儿为止。由阵缩和努责共同作用，此阶段持续 10～30 min。这一阶段开始时，由于仔猫及胎膜刺激母体，使雌猫腹壁肌肉收缩加强。雌猫开始舔外阴部，一个混浊的灰色水疱在外阴口出现，这是包裹仔猫的胎膜出现的最初迹象。雌猫腹壁肌肉收缩的时间间隔逐渐缩短，从起初的每 15～30 min 收缩一次直到每 15～30 s 收缩一次。逐渐露出胎膜，可以看到仔猫的部分身体。最后一阵挛缩以后，仔猫就排出来了。

第三阶段胎衣排出期　从胎儿产出后到胎衣完全排出为止。胎衣是胎儿的附属膜的总称。仔猫产出来后，胎膜和胎盘往往随之很快排出体外。每只仔猫出生都分别经过3个阶段，都有自己的胎膜和胎盘，只有同卵孪生仔猫例外，它们共有一组胎膜和胎盘。

仔猫一出生，雌猫立即开始舔它，在离脐孔2～4 cm处咬断脐带。在大多数情况下，雌猫将胎膜吃掉。仔猫出生相隔的时间不确定，少则5 min，多则2 h，一般在产出3～4只仔猫后，经1 h不再见雌猫努责，表明分娩已结束。但有些猫排出前1～2个胎儿后，分娩出现不明原因的生理性中断。12～24 h后再分娩其余的仔猫。

三、泌乳

（一）泌乳定义

乳汁生成后，由腺泡上皮细胞分泌到腺泡腔，充满腺泡腔和细小乳导管，再通过肌上皮细胞和输乳管平滑肌反射性收缩，将乳汁转移至大乳导管和乳池，最后经哺乳或挤奶使乳汁排出体外，这称为泌乳。

除吮吸乳头和挤奶外，某些物理刺激对泌乳也有重要的作用，如用温热水洗擦乳房和乳头。在哺乳过程中，幼犬、幼猫口腔和牙齿的运动、头顶、腿爪触撞乳房等，都可增加物理刺激的效果，促进排乳和提高泌乳量。

（二）泌乳的发动和维持

1. 泌乳的发动

雌犬、雌猫分娩时及分娩后，发育成熟的乳腺开始分泌乳汁的现象称泌乳的发动。引起泌乳发动的因素很多，目前认为，分娩前后血中激素浓度的变化是导致泌乳发动的主要诱因。一些基础研究的结果表明，分娩前后，血中促乳素的峰值对泌乳的发动有直接作用。

妊娠期间，由于母体卵巢黄体孕激素的大量分泌，反馈抑制了垂体促乳素的分泌，并使乳腺对促乳素的敏感性有所降低；孕激素分泌量的增加会抑制雌激素对促乳素分泌的刺激作用，也减弱促乳素分泌。而在妊娠后期，特别是临近分娩时，由于黄体的退化以及胎盘分泌能力的降低，孕激素的水平迅速下降，减弱或解除了孕酮对促乳素分泌和释放的抑制，相应提高了乳腺对促乳素的敏感性。同时，雌激素水平在分娩前明显升高，加速了促乳素的释放并形成峰值，引起泌乳的发动。泌乳开始后，雌激素的作用随之降低。

2. 泌乳的维持

泌乳开始后，一般都能维持一个较长的时期，称为泌乳期。其长短有明显的种间差异。在自然哺乳的条件下，一般泌乳期相当于哺乳期。泌乳开始时，乳腺上皮细胞的数目增加，直至泌乳的高峰期。以后，乳腺细胞退化的速度逐渐超过增加的速度，致使泌乳量下降。泌乳的维持除促乳素外，还需要生长素、肾上腺皮质激素以及胰岛素、胰高血糖素等的参与。

项目小结

犬和猫生殖生理的教学内容是动物繁殖课程的重要组成部分。本项目介绍了犬和猫的生殖器官结构及功能，包括卵巢、输卵管、子宫、睾丸、附睾等。通过实物解剖和多媒体展示，深入了解了这些器官的特点及作用。项目重点讲解了雌犬和雌猫的发情、配种、妊娠、分娩与泌乳过程。强调了正确的配种时间和方法，以及妊娠诊断和分娩过程等重要知识。

在实践教学环节中还应该鼓励学生联系实际，观摩并参与犬和猫生殖过程，将理论知识与生产实践紧密结合。

通过这一项目，学生不仅学会了犬和猫生殖器官的结构和功能，还掌握了犬和猫繁殖生理的基本知识和实践操作，为他们将来从事养殖、兽医等相关行业提供了坚实的基础。

思政园地

犬和猫的生殖生理项目涵盖了生殖器官、生理过程、发情鉴定、配种、妊娠、分娩与泌乳等方面。了解这些知识不仅是为了满足我们对动物生命的好奇，更是为了培养我们对生命的尊重和责任感。我们应该尊重动物的生殖器官，因为它们承载了延续物种的责任；在进行配种时，要谨慎选择并确保双方的健康；对于妊娠和分娩，要提供关怀和支持，确保雌犬和雌猫的健康，并为幼崽的成长承担责任。同时，我们也要意识到控制繁殖的重要性，避免不必要的繁殖行为导致过度繁殖和流浪动物增加，以维护社会的和谐与稳定。

职业能力测试

一、选择题

1. 雄猫的初情期通常在(　　)。

A. 6～10 月龄　　B. 6～12 月龄
C. 7～14 月龄　　D. 7～12 月龄

2. 雄犬的配种适龄一般在性成熟期之后，接近体成熟的年龄。对于大型犬来说，配种适龄是(　　)。

A. 6～10 月龄　　B. 10～12 月龄　　C. 2 岁左右　　D. 3 岁左右

3. (　　)不属于雄犬、雄猫的生殖机能发育阶段。

A. 初情期　　B. 性成熟期　　C. 配种适龄　　D. 老年期

4. 犬的交配适期一般为(　　)。

A. 发情后第 5～6 天　　B. 排卵前 1.5 d 到排卵后 4.5 d
C. 发情后第 13～15 天　　D. 排卵后第 8～10 天

5. (　　)不是犬交配的方法。

A. 自然交配　　B. 人工辅助交配
C. 冷冻精液人工输精　　D. 化学输精

6. 犬交配过程中的“锁结”是指(　　)。

A. 阴茎射精时的状态　　B. 雄犬阴茎插入后的反应
C. 阴茎勃起的表现　　D. 阴茎与阴道未能完全分离

7. 犬的外部观察法可以作为诊断妊娠的辅助方法，但并非十分准确。(　　)不属于犬妊娠早期的外部表现。

A. 食欲增加　　B. 被毛光亮
C. 行动迟缓　　D. 乳腺迅速增大并挤出乳汁

8. 在犬的妊娠诊断中，触诊法的最佳使用时间是在配种后的(　　)d。

A. 10～15　　B. 20～23　　C. 30～35　　D. 40～45

9. 猫的妊娠诊断方法中，(　　)方法不能用于早期妊娠诊断，因为对早期胎儿影响较大。

A. X 线诊断法　　B. 腹壁触诊法
C. 超声波诊断法　　D. 外部观察法

10.(　　)不属于犬分娩前的生理变化。

A. 乳房迅速膨胀　　B. 外阴部和阴唇肿胀

C. 骨盆韧带变得松弛　　D. 排尿减少

四、简答题

1. 雌犬、雌猫的性机能发育有哪些阶段？
2. 犬交配过程是什么？
3. 雌犬、雌猫的妊娠诊断方法有哪些？
4. 雄犬、雄猫的性行为受到哪些因素的影响？
5. 犬的人工输精相比自然交配有哪些优势？
6. 猫在分娩过程中的 3 个阶段分别是什么？
7. 简述犬分娩启动的生理机制。

项目二　观赏鸟的繁殖

项目描述

本项目将系统介绍鸟类的繁殖技术，涵盖鸟类的生殖系统、繁殖生理、育种方法以及饲养用具的选择与使用。通过理论学习与实践操作相结合，学生将掌握不同观赏鸟在繁殖过程中对环境和设备的具体要求，学会营造适宜的繁殖和饲养条件，确保观赏鸟的健康生长和繁殖成功。同时，将注重培养学生对动物福利的重视和专业养殖技能的提升，激发他们对观赏鸟养殖行业的兴趣和热情。

知识目标

1. 理解鸟类的生殖系统及其对繁殖的影响。
2. 掌握不同观赏鸟的繁殖生理和繁殖周期。
3. 了解鸟类育种的方法和技术。
4. 熟悉观赏鸟饲养用具的种类、功能及选择标准。

技能目标

1. 能够根据鸟类的繁殖特点，制订适宜的繁殖计划和方案。
2. 掌握鸟类育种的实际操作技能，能够进行育种实验和数据分析。
3. 学会选择和使用适当的饲养用具，创建良好的繁殖和饲养环境。
4. 能够识别和处理观赏鸟在繁殖过程中常见的健康问题和异常状况。

素质目标

1. 培养学生对观赏鸟繁殖管理的责任感和专业精神。
2. 提高学生对繁殖过程中伦理问题的认识和重视，确保动物福利和人道管理。
3. 激发学生对观赏鸟养殖行业的热情，促进养殖业的健康发展和多样化发展。
4. 培养学生的观察力、耐心和细致入微的工作态度，提高团队协作和问题解决能力。

任务一　鸟类的生殖系统

情境导入

鸟类是如何进行繁殖的？它们的生殖系统又是如何运作的？为了更好地理解这些过

程，我们将深入探讨鸟类的生殖系统。通过了解雌鸟和雄鸟的生殖器官及其功能，你将明白它们是如何协同工作，完成从卵细胞和精子产生到受精、产卵和孵化的全过程。让我们一起揭开鸟类生殖系统的奥秘，探寻自然界中生命繁衍的奇妙机制。

一、雄性鸟的生殖器官

雄性鸟的生殖器官包括睾丸、附睾、输精管和交配器（图 3-2-1）。

（一）睾丸与附睾

睾丸位于肾脏前叶腹面，左右各 1 个，呈白色卵圆形，非生殖季节萎缩，不易找到，而生殖季节则增大几百倍，甚至 1 000 多倍，极为明显。紧贴在睾丸的背内侧缘，被睾丸膜覆盖着的是个体较小的附睾，它主要由睾丸输出管构成，附睾管很短。

（二）输精管

输精管是多弯曲的输精管道，左右各 1 条，在输尿管外侧平行后伸，其前端与附睾连接，末端膨大成贮精囊，直接开口于泄殖腔。

（三）交配器

鸟的交配器是由泄殖腔壁突起形成的，只有少数鸟类才有交配器，用以输出精液，而大多数鸟都是靠泄殖腔口相互吻合完成输精。另外，某些鹤形目和鸡形目的鸟类也有残余的交配器痕迹，可作为鉴别雌、雄的标志。

二、雌性鸟的生殖器官

雌性鸟的生殖器官包括卵巢和输卵管 2 部分（图 3-2-2）。

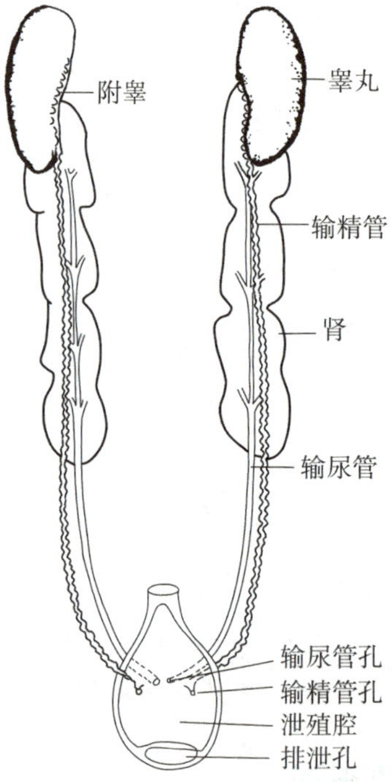

图 3-2-1 雄性鸟生殖器官

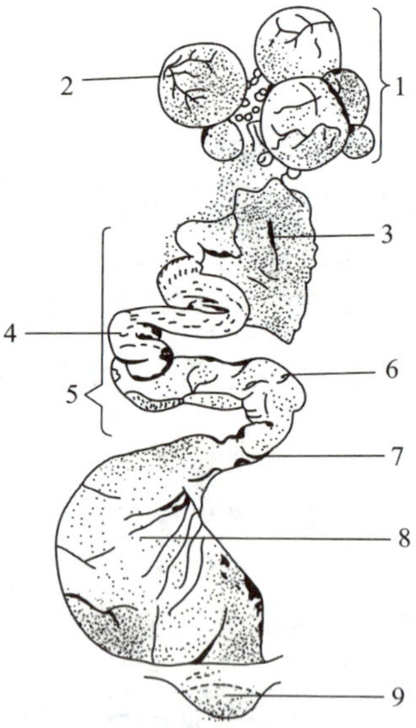

图 3-2-2 雌性鸟生殖器官

1. 卵巢 2. 卵黄 3. 喇叭部 4. 膨大部
5、6. 输卵管 7. 峡部 8. 子宫部 9. 泄殖腔

（一）卵巢

雌性鸟在胚胎期有 2 个卵巢，其中右侧的卵巢在孵化出壳时已经退化，只有左侧卵巢正常

发育。卵巢在繁殖季节明显增大，呈结节状，卵泡逐个成熟排出卵黄。非繁殖季节中的卵巢呈扁平状，贴于左肾前叶上，较难找到。

（二）输卵管

输卵管是一条长而弯曲的管道，从卵巢向后一直延伸到泄殖腔。输卵管按其形态结构和功能的不同，可分为喇叭部、蛋白分泌部、峡部、子宫部和阴道部。卵巢上排出的卵黄通过输卵管的喇叭口进入输卵管，在输卵管喇叭部完成受精过程，下行至输卵管蛋白分泌部时，被所分泌的蛋白质包裹，当卵黄受输卵管的蠕动而旋转下行时，卵黄两端的浓蛋白层便形成系带，可将卵黄悬挂在中央部分。卵继续下行至输卵管峡部时，形成内、外壳膜，进入子宫部形成蛋壳，最后经阴道部通过泄殖腔口产出体外。

任务二　鸟类的繁殖特性

情境导入

鸟类的繁殖行为不仅丰富多彩，还体现了它们独特的生物学特性。不同种类的鸟在繁殖季节的表现迥然不同，从求偶展示、筑巢、孵化到育雏，每一个环节都充满了神奇和智慧。在本任务中，我们将深入探讨鸟类的繁殖特性，了解鸟类从求偶到育雏的全过程，探索环境、营养和行为在繁殖中的关键作用。让我们一起走进鸟类繁殖的世界，感受生命的奇迹和大自然的奥秘。

一、求偶

鸟类求偶是其性成熟重要特征之一。求偶是发情的表现，求偶行为大多发自雄鸟。鸟类的求偶活动千姿百态、变化万千，其羽毛丰满，羽色艳丽，体态异常优美。很多鸟类的雄鸟在求偶期间，鸣声多变，有些种类呢喃轻柔，有些种类婉转清扬，也有的高亢豪放。而雌鸟一般鸣声简短或很少鸣唱，这也是为什么玩赏笼鸟以雄性为主的重要原因之一。雄鸟为了吸引雌鸟，赢得其爱慕，并与其交配，求偶时利用艳丽的羽毛及优美多姿的体态来取悦雌鸟。性成熟后，雄鸟间常见争斗，甚至头破血流，还可能出现伤亡，因此，此时要加强饲养管理，以免因争斗损伤体表或羽毛，降低玩赏价值，更要防止雄鸟伤亡。在雄鸟的追求下，雌鸟动情中意后，两鸟或同鸣共舞、或交喙相吻、或互理羽毛，几次反复后，两鸟即行交配。对绝大多数观赏鸟来讲，没有固定的终身配偶。

二、营巢

鸟巢是产卵、孵化、育雏的场所，绝大多数鸟都会营巢。不同种类鸟的巢形、大小、结构、建巢材料及安置处所都不一样。常见的鸟巢有：筑于地面或草丛中的地面巢，多以杂草、树枝、树叶铺垫；浮于水面，用水草制成的水面浮巢；还有以树枝、草茎、羽毛等编制而成的编制巢，编制巢又包括杯状巢、台巢和吊巢等几种。

在营巢生活中，已成功选配成对的雌雄亲鸟，分工比较明确，如织布鸟和几种常见的文鸟，雄鸟多取运筑巢材料，雌雄亲鸟共同营巢；雌白玉鸟则先衔取适宜的巢材，在较理想的巢基处徘徊，然后雌雄亲鸟共同营筑新巢。正常情况下，营巢期间的雌雄亲鸟精神极度兴奋，终日忙碌于巢区周围，不允许其他鸟类接近。营巢期间，雄鸟不时地发出悦耳的鸣声，或伴随飞舞、跳跃等姿态向雌鸟求爱，同时还伴随以较频繁的交配。从营巢开始，雌雄亲鸟便形影不离，雌飞雄从，夜晚也是同栖一巢过夜。

三、产卵

营巢完毕后，多数鸟类随即开始产卵。部分鸟类当首次巢和卵被破坏后，因繁殖季节快要结束，再次营巢常甚简陋，也有一些鸟类二次营巢尚未完成便产卵。

雌鸟产卵数量差异较大，最少的每窝 1 个，多者达每窝 26 个，通常每窝 4～8 个。产卵间隔时间也不相同。每种鸟的产卵数与食物、气候条件密切相关。在人工饲养时，可以采用供给充分营养、创造适宜环境的办法，人工孵化、育雏的鸟能够多产卵。

四、孵化

孵化是鸟类繁殖生活的重要阶段，雌鸟多担任孵化工作，而雄鸟多担任巢区的守卫工作。在雌鸟孵卵期间，部分种类的雄鸟，还衔取食物饲喂雌鸟；部分鸣禽，雌雄亲鸟入巢轮换孵卵，离巢亲鸟取食饮水后，迅速回到巢旁守卫；也有少数鸟类雄鸟全部承担孵化工作，而且在整个孵卵期间不食少饮，直至幼雏孵化，才与幼鸟共同取食。

鸟卵孵化期因种类不同而有所差异。白玉鸟、金山珍珠、五彩文鸟、白腰文鸟等小型鸣禽的孵化期一般在 14～15 d；虎皮鹦鹉、牡丹鹦鹉、小五彩鹦鹉等中小型鹦鹉的孵化期一般在 18～24 d；珍珠鸡、环颈雉、金鸡、斗鸡、长尾鸡等的孵化期一般在 20～24 d；孔雀孵化期一般在 26～28 d。

孵卵期间，促使种卵孵化的适宜温度由亲鸟直接供给。在孵卵期间，亲鸟胸腹部羽毛自然脱落，皮肤裸露，形成孵卵斑，这有利于卵适宜温度的保持。亲鸟在孵卵期间体重逐渐减轻，不致因体重大而压破种卵，有利于保护种卵。

观赏鸟在孵化期间，警惕性增强，略有惊扰亲鸟就会离巢远去，不利于鸟卵的孵化；外界干扰过大，亲鸟甚至会弃巢、弃卵、终止孵化。因此，在人工养殖时，必须保证观赏鸟繁殖期间，环境安静，不要轻易改变，尽量不要移动鸟巢或触动种卵。

五、育雏

哺育幼雏根据发育类型，鸟又可分为早成鸟和晚成鸟。早成鸟一出壳就能随亲鸟觅食，又称离巢鸟，多生活于地面或水面；晚成鸟出壳时，全身几乎没有羽毛，不能行走，必须留在巢内由亲鸟哺喂，故又称留巢鸟。留巢鸟留巢的时间大约与孵化期相同或略长，笼养时留巢的时间比野生时长。

早成鸟的抚育由孵卵的亲鸟承担；晚成鸟则不同，一般是雌鸟孵卵，雄鸟育雏，双亲孵卵的，则共同育雏。晚成鸟哺喂雏鸟的食物分以下 3 类：嗉囊分泌的乳糜和经嗉囊软化的食物，如鹦鹉、鸽子等；腺胃内的食物，如芙蓉鸟；小昆虫及幼虫，如百灵、云雀等。

人工驯养的观赏鸟为了增加亲鸟的产卵量及繁殖更多的幼鸟，可以采用人工育雏的方法。人工育雏比饲喂成鸟更需要具备丰富的管理经验和繁殖技术。人工育雏时，需要做好适宜的环境温度和光照的控制，雏鸟生长发育的条件选择，适宜营养的饲料供给及雏鸟不同习性的掌握等，这样才可取得良好的效果。

任务三　鸟类的育种

情境导入

每一只鸟的诞生和成长背后，都有着细致的育种管理和科学的繁殖技术支持。育种不仅仅是简单的繁殖，它需要科学的计划、精细的操作和长期的耐心投入。通过选择优良的种鸟、合理搭配繁殖对、提供适宜的环境和营养，才可以培育出具有优良性状的后代，提高观赏鸟的种群质量和数量。在本任务中，我们将学习鸟类育种的基本原理和实际操作，掌握如何进行科学的选择和配对，如何管理育种过程中的各个环节。你将了解到育种技术如何在保持种群健康和多样性的同时，提高鸟类的观赏价值。让我们一起进入鸟类育种的专业世界，探索培育优秀观赏鸟的秘诀。

一、鸣禽类的繁殖

我国民间玩赏观赏鸟类，主要以鸣禽类为主，历史悠久。鸣禽类具有易得，饲养用笼具轻巧简便，可置于居室庭院，也便于携带至街巷玩赏，其鸣唱及歌舞千姿百态、羽色美丽等特点，均为迎合玩赏者兴趣的关键。现将常见鸣禽的繁殖要点总结如下。

（一）金山珍珠鸟

金山珍珠鸟又称锦花鸟、锦花雀、锦华鸟，原产于澳大利亚。其体态娇巧玲珑，羽色艳丽，鸣声轻悠。金山珍珠鸟生活力及适应性均较强。野生金山珍珠鸟，以采食谷物及各种植物种子为主，也采食部分植物的芽、叶等。其巢营于洞穴间，雄鸟主营巢，雌鸟主孵卵。

我国饲养者常用较大的笼舍或木箱结群饲养金山珍珠鸟，同笼中雌雄等量或数量相近，繁殖效果最佳。也有养殖者将较大的木箱改装成繁殖笼，饲养3～5对或10余对成鸟，发现其繁殖比大群饲养效果更好。金山珍珠鸟怕冷，冬季时室温应保持在8～15 ℃为佳。其饲料可采用白玉鸟的混合粒料，同时拌以白玉鸟的混合粉料，每日补充足量的青绿饲料，隔日饲喂少量新鲜水果。成群饲养及繁殖的金山珍珠鸟，需要更多的矿物质营养，可经常饲喂墨鱼骨、贝壳、砂砾等矿物质饲料，供其随时取食。此外还需供给适量的浴水。

金山珍珠鸟是易于繁殖的笼养观赏鸣禽，在人工饲养环境中全年均可孵化育雏。在每年7～8月间，可对金山珍珠鸟笼舍及巢箱进行清洗消毒，使其停止产卵和孵化，这样有利于种鸟健康和换羽，也利于秋季再次繁殖。金山珍珠鸟的人工巢箱可采用边长12～14 cm，巢口直径3 cm，巢口下缘距巢底5～6 cm的木箱；巢口过低，幼鸟易落巢外致死。在繁殖期，需供给金山珍珠鸟足量的软草、细短的纤维、兽毛、鸟羽、棉花等。金山珍珠鸟每巢产卵4～8枚，孵化期一般14 d，育雏期约25 d，雏鸟离巢后3～7 d独立生活；一对成鸟每年可产卵并孵化育雏5～7巢雏鸟。

（二）黄雀

黄雀俗称黄鸟、黄雀儿、金雀、芦花黄雀，北京地区称其雌鸟为黄麻。黄雀分布广泛，多栖息在柳树、杨树、榆树等的顶端，偶见栖于针叶林或灌丛间。黄雀食性杂，植物的种子、果实、害虫等均采食，有利于农作物的生长。雌鸟是营巢和孵卵的主力，雄鸟在孵化期间替雌鸟觅食。每巢可产卵4～6枚，孵化期一般在14 d，由雌雄亲鸟共同育雏。就工作量来说，雌鸟育雏任务大于雄鸟。北京地区的养殖者喜欢使用精美的竹制漆笼饲养黄雀，每笼只养一只雄鸟供作玩赏。饲养黄雀的环境温度以8～16 ℃为宜。

（三）百灵鸟

百灵鸟俗称百灵、沙百灵、蒙古鹨等，栖息于广阔的荒漠草原，喜沙浴，以降温防热，也可清理体表的污物，有利于健康。食性杂，不危害农作物，育雏期捕食大量害虫，是产区内重要益鸟。

野生环境中，雌雄亲鸟以枯叶、杂草及泥土共同筑巢。5～7月间产卵，卵呈亮白色，略呈现沙黄色，具褐色细斑；孵化期12～15 d，雏鸟出壳前1～2 d，雌鸟停止离巢觅食，而由雄鸟衔食归巢饲喂雌鸟。初生雏鸟7～8 d后随亲鸟离巢活动，但仍由亲鸟进行饲喂，在22～25日龄后，雏鸟便能飞翔、捕食，开始独立生活。一年内，每对亲鸟可产卵1～3巢，能育成1～2巢幼鸟。

百灵鸟最好从雏鸟开始驯养，成长后易鸣善舞，优于捕获的野生成鸟，且一般认为出生1周的百灵鸟开始驯养效果最佳。每年6月可从野外捕获头窝雏鸟，其体质好，易成活。7日龄的雏鸟，自己不会取食，需人工填食，每次填食2～3口，每隔1.5～2 h填食1次，每天填食4～6次。将自制的混合粉料加入凉开水，调成直径0.7～1 cm，长2～3 cm不粘手的面团，进行填喂。填食7～8 d后，雏鸟全身覆羽，可训练其自己采食，但仍需补充适量的填食，并应减量，直至其能独立自由取食，可停止人工填食。

(四)八哥

八哥又称黑八哥、中国风头八哥。性喜群栖，喜栖于村落枝头、农家房舍、水牛背及猪背上均较常见，杂食性鸟类。繁殖期为每年的3～7月份，每年可育成2巢幼鸟；每巢产卵4～6枚，卵壳呈蓝绿色。雌雄八哥共同孵卵，孵化期一般为18 d；育雏期约25 d。

饲养八哥多采用较大的八哥竹笼单只饲喂观赏。人工饲养，以鸡蛋和大米为主食，适当补喂黄鹂混合粉料，每日饲喂1～2次，每次可取食15～20 min；每日或隔日补喂适量的面粉虫、蝗虫、玉米虫、蚯蚓等昆虫，另需补充少量水果。八哥喜水浴，应及时提供清洁浴水供其嬉水沐浴。在人工饲养中，八哥已有多次繁殖并成功育雏的记录。

(五)画眉

画眉又称金画眉。野生画眉多栖居于山丘的灌丛和村落附近，其食性较杂，但以食昆虫为主，为益鸟。每年繁殖期为4～7月份，可育雏2巢。冬季养殖温度应控制在14～18 ℃为最佳。人工饲养画眉可以大米和鸡蛋为主，同时补喂少量昆虫或熟虾，也可用少量生肉条饲喂。

二、鹦鹉类的繁殖

(一)虎皮鹦鹉

虎皮鹦鹉又称娇凤或阿苏儿，原产于澳大利亚。野生虎皮鹦鹉喜结群生活，筑巢于洞穴内，喜食植物种子和果实。每年繁殖1～2巢，每巢4～7枚卵，卵呈纯白色，椭圆形。

虎皮鹦鹉嘴壳坚硬，利用足趾与利嘴配合，攀缘比较灵活，易拆毁笼舍，最好选用较坚固的房舍或金属网围筑适宜的笼舍饲养。虎皮鹦鹉冬季饲养温度应保持在5～10 ℃。鸟笼内需设置足够的栖架，笼底部垫细沙，供其沙浴和取食。笼舍需要通风顺畅，光照宜长。如果群养的虎皮鹦鹉，因鸟常在饮水的同时，可能排粪，较易污染其饮水，所以采用自动饮水器供水较好。

虎皮鹦鹉适宜在光线比较黑暗的巢穴内产卵孵化，若巢中光线过强，则孵化效果不佳。供给虎皮鹦鹉的人工巢箱，可由两个巢室组成，外巢室具有通向笼舍的巢口，同时内、外室间的隔板留有洞口，保持相通；内巢室内垫锯末或细沙，方便雌鸟产卵孵化。巢箱的内、外巢室参考尺寸为16 cm(长)×16 cm(宽)×16 cm(高)，巢口直径5～6 cm，巢口下缘距巢底6～7 cm。

每年春、秋、冬三季北京饲养的虎皮鹦鹉均可繁殖，一般多于夏季停止繁殖。方法是，每年7～9月份，将巢箱取出，进行清洗消毒，10月份以后再将巢箱放回笼舍内。每年10月份至次年6月份间，虎皮鹦鹉可产卵、孵化和育雏3～4巢；每巢产卵4～7枚，最多可达10枚；卵重2.5 g左右，卵壳呈纯白色；孵化期约18 d，雏鸟留巢34～38 d，约40日龄后，雏鸟可以独立生活。虎皮鹦鹉 6～8 个月性成熟，其最佳繁殖年龄为 1～5 岁。

(二)小五彩鹦鹉

小五彩鹦鹉又称五彩绯鹦鹉、红胸五彩鹦鹉等，属于小型鹦鹉，原产于马来西亚及南洋诸岛。野生小五彩鹦鹉食性杂，最喜食果类、花蜜和植物嫩芽，也取食昆虫。野生小五彩鹦鹉繁殖期在春、冬两季，其筑巢于树洞中，通常每巢可产卵 2 枚。

通过观察北京动物园内的小五彩鹦鹉，发现其于每年 12 月下旬开始求偶，亲鸟在原有巢穴的基础上略加修筑，巢底用木渣等材料铺垫，开始产卵孵化。每巢可产卵 2 枚，卵壳呈圆形，纯白色；孵化期一般 22～24 d。初生雏鸟身被白色绒羽；雏鸟在 2～3 日龄即能发出细微的鸣叫声；28 日龄后，雏鸟颈部及翅膀等部位长出浅绿色的羽毛；35～40 日龄，雏鸟初生白色绒羽完全脱落，体表各部羽色接近成鸟，但体型要比亲鸟小一些，嘴壳开始呈黑褐色，胸羽呈浅红色，这些都有别于亲鸟。雌雄亲鸟共同担任卵的孵化，但雌鸟承担的工作更多一些。每当雌鸟离巢采食、排粪及饮水时，雄鸟则需入巢孵卵，当雌鸟回巢时，雄鸟则离巢负责巢的守卫工作。两只雏鸟需经 6～7 周能离巢，初离巢的雏鸟仍需亲鸟口饲喂，晚间雏鸟则回巢与亲鸟共同过夜，需再经 10～14 d，幼雏鸟则可以独立生活。人工饲养时，可以将亲鸟和幼鸟及时分群饲养，这样可以促使亲鸟再次筑巢产卵，一年内一对亲鸟可以孵化育雏 2～3 巢。

饲养者可以提供枯树干供小五彩鹦鹉筑巢，树干规格应需直径 18～25 cm，内凿直径 12～14 cm、深 25～32 cm 的洞穴，同时树洞上方开直径 10 cm 的出入口；巢应距地面 1.7～2.5 m。处于繁殖期时，需供给小五彩鹦鹉足量的贝壳、墨鱼骨等矿物质饲料，可直接投喂，任其自由取食，这既有利于幼鸟的正常发育，也有助于雌雄亲鸟恢复体质。

三、观赏鸽类的繁殖

多数观赏鸽类的最佳繁殖年龄在 2～5 岁。配对时，种雌鸽比雄鸽大 0.5～1 岁为佳。体质健壮的种鸽每年产卵一般可达 10 次以上，每次产卵 2 枚。卵壳纯白色，呈椭圆形，卵的大小因品种不同有所差异。为保证种鸽优良的体质和健壮的后代，提高繁殖性能，每对种鸽每年繁殖 2～4 巢最佳，繁殖季节在早春和初夏。观赏鸽每巢可产卵 2 枚，2 枚卵产出时间间隔 1 d，当第 1 枚卵产出后，需将卵取出，放置于凉爽通风处或无阳光处，待第 2 枚卵产出后，再放第 1 枚卵入巢中，一起孵化，这样能使雏鸽同时出壳，有利于雏鸽的同步发育和成长。雌雄鸽共同孵化鸽卵，孵化期约 18 d。雏鸽出壳一般不超过 24 h，雏鸽出壳后，依赖亲鸽的鸽乳存活，鸽乳是亲鸽从消化道内吐出的半消化食物；育雏期一般约 28 d。雏鸽出生后第 5 天应编号，并建立谱系卡，套上脚环，以作为终身标位，方便鸽群的选种和育种。

四、人工育雏

人工育雏是观赏鸟繁殖工作重要环节之一，是观赏鸟驯化的最基础工作，也是一件极其耐心细致的工作。很多种观赏鸟，捕获的成鸟人工驯养极难成活，但若从雏鸟期开始人工饲养，可以取得事半功倍的效果。驰名中外的玩赏笼鸟八哥，若从幼鸟开始就人工饲育，成长为成鸟后，其仿效人语或学习一些动物叫声准确逼真；百灵鸟、白脸山雀从雏鸟期开始人工饲育，在成长后驯以鸣唱，则更易取得理想的效果。人工繁殖的观赏鸟均属晚成性鸟类，雏鸟无视力，不能独立取食，需要亲鸟经口饲喂成长，如白玉鸟、金山珍珠鸟、白文鸟、灰文鸟、五彩文鸟等。为提高其繁殖率，将雏鸟从鸟巢内取出，进行人工育雏，可以使亲鸟提早再次筑巢产卵，进而大大增加珍贵笼鸟的繁殖性能。

在人工饲育下的雏鸟，对其饲养环境等方面，尚应具备一定的条件，否则不易达到理想的效果。因此，育雏者必须严格掌握以下各要点。

（一）质量稳定的饲料

雏鸟的消化功能尚未发育健全，对饲料质量的较大变更和增减均难适应，所以在育雏期供给的人工合成饲料不宜轻易变更，也不得增减过快。育雏者可以从雏鸟的粪便观察其消化的正常与否，多数雏鸟在消化正常时，所排出粪便表面附着一层光滑的黏膜，犹如在粪便表层外包塑料软膜，使雏鸟粪便软而光滑且不易松散，因而亲鸟在育雏期间可以比较顺利地用嘴将雏鸟粪便叼出巢外，以保持巢内的清洁，有利于雏鸟健康。当消化不良时，雏鸟排出的粪便，常无黏膜包裹，很易松散，也有时排出大量稀便，以致污染鸟巢及雏鸟体表。遇此情况，需及时查明原因加以改进。也可在饲料内加入适宜的助消化的药物，并加强观察和护理。此外，在雏鸟的饲料中添加适量的骨粉、墨鱼骨粉或钙粉等矿物质饲料，对雏鸟的发育及育雏期骨骼生长均甚有益。

（二）适宜的环境温度

晚成性幼鸟出壳后，由于体羽尚未生出或尚未丰满，故尚不能保持体温，更不能调节平衡体温，故需依靠亲鸟伏于巢内，以其体温暖其雏鸟，在人工育雏的条件下则需人工保温来维持雏鸟所需的环境温度。实践证明，环境温度应保持在 25～32 ℃。一般雏鸟日龄与育雏环境温度成反比，即日龄小则环境温度高，日龄增大则环境温度降低。为便于雏鸟的保温，可将雏鸟放于人工育雏的巢内，再将育雏巢连同雏鸟置入电热温箱、保温木箱、小温室、暖炕等处。雏鸟的生活环境，除应保持恒温外，还需要注意通风和有适宜的光照。

雏鸟发育到正羽后期，体羽逐渐生齐，并已能调节体温适应部分自然界环境变化，此时人工育雏的环境温度可逐步降低，有利于雏鸟日后适应自然温度和体羽的早日丰满。

（三）干燥的育雏环境

人工育雏的时节正是我国南北各地多雨季节，尤其长江流域正值梅雨期。此时常会出现环境湿度过高，育雏者需尽可能设法使雏鸟生活的环境保持干燥而通风，育雏用巢要及时清除粪便等污物。

在环境湿度较大的季节里，育雏巢需勤更换、多晾晒及适时洗刷，否则常易滋生体外寄生虫，尤其是螨类，常会使雏鸟瘦弱或贫血，以致最后死亡。

（四）清洁卫生

保持雏鸟生活环境的清洁卫生，对于雏鸟的生长发育极为有利，每天或每次喂食之后，用脱脂棉或纱布蘸少量温水擦洗雏鸟嘴及体表的饲料残渣，同时清除育雏巢内的粪便及一切污物。雏鸟生长到正羽后期，可以移出育雏巢，依具体情况适当地集中在适宜的箱笼内饲养，同时还可适当地设置适宜粗度及高低合适的栖架，开始训练雏鸟在栖架上休息和取食，有利其健康成长。此时笼内需垫细沙，供雏鸟取食，有助消化。

任务四　鸟类饲养用具的选择

情境导入

笼舍的选择关系到鸟类的活动空间和舒适度，饮食用具则直接影响到它们的健康和营养摄取，甚至连小小的玩具也能提升鸟类的心理健康和繁殖积极性。每一件饲养用具都在鸟类的日常生活中扮演着重要的角色，它们不仅需要符合鸟类的生理需求，还应当考虑到便于清洁和管理。在本任务中，我们将详细探讨如何选择和使用适合的鸟类饲养用具，了解它们的材质、结构及功能，掌握如何为鸟类打造一个安全、舒适的生活环境。通过学习，你将具备挑选和合理配置饲养用具的能力，为鸟类的健康成长和繁殖创造最佳条件。让我们一同走进鸟类饲养用具的世界，发现它们在日常养殖中的重要作用。

一、鸟笼的种类

鸟笼式样繁多，精美、轻便、适于鸣禽生活，更适于饲养者观赏。南北各地所用的鸟笼大同小异，如饲养笼鸟的种类与所选用鸟笼的规格不相适应，则饲养及观赏效果均受影响，因此，饲养各种鸣禽类，就应选用与其相适应的鸟笼。

（一）点颏笼（图 3-2-3）

我国北方饲养点颏雄鸟，用精制细竹条制成圆形竹笼，一般笼高约 30 cm，直径 25 cm。点颏鸟对笼具没有过大的拆毁能力，笼的结构可尽量轻巧精致，各竹条磨制光滑圆细，条栏间结构匀称，笼体油饰光亮美观。在玩赏笼鸟的同时，一并炫耀赏玩鸟笼、饰物、笼内精美成套的食缸、水缸。一具精制的点颏笼配有精美成套的瓷缸，常被玩赏者视为珍品。这种点颏笼除饲养红点颏、蓝点颏外，还可以用来饲养红尾鸲和大山雀等小型鸣禽。

在点颏笼内，还需安装精制栖木 1～2 根，栖木两端各装食缸及水缸，共 4 枚，便于分别供给不同饲料及饮水。在木质的笼底上面，设有便于清洁的承粪板或用棉布制作的粪垫，这样可经常保持笼底的清洁干燥，有利于延长鸟笼的使用寿命。

（二）百灵笼（图 3-2-4）

百灵鸟属于地栖性鸟类，从不栖息枝头，因此百灵鸟笼内不设栖架，仅在笼底的中央设一个圆形木质高台，百灵鸟可经常站立台上扬首高歌。笼底用薄木板制成，笼壁的下部以木片或竹片封闭，封闭高度为 3～5 cm，以利于笼底铺垫细沙，供百灵沙浴。笼壁竹片封闭之上方，设有圆形孔洞 1～2 个，食缸及水缸固定在洞外的笼壁上，鸟头可以自由伸出笼外取食或饮水，既便于随时添加饲料和饮水，又可避免笼内细沙及粪污混入食水，从而保障笼鸟的健康。

图 3-2-3 点颏笼

图 3-2-4 百灵笼

百灵鸟笼一般分为大、中、小型 3 种，均为圆形竹笼。大型高笼高 160 cm，笼底直径 60 cm；中型笼高 50～60 cm，笼底直径 45 cm；小型笼高 25～30 cm，笼底直径 30 cm。大型高笼的高度也可制成按需要调节高度的升降高笼，升高后专供百灵鸟飞舞鸣唱，降低便于移动或运输。百灵笼也可供作饲养云雀等地栖鸟之用。

（三）画眉笼

画眉笼有竹制板笼和亮笼之分。竹制板笼（图 3-2-5）呈四方形，有一部分笼体以竹片或木片围封，以利于初捕获野性较强的画眉有幽静的角落栖身，有利于初驯新鸟的休息，待略驯服后，再移入亮笼饲养。竹制板笼还可分为运输板笼和驯养板笼 2 种，其体积不同。运输板笼的体积甚小，笼高只有画眉站立的高度，内中空间，只容画眉在内转动自由之空间。可十数个运输板笼上下左右相连，各笼间均以竹片相隔，只有前方一面细竹条编制，供作观察、饲喂食水；驯养板笼的体积较大，可 30～45 cm 的正立方体，板笼的前方和左右两侧各半为竹条围栏，其他部分均以竹片或木片围封，笼内设栖架及食水用具，是野性较强的初驯画眉适用的笼具。

画眉鸟的亮笼（图 3-2-6）是日常玩赏用的笼具，为竹制圆形笼，其尺寸、大小不甚一致，一般高 33～35 cm，直径 30～32 cm，笼壁的竹栏间距为 2 cm，笼底也用竹栏构成，便于粪污直接落于地面，也便于笼具冲刷，或画眉浴水。距笼底 10 cm 处，设置直径 2 cm 的木质栖架，框架表面最好粘一层细沙，有利于磨损画眉不断生长的角质嘴壳及趾爪，以防因生长过度而畸形，影响取食和正常运动。栖架两端的笼壁上固定食缸和水缸。

图 3-2-5　画眉笼板笼

图 3-2-6　画眉笼亮笼

（四）八哥笼

八哥笼是一种大型竹制的圆形鸟笼，其笼壁的竹栏间距比画眉笼可略宽些，因此，这种大型竹笼不宜饲养各种小型鸣禽。八哥笼有平顶和圆顶 2 种，我国南方各省的笼鸟玩赏者认为，圆顶的八哥笼外观较为匀称美观，故乐于选用。平顶八哥笼制作简单，价格较低廉，多为北方笼鸟爱好者所选用。

八哥笼一般尺寸为高 35 cm，笼底直径 30～32 cm。笼内栖架及食水用具同于画眉。八哥笼也适于饲养松鸦、黑脸噪眉鸟等较大型鸣禽。

（五）白玉鸟笼

在我国江南各省也称为芙蓉鸟笼，以方形竹笼为主，其尺寸为长、宽各 30 cm，高 40 cm，笼底以木板封闭，在距笼底 10 cm 处和 25 cm 处，各设与底面平行而交叉的栖架 2～4 根。栖架两端固定食、水缸4枚。白玉鸟的方形笼又有轿顶和平顶之分，可依饲养者的爱好选用。将部分竹栏以板片或竹片封挡，内设窝巢，可作白玉鸟产卵繁殖笼。此类竹笼，除用于饲养白玉鸟外，也可用于饲养繁殖灰文鸟、相思鸟、金翅雀等鸣禽。

（六）绣眼鸟笼

绣眼鸟笼是一种小型竹制鸟笼，其制作较精巧。绣眼鸟体型小，活动量大，很善跳跃，所以一些南方玩赏者乐于采用方形竹笼，认为方形笼容积较大，适于善活动的笼鸟使用。其尺寸为长、宽各25～30 cm，高30 cm。笼内设竹质栖架1～2条，栖架两端设食、水缸。竹栏间距1 cm，竹栏结构纤细，不宜饲养嘴壳粗硬的鸟类。北方各地玩赏绣眼鸟，常喜欢选用圆形精制竹笼，这与南方的习惯不同。绣眼鸟笼也可用于饲养柳莺或山雀等小型鸣禽。

（七）黄雀笼

北京地区饲养黄雀，多乐于采用精美的竹质圆笼，其制作工艺甚精细，竹质栅栏光润匀称，栏间距1.5 cm，并饰以紫红色或墨黑色油漆，在饲养笼鸟的同时，也可以欣赏精美的鸟笼制作工艺。黄雀鸟笼的尺寸为高22 cm，笼底直径30 cm，笼底用竹栏封闭。距底6 cm处安装栖架2条，栖架两端设置食、水缸4枚。

（八）鸣禽繁殖笼

繁殖笼是饲养雌雄成对鸣禽，并用于求偶、营巢、产卵、孵化、育雏的长方体竹笼。其体积比普通观赏鸟笼宽大，在笼内上层角落处设置巢架、巢基或人工鸟巢；部分以人工巢箱营巢的鸣禽，还需在巢箱背后的笼壁一侧设置便于开关的小门，以备检查鸟巢、鸟卵孵化情况，以及方便人工补饲雏鸟。小门还可在幼鸟成长离巢后，进行清洁鸟巢之用。因鸟笼较大，需在适宜处设2个清洁门和喂食门。鸣禽繁殖笼以优质竹栅制成，其尺寸为长60 cm，宽45 cm，高50 cm。在距笼底10 cm处和30 cm处，设置与笼底平行而纵横交叉的木质或竹质圆形栖架，下方的栖架两端设食缸和水缸。这种繁殖笼最好固定在室内光照适宜的墙角处，不宜每天移动位置或较多地干扰。此笼适用于饲养繁殖白玉鸟、金山珍珠鸟、灰文鸟及斑文鸟等鸣禽。

（九）箱式繁殖笼

箱式繁殖笼是用较大的木箱改制而成，首先选择适宜大小而坚固的木箱，木箱五面木板光滑坚固，前方盖以铅丝网并做便于开关的喂食及清洁的小门1～2个，供作日常饲喂食、水、清洁箱笼之用。箱内适宜高度设置栖架3～5条，或装适宜的枯树枝代替栖架。在箱笼略高处设置适宜的巢基或巢箱，供笼鸟营巢、产卵及孵化用。因此只有前面为铅丝网构成，其余各面均为木板封闭，鸟类在笼内生活、求偶、产卵、孵化及育雏均较安静，而且精神集中很少受外界干扰，所以其繁殖效果比竹笼好些。若为家庭居室内饲养，可将箱式繁殖笼固定在室内光照适宜处的较高墙壁上。箱底垫细沙，既可供亲鸟沙浴，又可任其取食笼中沙粒，有助消化。因箱笼体积较大，玩赏者可定期(1～2周)酌情清除1次粪污，每日清洗食、水用具，同时更换食、水。这种箱式繁殖笼，适宜饲养繁殖多种鸣禽。

（十）运输笼

鸣禽类的运输笼，一般均由竹片及竹栅制成，近年来也有部分胶合板及硬塑料片，配合部分竹栅制成运输笼。主要适用于运输各种中小型鸣禽，如画眉、百灵、松鸦、黄鹂、相思鸟等。

运输笼的大小需略大略高于所运输鸟体，以鸟入笼后能活动自如为佳。每笼1鸟，各设食、水用具，多个小笼上下左右相连，便于运输，便于搬运，也便于管理。上下两层运输笼之间，设有活动的承粪板相隔。一般笼的前方及笼底用竹栅制成，其余各部用竹片等物封隔。因其体积矮小，专供鸣禽运输之用，北京习惯通称其为运输扁笼。

除上述鸟笼外，尚有专供鸣禽洗浴用的浴笼，以竹栅或细金属网制成。还有专供捕猎野鸟之用的踏笼，北京地区又称翻笼，是引诱和捕捉自然界小型鸣禽的一种特殊结构的竹笼。因目前不准随意捕猎野生鸟类，故不作详细介绍。

二、鸣禽的食具与水具

饲养玩赏鸣禽，除需有适宜的鸟笼外，还需要配置适宜各种不同习性鸣禽的食具和水具，一般玩赏者对鸟笼内设置的食、水器皿，均力求精美，以炫耀其笼鸟的珍稀。笼鸟的食具和水具类型较多，按北京的习惯，一般是竹制粗笼配以粗瓷缸；精制漆笼配以成套的花样相同的精瓷食缸和水缸，每笼一套共 2～4 具；此外尚有更简陋的以竹节制成的粗竹食缸和水罐、金属简易食、水缸、木食槽等，均可供作运输途中或临时驯养鸣禽的食、水用具。一般家庭中饲养玩赏鸣禽，多采用精制瓷缸，它不但美观，而且易清洗和消毒。大量饲养鸣禽类，则采用粗瓷或搪瓷制品。由于饲养和玩赏的笼鸟种类不同，故其所需的食具和水具各有差异，现将常见的几种食具和水具分别介绍如下。

(一)粒料缸

北京市场上常见的粒料瓷缸，有精瓷缸和粗瓷缸之分，好的精瓷缸不但瓷质精细优良，而且瓷缸正面绘制的彩画精美规整，全套食缸、水缸 2～4 个彩画完全一致，可称是一套精美的工艺品，而且也有实用价值。粒料缸的口略小，腹部较宽深而大，适于盛放粟、黍、苏子、稻谷等粒料之用，有时也可供作鸣禽的饮水用具。

(二)米缸

鸣禽笼鸟的米缸，是用来盛小米、大米、鸡蛋米等脱壳后较精质的粒料的食具，因这些粒料售价较高，为了减少浪费，所以容器的口部适当小些，以防止笼鸟在取食时将粒料拨掏到料缸外。常用的米缸有腰鼓型和缩口型等多种式样。

(三)粉料缸

粉料缸是用来饲喂鸣禽笼鸟粉状饲料的食缸。因一般鸣禽对粉料采食量不大，而且粉料易于变质，所以粉料缸多呈浅盘型，缸口与缸底同等大小，缸壁垂直。北京俗称为浅缸，它便于鸣禽啄食和清洗。

(四)湿料缸

鸣禽的湿料是人工配合的多种混合精料，其主要成分由鲜肉、鱼肉、虾肉、熟鸡蛋等组成，并加入适量粉料及水调和而成。湿料虽然用量不甚大，但它是食虫鸣禽的主要饲料。湿料缸口径与底径同等大，与粉料缸很相似，但更浅些。

(五)水缸

水缸是各种笼鸟不可少的饮水用具，样式很多。多数笼鸟玩赏者喜欢采用粒料缸盛水，供笼鸟饮用。因为这种料缸较大，缸口略小，较适于鸣禽饮水用。但部分鸣禽有掏拨饮水的习惯，致使饮水不洁或造成经常缺水，影响笼鸟的健康，因此，需选用管状曲颈的瓷制或玻璃制饮水器。

鸣禽需要采食少量青绿叶菜或野草，为防止青菜类过快枯干，可将叶菜置于盛有清水菜缸内，这种菜缸一般略深些，缸口与缸底同等大。北京饲喂鸣禽青绿菜类时，常不定时地将大量青菜或野生青草投入笼内任鸟自由取食，故常不使用菜缸。

鸣禽类在笼养情况下，所需的日常食、水用具种类繁多，除上述外，尚有饲料匙，供作隔栏给笼鸟添加饲料之用；湿料铲，是用来铲取湿的混合料，从笼外伸进笼内湿料缸添食的长柄小竹铲或金属铲；喂料扦，用来挑取混合湿料喂饲雏鸟的竹制光滑的饲料扦；加料漏管，用铁皮或塑料制成，一端开口为尖细管状，略弯曲，另一端开口较大，呈喇叭形，是便于由笼外伸入笼内的饲料缸内添加粒料用；此外其他用具尚有如笼衣（笼罩）、笼架、粪垫、粪铲等均为笼养鸣禽不可少的日常用具，可依饲养者习惯自制。

项目小结

通过本项目的学习，学生深入了解了观赏鸟繁殖的关键技术，系统掌握了鸟类的身体构造、繁殖特性、育种方法以及饲养用具的选择和使用。课程内容设计既注重理论知识的传授，也强调实践操作技能的培养，能够全面认识不同鸟类在繁殖过程中对环境和设备的具体需求。学生通过实验操作，学会了科学地管理鸟类繁殖和育种的各个环节，能够合理选择和使用饲养用具，创建适宜的繁殖和生活环境。在这一过程中，不仅提高了专业素养和实践能力，还增强了对观赏鸟养殖行业的责任感和专业精神。项目的教学设计注重互动与参与，通过讨论、演示和案例分析等多种教学方法，激发了学生的学习兴趣和热情，为未来在观赏鸟养殖领域的工作奠定了坚实的基础。

思政园地

在学习过程中，我们不仅掌握了观赏鸟繁殖的专业知识和技能，还深刻领会了爱护动物、尊重生命的价值观。通过探讨鸟类繁殖与育种，我们认识到科学养殖和动物福利的重要性，理解了生态平衡和环境保护的意义。同时，课程强调职业道德和社会责任感，培养我们在未来工作中以人道和可持续的方式进行动物养殖和管理。通过这些思政教育内容的融入，学生们树立了正确的职业观和价值观，为成为有责任感、有担当的专业人才打下了坚实的思想基础。

职业能力测试

一、选择题

1. 在鸟类的繁殖过程中，雄鸟通常通过（　　）方式吸引雌鸟。

A. 爬树技巧　　B. 羽毛展示和鸣叫

C. 食物供应　　D. 挖掘巢穴

2. 在鸟类繁殖过程中，（　　）阶段通常需要特别注意环境温度的控制。

A. 求偶　　B. 筑巢　　C. 孵卵　　D. 雏鸟喂养

3. 以下哪种鸟类繁殖特性描述是正确的？（　　）

A. 所有鸟类都在冬季繁殖

B. 大多数鸟类在繁殖季节会表现出特定的求偶行为

C. 鸟类的繁殖不受光照时间的影响

D. 所有鸟类都需要水环境进行繁殖

4. 鸟类育种的成功与否很大程度上取决于（　　）因素。

A. 选种和配对的科学性　　B. 笼舍的高度

C. 笼舍的颜色　　D. 饲养员的性别

5. 关于鸟类繁殖季节的描述，以下哪一项是正确的？（　　）

A. 所有鸟类都在春季繁殖

B. 繁殖季节取决于鸟类的种类和环境
C. 繁殖季节与季节无关
D. 鸟类全年都可以繁殖，不存在特定的繁殖季节

6. 在选择鸟类饲养用具时，以下哪项因素对鸟类的心理健康最重要？（　　）
A. 用具的颜色　　B. 用具的价格
C. 用具的品牌　　D. 用具的安全性和功能性

7. 关于鸟类的育种技术，以下哪一项是错误的？（　　）
A. 通过选择性育种可以提高鸟类的观赏价值　　B. 杂交育种可以产生新的品种
C. 育种过程中无需考虑鸟类的健康状况　　D. 育种需要长期的计划和观察

8. 以下（　　）饲养用具可以提升鸟类的心理健康和繁殖积极性。
A. 过滤器　　B. 供暖设备　　C. 鸟类玩具　　D. 灭菌灯

二、简答题

1. 鸟类的生殖系统由哪些部分组成？
2. 描述鸟类在繁殖季节求偶行为。
3. 鸟类的繁殖特性有哪些？
4. 列举选择鸟类饲养用具时应考虑的主要因素。
5. 简述定期清洁鸟类笼舍的必要性。

项目三　观赏鱼的繁殖

◆ 项目描述

观赏鱼作为宠物，在全球范围内拥有广泛的爱好者群体。观赏鱼的繁殖不仅可以满足市场需求，还能增强鱼类的基因多样性，提高其观赏价值。本项目将重点研究金鱼和锦鲤的繁殖以及热带鱼的繁殖，并对鱼类养殖器具的选择进行详细探讨。通过本项目，学生将掌握观赏鱼的繁殖生物学知识，学会如何为不同种类的观赏鱼创造最佳的繁殖条件，并能熟练选择和使用适宜的养殖设备。

◆ 知识目标

1. 掌握观赏鱼繁殖的基本理论和技术。
2. 熟悉观赏鱼繁殖的实际操作和管理。
3. 学习鱼类养殖器具的选择和使用。
4. 掌握鱼类人工繁殖技术。

◆ 技能目标

1. 能够准确鉴别雌、雄观赏鱼。
2. 能够设计和布置适宜的繁殖环境，管理和维护繁殖过程。
3. 具备观赏鱼繁殖的实际操作能力，解决繁殖过程中出现的问题。

◆ 素质目标

1. 促进学生与团队协作，培养科学态度。
2. 增强学生保护水生环境和生物多样性的意识。

任务一　金鱼和锦鲤的繁殖

情境导入

从迷人的色彩到优雅的游姿，金鱼和锦鲤一直以其独特的美丽吸引着人们的目光。然而，让它们展现出这种美丽的背后，是一系列精心策划和细致管理的繁殖过程。我们将揭开金鱼和锦鲤繁殖的神秘面纱，了解它们独特的繁殖习性和技术。从细心挑选配对的鱼儿，到为它们营造舒适的繁殖环境，再到孵化管理的每一个细节，我们都将逐步探索这个精彩而神奇的过程。通过本次任务，将不仅了解金鱼和锦鲤繁殖的技术，更会深入体验到这两种鱼类所展现的生命力和美丽以及繁殖管理者的责任与关爱。

一、金鱼的繁殖

金鱼是最早被人类驯养的观赏鱼之一，已有数千年的历史。经过长期的人工选育，金鱼已发展出许多不同的品种和形态。金鱼通常在春季繁殖，当水温达到 20～24 ℃时，繁殖活动最为活跃。金鱼是卵生鱼类，其繁殖过程包括产卵和体外受精。雌鱼在合适的环境中产卵，雄鱼随后释放精子进行受精。受精卵会附着在水草或其他适合的物体表面，经过几天的孵化后，幼鱼破卵而出。

（一）亲鱼的选择

1. 鱼龄选择

1 龄金鱼的性腺基本上就成熟了，但卵径小，怀卵量少，约 1 000 粒。一般 2～3 龄金鱼常被用作亲鱼，体质健壮、生殖腺饱满、怀卵量大、卵子和精子的活力强、受精率和孵化率均较高。如 3 龄金鱼怀卵量可达 7 万～8 万粒。而 5 龄以上的金鱼因生殖机能开始逐渐衰退，产卵量及产卵次数均较少，后代畸形率高，一般不用作亲鱼。

2. 品种特征

除体质健壮、形态端正、游姿平稳和色泽鲜艳外，还要根据培育品种的目的和要求，有计划地将能充分表现出显性特征，并在后代中也能充分表现的金鱼选作繁殖亲鱼。如肉瘤是否发达、身体是否浑圆、尾柄是否够长、尾鳍具强劲的张力，是“狮头”金鱼选种的首要条件；丰满的肉瘤、壮硕的身体和张力强健的尾鳍，是“日本兰寿”选种的首要条件。

3. 雌雄鉴别

金鱼是卵生鱼类，雌雄异体，两者在外部形态上有一定的差别，其雌雄鉴定方法如表 3-3-1 所示。

表 3-3-1　金鱼的雌雄鱼特征

项目	雄鱼	雌鱼
体型	细长，腹部突出不明显，胸鳍长而尖，尾柄粗	短而圆，腹部膨大突出，胸鳍短而圆，尾柄细
体色	鲜艳	色泽较淡
胸鳍	尾鳍、胸鳍、背鳍都稍长，胸鳍硬刺弯曲	尾鳍、胸鳍、背鳍都稍短，胸鳍硬，硬刺平直
追星	鳃盖上、胸鳍的硬刺上出现一颗颗乳白色的圆锥形的小突起，即追星，用手触摸有粗糙涩手和弹性的感觉	一般没有追星
泄殖孔	小而狭长，两端尖，中间微膨大，呈瘦枣核状，与体表平或稍向内凹	稍大而圆，呈梨形，梨柄端向前，微向外凸
腹部	小而略硬	略圆且松软
游动方式	游动活泼，常主动追逐其他金鱼	游动缓慢

（二）亲鱼的培育

亲鱼一般在秋季选定，整个秋冬季节都要加强培育。以秋季培育最为重要，要分开饲养，投喂营养丰富的饵料。在温室越冬期要格外精心护理，水温接近 10 ℃时，应适当投放饵料，防止亲鱼消耗体内营养成分，对性腺造成不良影响。初春，随着气温升高，做好水质管理，投喂活饵料，保证充足的溶氧量，促使亲鱼的性腺充分发育成熟，恢复体质，为繁殖后代做好准备。

（三）金鱼的繁殖

1. 自然繁殖

在大规模的金鱼生产中，多采用自然繁殖的方法。将精心培育、认真筛选的亲鱼，按照雌雄比 1∶3 或 2∶3 放入产卵池内。产卵池可用玻璃缸、水泥池等。产卵池内加设鱼巢，鱼巢的材料一般用金鱼藻、狐尾藻、棕片丝、窗纱等。开始雄鱼会偶尔追着雌鱼游一段，然后追逐频繁，有时雄鱼用追星摩擦雌鱼腹部，有时用头部紧紧顶着雌鱼腹部追来追去，这表明亲鱼即将临产，即发情。当雄鱼、雌鱼追逐到极度兴奋的状态，雌鱼钻到鱼巢上，边用尾鳍击水，边产卵，使卵子较均匀地黏附在鱼巢上，而雄鱼也立即射精，使卵子受精。金鱼卵属于黏性卵，产出的卵遇水后膨胀产生黏性，黏到鱼巢上。如果不设鱼巢，鱼卵将散布在池底或缸底，底部易缺氧，不利于卵的正常发育，影响孵化率和出苗率。在繁殖季节里金鱼隔 1～2 周产 1 次卵。

2. 人工授精

人工授精是指在特定情况下，将种间杂交或自然受精率低的鱼种通过人工的方法进行授精。人工授精前，要对亲鱼进行刺激，促进性腺进一步成熟。首先，将选出的亲鱼按雌雄比 1∶1 放入产卵池中，并放置鱼巢，观察雌鱼、雄鱼追逐情况。当亲鱼有较明显的追逐现象时，先检查雌鱼，用左手的拇指、食指和中指夹住雌鱼的尾柄，使其不能左右摆动挣扎。然后，用右手拇指和食指由前向后轻压腹部两侧，如有大量卵子流出，用敞口容器收集。然后以同样的方法轻轻挤出雄鱼的精液，并用干净的羽毛轻轻拌匀，让精子、卵子充分接触。容器中的水要浸过全部鱼卵，以保证稀释的精液能全部浸过鱼卵 5～6 min 后，换水冲洗干净受精卵，完成受精。受精后的卵子可倒在鱼巢上，让其自然孵化。在整个过程中，用水要干净，温度要恒定，用后的亲鱼也应管理好，以备下次产卵。

在金鱼的繁殖中，以人工选择亲鱼、自然繁殖的方法为主，人工授精的方法为辅。

（四）孵化

金鱼卵的孵化是金鱼繁殖过程中的重要阶段。首先，孵化用的盆（池）需提前清洗干净，然后注入新水，晾晒后才可放入金鱼卵进行孵化。孵化盆（池）的水深最好保持在 20～25 cm，将附着受精卵的鱼巢置于距水面 2～3 cm 的位置，确保其能够充分接受阳光，有利于卵的孵化。受精卵遇水后，卵膜迅速吸水膨胀。正常受精卵呈淡黄色，略带透明，经过 2～3 d 的多次细胞分裂后，透明度逐渐减少。当受精卵出现黑色眼点（即眼球的黑色素）时，意味着该受精卵可以孵化出鱼苗。再过 2～3 d，黑点周围会形成肉色圆团，这是金鱼的胚胎。

金鱼的孵化期通常为 3～7 d。水温越高，孵化时间越短，反之则越长。当水温为 15～16 ℃时，孵化时间约为 7 d；水温为 18～19 ℃时，孵化时间为 4～5 d；水温达到 20 ℃时，3 d 即可孵出幼鱼。但理想的水温为 16～18 ℃，在此温度范围内经过 6～7 d 孵化出的仔鱼体质最佳。孵化期内水温要保持恒定，通常在 16～20 ℃。当水温低于 5 ℃或高于 30 ℃时，胚胎发育会出现问题，容易产生怪胎、死胎或畸形胎。

在孵化过程中，如果受精卵变成不透明的乳白色，并且外部长满白毛，则说明受精卵已腐败，感染了水霉菌，这时需要及时清除这些受精卵，以免扩大感染，影响孵化率。仔金鱼孵出后，卵膜常会在水中黏结，并分解出有机酸，破坏水质，影响仔鱼的生活和发育。因此，需要及时清除卵膜。清除的方法是用稀薄的布巾沿水面慢慢拉卷，将水面上的卵膜及脏沫清理干净，动作要轻缓，避免引起水体大的波动，防止伤害到幼嫩的仔金鱼。

(五)鱼苗培育

刚孵化出的金鱼幼鱼呈细长针状,长 0.3~0.5 cm,各鳍尚未发育完全,依附在鱼巢、水草或盆壁上,不进食也不活动,主要依靠吸收自身卵黄囊的营养进行生长和发育。通常 3~4 d 后,幼鱼开始水平游动,这时可以开始喂食熟蛋黄颗粒。蛋黄每日投喂 1 次,数量宜少。1 周后,可以喂一些较小的鱼虫。

幼鱼孵出后,不应立即将鱼巢从孵化缸中取出,通常需要等到 1 周后再取出。这是因为刚孵化的幼鱼对环境适应能力较差,只能依靠嘴尖挂附在鱼巢、孵化缸壁或浮在水面上。如果此时取出鱼巢,会导致大量幼鱼沉落水底而死亡。在幼鱼苗的生长过程中,通常每 15 d 左右换 1 次水,换水时要注意新水的温度与原水温度一致,温差最好控制在 1 ℃以内,并且保留一部分原池中的上层老水。

经过 20 d,当幼鱼长到 2 cm,肉眼即可辨别出尾鳍的特征时,应及时进行筛选,淘汰单尾和畸形鳍的鱼苗,留下左右对称的双尾鳍鱼苗继续培育。经过 30 d,鱼苗生长到 3 cm 以上,背鳍特征明显,根据不同金鱼品种的特征进行优中选优、逐级筛选、提纯复壮,培育出符合商品要求的金鱼。

二、锦鲤的繁殖

(一)亲鱼的选择

为了能培育出优质锦鲤作为繁殖用的亲鱼,要求亲鱼体质健壮,色泽鲜亮晶莹,品系纯正,品种特征明显,色斑边际清晰鲜明、无虚边、无疵斑,鳞片光润整齐,游姿稳健及各鳍完整无缺陷。适龄繁殖的雌鱼一般要求 3~7 龄,而雄鱼也要在 3~5 龄及以上,这样的亲鱼,体质健壮、生殖腺饱满、卵子和精子的活力强,受精率和孵化率都较高,用作亲鱼最为理想。为了保证精子数量充足,提高卵子的受精率,雌雄鱼搭配比例是 1∶2 或 2∶3,效果较好。

(二)亲鱼的培育

培育最好在水池中进行,单养时每 670 m^2 放养 150~200 尾,混养则应减少放养量。培育时每天投喂 1~2 次优质饵料,饵料多用红虫、水蚯蚓、摇蚊幼虫等,以确保亲鱼营养。每天及时清除残饵及池底污物,保持水质清洁,每 6~10 d 换水 20%,避免水质过肥,造成细菌性、寄生虫等疾病的发生。一般经过 1 个月左右的强化培育,亲鱼性腺即丰满成熟。

(三)锦鲤的繁殖

1. 自然繁殖

在北方地区,4 月下旬至 6 月中旬是锦鲤的繁殖季节,当水温上升到 16~18 ℃时,即可将选择好的亲鱼移入产卵池。产卵池一般都采用小型水泥池,鱼池面积为 4 m×4 m 方形池或 4 m×5 m 的长方形池较为适宜。鱼池过大不便于管理,过小又影响亲鱼的产卵活动。水深 30~40 cm,以含氧量充足、微碱性(pH 7.2~7.4)、硬度低的清洁水质为好。锦鲤卵属黏性卵,因此产卵前要在产卵池内加入鱼巢,使受精卵黏附其上。鱼巢一般采用经过蒸煮浸泡的狐尾藻或棕树皮,扎成小束做成。

当发现亲鱼有相互急促追逐现象时,表明即将产卵,立即放置鱼巢于产卵池内。产卵一般在清晨 4:00 左右开始,到上午 10:00 左右停止。一次的产卵量通常为 20 万~40 万粒,还有的在产卵约 1 个月以后,会再次产出前次未产尽的余卵。锦鲤的卵径为 2.1~2.6 mm,受精后吸水膨大,黏附于鱼巢上孵化。当亲鱼产完卵后,将附有受精卵的鱼巢取出,用 5%~7%的食盐溶液浸 5 min 消毒,然后再移入孵化池中孵化。消毒对预防水霉病的发生有一定效果。

2. 人工授精

培育锦鲤新品种，用自然杂交法有困难时，可采用人工授精的方法。先取雌鱼，用毛巾或纱布擦干鱼体，一人用左手轻握其尾柄，使其不能左右摆动，右手轻握鱼头，另一人用拇指由胸鳍处卵巢前端轻压雌鱼腹部，即有卵粒从生殖孔流入消毒洗净的容器中，连续挤压数次，直至基本排空。然后用同样的方法处理雄鱼，将精液迅速挤入盛卵的器皿中，用消毒的羽毛轻轻搅拌，使之受精。隔 2～3 min 后，将受精卵均匀地倒入预先置于浅水盆中的鱼巢上。静置 10 min，当卵黏固后，用清水洗去精液，即可进行孵化。

（四）孵化

首先要准备孵化池，可用面积为 3 m×3 m、水深 30 cm 的水泥池。锦鲤孵化时间的长短与水温关系密切，当水温 18 ℃时需 5～7 d；水温 22 ℃时需 3～4 d；水温 25 ℃时需 2～3 d。水温一般控制在 18～24 ℃内，此种情况下，孵化时间为 3～4 d，孵化率高达 90%以上，孵出的仔鱼体质最佳，且优质鱼的数量最多。

（五）鱼苗培育

受精卵经过 3～7 d 孵出仔鱼，刚孵化的仔鱼，不食不动，依靠吸收腹部卵黄囊的营养物质维持鱼体生存需要。待卵黄吸收完毕后，仔鱼便开始自由游动并开口摄取食物，这时开始投喂较小轮虫、草履虫、变形虫和单细胞藻类等活饵料，也可喂煮熟的鸡蛋黄。投喂方法：用两层纱布将蛋黄包好、捻碎，然后将此纱布包在鱼巢和池边水面上轻轻拍动，使蛋黄颗粒通过纱布孔隙呈云雾状均匀悬浮在水中供仔鱼摄食。一般每天喂 1 次，投饵量以喂后 1 h 内基本吃完为宜。

为保持清新水质，投蛋黄后应及时清污。7～10 d 仔鱼长到 1 cm 以上时，取出鱼巢，投喂小鱼虫、大轮虫等，鱼苗池内应不断保持有鲜活的饵料。鱼苗长至 2～3 cm 时，每 5～7 d 清污换水 1 次，加水时应沿容器壁缓慢加入，以免损伤幼鱼。投喂水蚯蚓、黄粉幼虫及适口的配合颗粒饵料。

鱼苗的培育过程也是一个择优去劣的过程，挑选幼鱼是饲养过程中获得优质锦鲤最重要的一个环节。仔鱼孵出后 20～30 d，鱼体长到 3 cm 左右时，便开始进行挑选。一般在孵化后的 3 个多月内需进行 3～4 次挑选，主要是选留体质健壮、游动活泼、色彩鲜艳、图案斑纹清晰、品种特征明显的个体。锦鲤在喂养过程中淘汰率较高，1 尾亲鱼一般产卵 20 万～40 万粒，孵化后经过数次挑选，最后只能留下约 5 000 尾大鱼。

任务二 热带鱼的繁殖

情境导入

在热带地区的清澈水域中，各种色彩斑斓的热带鱼自由穿梭，它们活泼的身影和独特的行为令人流连忘返。在本任务中，我们将深入学习和探索热带鱼的繁殖技术和方法。从而了解不同种类热带鱼的繁殖习性，学习如何营造适合它们繁殖的环境条件，掌握从选对亲鱼，准备繁殖缸，到照顾鱼卵和幼鱼的每一个细节。

一、亲鱼的选择

在自然条件下，通过生存竞争、优胜劣汰，热带鱼一代又一代地延续自己的优良特性。在人工繁殖条件下，为了保持热带鱼的优良特性，必须在遵循自然规律的基础上，根据热带鱼的评价标准，有目的、有选择地进行选育。选择亲鱼时应在同龄鱼中选择个体较大、身强体健、色彩鲜艳、性腺发育良好、第二性征突出和品种特性明显的个体；对于自择配偶的鱼类，要顺应鱼类自己的选择，同时避免近亲交配。热带鱼的品种不同，成熟期也不相同。中小型鱼一般半年成熟，可选6～8月龄鱼作亲鱼；大型鱼一般1～1.5年成熟，可选1.5～2年的鱼作亲鱼。一般雄鱼比雌鱼成熟晚1～1.5月。雌、雄搭配的比例应根据雌、雄体的大小，以(1∶1)～(1∶3)为宜。

二、卵胎生鱼类的繁殖

卵胎生鱼类，如剑尾鱼、孔雀鱼、黑玛利鱼、珍珠玛利鱼、月光鱼等花鳉科鱼类，其卵子排出卵巢后，卵在雌鱼的泄殖腔内与精子结合成受精卵并发育成小鱼苗后出生。因此，卵胎生鱼类鱼苗的成活率很高。

以孔雀鱼为例介绍其繁殖方式。孔雀鱼的繁殖条件不高，只要每日投喂鱼虫等鲜活饵料，以及水温保持在20～26 ℃，一般在平时饲养的水中就能产下鱼苗。但是要注意的是怀仔雌鱼受惊时易跳，应采取措施防止亲鱼跳出缸外。孔雀鱼对繁殖容器不挑剔，用玻璃瓶就可以满足其要求。选择雌鱼体长达4～5 cm，雄鱼体长达3 cm左右，花色艳重、尾形长大的作亲鱼。一般雄鱼要多于雌鱼，若雄鱼不足，以1∶1的雌、雄比例也可。雌、雄亲鱼挑选后合缸饲养，可见雄鱼经常追逐雌鱼，交配后雌鱼腹部逐渐膨大，此时应加强喂养，多投喂鱼虫等活饵，当发现雌鱼肛门处黑色胎斑变大，黑色明显加深时，表明临近产期，应将雌鱼移入产苗水族箱中待产，在待产期间仍需加强喂养。有的雌鱼会很快产下鱼苗，有些则会等待多日后产苗。在将临产雌鱼移入产苗用水族箱时，注意不能把不同品种、不同产期的其他怀仔雌鱼共同放在一个水族箱中，以避免前者产下的鱼苗被尚未产苗的雌鱼吞食。雌鱼产苗完毕后应单独饲养，暂避雄鱼。为了防止亲鱼吞食鱼苗，可以在产苗水族箱内设置隔离物，用塑料制品围成漏斗状，浸入水中，将亲鱼置漏斗内，待鱼苗产出后便可从漏斗底部掉入漏斗以外的水体中，从而避免被亲鱼吞食。产苗水族箱中的小鱼苗，在产出的第2天就需要喂食。

三、卵生鱼类的繁殖

卵生鱼类的繁殖方式是雌、雄亲鱼排卵、排精同步进行，卵子在水中受精。由于卵生类是体外受精，雌、雄鱼排卵、排精需要同步进行，因此，对亲鱼性腺成熟度的选择很重要，特别是雌鱼，要选腹部最为肥满的。

雌鱼产浮性卵的，雄鱼会预先吐泡沫为巢，雌鱼产卵于浮巢中；产黏性卵的，需要水草或其他附着物为巢，受精卵附在鱼巢上孵化；产沉性卵的，受精卵沉于砂石间隙孵化，需要用粗砂或石砾铺底。不同种类的热带鱼，其产卵过程和受精卵孵出鱼苗的时间有差异，水温、光线、水质、溶氧量等都会影响到热带鱼的繁殖。因此，在人工繁殖之前应首先了解不同鱼类的繁殖特点。

(一)脂鲤科鱼类的繁殖

脂鲤科鱼类的品种很多，有些种类对水质、环境和光线的要求严格而不易繁殖，如红绿灯鱼、柠檬灯鱼、宝莲灯鱼等。但是大多数品种容易饲养，有的也易繁殖，如黑裙鱼、红裙鱼、头尾灯鱼、玫瑰扯旗鱼等。现以玫瑰扯旗鱼为例介绍其繁殖特点。当成鱼养至4 cm左右时，雄鱼色泽深红、艳丽，臀鳍白边明显，雌鱼腹部发白膨大，此时可以配对放入水族箱中繁殖，也可以群繁。繁殖用水的水质同饲养水质，水温可提高1～2 ℃，繁殖箱底铺以金丝草，也可以不铺，让受精卵散落于水底。亲鱼放入水族箱前应先向水中充气增氧，以利于受精卵的孵化。雌、雄鱼以1∶2的配比放入产卵用水族箱中。如果进入产卵箱后的亲鱼2～3 d内不出现追逐发情现象，则应另换亲鱼。因此，当亲鱼放入水族箱后要密切注意其动态，对于不发情的亲鱼捞出后放于宽大水体中并投以水蚤等天然活体饵料喂养，以促进其性腺成熟。产卵完毕应及时捞出亲鱼。受精卵呈淡紫红色、半透明，经 24 h 左右可以孵出鱼苗，再经过 3～4 d，鱼苗体内卵黄吸收完毕，可以用轮虫等喂养。

(二)鲤科鱼类的繁殖

鲤科鱼类大多产黏性卵，少数产沉性卵，亲鱼有吞食卵子的习性。达到性成熟的亲鱼会出现明显的婚姻色，雄鱼较雌鱼艳丽，此时可挑选腹部明显膨大的雌鱼，雌、雄亲鱼比例按 1∶(2～3)为宜。中小型鱼类的产卵用水族箱应以长 40～50 cm 为宜，水质同饲养水质，水位应稍浅一些，同时备好鱼巢、增氧器等。对于喜欢弱酸性水、温度高些的鱼，可降低 pH 0.2～0.4，提高水温 1～2 ℃。调整水质，放入鱼巢，都是促进亲鱼发情的因素。产卵用水族箱中应先放入雌鱼，1～2 d 后再放入雄鱼。雌、雄亲鱼产卵、排精后，卵粒散落在鱼巢上。需要注意的是，雌鱼并非仅排卵 1 次就能排完，应细心观察，当雌鱼完全平静，产出的卵已比较多时即将亲鱼捞出，以免卵子被吞食。受精卵在鱼巢上经 24～72 h 可孵出鱼苗。孵化期间应当充氧，发现死卵应及时清除，以免产生霉菌，污染水质。出膜后的鱼苗一般仍依附在鱼巢上不动，经 3～4 d 后鱼苗体内卵黄囊被吸收耗尽，开始游动觅食。此时可以投喂一些轮虫或煮熟的鸡蛋黄。

(三)攀鲈科鱼类的繁殖

对三星鱼、曼龙鱼、斗鱼、攀鲈鱼等，在发现雄鱼常追逐雌鱼，鱼体出现艳丽的婚姻色时，即是发情的标志。此时应将雌、雄亲鱼配对放入事先备好的产卵水族箱内，水面放入浮性水草，以便雄鱼吐泡为巢时容易聚集泡沫成巢，水温保持 23～25 ℃。将亲鱼放入产卵水族箱后 2～3 d，雄鱼便会大量吐出泡沫筑巢，然后追逐、引诱雌鱼入巢产卵。待产卵结束后，需立即将雌鱼放回水族箱里，仅留雄鱼守巢幼鱼。受精卵经 24～48 h 孵出鱼苗，刚孵出的鱼苗细小如同针尖，待在泡沫中不动，3～4 d 后卵黄囊吸收完毕，鱼苗开始游动觅食，此时应用轮虫、草履虫等喂养。需要注意的是，如果发现雄鱼追逐雌鱼时，雌鱼总是逃避，表明雌鱼卵巢尚未成熟。

(四)丽鱼科鱼类的繁殖

丽鱼科鱼类具有保护后代的习性，有些品种需要自择配偶，否则繁殖可能失败；有些品种虽然能人工配对，但是配对入水族箱后要注意观察行为，若有冲突不和，应立即更换对象，否则可能因发生争斗而造成伤害。因此，供繁殖用的亲鱼，最好从幼鱼开始就同缸饲养。以神仙鱼为例，在同缸多尾神仙鱼发现常在一起游动的两尾鱼时，表明已是相爱的一对。如果两尾鱼朝夕相伴不离，不许第三尾鱼介入时，表明已处于待产阶段。此时应将自然配对的一对亲鱼移入产卵水族箱内。繁殖用水族箱长 50～60 cm，应置于环境安静之处。繁殖用水的水质应为弱酸性软水，pH 6.5～7.0，水温 27 ℃左右，溶氧量丰富，还应配备事先洗刷干净附卵物(阔叶水草、绿色塑料小板或倒扣的陶盆)。当看到产卵水族箱中的鱼腹部有肛管突出时，表明已近临产，可以放入附卵物，此后 2～3 d 内，雌鱼、雄鱼可以产卵、排精。受精卵经 48 h 左右孵出鱼苗。孵化期间若发现雌、雄鱼间出现矛盾时，应捞出雄鱼，留下雌鱼，直至孵出鱼苗。鱼苗孵出 3 d 后开始游动觅食，可以人工投喂轮虫。

(五)杂交繁殖

热带鱼类中有些品种容易杂交，在同属不同种鱼类间杂交，亲缘关系比较近，杂交繁殖容易成功；不同科不同属鱼类间杂交，亲缘关系较远，杂交繁殖难度大，技术性强。杂交品种后代的性状也不稳定，要经过人工选择定向培育好几代以后才将其变异或杂交产生的后代的色彩、花纹、形态等特征稳定下来。稳定之后还要防止近亲混养或与原种返交，以免发生不良变异或返祖。一般家庭饲养热带鱼，进行杂交繁殖时采用容易杂交的种类，或者用同属中变异了的后代杂交，又可产生不同于亲体花色的后代。例如，将金头神仙鱼雌鱼和黑神仙鱼雄鱼配对，可以繁殖生产出黑色金丝神仙鱼。由于神仙鱼有自择配偶的习性，可以采用培养感情的办法，让雌金头神仙鱼和雄黑神仙鱼有较长的时间单独饲养在一起，以让它们相互适应和吸引。一段时间之后，发现雌、雄鱼一起游动觅食，表明配对成功。当见到雌、雄亲鱼的腹部凸出小管状肛突时，即可放入附卵物体，促使其产卵、排精和形成受精卵。

任务三　鱼类养殖器具的选择

情境导入

当你走进一间布置精美的水族馆，看到各种形态各异、颜色鲜艳的观赏鱼在清澈的水中悠然自得地游动，你是否曾想过这些鱼儿背后的秘密？水族箱的美丽不仅依赖于鱼类本身，更依赖于各种养殖器具的合理选择和使用。今天，我们将揭开这些器具的神秘面纱，了解它们在养鱼过程中不可或缺的作用。如何选择适合的鱼缸？哪种过滤系统最能保持水质的清洁？加热器的温度如何设置才能符合不同鱼类的需求？这些都将成为你需要解决的问题。

在观赏鱼养殖过程中，选择和使用适宜的养殖器具至关重要。这不仅影响到鱼类的健康与繁殖，还直接关系到整个养殖环境的稳定和美观。本任务将介绍几种主要的鱼类养殖器具，帮助你了解如何为你的观赏鱼选择和配置最合适的设备。

一、鱼缸

（一）鱼缸的材质选择

玻璃鱼缸因其高透明度和耐刮擦性而受到广泛欢迎，它能清晰地展示鱼类的活动，是观赏鱼养殖中的常见选择。然而，玻璃鱼缸较重，不易搬动，且容易碎裂，需要小心处理。亚克力鱼缸则因其轻便、抗撞击、不易破裂的特点，适合需要经常搬动的场所，如展览会或临时养殖。亚克力鱼缸的形状多样，但表面容易刮花，长期使用可能出现划痕。

（二）鱼缸的尺寸选择

鱼缸的容量应根据所养鱼类的种类和数量来决定。每条鱼需要足够的游动空间，以避免过于拥挤。一般建议每厘米鱼体长度对应 1～2 L 水。例如，一条 10 cm 长的金鱼需要 10～20 L 的水容量。小型鱼缸（10～20 L）适合养殖小型鱼类或单独的鱼苗；中型鱼缸（40～80 L）适合小型到中型的观赏鱼，如小型热带鱼；大型鱼缸（100 L 以上）适合养殖大型鱼类或混养多种鱼类，如金鱼、锦鲤等体型较大的鱼。

（三）鱼缸的形状选择

长方形鱼缸是最常见的选择，因其容易布置和清洁，提供良好的游动空间，适合大多数鱼类。圆柱形鱼缸美观，占地小，提供独特的视角，但水体流动较差，不适合长时间观赏，且清洁难度较大。弧形鱼缸具有独特的美观效果和广阔视角，但容易产生视差，水体流动和清洁难度稍大。

（四）鱼缸的安装与布置

鱼缸应放置在光照适度、平稳坚固、通风良好的位置，避免阳光直射导致水温过高和藻类滋生，确保鱼缸稳定，防止倾倒。选择适合鱼类习性的底砂，如细砂或砾石，底砂厚度一般为 2～5 cm。适量布置水草、岩石、沉木等装饰物，提供鱼类躲藏和活动的空间，同时避免过多装饰影响游动空间。

(五)水质准备

鱼缸内的水源应经过处理,确保水质安全。可以使用自来水、纯净水或天然水源,但需添加适量的去氯剂和调节剂,确保水质适合鱼类生存。去氯剂用于去除水中的氯和氯胺,调节剂用于调整水的 pH 和硬度,确保水质稳定。

(六)鱼缸的维护与清洁

鱼缸需要定期维护,以保持良好的水质和环境。应定期测试水质参数,如 pH、氨、亚硝酸盐等,确保水质稳定。每周更换 1/4～1/3 的水量,保持水质清洁,避免突然变化。定期清理鱼缸内的杂质、残饵和鱼类排泄物,保持环境清洁。过滤系统应定期清洗或更换过滤材料,确保正常运行。加热器和温控设备需定期检查和校准,确保水温适宜。照明设备表面应定期清洁,保持良好的照明效果,避免灯具过热。通过这些维护措施,可以为观赏鱼提供一个健康、舒适的生活环境,促进它们的健康成长和繁殖。

二、过滤系统

(一)机械过滤

机械过滤通过物理手段去除水中的杂质,如鱼粪、未食用的饵料和其他悬浮颗粒物。常见的机械过滤设备包括过滤棉、滤袋和海绵等。这些材料能够捕捉水中的颗粒物,保持水的清洁度。定期清洗或更换过滤棉和滤袋是必要的,以确保过滤系统的有效性和水质的稳定。

(二)生物过滤

生物过滤利用有益细菌分解水中的有害物质,如氨、亚硝酸盐,将其转化为对鱼类无害的硝酸盐。常见的生物滤材包括陶瓷环、滤球和生物海绵等,这些滤材提供了大量的表面积供有益细菌繁殖。保持生物滤材的清洁和通透是关键,避免过度清洗以防破坏有益细菌的生态系统。

(三)化学过滤

化学过滤通过化学反应去除水中的有害物质,如氨、重金属和其他化学污染物。常见的化学过滤材料包括活性炭、离子交换树脂和磷酸盐吸收剂等。活性炭可以吸附水中的有机物和异味,而离子交换树脂则能有效去除水中的金属离子和其他有害物质。化学过滤材料需要定期更换,以确保其持续有效性和水质的纯净。

(四)综合过滤系统

综合过滤系统通常结合了机械、化学和生物过滤的功能,提供全面的水质处理解决方案。这种系统通常包含多个滤筒或滤槽,每个部分负责不同的过滤任务。通过综合过滤,可以有效地净化水质,维持良好的生态环境。综合过滤系统适用于大型鱼缸或养殖场,能够提供稳定和高效的水质管理。

(五)过滤系统的维护

定期维护过滤系统是确保其正常运行和水质清洁的关键。机械过滤部分应每周清洗 1 次,避免堵塞;生物滤材应定期检查,但不宜频繁清洗,以保护有益细菌;化学过滤材料则需根据使用情况定期更换,一般每 1～2 个月更换 1 次。此外,定期检查过滤器的泵和管道,确保其正常运行,防止漏水和故障。通过科学的维护,可以保证过滤系统的高效运行和鱼缸内的良好水质环境。

三、加热器和温控设备

(一)加热器的选择

加热器是鱼缸中维持适宜水温的关键设备,尤其对于热带鱼类至关重要。选择加热器时,应根据鱼缸的容量来确定其功率。一般来说，每升水需要约 1 W 的加热功率，例如，50 L 的鱼缸需要一个 50 W 的加热器。加热器的类型主要有可调温和固定温 2 种，可调温加热器允许精确调节温度，适合需要特定温度范围的鱼类，而固定温加热器则适合对温度要求不高的鱼类。推荐选择带有恒温控制和防水保护功能的加热器，以确保使用安全和温度稳定。

(二)温控设备的功能

温控设备在养鱼过程中扮演着调节和监控水温的角色，防止水温过高或过低。自动恒温控制器可以根据设定的温度自动调节加热器的工作状态，确保水温始终保持在适宜范围。对于需要精确温度控制的养殖环境，可以使用带有数字显示和温度报警功能的高级温控器。定期检查温控设备的准确性，防止因设备故障导致的温度波动，确保鱼类生活在一个稳定的温度环境中。

(三)水温监测与调整

水温监测是养鱼过程中不可忽视的重要环节。使用准确的温度计定期监测水温，确保其维持在适宜的范围内。不同种类的鱼类对水温的要求不同，如热带鱼通常需要 24～28 ℃的水温，而金鱼则适宜在 18～22 ℃的环境中生长。季节变化时，要注意及时调整加热器的设置，防止水温过高或过低。此外，避免水温骤变，以防引起鱼类应激反应或疾病。通过准确的水温监测和适时调整，可以有效保障鱼类的健康和繁殖成功。

(四)设备维护与安全

加热器和温控设备需要定期维护以确保其正常运行。每月检查 1 次加热器，确保其加热管无损坏、温控器探头灵敏度正常。清洁设备时，应断开电源，避免水进入电气部件造成短路或电击。注意将加热器放置在水流较好的位置，以确保均匀加热整个鱼缸。安装防护罩可以防止鱼类与加热管直接接触，避免烫伤。此外，选择具有防爆功能的加热器，可以提高使用的安全性，减少意外事故的发生。通过定期维护和安全使用，可以延长加热器和温控设备的使用寿命，保障养鱼过程的安全和稳定。

四、气泵和氧气供应设备

(一)气泵的选择和功能

气泵是鱼缸中重要的设备之一，主要用于增加水中的溶氧量，确保鱼类有足够的氧气供给。气泵通过产生气泡增加水体的表面积，从而促进氧气溶解。选择气泵时，应根据鱼缸的大小来确定适合的功率。一般来说，每小时输出气量应为鱼缸容积的 2～3 倍。例如，对于一个 100 L 的鱼缸，气泵的每小时输出气量应为 200～300 L。气泵的噪声和振动也是选择时需要考虑的因素，尽量选择噪声低、振动小的产品，以减少对环境的影响。

(二)气石和气盘的使用

气石和气盘是气泵的常见配套设备，用于均匀地分散气泡，增加水中的溶氧量。气石通常由多孔材料制成，能够将气泵输出的气体分散成细小的气泡，从而提高氧气的溶解效率。气盘则适合较大的鱼缸，能够提供更广泛的气泡覆盖范围。安装时，应将气石或气盘放置在鱼缸底部，通过气管与气泵连接，确保气泡均匀分布。为了保持良好的氧气供应，气石和气盘需要定期清洗或更换，避免堵塞影响产气泡效果。

(三)氧气供应的重要性

氧气对于鱼类的健康至关重要，特别是在高密度养殖或水温较高的环境中，水中的溶氧量容易降低。低氧环境会导致鱼类出现浮头、呼吸急促等症状，严重时可能导致死亡。因此，保持适当的氧气供应是鱼类养殖中不可忽视的环节。除了使用气泵和气石外，增加水体流动、降低水温过高等措施也能有效提高溶氧量。同时，定期监测水中的溶氧水平，及时调整设备和养殖密度，确保鱼类生活在健康的环境中。

(四)备用设备的准备

为了应对突发情况，养殖者应准备一定的备用气泵和氧气供应设备。例如，在电力故障时，电池驱动的气泵可以作为临时的氧气供应来源，确保鱼类在紧急情况下不会因缺氧而受到损害。此外，养殖者还应定期检查和维护气泵及其配件，确保设备始终处于良好的工作状态。通过这些措施，可以有效降低风险，保障鱼类的健康和养殖的顺利进行。

五、照明系统

(一)照明类型选择

选择适合观赏鱼和水草生长的照明设备至关重要。LED 灯因其节能、寿命长和多样的颜色选择而受到青睐，适合大多数养殖环境。荧光灯则是传统选择，适合大部分鱼类和水草的生长需求。

(二)照明时间设置

合理的光照时间对于观赏鱼和水草的生长和健康至关重要。一般建议每天保持 8～12 h 的光照时间，模拟自然环境中的昼夜变化，有助于促进鱼类的活动和水草的光合作用。

(三)照明强度调节

根据所养鱼类和水草的需求，调节照明强度是保证其健康生长的重要因素。一般来说，照明强度应适中，避免过强的光线造成鱼类的压力和水草的过度照射。

(四)照明颜色选择

不同类型的观赏鱼和水草对光的需求有所不同，因此选择合适的照明颜色也显得尤为重要。在 LED 灯中，可根据需求选择不同色温的灯珠，如暖色调或冷色调，以满足不同鱼类和水草的生长需要。

(五)照明系统的定时器设置

通过定时器设置照明系统的开关时间，可以自动控制光照周期，保证每天的光照时间稳定。这样不仅方便管理，也有利于维持鱼类和水草的生物钟，促进它们的正常生长和活动。

六、水质测试和调节设备

(一)水质测试

水质测试是观赏鱼养殖中至关重要的一环，它可监测水中的关键参数，确保鱼类生存环境的稳定和安全。常见的水质测试项目包括 pH、氨、亚硝酸盐、硝酸盐等。通过定期测试水质，可以及时发现水质问题，并采取相应的措施调整，以保持水质稳定。测试水质的工具有测试条、液体测试剂和电子测试仪等，可以根据需要选择适合的测试方法和工具。

(二)水质调节

水质调节是在测试水质的基础上，根据测试结果采取相应的措施，调整水质参数，以维持鱼类适宜的生存环境。常见的水质调节剂包括 pH 调节剂、硬度调节剂和去氯剂等。pH 调节剂用于调整水的酸碱度，确保适宜的生物生长环境；硬度调节剂用于调整水的硬度，满足不同鱼类的生活需求；去氯剂用于去除自来水中的氯和氯胺等有害物质，保护鱼类健康。通过合理使用这些水质调节剂，可以有效地维护水质稳定，提供良好的生存环境，促进鱼类的健康生长和繁殖。

项目小结

通过本项目的学习，学生系统地掌握了观赏鱼繁殖的关键技术，包括金鱼和锦鲤的繁殖、热带鱼的繁殖方法，以及鱼类养殖器具的选择和使用。课程内容设计既涵盖了理论知识的讲解，也注重了实际操作技能的训练，学生能够全面了解和满足不同鱼类在繁殖过程中对环境和设备的具体要求。学生通过实验和实际操作学会了如何营造适宜的养殖条件，确保鱼类的健康生长和成功繁殖。在这个过程中，学生们不仅提高了专业素养和实践能力，还增强了对养殖行业的责任感和专业精神。项目的教学设计注重互动与参与，通过讨论、演示和案例分析等多种教学方法，激发了学生的学习兴趣和热情，为今后的养殖实践奠定了坚实的基础。

思政园地

通过观赏鱼繁殖和养殖器具选择的深入学习，培养对养殖工作的责任感和专业精神，强化对动物福利和人道管理的伦理意识，增强环保意识和可持续发展理念，并认识科学养殖对环境保护的重要性。此外，体会观赏鱼养殖对促进乡村经济发展和改善民生的作用，增强服务社会的意识。在团队合作与实践中，提升沟通能力和合作精神，同时感受养殖观赏鱼带来的人文关怀和审美情趣，这些素质培养将为未来的发展奠定坚实基础。

职业能力测试

一、选择题

1. 养殖热带观赏鱼，水温一般以(　　)为宜。

A. 22～26 ℃　　B. 15～20 ℃　　C. 34～35 ℃　　D. 35 ℃以上

2. 用卵胎生繁殖的鱼是(　　)。

A. 金鱼　　B. 锦鲤　　C. 孔雀鱼　　D. 斗鱼

3. 自然交配、人工授精过程中，雌雄配比一般是(　　)。

A. 1∶(1～2)　　B. (1～2)∶1　　C. 1∶(3～4)　　D. (3～4)∶1

4. 以下哪个特征是雄性观赏鱼的特征？(　　)

A. 色泽较淡　　B. 腹部略圆且松软

C. 鳃盖上、胸鳍有追星　　D. 体型短而圆

5. 饲养观赏鱼时一般用(　　)来稳定水质。

A. 加温设备　　B. 充气设备　　C. 投饵设备　　D. 过滤设备

6. 将新买回的观赏鱼放入鱼缸时其温差不超过(　　)为宜，温差过大，引发鱼病。

A. 4～5 ℃　　B. 1～2 ℃　　C. 6～8 ℃　　D. 10 ℃以上

二、简答题

1. 对金鱼亲鱼选择有哪些要求？
2. 如何进行观赏鱼的雌雄鉴别？
3. 热带观赏鱼产卵方式有哪些？各有什么特点？

项目四　宠物龟的繁殖

◆ 项目描述

该项目旨在研究和优化宠物龟的繁殖，包括深入探讨宠物龟的生殖系统、繁殖特性以及适合其繁殖的养殖池设计。通过对宠物龟生殖系统的详细分析，了解其生殖器官的结构和功能，以促进繁殖过程的顺利进行。同时，研究宠物龟的繁殖特性，如繁殖季节、交配行为、产卵习惯和孵化条件等，为科学养殖提供依据。设计合理的养殖池，通过控制温度、湿度、水质和光照等环境因素，模拟自然生态环境，以提高宠物龟的繁殖成功率和幼龟的存活率，从而推动宠物龟养殖业的可持续发展。

◆ 知识目标

1. 掌握宠物龟生殖器官的结构和功能，了解其生殖生理和繁殖过程。
2. 熟悉宠物龟的繁殖行为、繁殖季节、产卵习性和孵化条件。
3. 了解如何设计和建造适合宠物龟繁殖的养殖池，包括环境控制和设施配备。

◆ 技能目标

1. 具备辨识宠物龟繁殖期及相应管理的技能，确保繁殖过程顺利进行。
2. 具备设计、搭建和维护宠物龟养殖池的实际操作技能，能有效模拟和控制繁殖环境。
3. 具备应对和解决宠物龟繁殖过程中常见问题的能力，如产卵失败、孵化率低等。

◆ 素质目标

1. 培养科学养殖的观念，注重知识与实践相结合，提高宠物龟繁殖的成功率。
2. 增强对环境保护和动物福利的重视，繁殖过程中不损害生态环境和宠物龟的健康。
3. 培养对宠物龟养殖工作的责任心和耐心，严谨负责地对待每一个繁殖环节。

任务一　宠物龟的生殖系统

情境导入

一个宁静的夏日清晨，你正在家中欣赏自己精心饲养的宠物龟们。此时，一只雄性龟正在水中游动，时而靠近一只雌性龟，展现出特别的关注。你注意到，这段时间它们的行为变得异常活跃，似乎在进行某种特殊的互动。你不禁产生了浓厚的兴趣：宠物龟是如何繁殖的？它们的生殖系统有哪些独特的结构和功能？

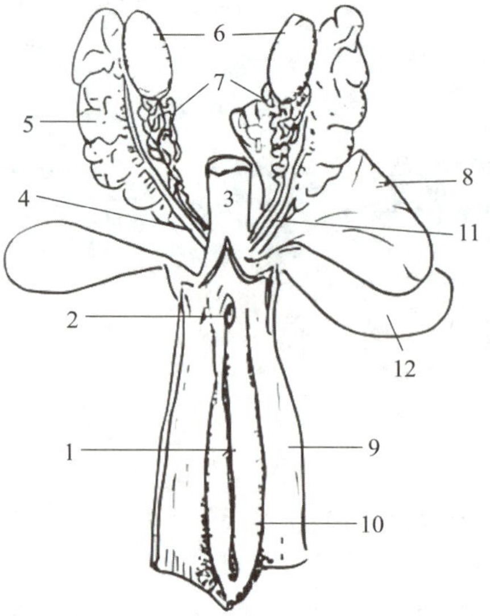

图 3-4-1 雄性龟生殖系统腹侧面解剖图

1.尿道沟 2.膀胱开口 3.直肠 4.输尿管 5.肾脏 6.睾丸 7.附睾 8.膀胱 9.泄殖腔 10.阴茎 11.输精管 12.副膀胱

一、雄性生殖系统

雄性观赏龟的生殖系统由精巢、附睾、输精管和阴茎等器官组成(图 3-4-1)。

(一)精巢

精巢,也称睾丸,位于腰区背壁,靠近肾脏前部的内侧,是一对淡蓝色、略呈椭圆形的球状体,由精巢系膜固定,并与肾脏系膜相连。精巢的主要功能是产生和成熟精子。

(二)附睾

附睾紧贴在精巢后端,由一些盘曲的管子组成,呈紫黑色球状。它是中肾管演化来的输精管膨大部分,具有贮存和活化精子的功能,与其他高等脊椎动物的附睾类似。

(三)输精管

输精管是从附睾后端延伸出的细管,其开口位于泄殖腔腹面近端,连接阴茎基部的尿生殖乳突,并通向阴茎沟。

(四)阴茎

阴茎是雄性龟的交配器官,位于泄殖腔腹面。阴茎背面呈黑色,基部向腹腔内折叠,远端膨大,形似伞状,称为龟头。阴茎与泄殖腔的长度比例约为 1.5∶1。阴茎腹面龟头近端有两条阴茎牵引肌,起于第 8 胸椎腹面的横突,并向下延伸到髂尾肌的背面。阴茎背面中央有一条纵沟,称为阴茎沟,近端稍宽,周围为尿生殖乳突;阴茎沟向远端通向龟头,内有不同程度的隆起。交配时,龟头从泄殖腔孔翻出,精液从叉隙中导入雌性泄殖腔内。阴茎由深层的纤维体和表层的海绵体组成,内富含血管。性兴奋时,海绵体充血膨胀,泄殖腔壁收缩,使阴茎龟头翻出体外;交配后,通过阴茎牵引肌的收缩,退回泄殖腔内。阴茎由生殖褶发育而来,与雌性阴蒂同源。

(五)泄殖腔

泄殖腔是直肠远端的膨大部分,由肌性外壁围成,内壁皱褶,使肛道与尿生殖道的开口分离。泄殖腔前部与直肠通连,称为粪道;中部有输尿管及生殖导管开口,称为泄殖道;后部腔称为肛道,即泄殖腔孔。

二、雌性生殖系统

雌性观赏龟的生殖系统包括卵巢、输卵管及阴蒂等器官(图 3-4-2)。

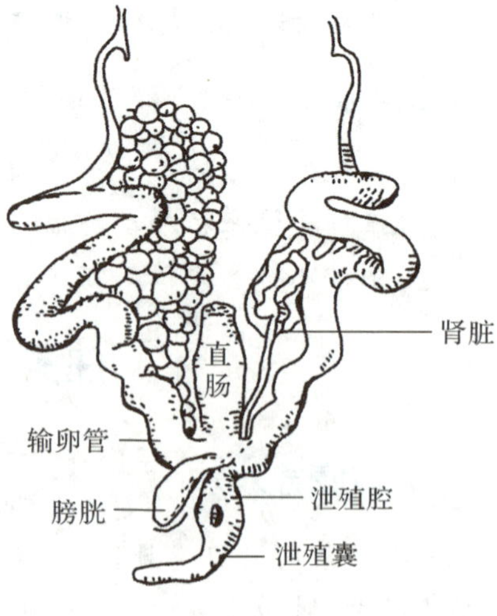

图 3-4-2 雌性龟生殖系统腹面观

(一)卵巢

卵巢呈疏松囊状,由黑色卵巢系膜固定于体腔背壁。卵巢由生殖嵴形成,是卵粒发生和成熟的部位。性成熟的雌龟卵巢上有不同发育阶段的卵粒,小型卵粒尚未脱离卵巢,大型成熟卵进入腹腔。成熟卵黄明显堆积,外被卵膜,表面有清晰的毛细血管分布。

（二）输卵管

输卵管由牟勒氏管演化而来，是两端开口的管子，前端开口于体腔，称为喇叭口；后端开口于泄殖腔腹面近端两侧，称为输卵管口。输卵管前段细长，由输卵管系膜固定，后段较粗短，称为“子宫”。成熟卵在输卵管中受精，并被输卵管腺分泌的钙质卵壳包裹后产出体外。

（三）阴蒂

阴蒂是泄殖腔内壁腹面的黑色膜质突起，在结构上与雄性阴茎同源，由生殖突形成，但不甚明显。

任务二　宠物龟的繁殖特性

情境导入

在之前的学习中，我们已经了解了宠物龟的生殖系统，现在进一步探索它们的繁殖行为。通过观察和记录宠物龟的繁殖季节、交配习性、产卵和孵化的具体过程，能够掌握更多实际操作的技巧，提高龟的繁殖成功率。这次任务将深入研究宠物龟的繁殖特性。让我们一起揭开宠物龟繁殖的神秘面纱，走进这个充满奇妙与挑战的领域吧！

一、宠物龟生殖习性

（一）生殖季节

所有的龟类都是卵生动物，在我国每年的5～10月份是龟类生殖季节，国外有些龟种全年均可生殖。

（二）交配方式

多数龟类的性成熟期为3～7年，海龟类则需20多年。生活习性不同的龟，它们的交配方式、地点、季节也不同。水栖龟类在水中进行交配。交配前，雄龟在雌龟前方游动，并抖动双臂向雌龟发出求爱信号，当雌龟不动时，雄龟绕到雌龟后部，爬到雌龟背甲上，前爪钩住（有的不钩）雌龟背甲前缘进行交配。

（三）产卵过程

无论是水栖龟类还是海栖龟类，都在岸上产卵。产卵前，多数龟有停食的现象。龟产卵的方式因龟的种类、体重、形态结构不同而有所差异。现以黄缘盒龟为例介绍龟的产卵过程：龟产卵前，首先选择一块土质松软、较潮湿的地方，用后肢的掌部轮番挖土，将土堆积在两边，洞穴深8～20 cm，似瓶状，口小底大。洞挖掘好后，龟趴在洞外，将尾部对准洞穴，然后夹紧尾巴，一个接一个地产卵。龟产卵时，即使受惊动也不爬动，直到产完卵为止。产卵过程中，为防止卵破裂，龟用后肢的掌部接应产出的卵。卵产完后，龟又用后肢扒土将卵掩盖，填平洞穴，最后用腹甲压平离去。

（四）产卵次数及产卵量

性成熟的雌龟每年都可以产卵，有些龟每年可产卵2～3次，不同种类的龟产卵量不同。每次产卵最少1枚，最多的达200余枚（海栖龟类）。同一种类的龟，产卵的数量随着雌龟年龄的增加而增多，同时，产卵的数量也受体重、营养等因素的影响。

（五）卵形和卵重

所有的龟卵都呈白色。海栖龟类的卵具羊皮膜似的外壳，具有韧性，呈圆球形，每枚卵重

15～20 g，直径达 3 cm 左右，似乒乓球大小。其余龟类的卵具有坚硬的钙质壳，无韧性，呈长椭圆形、短椭圆形、纺锤形或圆形，卵重 4～70 g。

（六）孵化

龟类没有守巢的习性。龟产卵后，仅用后肢扒沙土，将卵掩盖填平洞穴，压平后即离开产卵地，从此不再关心它们所产的卵。龟卵完全依赖自然界中的太阳提供温度、雨水提供湿度而进行孵化，故自然界龟卵的孵化率较低。

（七）孵化期

龟卵的孵化期与气温有着密切的关系。一般孵化期 55～80 d。若天气暖热，孵化期短；天气凉爽，则孵化期相对长一些，最长达 7 个月，有的甚至会成为过冬卵。

二、宠物龟的发育及年龄鉴定

（一）龟的发育

龟的发育可分为胚胎期、稚龟期、幼龟期、成年期、老年期 5 个阶段。

（1）胚胎期　龟卵（以乌龟为例）经过母体内发育期、神经胚期、卵黄囊血管区期、胎膜和形态建成期、骨化期和孵出期 6 个时期发育成稚龟。

（2）稚龟期　稚龟指刚孵化出壳且年龄在 1 龄以下的龟。稚龟的体重因种类不同有所差异，通常为 2.8～20 g，海栖龟类的稚龟体重较大，寒带和亚热带龟类的稚龟体重较小。稚龟的甲壳较软，尾较长，多数体色较成年期鲜艳，闭壳龟类的韧带不发达。

（3）幼龟期　幼龟指具有 2 龄以上龟龄且未性成熟的龟。龟性成熟时间因龟的种类不同而不同，水栖龟类通常为 4 龄以上，海栖龟类为 10 龄以上。幼龟期的幼龟骨化程度高，甲壳更加坚硬。闭壳龟类的韧带较明显。

（4）成年期　成年期的龟性腺已发育成熟，性特征较明显，尤其在繁殖季节，雌或雄龟的身体有异味，有些雄性陆龟鼻部泛红，爪变长。成年期的龟体色暗淡，没有稚龟期、幼龟期时鲜艳。闭壳龟类的韧带发达，甲壳能互相闭合。

（5）老年期　老年期的龟繁殖能力下降，皮肤皱褶较多，爪较粗，壳增厚，背甲和腹甲较光滑，同心环纹模糊。闭壳龟类的韧带松弛。

（二）龟的年龄鉴定

前人一直用龟背甲盾片上的同心环纹的多少来计算龟的年龄，具体方法如下：龟背甲盾片上的同心环纹（生长年轮）数目加 1（本身 1 年），所得数目即是这只龟的年龄。但这个方法仅适用于背甲盾片上的同心环纹清晰的龟，而且这个方法也存在着一些不妥之处。如加温饲养的龟，由于生长速度加快，背甲上的同心环纹增多，但年龄仅有 1～3 龄；少数龟刚孵出来时，背上已有 1～4 圈同心环纹；还有少数龟的背甲上有 35～36 块盾片，每块盾片上的同心环纹数目不一样，水栖龟类长期生活在水中，背甲上的同心环纹被水长期冲刷，有的已经模糊，难以辨认。这些现象都影响着此种方法鉴定龟年龄的准确性。近几年，有部分人用龟的体重来估算龟的年龄。估计野生龟类的体重每年增重 100～2 000 g（我国产的龟类每年增重 100～250 g，东南亚龟类每年增重 1 000～2 000 g），因而用龟的体重除以 100～2 000 g，结果便是龟的年龄。但这个方法只是估计，准确性欠佳。近年来，随着东南亚地区的龟源源不断地涌入我国，多数人由于不了解龟的种类、生活习性、分布等情况，就将一些龟冠以“千年龟”或“万年龟”等名，这是不正确的。东南亚地区的龟体型和重量都大，生长的速度也快，但年龄却只有 40～60 龄。我国产的龟（海栖类、陆栖类除外）体重较小，一般在 1 kg 以下，但年龄却有 50～70 龄。因此，计算龟的年龄应从多方面考虑。如何正确准确地计算龟年龄，还有待人们进一步探究。

任务三 宠物龟养殖池的设计

情境导入

一个阳光明媚的早晨，你正在庭院中规划一个理想的宠物龟养殖池，希望它不仅能提供舒适的栖息环境，还能满足龟的繁殖、休息和活动需求。为了实现这一目标，需要考虑水质、温度、光照和湿度等因素，并合理安排水陆区域和产卵区。通过系统学习养殖池设计的基本原则和技巧，将能够打造一个科学、合理、美观的养殖池，为宠物龟提供健康舒适的生活环境。让我们一起踏上这段充满创意和知识的设计之旅，最终为宠物龟建造一个理想的家园。

一、家庭饲养宠物龟所需的设备

家庭饲养龟所需的设备一般包括饲养容器、过滤器、加温设备、照明灯、休息台铺垫材料和其他一些工具。

（一）饲养容器

饲养容器需根据饲养者的居住条件和龟的生活环境而定。若居住地有空地或有较大的阳台，可搭建一水池或龟窝，将龟饲养于室外。若居住地较小，可用 3～6 mm 厚的玻璃缸或豪华水族箱，它们具有观赏性强、操作方便的优点。玻璃缸大小根据龟的体型、生活环境及摆放位置而定。若养龟者居住在一楼，可在朝南的方向砌一水池，留 1/3 的面积为陆地，2/3 处为水，水陆交界处用水泥板或木板块搭一斜坡，供龟攀爬。若饲养者仅饲养 1～2 只幼龟，可直接用搪瓷盆、塑料盆、纸箱等容器即可。有一部分饲养者把龟直接放在卫生间或窄小的陶罐中饲养，这样既不卫生，也不利于龟的健康生长。

通常情况下，饲养容器的长、宽，以龟背甲长度的 3 倍较适宜。如一只背甲长 10 cm 的水栖龟类，需有 30 cm×30 cm 的活动空间。对于龟类来说，较大的活动空间有利于它们的生长、繁殖。

（二）过滤器

过滤器能过滤水中杂质，起到保持水质清洁的作用，饲养淡水栖龟类和半水栖龟类时，在容器内配置过滤器，可避免经常换水而带来的麻烦。市场出售的过滤器种类较多，养龟者可根据玻璃缸大小、水位高低选购体积适中、功率相当、设计先进的过滤器，如充氧、过滤、循环三合一式过滤器较适合家用。

（三）加温设备

加温设备用于陆栖龟类和淡水栖龟类的饲养。

1. 水栖龟类的加温器

水栖龟类多使用直接对水加温的潜水式恒温加热棒。它们使用简单、安全可靠。使用前先调整温度刻度，然后将插头直接插入插座通电即可。初次使用时需观察 2～3 h，待一切正常后方可将龟放入水中。若龟体较大（重 250 g），加热棒外部应添加外壳，避免龟接触到加热棒。选购加热棒时必须根据龟的体型大小选购功率恰当、质量可靠的正规厂家生产的产品。由于加热棒是放置于水中使用，质量差的加热棒易渗水而漏电，导致龟触电死亡，故选购加热棒时切忌贪图便宜因小失大。

2. 陆栖龟类的加温器

陆栖龟类加温的方式很多，分为增加气温（增加饲养环境的空气温度）和增加体温（增加龟的体温)2 种。

(1)增加气温的设备　有灯泡、聚热灯、陶瓷放热器、暖气机等。灯泡加温是最原始的方法,一般用白炽灯泡。它价格合理,经济实惠。加热时,将灯泡悬挂在木箱上方即可。聚热灯是第二代加热设备,它的优点是能将光和热集中,使光和热不分散,但聚热灯价格较普通灯泡贵。陶瓷放热器是第三代加热设备。它的构造先进,加温效果好,安全可靠;不足之处是价格高,不能发光。暖气机类似空调,适用于饲养场地大、龟数量较多的情况。但暖气机因功率较大(多在 100 W 以上)而耗电,家庭使用不方便。

(2)增加体温的设备　增加体温的工具是保温片(石)。保温片似电热毯,保温石似电暖手炉。它们通电后能发热,龟爬在上面能增加体温,使龟分泌足够的消化液消化食物。加温方式不同,效果也不一样。增加气温的方式可以使龟窝的温度完全升高。龟呼吸时,吸入的气体温度高,可促进体内各种生理活动,增强免疫能力。若使用增加体温的方式,只能使龟的腹部温度升高,龟窝内的温度仍然较低。龟呼吸时,吸入的气体温度低于体温,龟易受凉患病。所以,冬季为陆龟加温时,最好将两种增温方式搭配使用。如喂食后,使用增加体温的方式,有助于龟消化食物。

(四)照明灯

照明灯主要起到增加光照,增强观赏效果的作用。龟长期饲养在无太阳光的环境中,易患软骨病(尤其是稚、幼龟)、霉菌病等疾病,故无论淡水栖龟类还是陆栖龟类都必须在饲养缸中配置照明灯(若饲养缸较小,也可定期将缸移至室外接受太阳照射)。淡水栖龟类可选购水下太阳光灯管,将灯管悬挂于水中既能增加光照,又能杀菌。陆柄龟类可选购灯泡、LED 灯管和紫外线灯。

(五)休息台

休息台是供淡水栖龟类上岸休息、晒壳的场所。市场出售的流木(养热带鱼用)、鹅卵石、水泥台等均可使用,也可用木板、塑料板等。休息台的面积根据容器大小设计。休息台的斜坡要粗糙,便于龟攀爬。

(六)铺垫材料

铺垫材料是指垫在饲养环境中的材料。龟在自然界环境中脚踩的是沙、土、青草、石头等物。人工饲养条件下,饲养场所内铺垫的材料应能与龟原产地的环境相似或相同。通常用的铺垫材料有沙、土、报纸、树皮屑等。若将龟长期饲养在水泥地上,龟的爪会被磨断或磨秃。

(七)其他工具

家庭饲养龟还需配备数个温度计、pH 试纸、消毒液、捞兜、塑料盆、卫生刷、软毛刷、吸水管、壁纸(贴在玻璃缸上)、记录本等。

二、环境布置

环境布置是指饲养者根据不同种类的龟所需的环境条件,尽可能地将饲养场所布置得与龟的原生活地的环境相同。目前,国内市场上出售的龟有许多是漂洋过海的洋龟。由于我国的气候与龟的原产地有一定差异,饲养者营造环境前必须先了解所养龟原生活地的温度、相对湿度、光照等条件,然后借助加温器、过滤器等设备营造出适应龟生存、生长的环境。环境布置没有固定的模式,只要满足不同生态类型的龟所需要的温度、相对湿度、光照等条件即可。现将水栖龟类、半水栖龟类、陆栖龟类的饲养环境布置方法介绍如下。

(一)水栖龟类的环境布置

家庭饲养水栖龟类通常将龟放置在玻璃缸内。缸内需配置过滤器、休息台、加热棒、LED

灯管(灯泡也可以)等。过滤器放置在缸的拐角处,休息台安装在过滤器的对面(若饲养常年生活在水中的龟可不必设置休息台,如猪鼻龟、大鳄龟等),缸内水位在休息台斜坡 1/2 处较适宜。加热棒可放在休息台的下面,既美观又不易被龟碰撞。若饲养成龟,加热棒需增加外壳(加热棒外表多为玻璃),以免因龟碰撞而引起漏电,导致龟触电。可在缸内饲养少量田螺或廉价的金鱼(金鱼能吃掉过滤器过滤不掉的细小脏物)和热带鱼,这样既能增加观赏效果,又能保持水质干净,而且鱼还能供龟食用。在缸内放置 1 个温度计以观察水温。

(二)半水栖龟类的环境布置

半水栖龟类仅能生活于浅水区域,故饲养缸内的水位不能过高,一般在 10 cm 左右,通常以不超过龟背甲高度为宜。过滤器应选用体积小(能放入浅水中)的型号;休息台选择一些较大的物体;灯泡等加热设备可安装在缸边,用灯泡直接加温较潜水式加热棒方便、安全。

半水栖龟类并非长时间生活在水中,所以也能将它们饲养在大小适宜的纸箱、木箱中。箱底铺垫报纸或沙土,箱内放置浅水盆作饮水、盛放饵料之用。若箱子体积较大,可再放置 1 个小型纸盒作为龟窝。冬季用灯泡加温。该方法饲养半淡水栖龟类,每星期须给龟洗温水浴 1 次(水温略高于环境温度 1~2 ℃)。

(三)陆栖龟类的环境布置

陆栖龟类的饲养环境较简单,可直接饲养在玻璃缸、纸箱、木箱、塑料盆等容器中。内铺垫小石子、报纸、细沙、人造铺垫物、清洁的树叶等。每天或隔 2~3 d 将龟移至室外晒太阳。若容器移动不方便,应配置 LED 灯管或白炽灯泡。可在箱子一角放置 1 个小型龟屋供龟躲避、休息。

项目小结

在本项目中,系统地探讨了宠物龟的生殖系统、繁殖特性以及养殖池的设计。通过教学活动,深入了解了雄性和雌性龟的生殖器官和行为,掌握了提高繁殖成功率的方法。还学习了如何设计科学合理的养殖池,以提供理想的栖息和繁殖环境。这些知识和技能不仅提升了学生们对宠物龟繁殖管理的理解,还通过实际操作和实践环节提供了有力的指导,确保宠物龟在健康舒适的环境中繁殖和成长。同时,项目教学中注重理论与实践相结合,使学生能够将所学知识应用于实际养殖,增强了他们的动手能力和问题解决能力。

思政园地

通过研究宠物龟的生殖系统、繁殖特性及养殖池设计,不仅提升了学生的科学素养和实践能力,还引导他们在具体的养殖过程中体会到生命的神奇与繁殖的奥秘。通过了解宠物龟的生理和生态需求,学生们学会了如何为其创造适宜的生活环境,增强了他们对动物福利和环境保护的认识。这种理论与实践相结合的学习方式,不仅帮助学生掌握了专业知识,还培养了他们尊重生命、保护自然的意识,树立了可持续发展的理念,体现了在养殖实践中实现人与自然和谐共处的思政教育目标。

职业能力测试

一、选择题

1. 雄性龟的附睾主要功能是(   )。

A. 产生精子　　B. 贮存和活化精子　　C. 运输卵子　　D. 排出废物

2. 雌性龟的输卵管前端开口称(　　)。

A. 喇叭口　　B. 阴茎口　　C. 输精管口　　D. 尿道口

3. 雄性龟的精巢由(　　)固定。

A. 精巢系膜　　B. 附睾系膜　　C. 输精管系膜　　D. 肌肉组织

4. 雄性龟交配后,阴茎如何退回泄殖腔内?(　　)

A. 通过阴茎牵引肌的收缩　　B. 自然消退

C. 被推回去　　D. 用力挤压

5. 雌性龟的阴蒂与(　　)同源。

A. 输精管　　B. 精巢　　C. 附睾　　D. 阴茎

6. 在我国每年的(　　)是龟类的生殖季节。

A. 3～8 月份　　B. 4～9 月份　　C. 5～10 月份　　D. 6～11 月份

7. 多数龟类的性成熟期是(　　)时间。

A. 1～3 年　　B. 3～7 年　　C. 7～10 年　　D. 10 年以上

8. 水栖龟类通常在(　　)环境下进行交配。

A. 岸上　　B. 树上　　C. 水中　　D. 沙地上

9. 龟产卵时,用(　　)接应产出的卵以防止卵破裂。

A. 前肢　　B. 头部

C. 尾部　　D. 后肢的掌部

10. (　　)每年产卵数量最多。

A. 水栖龟类　　B. 陆栖龟类　　C. 海栖龟类　　D. 树栖龟类

二、简答题

1. 简述宠物龟的繁殖季节和交配方式。
2. 简述宠物龟的产卵过程。
3. 简述龟卵的孵化条件及孵化期。
4. 简述宠物龟产卵次数及影响产卵数量的因素。
5. 为什么龟类在产卵后不再关心它们所产的卵?

模块四

动物遗传基础

项目一　遗传的物质基础

◆ 项目描述

遗传的物质基础是动物遗传基础的一个重要组成部分。通过遗传的物质基础学习可以帮助学生理解动物遗传基础的基本原理，掌握细胞的结构、细胞分裂的过程以及遗传信息的传递方式。这是遗传规律以及数量性状遗传学习的基础。在动物生产实践中，了解和掌握遗传的物质基础将有助于了解遗传多样性对生态系统的重要性，是研究物种演化的重要工具。通过比较不同物种的基因组，可以揭示进化的历史和机制。

◆ 知识目标

1. 掌握细胞、染色体与 DNA 的形态结构和生理功能。
2. 理解细胞分裂周期及染色体变化过程，掌握有丝分裂、减数分裂的区别和联系。
3. 掌握遗传物质概念及遗传信息传递过程。

◆ 技能目标

1. 能识别细胞的结构和染色体的形态。
2. 能识别细胞分裂周期不同阶段的特点。

◆ 素质目标

1. 培养学生严谨、认真的专业学习精神。
2. 对遗传物质基础的认识有助于学生深入理解动物遗传基础的基本原理，培养学生在科研和生产中科学严谨的意识。

任务一　细胞的基本结构与细胞分裂

情境导入

自然界的生物形态各异，但在多数生物基本的组成单位都是细胞。同学们，请想象一下，你是一名微小的探险家，穿越到了一个神奇的微观世界——细胞世界。在这里，每一个细胞都像是一座繁忙的城市，每个部分都有其独特的功能和作用。今天，我们将一起探索这座城市的各个部分，了解细胞的基本结构。

1665 年英国科学家罗伯特·胡克用自制的光学显微镜观察软木塞的薄切片，放大后发现一格一格的小空间，就以英文的cell命名。1838—1839年，德国动物学家施旺、植物学家施莱登提出，一切植物、动物都是由细胞组成的，细胞是一切动植物体的基本单位。这就是细胞学说，它对于现代遗传学的发展具有重要的意义。

一、细胞的基本结构

自然界中，除少数低等生物如噬菌体、立克次体、病毒等外，绝大多数生物是由细胞所构成的(图4-1-1)。大小、形态不同的细胞共同构成了一个有机整体。虽然生物体的细胞在形态、结构和特性上存在一定的差异，但绝大多数细胞结构上都包含3个部分，即细胞膜、细胞质和细胞核，并且细胞内所含的物质也大致相同，主要由核酸、蛋白质、类脂、碳水化合物、无机盐和水等组成。

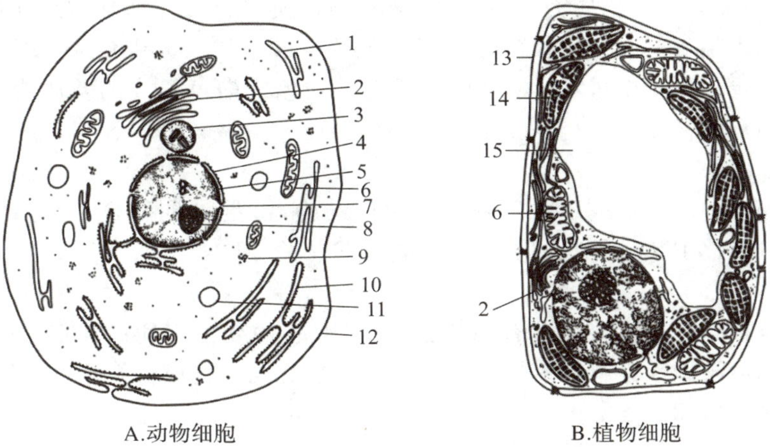

图4-1-1　细胞结构模式图

1.光面内质网　2.高尔基体　3.中心体　4.核被膜　5.核纤层　6.线粒体
7.核孔　8.核仁　9.核糖体　10.粗面内质网　11.溶酶体
12.质膜　13.细胞壁　14.叶绿体　15.液泡

(一)细胞膜

细胞膜又称为细胞质膜，是一层嵌有蛋白质的类脂双分子层结构膜，间隔细胞与外界环境。其中磷脂分子和蛋白质分子大都是可以流动的。所以，细胞膜具有一定的流动性。

许多细胞的细胞膜上含有少量的糖类，形成糖脂和糖蛋白。一些存在于细胞膜上的糖蛋白参与细胞识别与免疫。这种特异性可以遗传。因此，通过对表面特异性糖蛋白进行选择，可以培育出特定的抗病品系。

细胞膜的主要功能是维持细胞的正常形态，保持细胞内环境的相对稳定，并在此过程中，细胞与外界环境进行物质交换、能量和信息的传递。

(二)细胞质

细胞质是指位于细胞膜内与细胞核外的物质。细胞质包括基质、细胞器和内含物等。其中，基质呈均质的半透明液态，是细胞内进行生化反应的内环境。细胞质中含有参与反应所需的酶类、底物和离子。内含物是细胞质内除了细胞器以外的有形部分，是细胞的代谢产物或贮存的营养物质，如糖原、脂类和色素等。细胞器则是细胞质内具有一定形态特点和功能的结构颗粒，是高度专门化的细胞成分。高等动物体细胞内的主要细胞器有内质网、高尔基体、线粒体、溶酶体、核糖体、中心体等。其中有界膜的细胞器有内质网、高尔基体、线粒体、溶酶体等；没有界膜的细胞器有中心体、核糖体等。

(三)细胞核

细胞核是细胞内的重要组成部分，真核生物细胞内都有细胞核，有的只有 1 个细胞核，有的有 2 个或多个细胞核。蟾蜍的肝细胞有 2 个细胞核，而哺乳动物的成熟红细胞无细胞核。

1. 核膜

核膜是由 2 层单位膜所构成的多孔状双膜结构，一般与内质网相通，是细胞核与细胞质进行物质交换的通道之一。信使 RNA 就是通过这些孔道从细胞核进入细胞质。原核生物没有核膜。

2. 核质

核膜以内，核仁以外的物质为核质，由核液和染色质组成。当细胞被杀死固定后，用碱性染料(甲基绿、苏木精等)染色时，被碱性染料着色的嗜碱性物质为染色质，主要是由 DNA、蛋白质组成的核组蛋白以及少量 RNA 组成。没有被染色或染色很浅的基质为核液，是细胞行使各种功能的内环境。

3. 核仁

核仁是细胞核内圆球形或形状不规则的致密结构，由蛋白质和 DNA 组成。核仁最主要的功能是合成核糖体 RNA，并与核糖体的生物合成有关。

(四)染色体

染色体是真核生物细胞核中载有遗传信息的物质，主要由 DNA 和蛋白质组成。染色体在细胞分裂中期易被碱性染料着色。染色体与染色质是同一物质在细胞分裂周期的不同阶段所表现的不同形态。

1. 染色体的形态

染色体原指真核生物处于细胞分裂中期具有一定形态特征的染色质(图 4-1-2)，现在扩大到包括原核生物及细胞器在内的基因载体的总称。

真核生物的染色体外有表膜，内有基质，呈圆柱形。在基质中有两条平行相互缠绕的染色线，染色线上常出现有一定排列顺序且容易着色的颗粒，称为染色粒。

(1)主缢痕　染色体上有一个缢缩且不易着色的区域，直径较小，为主缢痕(着丝点)，是纺锤丝附着处，与细胞分裂时染色体移动有关。

(2)次缢痕　某些染色体上有一个与主缢痕类似的结构，直径也较小，为次缢痕，次缢痕的位置也是固定的。

(3)端粒　端粒是线状染色体、两端末端的一种特殊结构，主要由 DNA 重复序列组成。端粒主要作用是防止染色体间末端连接，保护染色体不被核酸酶降解，具有稳定染色体末端的功能。

(4)随体　某些染色体末段有一根染色体细丝相连的圆形或长形的突出物，为随体。

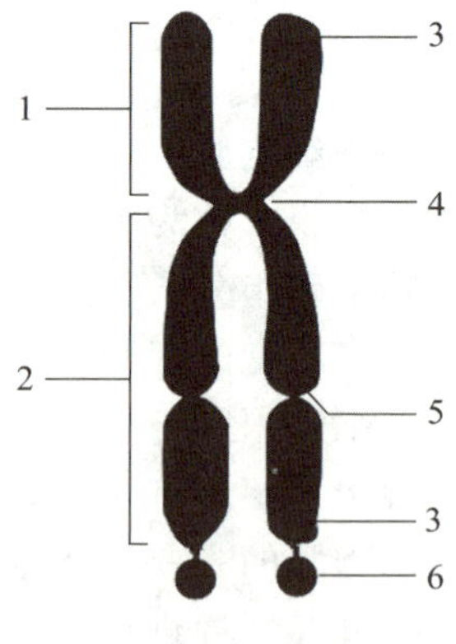

图 4-1-2　染色体形态结构图
1. 短臂　2. 长臂　3. 端粒
4. 着丝点(主缢痕)
5. 次缢痕　6. 随体

2. 染色体的数目和核型

在真核生物中，每一物种都有特定的染色体数目，如猪有 38 条、黄牛有 60 条、猫有 38 条、犬有 78 条等。绝大多数高等动物都是二倍体($2n$)，即每一体细胞有两套同样的染色体，这两套染色体分别来自两个亲本。来自亲本单一配子的一套染色体称为一个染色体组(n)。因此，高等动物的染色体数目在体细胞中为 $2n$，在性细胞中为 n。

对同一物种来说，体细胞内的染色体数目恒定不变，这对维持物种的遗传稳定性具有重要意义。几种常见畜禽体细胞染色体数见表 4-1-1。

表 4-1-1　常见畜禽体细胞染色体数

种类	二倍体数($2n$)	种类	二倍体数($2n$)
猪	38	兔	44
水牛	48	犬	78
黄牛	60	猫	38
牦牛	60	鸡	78
山羊	60	鸭	80
绵羊	54	鹅	82
马	64	火鸡	82
驴	62	鸽	80

各种生物体细胞中的染色体通常成对存在，即在一个体细胞中相同的染色体各有两条。遗传学上，将分别来自父方或母方且长度、直径、着丝点位置和染色粒排列都相同的一对染色体称为同源染色体。其中，有一对大小、形状、作用不同而且与性别发育有关的染色体称作性染色体，而其他成对的染色体统称为常染色体。染色体具有自我复制的能力。因此，染色体在生物性状的遗传与变异上具有极其重要的作用。

二、细胞分裂

细胞分裂是生物体生命活动的前提。生物体内细胞的衰老、死亡，新细胞产生、成长，这些现象都是通过细胞分裂、增殖来实现的。细胞有多种分裂、增殖方式。细胞有丝分裂是产生体细胞的过程；产生性细胞的过程则是减数分裂。

(一)细胞周期

细胞从一次分裂结束到下一次分裂结束所经历的全过程称为细胞增殖周期或细胞周期。细胞周期包括间期(I)和分裂期(M)2 个阶段。

1. 间期

间期是指细胞从一次分裂结束到下一次分裂开始之间的时间。在细胞分裂间期主要进行一系列生化反应，包括 DNA 的复制、蛋白质的合成。通过细胞分裂间期，为细胞分裂做好物质与能量的准备。

2. 分裂期

细胞分裂的方式可以分为无丝分裂、有丝分裂和减数分裂 3 种。它们在细胞分裂期中的分裂过程也不相同。

(二)无丝分裂、有丝分裂与减数分裂

(1)无丝分裂　方式较为简单。细胞体积先增大，而后细胞核延伸，细胞质同时缢裂成 2 部分，形成 2 个子细胞。无丝分裂多见于原核生物，真核生物的某些组织和细胞也采取这种分裂方式，如愈伤组织、神经细胞等。

(2)有丝分裂　为细胞的主要分裂方式，包括 2 个过程：一是核分裂，二是质分裂(细胞分裂)。依据细胞内物质形态变化特征分为前期、中期、后期与末期 4 个时期。

前期　染色丝螺旋化逐渐形成显微镜下可见的染色体，中心粒一分为二，向两极移动，纺锤丝出现，染色单体形成。

中期　染色体继续变粗，并转移至赤道板上。此时，染色体高度浓缩至典型状态，显微镜下清晰可见来自细胞两极、由纺锤丝构成的纺锤体。

后期　每个染色体着丝点一分为二，染色单体分开，在各自纺锤丝的牵引下，分别移向细胞两极。

末期　染色体到达细胞两极后，逐渐解螺旋，变成细长的染色丝，核仁、核膜重新出现，细胞中央出现分裂沟，细胞质分裂成 2 部分，逐渐分成 2 个细胞。

(3)减数分裂　当动物生长发育到一定时期，其生殖腺体上的性原细胞先以有丝分裂方式进行若干代增殖，产生大量的性原细胞，这一段时间为增殖期。最后一代的性原细胞不再进行有丝分裂，而进入生长期，细胞质增加，细胞体积增大。经过生长期以后，此时细胞称为初级精母细胞和初级卵母细胞，然后进入成熟期，开始减数分裂。

①减数第一次分裂

前期　染色体形态变化比较明显。根据染色体的形态特征进一步分为细线期、偶线期、粗线期、双线期、终变期 5 个时期。至终变期时，双价体开始向赤道板移动，纺锤丝开始出现，染色体外廓明显，是染色体辨别鉴定和记数的最佳时期。

中期　核膜、核仁消失，双价体的着丝点排列在赤道上的两侧。此时是识别染色体的适当时期。

后期　纺锤丝牵引收缩，同源染色体向两极移动，姐妹染色单体仍共享一个着丝点，未分开。

末期　纺锤丝开始消失，核膜、核仁重新形成，细胞质分裂，形成 2 个子细胞，但着丝点仍未分裂，染色体数目实现减半。哺乳动物形成 2 个次级精母细胞或 1 个次级卵母细胞和 1 个极体。

第一次分裂末期之后，经过很短的时间即进行第二次分裂。

②减数第二次分裂。

在此时期，染色单体排列在赤道板上，着丝点分裂，姐妹染色单体分别向两极移动，最后形成 2 个新核，细胞质也随之分裂，形成 2 个子细胞(即 2 个精子或 1 个卵子和 1 个极体)。

至此，一个初级精母细胞经过两次连续分裂，可以形成 4 个精子；而一个初级卵母细胞经过两次连续分裂，可以形成 1 个卵子和 3 个极体。

任务二　遗传信息传递

情境导入

同学们，想象一下，你是一位侦探，正在追踪一个神秘的线索。这个线索隐藏在一个高度精密的系统中，而这个系统就是生物体的遗传信息传递系统。今天，我们将一起探索这个神秘的系统，了解遗传信息是如何从一代传递到下一代的。

一、核酸是遗传物质

（一）遗传物质应具备的条件

1. 高度的稳定性与可变性

遗传物质必须在细胞中保持高度的稳定性，其含量、位置和化学组成应保持恒定，不易受内外环境条件的影响。同时，遗传物质也必须在一定程度上具有可变性的能力，以促进生物的进化。

2. 储存并表达遗传信息

遗传物质必须具有复杂的结构和携带各种遗传信息的潜力，能够表达出地球上无数生物的各种性状。

3. 自我复制能力

遗传物质必须具有复制能力，能够以自身为模板进行复制并能够控制其他物质的新陈代谢，将遗传信息传递给后代。

4. 能够指导蛋白质合成

遗传物质能够指导蛋白质的合成，从而控制生物的新陈代谢和性状。

5. 自身结构稳定但能发生突变

遗传物质的结构在正常情况下比较稳定，但在特殊情况下能发生突变，并且突变后仍能继续复制和遗传给后代。

（二）核酸是遗传物质

1928 年，格里费斯对小家鼠进行了肺炎双球菌的感染试验。结果表明，灭活的 S 型菌中的某些转化因子能使非致病的 R 型菌转化成致病的 S 型菌，具有繁衍功能。1944 年，艾弗里等证明该转化因子是 DNA，而非蛋白质。1952 年，赫尔谢和索斯通过噬菌体对细菌的侵染实验，也证明了遗传物质是 DNA，而非蛋白质。1956 年弗朗克和康拉特将烟草花叶病毒的蛋白质外壳和 RNA 分离后，分别感染烟草。结果表明，蛋白质不能使烟草形成病斑，而 RNA 可以使烟草形成病斑，而且病斑形状与完整的病毒所引起的病斑一样，证明 RNA 也是遗传物质。

通过肺炎双球菌转化试验、噬菌体侵染实验和烟草花叶病毒感染试验可以确定，细胞内具有 DNA 的生物，遗传物质是 DNA；只含有 RNA 而不含 DNA 的生物，遗传物质是 RNA，即核酸是遗传物质。

二、遗传信息的传递

（一）遗传信息和遗传密码

1. 遗传信息

遗传信息指生物为复制与自己相同的东西、由亲代传递给子代、或细胞每次分裂时由细胞传递给细胞的信息，即碱基对的排列顺序，也可以指核苷酸的排列顺序，DNA 中的脱氧核苷酸以及 RNA 中的核糖核苷酸的排列顺序。

2. 遗传密码

遗传密码是活细胞用于将 DNA 或 mRNA 序列中编码的遗传物质信息翻译为蛋白质的一整套规则，是核酸的碱基序列与蛋白质的氨基酸序列之间的对应关系。3 个碱基代表着 1 种氨基酸，称为密码子。4 种碱基可以组合成 64 种密码子。但是动物体内只存在 20 种氨基酸，故存在多个密码子代表 1 种氨基酸的情况。

（二）遗传信息传递

遗传信息的传递过程包括DNA复制、RNA转录以及蛋白质的翻译过程。

DNA复制是遗传信息传递的第一步。在DNA复制过程中，DNA双链解开，以每条单链作为模板，通过碱基互补配对原则，合成一条新的DNA链，形成新的双链DNA分子。这个过程确保了遗传信息的稳定性和连续性。

RNA转录是遗传信息从DNA转移到RNA的过程。在转录过程中，DNA的一条链作为模板，RNA聚合酶识别特定的启动子序列，开始合成RNA链。这个过程通过碱基互补配对原则进行，确保RNA链的序列与DNA模板链一致。

蛋白质翻译是遗传信息从RNA转移到蛋白质的过程。在翻译过程中，mRNA作为模板，tRNA携带特定的氨基酸，根据mRNA上的密码子顺序，依次将氨基酸连接成多肽链，最终形成蛋白质。这个过程确保了遗传信息的准确表达和生物体的功能实现。

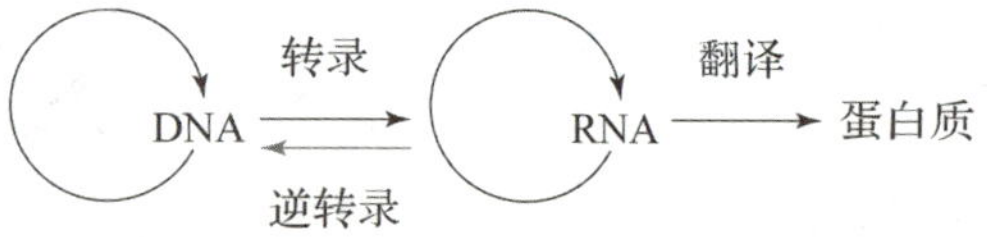

图 4-1-3　中心法则

（三）中心法则

中心法则（图4-1-3）描述了遗传信息在生物体内的传递过程，即遗传信息从DNA传递给RNA，再从RNA传递给蛋白质，完成遗传信息的转录和翻译过程。此外，遗传信息也可以从DNA传递给DNA，完成DNA的复制过程。

中心法则的核心内容包括以下几点。

1. 遗传信息的传递方向

遗传信息从DNA通过转录过程传递给RNA，再通过翻译过程将RNA中的信息传递给蛋白质。这个过程是单向的，即遗传信息不能从蛋白质返回DNA或RNA。

2. DNA复制

DNA可以通过自身复制将遗传信息传递给下一代。在这个过程中，DNA双链解开，每条单链作为模板合成一条互补链，形成2个子代DNA双链。

3. RNA复制和逆转录

在某些病毒中，如RNA病毒，遗传信息可以从RNA复制到RNA，或者从RNA通过逆转录过程传递给DNA。这是中心法则的特殊情况。

项目小结

遗传物质基础教学内容是动物遗传基础的重要组成部分。本项目系统介绍细胞、染色体与DNA的形态结构和生理功能；细胞分裂周期及染色体变化过程；有丝分裂、减数分裂的区别和联系；遗传物质概念及遗传信息传递过程。面对抽象的微观知识，教师可以通过三维图像、动画演示和模型的展示，将微观的世界形象化地展示在同学们面前，一方面增强了同学们对微观遗传物质的理解，另一方面为同学们进一步学习后续遗传知识打下坚实的基础。

思政园地

动物繁殖专家——朱士恩

朱士恩，男，1956年10月出生，汉族，天津宁河人，1982年毕业于天津农学院畜牧兽医系。

朱士恩先后在天津农学院、天津市北辰区畜牧兽医站工作；1989 年赴日本留学，获日本爱媛大学博士学位；1995 年在中国农业大学从事博士后研究，1996 年 11 月留校任教，历任副教授、教授、博士生导师，动物遗传育种与繁殖系副主任，动物繁殖方向学科带头人。

朱士恩致力于动物繁殖学领域教学、科研和社会服务工作四十载，引领了动物配子与胚胎低温生物学及冷冻保存技术研究，为我国胚胎移植技术发展做出了重要贡献。

他曾任中国畜牧兽医学会动物繁殖学分会理事长、中国畜牧兽医学会常务理事、中国科协决策咨询专家库专家、中日韩第四届动物繁殖学术交流会主席、《中国畜牧杂志》副主编、《中国农业科学》《畜牧兽医学报》*Journal of Reproduction Development* 等杂志编委；曾主持国家农业生物重大专项、国家“863”、国家自然科学基金及省部级科研项目多项，获北京市、教育部科技进步奖等多项省部级成果，享受国务院政府特殊津贴；荣获中国科协“全国优秀科技工作者”“中国畜牧兽医学会先进工作者”“首都劳动奖章”和“中国农业大学先进工作者”等荣誉称号。

朱士恩曾担任农业农村部教材建设专家委员会委员，对动物科学专业主干课程《动物繁殖学》的建设和教材建设倾注大量心血，先后是“北京市精品课程”“国家级精品课程”负责人；主编、参编了《家畜繁殖学》《动物生殖生理学》《动物繁殖生物技术》《养牛生产学》《牛繁殖实用新技术》《动物繁殖学》等教材或专业性著作；培养博士生 26 人、硕士生 44 人、博士后 2 人，指导国内外高级访问学者 15 人，在国内外期刊发表科研论文 200 余篇。

（选自百度百科和澎湃新闻，选入时有删减。）

职业能力测试

一、简答题

1. 什么是遗传信息？
2. 什么是遗传密码？
3. 什么是染色体？它与染色质之间有什么关系？
4. 细胞膜的功能有哪些？

二、论述题

1. 试述遗传物质应具备的条件。
2. 试述遗传信息传递过程。
3. 试述中心法则的核心内容。
4. 试述减数分裂不同时期的特点。

项目二 遗传的基本规律

◆ 项目描述

遗传的基本规律是动物遗传基础的另一个重要组成部分。遗传的基本规律包括分离定律、自由组合定律、连锁与交换定律以及伴性遗传与变异。这些规律将为学生理解遗传信息的传递和重组提供了重要的理论基础。通过遗传基本规律的学习可以帮助学生理解遗传三大定律的基本内容,正确解释动物遗传过程中性状传递的方式,预测后代的性状类型,掌握遗传三大定律在动物遗传繁育方面的应用。

学习遗传的基本规律不仅有助于深化学生对动物遗传繁育的理解,还能在医学、农业、法医学、伦理学等多个领域发挥重要作用。这些规律为科学研究提供了理论基础,为实际应用提供了技术支持,有助于推动社会的全面发展和进步。

◆ 知识目标

1. 理解遗传三大定律的基本内容。
2. 理解遗传和变异的类型与发生原因。

◆ 技能目标

1. 能正确解释动物遗传过程中性状传递的方式,预测后代的性状类型。
2. 能够解释动物性状变异产生的类型,区别遗传与表型变异对动物选种、育种上的差异。

◆ 素质目标

1. 培养学生严谨、认真的专业学习精神。
2. 对遗传基本规律的学习有助于学生深入理解动物遗传规律的基本原理,培养学生在科研和生产中遵循科学、人道和合法的意识。
3. 培养学生爱农村、爱农业、爱畜牧行业、关注乡村振兴的热情。

任务一 遗传学三个基本规律

情境导入

同学们,畜牧生产中,经常会遇到各种各样的繁殖方面的问题。例如,为什么纯种白猪和纯种黑猪交配,后代都是白猪?而白猪子一代互相交配,后代既有白猪也有黑猪呢?为了真正了解这个问题,今天我们就一起走进关于遗传学三个基本规律的课堂。

分离定律、自由组合定律和连锁与交换定律是遗传学的三个基本规律，是生物界普遍存在的遗传现象，是研究畜禽质量性状表达的基本规律。

奥地利神父孟德尔在1856—1864年间进行豌豆杂交试验，研究与分析了7对不同性状的遗传现象。1865年孟德尔发表《植物杂交试验》一文，提出遗传单位是遗传因子的论点，并揭示遗传学的两个基本规律——分离定律和自由组合定律，为遗传学的诞生和发展奠定基础。

1900年，荷兰植物学家德弗里斯、德国植物学家科伦斯、奥地利植物学家丘歇马克通过各自独立的植物杂交实验，同时验试了孟德尔论文的正确性。科学史上将这一重大事件称为孟德尔定律的重新发现。1910年，美国学者摩尔根根据对黑腹果蝇的研究，提出了遗传学第三个定律——连锁与交换定律。至此，遗传三大定律就逐渐完善起来。

一、分离定律

（一）一对相对性状杂交的遗传现象

杂交是指在遗传学上具有不同遗传性状的个体之间的交配，杂交所得到的后代称为杂种。

性状是指遗传学中把生物体所表现的形态结构、生理特征和行为方式。单位性状是孟德尔在研究豌豆等植物的性状遗传时，把植株所表现的性状总体区分为各个单位作为研究对象。这样区分开来的性状称为单位性状。豌豆的花色、种子形状、子叶颜色、豆荚形状、豆荚（未成熟的）颜色、花序着生部位和株高等性状，就是7个不同的单位性状。同种生物一种性状的不同表现类型称为相对性状。例如，豌豆的花色有白色和红色，绵羊的毛色有白毛与黑毛、小麦的抗锈病与易染锈病、大麦的耐旱性与非耐旱性、猪的平耳和立耳、牛的有角和无角、人的单眼皮和双眼皮等都属于一对相对性状的不同表现类型。

P　　黑色牛×红色牛

↓

F1　　黑色牛⊗

↓

F2　　黑色牛 ：红色牛

3 ：1

图 4-2-1　黑色牛与红色牛杂交遗传现象

在畜牧生产中，常有以下案例。纯种黑色牛和纯种红色牛（杂交亲本用P表示）杂交（用×表示），得到的杂种后代（子一代用F1表示）全部是黑色牛。杂种后代公、母牛交配（称为自群繁殖，用⊗表示），得到的后代（子二代用F2表示）有黑色牛也有红色牛，而且黑色牛和红色牛的比例接近3∶1（图4-2-1）。

像这样具有一对相对性状的亲本进行杂交，子一代为杂合体，相应的等位基因中其中一个对表现出的性状的明显影响，另一个则暂时不表现，表现出的那个亲本的性状为显性性状。几种畜禽若干相对性状的显隐性关系见表4-2-1。

表 4-2-1　几种畜禽若干相对性状的显隐性关系

畜别	性状	显性	隐性	备注
猪	毛色	白色	有色（黑、黑六白、棕、花斑）	有时F1六白不全；棕色更深并略带黑斑；F1呈不规则的黑白花斑
		黑六白	黑色、花斑	
		棕色	黑六白（巴克夏猪、波中猪）	
		花斑（华中型）	黑色（华北型）	
		白带（汉普夏）	黑六白	
	耳型	垂耳（民猪）	立耳（哈白猪）	耳型一般为不完全显性，F1有时耳尖下垂
		前伸平耳（长白）	垂耳	
		前伸平耳	立耳	

续表 4-2-1

畜别	性状	显性	隐性	备注
牛	毛色	黑色	红色	
		红色(短角)	黄色(吉林)	
		黑白花	黄色	
		白头(海福特)	有色头	
	角	无角	有角	
	肤色	黑色	白色	
绵羊	毛色	白色	黑色	个别品种相反,或呈不完全显性,F1 出现花斑
		灰色	黑色	
马	毛色	青毛	骝毛	
		骝毛	黑毛	
		黑毛	栗毛	
		兔褐毛	其他(鼠灰、银灰等)	
鸡	冠形	玫瑰冠	单冠	
		豆冠	单冠	
		胡桃冠	单冠	
	羽色	白色(来航)	有色	
		芦花	非芦花(白来航鸡除外)	
		银色	金色	
	脚色	浅色	深色	
	羽形	正常羽	丝毛羽	
	脚形	矮脚	正常脚	
	脚毛	有	无	
	蛋壳色	青色	非青色	

引自:徐相亭.动物遗传繁育学.第一版.北京:中国农业出版社,2018.

(二)分离现象的解释与验证

1. 分离现象的解释

亲代两性配子结合发育而成的子代个体,因此子代个体性状的表现必定与亲代配子有关。假设在配子(用 G 表示)中每一个性状都由一个相应的遗传因子所支配。在黑色牛与红色牛杂交遗传中,黑色牛的精子和卵子里都有一个“黑色基因”,用 R 表示(用大写英文字母表示具有显性作用的因子):红色牛的精子和卵子里都有一个“红色基因”,用 r 表示(用小写英文字母表示具有隐性作用的因子)。在生物体细胞中遗传因子则是成对存在的(RR、rr 或 Rr),在形成配子时,成对因子彼此分离,每个配子只含有成对因子中的一个。例如,纯种黑色牛配子中只含一个 R,纯正红色牛配子中只含一个 r。当黑色牛和红色牛杂交时,精卵细胞结合,子一代(F1)体细胞中含有 R 和 r 基因的配子,但是不融合,保持各自的独立性。由于 R 对 r 的显性作用,即含有 R 基因的配子性状得以表达,而含有 r 基因的配子没有表现作用,因此 F1 代只表现黑色，但 r 基因并没有消失。当 F1 形成配子时，两个因子互相分离，各自进入不同配子。即 F1 代形成两种不同的配子，一种带 R 基因，另一种带 r 基因，两种配子的数目相等，呈 1∶1 的比例。F1 代自交时，由于每种精子与每种卵子结合的机会均等。因此，F2 代中有 3 种基因组合，即 RR、Rr 和 rr，比例为 1∶2∶1。又由于 R 对 r 的显性作用，因此，按性状的表现来说，只表现黑色、红色两种，性状分离比例是 3∶1。

把在同源染色体上占有相同位点，控制相对性状的一对基因称为等位基因。因此生物体的遗传组成称为基因型。例如，纯种黑色牛耳朵性状的基因型是 RR，红色牛被毛颜色的基因型是 rr。在基因型的基础上表现出来的性状称为表现型。基因型相同的个体，其表现型一定相同；表现型相同的个体，其基因型不一定相同。如 F2 代黑色牛的基因型有两种，一种是 RR，另一种是 Rr。基因型由相同的基因组成的个体称为纯合体，如 RR、rr；基因型由不同的基因组成的个体称为杂合体，如 Rr。

2. 分离假设的验证

分离假设能否成立，关键在于 F1 代杂合体内是否有显性基因和隐性基因同时存在，即基因型是否是 Rr。验证的方法采用测验杂交的方式。

测验杂交简称为测交，就是用杂交 F1 和隐性亲本个体交配，看后代的基因型和表现型。使用隐性亲本是因为纯合体只能产生一种含隐性基因的配子，这种配子与杂交 F1 的两种配子结合，会产生拥有 1/2 的显性性状个体和 1/2 的隐性性状个体。

试验用纯种黑色牛与纯种红色牛杂交，得到杂交 F1 代，而后用 F1 和隐性亲本个体（红色牛）测交，得到的后代显性个体（黑色牛）与隐性个体（红色牛）应各占 1/2，也就是其比例应为 1∶1。

试验结果表明，F2 产生的黑色牛、红色牛的比例大致为 1∶1，F1 产生两种配子，R 和 r 的比例为 1∶1。

（三）分离定律的含义

一对等位基因决定一对相对性状的遗传。成对的等位基因在遗传过程中各保持其独立性，在形成配子时相互分离到不同配子细胞中。杂交 F1 代产生的不同类型配子的数目相等，即配子分离比为 1∶1，配子随机结合产生的 F2 代中基因型之比为 1∶2∶1，显隐性表现型之比为 3∶1。

二、自由组合定律

分离规律只涉及一对相对性状的杂交遗传实验。生产中，往往需要多对相对性状的杂交遗传，才能培育出更优秀的子代个体。

（一）两对相对性状杂交的遗传现象

畜禽生产中，两对相对性状的遗传现象也是比比皆是。例如，纯种的黑色无角牛与纯种的红色有角牛杂交，得到的杂交子一代（F1）全部是黑色无角牛；子一代自群交配得到的子二代（F2）出现了 4 种表现型，即黑色无角、黑色有角、红色无角和红色有角牛，比例是 9∶3∶3∶1（图 4-2-2）。

P　　黑色无角牛 × 红色有角牛
↓
F1　　黑色无角牛⊗
↓
F2　　黑色无角 ∶ 黑色有角 ∶ 红色无角 ∶ 红色有角
9 ∶ 3 ∶ 3 ∶ 1

图 4-2-2　黑色无角牛与红色有角牛杂交遗传现象

上述杂交结果出现了 4 种类型，其中有黑色无角和红色有角是亲本原有性状的个体，称为亲本型；另外两种黑色有角和红色无角是亲本性状的新组合个体，称为重组型。

(二)自由组合定律的解释与验证

1. 自由组合现象的解释

纯种黑色无角牛与纯种红色有角牛杂交时，黑色(R)对红色(r)为显性，无角(Y)对有角(y)为显性。因此，黑色无角牛亲本基因型应为 $RRYY$，红色有角牛亲本基因型应为 $rryy$。根据分离规律，亲本形成配子时，同源染色体上等位基因分离，两种纯合亲本各形成一种配子 RY 和 ry，杂交后，两种配子随机结合形成杂交 F1 代，基因型为 $RrYy$。由于 R、Y 为显性，所以 F1 表现型都是黑色无角牛。F1 代在产生配子时，按照分离规律，同源染色体上的等位基因彼此分离，即 R 与 r 分离，Y 与 y 分离，各自独立分配到配子中去，因此两对同源染色体上的非等位基因可以同等的机会自由组合，即形成 4 种类型的配子 RY、rY、Ry、ry，而且这 4 种配子的数目相等。由于精子和卵子各有 4 种不同的类型，而此 4 种类型的精子和卵子结合是随机的，所以在 F2 就有 16 种基因组合，共有 9 种基因，4 种表现型。表现型为黑色无角牛、黑色有角牛、红色无角牛、红色有角牛，且比例为 9∶3∶3∶1。

2. 自由组合假设的验证

自由组合假设能否成立，关键在于 F1 代杂合体内是否有显性基因和隐性基因同时存在，即基因型是否是 $RrYy$。验证的方法采用测验杂交的方式。

用杂交 F1 和隐性亲本个体交配，看后代的基因型和表现型。

试验结果表明，F2 产生有黑色无角牛、黑色有角牛、红色无角牛、红色有角牛 4 种表现型，且比例为 1∶1∶1∶1。

(三)自由组合定律的含义

当两对或两对以上相对性状杂交形成配子时，两对基因之间分离时各自独立、互不影响，不同对基因之间的组合是完全自由的、随机的，雌雄配子在结合时也是自由组合的、随机的。

三、连锁交换定律

生物的染色体数目是有限的，但是基因数目很多。因此，每个染色体上携带多个基因。那么，位于同一染色体上的基因不能进行独立分配，必然随着这条染色体作为一个整体传递，从而表现出一种遗传现象，即连锁遗传现象。美国学者摩尔根通过果蝇的杂交试验，探明了连锁遗传的机制，并对此现象进行了解释。

(一)连锁交换的遗传现象

1. 完全连锁

在连锁试验中，果蝇的灰身(B)对黑身(b)是显性，长翅(V)对残翅(v)是显性。摩尔根用纯合体的灰身长翅果蝇与纯合体的黑身残翅果蝇杂交，得到杂交 F1 全部是灰身长翅($BbVv$)。用 F1 中的雄果蝇与双隐性亲本雌果蝇进行测交，按照自由组合定律，应该出现灰身长翅、黑身残翅、灰身残翅和黑身残翅 4 种类型，而且比例是 1∶1∶1∶1。但是试验结果只有灰身长翅和黑身残翅两种亲本型果蝇，其数量各占 50%，并没有出现灰身残翅和黑身长翅的果蝇，也就是说只有 BV 和 bv 两种基因，没有 Bv 和 bV 的重新组合。

从图 4-2-3 中可以看出，杂合的 F1 代雄果蝇在形成配子时，B 和 V 两个基因完全连锁在一条染色体上，b 和 v 连锁在另一条同源染色体上。由于雄性个体能产生两种配子(BV 和 bv)，雌性个体只产生一种配子(bv)，所以测交后代只有灰身长翅和黑身残翅两种类型，比例是 1∶1。

2. 不完全连锁(交换)

家鸡性状遗传中，白羽(I)对有色羽(i)为显性，卷羽(F)对常羽(f)为显性。用纯合体白色卷羽鸡($IIFF$)与纯合体有色常羽鸡($iiff$) 杂交，F1 全部是白色卷羽鸡，用杂交 F1 母鸡与

P　　灰身长翅×黑身残翅

↓

F1　　灰身长翅（雄性）×黑身残翅（纯合体雌性）

↓

F2　　灰身长翅：黑身残翅

1　：　1

图 4-2-3　果蝇完全连锁遗传

双隐性亲本有色常羽公鸡进行测交，产生了 4 种类型的后代，但其比例也不是 1∶1∶1∶1，而是亲本型（白色卷羽和有色常羽）占 81.8%，重组型（白色常羽和有色卷羽）占 18.2%（图 4-2-4）。

P　　白色卷羽（纯合体）×有色常羽（纯合体）

↓

F1　　白色卷羽（雌性）×有色常羽（纯合体雄性）

↓

F2　　白色卷羽：有色常羽：白色常羽：有色卷羽

40.9%　：　40.9%　：　9.1%　：　9.1%

图 4-2-4　家鸡不完全连锁遗传

（二）连锁交换的解释

家鸡不完全连锁遗传中，杂交 F1 代在形成配子时，性母细胞在减数分裂的粗线期，非姐妹染色单体之间发生了 DNA 片段的交换，即出现基因的交换，其结果导致产生了新组合的配子，这就是不完全连锁现象。但是 F1 产生的 4 种配子比例并不相同。明显亲本型配子多于重组型配子。其原因是多数情况下并不是全部性母细胞在减数分裂中发生 DNA 片段交换，只有部分性母细胞发生了交换，不发生交换的性母细胞所形成的配子都属于亲本型，发生交换的性母细胞所形成的配子属于重组型。

任务二　伴性遗传与变异

情境导入

同学们，假设你是一名畜牧学家，正在研究家畜的遗传特性，特别是那些与性别相关的遗传模式。当你来到了一个养鸡场，农场主告诉你，他们发现某些公鸡的羽毛颜色特别鲜艳，而母鸡的羽毛颜色则较为普通。农场主希望你能帮助他们了解这种羽毛颜色差异的遗传机制。你将如何解释呢？带着这个问题，今天我们就一起走进关于动物伴性遗传与变异的课堂。

一、伴性遗传

伴性遗传是指在遗传过程中的子代部分性状由性染色体上的基因控制的现象。这种由性染色体上的基因所控制性状的，遗传上总是和性别相关的遗传方式就称为伴性遗传，又称性连锁（遗传）或性环连。许多生物都有伴性遗传现象。例如，果蝇的白眼的伴 X 染色体遗传和伊莎褐壳蛋鸡的褐羽遗传等都属于伴性遗传。

1. 伴性遗传常见规律

(1)当同配性别的性染色体(如哺乳类等 XX 为雌性 XY 为雄性,鸟类 ZZ 为雄性 ZW 为雌性)传递纯合显性基因时,F1 雌、雄个体都为显性性状。F2 性状的分离呈 3 显性∶1 隐性;性别的分离呈 1 雌∶1 雄。

(2)当同配性别的性染色体传递纯合体隐性基因时,F1 表现为交叉遗传,即雌性亲本的性状传递给雄性子代,雄性亲本的性状传递给雌性子代。

(3)存在于 Y 染色体差别区段上的基因(特指哺乳类)所决定的性状,或由 W 染色体所携带的基因所决定的性状,仅仅由雄性亲本(或母禽、母鸟)传递给其雄性子代(或母禽、母鸟),表现为特殊的 Y 连锁(或 W 连锁)遗传。

(4)伴 X 显性遗传疾病,雌性个体多于雄性个体;伴 X 隐性遗传疾病,雄性个体多于雌性个体。

2. 伴性遗传特点

性状分离比例与常染色体基因控制的性状分离比例不同;两性间的分离比例不同;正反交结果也不一样。

二、变异

变异在生物体上泛指生物种与个体之间的各种差异,包括形态、生理、生化以及行为、习性等各方面的差异,变异是生物进化和人类育种的根源,包括可遗传的和不可遗传的变异。变异是生物界普遍存在的现象,是生物的共同特征之一。

(一)变异的类型与原因

1. 变异的类型

自然界的变异可分为可以遗传的变异和不能遗传的变异。可遗传变异是由遗传物质发生变化引起的,能够遗传给后代,如金鱼的各种形态、白犬与黑犬的后代出现斑点犬等。不可遗传变异则是在不同环境条件下产生的变异,其遗传物质没有发生变化,如印度白孔雀(基因突变)、脱毛的公鸡(病理变化)等。

2. 变异的原因

畜禽变异的主要原因包括基因突变、遗传变异和外界环境影响。

基因突变是畜禽变异的主要原因之一。基因突变可能是由自然辐射、化学物质或其他外界因素引起的,这些突变会导致畜禽的性状发生改变。遗传变异是由于遗传物质的不同组合引起的。这种变异可以导致畜禽个体间性状的差异,包括体型、颜色、生长速度等方面的不同。外界环境对畜禽的影响也非常重要。气候、食物、生境等因素都会影响畜禽的性状变异,使其更好地适应不同的环境条件。

(二)基因突变

基因突变是指染色体上某一基因位点发生了化学结构的变化,导致一个基因变为它的等位基因。基因突变的原因包括物理因素(如 X 线、激光等)、化学因素(如亚硝酸、碱基类似物等)和生物因素(如某些病毒、细菌等)。

通过诱导畜禽基因突变技术,可以大幅降低家畜育种时间,实现家畜目标性状的精准培育。例如,肌生成抑制素(*MSTN*)基因的突变可以显著提升家畜的产肉效率,著名的比利时蓝牛的双肌性状就是由 *MSTN* 基因突变造成的。未来,随着技术的不断进步和应用范围的扩大,诱导基因突变技术将在畜禽育种中发挥越来越重要的作用。

(三)染色体畸变

染色体畸变包括染色体结构畸变和染色体数目畸变。染色体结构畸变发生在性细胞减数分裂时,因染色体断裂并以不同的方式重新粘接起来,导致染色体上基因反常排列,包括缺失、重复、倒位、易位 4 种类型。染色体数目畸变则涉及染色体的数量变化,包括整倍体变异和非整倍体变异。

1. 染色体结构变异(图 4-2-5)

缺失是指染色体上某一区段及其带有的基因一起丢失,影响基因间的交换和重组,破坏正常的连锁群。

重复是指常染色体上增加了相同的一个区段,表现为剂量效应和位置效应,同样破坏正常的连锁群。

倒位是指染色体上某一区段发生断裂后倒转 180°重新连接,改变正常的连锁群,可能导致不育。

易位是指两对非同源染色体之间发生区段转移,改变正常的连锁群,可能导致不育。

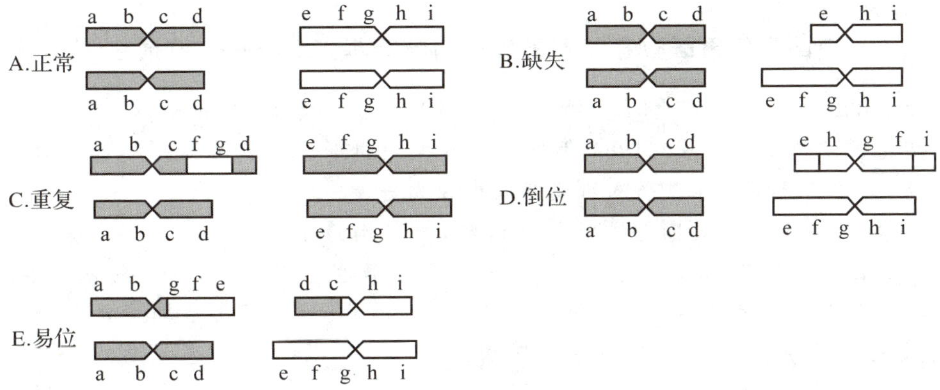

图 4-2-5　染色体结构变异图

2. 染色体数目变异

整倍性变异是以染色体组为单位的增、减,是染色体数目变异的一种。包括单倍体和多倍体 2 种类型的整倍性变化。多倍体类型中,一般又包括同源多倍体和异源多倍体。各种整倍性变异,在细胞学和遗传学均产生一定的效应。

非整倍性变异是指正常的染色体组中,丢失或添加了一条或几条完整的染色体。大多数情况非整倍性变异在动物中是致死的,主要在死胎中发现。例如,在有丝分裂和减数分裂过程中,通过丢失单条染色体可以产生非整倍性。非整倍性也可以通过有丝分裂时姐妹染色单体的不分离或减数分裂时同源染色体的不分离而产生。

(四)畜禽变异的实际应用和影响

(1)培育新品种　通过人工诱变,可以培育出具有优良性状的新品种,如水貂毛色基因诱发突变取得的成果。

(2)物种形成和生物进化　遗传和变异是物种形成和生物进化的基础。变异使得物种能够适应不同的环境条件,推动生物的进化过程。

这些变异类型不仅在畜禽育种中具有重要意义,也对理解生物多样性和进化理论有着深远的影响。

项目小结

遗传学基本规律是动物遗传基础的重中之重。本项目系统介绍了遗传学三大定律，即分离定律、自由组合定律和连锁交换定律，并在此基础上深入浅出地阐述了遗传和变异的类型与发生原因。由于遗传学基本规律抽象难懂，本项目教学结合了一些案例，来详细地阐明了其间的遗传原理。

通过本教学项目，同学们能够全面理解遗传的基本规律，包括分离定律、自由组合定律和连锁交换定律。通过理论讲解、案例分析和实践活动，同学们不仅掌握了这些规律的基本概念，还能够正确解释动物遗传过程中性状传递的方式和动物性状变异产生的类型，能够预测后代的性状类型并区别遗传与表型变异对动物选种、育种上的差异，为同学们更好地理解和应用遗传学知识，为未来的学术和职业发展打下坚实的基础。

思政园地

中国现代兽医教育和家畜传染病学奠基人之一——罗清生

罗清生（1898 年 4 月 4 日—1974 年 7 月 14 日），兽医学家，农业教育家，我国现代兽医教育和家畜传染病学奠基人之一。1964 年罗清生首先用电子显微镜发现了鸭瘟病毒和培育出鸭瘟弱毒苗，并在猪气喘病等疫病的研究中取得较大进展。

1923 年罗清生毕业于美国堪萨斯州立大学，是我国最早获兽医博士学位人士之一。回国后，历任国立东南大学、中央大学教授，中央大学畜牧兽医系主任、农学院院长、中央大学教务长，南京农学院教授、教务长、副院长等职。自 20 世纪 20 年代后期罗清生开始研究兽医生物药品的生产和应用，成功研制系列抗病血清、疫苗，为防治家畜家禽的传染病做出了贡献。罗清生曾主编中国最早的《畜牧兽医季刊》，也是畜牧兽医学会和畜牧兽医图书出版社的创始人之一。他的主要著作有《家畜传染病学》(1960)、《猪的疾病》(1962)、《禽病学》(1965)等。

罗清生先生的教学经验，可以总括为“三重视”，即重视理论联系实际、重视师资培养和重视教材建设。

重视理论联系实际。罗清生先生治学严谨，注重课堂上的理论讲授，他勤奋备课，不断充实和更新内容。他对学生要求严格，课堂纪律严明，经常向学生提问，需背诵的内容如各种家畜的用药剂量等，他总是一丝不苟，一定要求学生牢牢地记住，不能含糊、马虎，毕业生都深切地体会到严格教学的正确和好处。

罗清生先生既重视书本知识，又强调实践经验。他一贯重视兽医院的建设和工作。抗战时期中央大学畜牧兽医系迁至四川成都，1944 年与四川农科所合办成都家畜诊疗院，由他亲自主持，每日下午均有门诊，一直到抗战胜利，学校迁回南京为止。这期间经该院诊治的病畜达 7 000 多头。他经常注意国内外各种家畜临床病例报道和诊疗经验，并亲自参加兽医院临诊治疗和出诊工作，数十年如一日。他在古稀之年仍然不时地站在病畜前指导师生看病。

（选自百度百科，选入时有删减。）

职业能力测试

一、简答题

1. 什么是伴性遗传?
2. 什么是连锁交换定律? 请举例说明。
3. 染色体畸变的主要分类是什么?
4. 染色体结构畸变的主要类型有哪些?

二、论述题

1. 试用自由组合定律解释黑色无角牛与红色有角牛的杂交遗传现象。
2. 试述在伴性遗传中常见的遗传规律。
3. 试述什么是基因突变及其在生产中的意义。
4. 试述染色体数目变异分类。

项目三　数量性状的遗传

◆ 项目描述

数量性状的遗传是一个复杂的生物学过程，涉及多个基因和环境因素的共同作用。数量性状的遗传研究不仅有助于提高农业生产效率，还可以为疾病的预防和治疗提供科学依据。学生通过学习数量性状遗传，可以全面了解数量性状的遗传特点和分析方法，可以更好地掌握数量性状在育种和医学中的应用，为进一步在学习动物遗传育种知识打下坚实的基础。

◆ 知识目标

1. 理解数量性状遗传的方式与机制。
2. 理解数量性状遗传参数的意义。
3. 掌握数量性状遗传参数的计算方法。

◆ 技能目标

1. 能运用数量性状遗传方式解释数量性状遗传现象。
2. 能熟练进行数量性状遗传参数的计算。

◆ 素质目标

1. 培养学生严谨、认真的专业学习精神。
2. 培养学生爱农村、爱农业、爱畜牧行业、关注乡村振兴的热情。

任务一　数量性状遗传的方式与机制

情境导入

同学们，畜牧生产中，经常会遇到这样的问题。例如，怎样统计猪的耳型、鸡的冠型？不同耳型和冠型在遗传上有什么差异？针对这些遗传现象，我们应当选择从数量性状遗传的角度进行解释。今天我们就一起走进关于数量性状遗传学习和使用的课堂。

一、性状的分类

畜禽的性状可分为 2 大类：一类是质量性状，另一类是数量性状。

质量性状指属性性状，即能观察而不能量测的性状。质量性状的同一种性状在不同表现型之间不存在连续性的数量变化，而呈现质的中断性变化。它由少数起决定作用的遗传基因所支配，在表面上这类性状显示的差别，如角的有无、毛色、血型等。质量性状较稳定，不易受环境条件的影响，它们在群体内的分布是不连续的，杂交后代的个体可明确分组。

数量性状是指在一个群体内的各个体之间表现为连续变异的性状，如动植物的高度或长度等。数量性状较易受环境的影响，在一个群体内各个个体的差异一般呈连续的正态分布，难以在个体间明确地分组。数量性状能够度量。

二、数量性状遗传的方式

数量性状遗传的方式有中间型遗传、超亲遗传以及杂种优势。

中间型遗传是指两个纯合亲本杂交后，F1 代往往表现出双亲的中间型，即介于双亲之间的表型。

超亲遗传是指 F2 代的表型平均数与 F1 代相似，但变异范围更大，有时会出现超亲遗传现象，即后代性状表现超过某一极端亲本。

杂种优势是指由等位基因或非等位基因相互作用产生的效应，包括超显性效应和上位效应。超显性效应是由等位基因间互作产生的效应，上位效应是由非等位基因间互作产生的效应。

三、数量性状遗传的机制

数量性状遗传的机制有多基因假说和基因间的相互作用。

（一）多基因假说

多基因假说是数量性状遗传的主要机制之一。它认为数量性状由许多彼此独立的基因共同控制，每个基因的作用效应很小，称为微效基因。这些微效基因通过累加作用共同影响某一数量性状的表现。

（二）基因间的相互作用

除多基因假说外，数量性状的遗传还涉及基因间的相互作用。这些相互作用包括基因加性效应和非加性效应。

基因加性效应是指微效基因通过累加作用共同影响性状的表现，与多基因假说有相同之处。

基因非加性效应主要包括超显性效应和上位效应，前者是由等位基因间互作产生的效应，后者是由非等位基因间互作产生的效应。

任务二　数量性状的遗传参数

情境导入

同学们，畜牧生产中，经常会遇到各种各样的遗传方面的问题。例如，同一个动物亲本的很多性状在遗传过程中能够稳定传递给子代，而另一些性状却不能稳定地传递，这是什么原因呢？要弄清其中的缘由，我们必须了解什么是遗传参数。今天我们就一起走进遗传参数学习和使用的课堂。

一、数量性状遗传力

（一）遗传力概念

生物的性状由遗传因素和环境因素的共同作用而决定。遗传力这个概念表示一种生物的性状受遗传调控的比例。遗传力越高，说明性状的决定过程中遗传因素占比越大，环境因素占比越小。

根据数量性状的微效多基因假说，最简便易行的方法是将数量性状表型值(P)线性剖分为基因型值(G)和环境偏差(E)2个部分，即 $P=G+E$。

进一步分析基因型值，还可根据基因作用类型的不同，再分为加性效应值(A)、显性效应值(D)和上位效应值(I)。代入上式得：$P=G+E=A+D+I+E$。

由于显性效应值(D)和上位效应值(I)属于基因的非加性效应值，不能真实遗传，只有加性效应值(A)能真实遗传，而且通过育种工作能被保持下来。因此，把基因的加性效应值(A)称为育种值，把显性效应值(D)和上位效应值(I)及环境偏差(E)合并，统称为剩余值(R)，即除育种值以外，剩下的部分数值。表型值的剖分就可写成：$P=A+R$。由于表型变异是由遗传因素和环境因素引起。在统计学上，用方差作为变异的度量。则 V_P 设为表型方差，V_G 为遗传方差，V_E 为环境方差，$V_P=V_G+V_E$。因此，遗传力就是遗传方差在总表型方差中所占的比例。公式：$H^2=\frac{V_G}{V_P}$

遗传力又分为广义遗传力和狭义遗传力。H^2 称为广义的遗传力。一般情况下所说的遗传力就是指狭义遗传力，用 h^2 表示。

$$h^2=\frac{V_A}{V_P}=\frac{V_A}{V_A+V_R}$$

遗传力估计值一般用百分数或者小数来表示。如果遗传力估计值是1(即100%)，说明某性状在后代畜群中的变异原因完全是由遗传所造成的；如果遗传力估计值是0，则说明这种变异的原因完全是由环境造成的，与遗传无关。生产中没有任何一个数量性状的变异与遗传或环境完全无关。因此，数量性状的遗传力估计值总是为0～1。根据性状遗传力值的大小，可将其大致划分为3等，即0.5以上者为高遗传力；0.5～0.2为中等遗传力；0.2以下者为低遗传力。

(二)数量性状遗传力的估计方法

(1)同胞分析法　这是一种巢式设计的方差分析方法，通过同胞分析来估算狭义遗传力。

(2)亲子回归法　通过子代平均值对亲代的回归来估算遗传力，具体方法包括子代均值对中亲值的回归和子代均值对一亲的回归。

(3)亲子相关法　利用亲子回归法估算遗传力，但由于环境的影响，这种方法在某些情况下可能不够准确。

(4)回交法　通过利用F2代和两个回交一代的资料来估算狭义遗传力。

(5)方差分析法　通过方差分析来估计总方差中各种方差组分，从而求得遗传力。

(三)数量性状遗传力的应用

1. 预测育种效果

通过遗传力估计，可以预测个体表型值与育种值之间的对应程度，从而指导育种者选择合适的个体作为父本、母本，以提高育种效果。

2. 选择标准

通过遗传力，可以确定哪些性状在后代中更容易遗传，从而制定更有效的选择策略。

3. 提高选择效率

通过采用正确的田间试验设计和统计方法，可以尽量消除试验误差，提高选择可遗传变异的可能性，从而提高选择效率。

4. 杂种优势利用

由于杂交优势在杂交二代及以后各代会衰退。因此，利用杂种优势时应主要利用杂种一代。利用遗传力，可以更有效地进行选择和育种，提高育种效率和后代的表现。

二、数量性状的重复率

(一)重复率概念

重复率是衡量一个数量性状在同一个体多次度量值之间的相关程度的指标。用 r_e 表示。主要用于估计畜禽一生中有多次产量度量值之间的变动大小和各次度量值之间的相关程度，也就是畜禽一生中可能达到的生产水平的参数。当畜禽每次产量都相同或极其相似，重复力就等于 1 或接近于 1；当每次度量值大小很不一致，重复力就会接近于 0。一般来说，重复力 $r_e \geqslant 0.60$ 称为高重复力，$0.30 \leqslant r_e < 0.60$ 称为中等重复力，而 $r_e < 0.30$ 称为低重复力。

(二)重复率估计原理

将环境效应(E)剖分为持久性环境效应(E_P)和暂时性环境效应(E_T)2 个部分，即 $E = E_P + E_T$。又因为数量性状表型值(P)可分为基因型值(G)和环境偏差(E)2 个部分，因此 $P = G + E = G + E_P + E_T$。假定基因型效应、永久性环境效应和暂时性环境效应之间都不存在相关，可以将表型方差

(V_P)剖分为 $V_P = V_G + V_{E_P} + V_{E_T}$，因此重复力 r_e 可定义为：

$$r_e = \frac{V_G + V_{E_P}}{V_P} = \frac{V_G + V_{E_P}}{V_G + V_{E_P} + V_{E_T}}$$

而遗传力公式为 $H^2 = \frac{V_G}{V_P}$。可见，重复力大于遗传力。

(三)重复率的应用

1. 验证遗传力估计的正确性

重复力的计算方法比较简单，而且估计误差比相同性状遗传力的估计误差要小，故估计更为准确。

2. 确定性状需要度量的次数

重复力高的性状，说明各次度量值间相关程度强，只需要度量几次就可正确估计个体生产性能；相反，重复力低的性状，则需要多次度量才能作出正确的估计。

3. 种畜育种值的估计

通过重复率，可以对畜禽的遗传特性进行评估，了解其遗传稳定性和变异情况，从而进行更准确的选种选配。

4. 估计可能生产力

在畜禽生产管理中，重复率可以用于评估畜禽的生产性能，帮助养殖者制定合理的饲养管理措施，优化生产效益。

三、数量性状的遗传相关

(一)遗传相关的概念

表型相关就是同一个体的两个数量性状度量值间的相关关系，用相关系数表达。造成这种相关关系的原因很多而且十分复杂，是由于基因的一因多效和基因间的连锁造成的性状间遗传上的相关。表型相关同样可以剖分为遗传相关和环境相关 2 部分。群体中各个体两性状间的相

关称为表型相关[$rP_{(xy)}$]，两个性状基因型值(育种值)之间的相关称为遗传相关[$rA_{(xy)}$]，由两个性状受个体所处相同环境造成的相关，称之为环境相关。还有，由于等位基因间的显性效应和非等位基因间的上位效应所造成的一些相关，不能真实遗传，一般就并入环境相关之中，统称为剩余值间的相关[$rE_{(xy)}$]。生物性状的表型相关、遗传相关和剩余值相关的关系如下式：

$$rP_{(xy)}=h_x h_y rA_{(xy)}+e_x e_y rE_{(xy)}$$

式中：$e_x=\sqrt{1-h_x^2}$，$e_y=\sqrt{1-h_y^2}$。

理论上，如果两个性状的遗传力较高，则表型相关主要是遗传相关的影响；相反，如果性状的遗传力较低，表型相关主要是环境的影响。但是生产中造成表型相关的遗传相关和环境相关间的差异是很大的，有时甚至一个是正相关，一个是负相关。

(二)遗传相关的应用

1. 遗传改良与品种选育

利用畜禽性状之间的相关关系，可以改善畜牧品种的目标性能和优良性状，使得畜牧业能够更加精确和高效地进行遗传改良。例如，通过对乳牛饲料与产奶量的研究，可以提高乳牛的产奶量和奶品质。例如，在猪的选育中，可以通过基因检测技术筛选出具有抗病性和生长性能优良的个体，以提高猪的生产性能和经济效益。

2. 制定综合选择指数

遗传相关在选择指数理论中具有重要的作用，这是遗传相关最主要的用途。一般而言，只要涉及两个性状以上的选择问题，需要用到遗传相关这一参数。

项目小结

畜禽数量性状教学内容与畜禽生产实践息息相关，对畜禽选种选育意义重大。项目结合生产实践中畜禽选种选育的案例，详细地阐述了数量性状遗传的方式与机制；数量性状遗传参数的意义和公式。内容深入浅出，联系生产实际，同学们容易理解和接受。

通过本教学项目，学生能够全面理解畜禽数量性状的遗传方式与机制，包括数量性状的定义、遗传特点、分析方法和实际应用。通过理论讲解、案例分析和实践活动，学生不仅掌握了这些规律的基本概念，还能运用数量性状遗传方式解释数量性状遗传现象，并能熟练进行数量性状遗传参数的计算。这对于同学们今后参与生产实践进行畜禽选种选育打下坚实的理论基础。

思政园地

我国著名畜牧科学家——郑丕留

郑丕留，1911年1月9日生于江苏省太仓市新塘镇。幼年在镇上读小学，县里读高小及初中。1931年郑丕留考入清华大学心理学系，1934年获理学学士学位。清华大学毕业后，他曾在南京中央大学做一年研究工作，于1935年重返清华任研究助理，后任西南联大助教、教员。1943年郑丕留由清华选派赴美国康奈尔大学动物学系学习，后转读畜牧系，获硕士学位。1945年郑丕留就读于美国威斯康星大学农学院乳品学系、研究院遗传学系，攻读动物生殖生理、内分泌以及家畜育种、发育生物学等，获博士学位。1948年秋回国，郑丕留在南京中央畜牧实验所任家畜改良系主任，创建了我国第一个家畜人工授精实验室。1950年2月，郑丕留调到北京华北农业科学研究所，任畜牧系副主任、研究员。1970年，郑丕留调中国农业科学院情报室工作，后任中国农林科学院科技情报研究所所长。他曾任第一届国务院学位委员会农业学科评议组成员，国家科委畜牧组副组长、农业生物组副组长，国家农委科技委员会委员、农业技术进步专家小组成员，农业农村部科技委员会委员，中国农业科学院学术委员会和学位评定委员会委员等职。

郑丕留先生是我国家畜人工授精技术的开创者。为了宣传、推广家畜人工授精这项先进的科学技术，自1950年起，郑丕留先生先后参与了农业农村部及东北、华北、西北各大区农林部举办的马、牛、羊、猪人工授精全部12期训练班的教学工作，亲自编写、翻译教材并实际操作示范，在北京农业大学和北京大学开设和讲授了家畜生殖生理及人工授精课程，培养了一大批专业人才和技术干部。他组编出版了《三河马调查报告》一书，对新中国早期农畜人工授精技术的发展、推动马和绵羊的品种改良做出了贡献。20世纪50年代，他对驴的生殖器官和生殖生理的研究取得突破性的进展，著有《驴的生殖器官及生殖生理》，这是我国在驴方面的第一部专著。20世纪60年代，他主持猪生殖器官及机能发育的研究，对公、母猪自幼年至性成熟(2～8月龄)期间生殖器官的解剖学和组织学，以及性行为和生殖机能等方面做了系统而详细的观察，为猪生殖生理研究奠定了基础。通过对精液冷冻保存的研究，他提出在农村缺乏低温设备条件下，公牛、公羊的精液在3～5 ℃，公猪的精液在13～19 ℃是保持精子活力的最佳温度，这一研究结果在当时具有一定的实用价值。20世纪70年代，郑丕留先生主持了大型文献著作《国外畜牧业概况》的编写工作，组译了《畜牧科学概论》一书，为“文革”后我国引进的畜牧科学技术起了积极的作用。他主持的“畜牧兽医科技国内外水平对比和赶超设想”研究，获1980年农业农村部技术改进三等奖。在郑丕留先生的指导和参与下，我国进行了首次奶牛胚胎移植试验并取得了成功，为我国该项新技术的研究和发展，开创了良好的开端。20世纪80年代，他主持的绵羊精液冷冻保存技术研究，在5个省区协作进行大规模应用试验取得较高的受胎效果，达到国际先进水平，引起国际畜牧界的重视，此项研究成果于1983年获农牧渔业部技术改进一等奖。他主持了“家畜家禽品种资源调查及《中国家畜家禽品种志》的编写”课题，历时五年，基本上摸清了我国家畜家禽品种资源的家底，发掘了一批新品种，并编写出《中国家畜家禽品种志》，为国家制定畜禽品种区划、保存和利用畜禽资源、培育高产优质的新品种，奠定了良好的基础。同时，他还着力于开创我国家畜生态学的研究。这些都引起国内外畜牧界的高度重视和浓厚的兴趣。

“知识源于人民，要还于人民、用于人民，要为农业生产的发展作出贡献。”这就是郑丕留先生的信念。他热心于国内畜牧科技活动和国际学术交流。他曾参加国务院制订我国1956—1967年科学技术发展远景规划和1963—1972年科学技术发展规划；在许多学术团体组织任职，推动科学发展；参与学术刊物的编审，任《畜牧兽医学报》《中国家畜家禽品种志》主编，《当代中国畜牧业》《中国近代畜牧兽医史料集》《中国大百科全书》《中国农业百科全书》及《中国农业科学》的编委。他先后出国18次，到过16个国家进行科学考察或参加有关国际畜牧科学会议，注重学习和传播先进的科学技术。

(选自百度百科，选入时有删减。)

职业能力测试

一、简答题

1. 重复率在畜禽育种中有何意义？

2. 什么是质量性状？其意义是什么？

3. 什么是数量性状？其意义是什么？

4. 数量性状遗传的方式是什么？

二、论述题

1. 试述数量性状遗传的机制。

2. 试述数量性状遗传力的估计方法。

模块五

实训指导

项目一 实训准备

《动物遗传繁育》的实训指导内容包括实训准备、发情鉴定与采精、精液品质检查、人工输精、妊娠诊断与分娩护理、常见繁殖障碍的诊治与动物匹配，共 6 个项目，列入的实训 24 个。实验动物、器材各不相同，在实验前要根据不同的内容和要求，做好充分的准备，这是关系到实验效果好坏的基本条件。实验准备，主要包括实验动物、药物以及器材的准备。

一、实验动物的准备

首先，应根据实验的要求对动物（包括家畜）的种属、性别、口齿或年龄、体重、健康状况等做出符合要求的选择。必要时选用无特殊病原动物（SPF）、人工制造动物疾病模型（或选用自然病例）进行实验观察。其次，实验中应对动物进行恰当控制，以保证实验顺利进行。对动物的控制包括接近、捕捉和保定 3 个步骤。

1. 动物的接近

生性温顺（如豚鼠、鸡、兔和羊）或不温顺（如大鼠、犬等）的动物一般均应温和接近，切忌惊吓。牛、马等家畜也应从侧前方温和接近或抚摸颈胸侧，使其不致产生惊恐或抗拒。犬一般生人难以接近，需用食物引诱或事先加以训练，尤其做慢性实验时必须进行训练。

2. 动物的捕捉

经过调教的家畜如马、牛、羊等，一般牵其缰绳拉至实验场地即可。但有些动物需要在注意安全的情况下进行捕捉。家兔和豚鼠从铁丝笼中取出时须从后面握其腰部，但慎勿损伤其肾脏。一般情况下猫和家兔可抓后躯和前颈部的皮肤。青蛙、蟾蜍等变温动物一般宜以一手的拇指和食指捏口裂后方两侧（头后部和前颈接合处）。鼠宜用一手捏两耳之间的头颈部皮肤，为防止大鼠咬人，可用一长柄夹代替手指，或用另一手向后牵住其尾，再进行保定或装入特制的鼠筒内保定。捕捉犬、猫时，应迅速用手抓住两耳，另一人用绳将嘴绑起来，然后装入麻袋或犬笼。其他动物如青蛙等直接捕捉即可。

3. 动物的保定

动物保定有着非常丰富的传统经验，请参照有关书籍。

二、药物的准备

实验用药物包括各种剂型的激素和试剂以及生理溶液，现仅介绍准备时的注意事项。

（1）实验所用药品应符合《中华人民共和国兽药典》的规定。中药材饮片应先除去发霉、变质、虫蛀以及含有杂质的非药用部分。并按照动物种类和大小的不同，确定剂量和服法。

（2）实验中应用的化学试剂，在配制时要称量准确，有特殊需要的要按规定干燥、称重、提纯。试剂按分级要求一经取出，特别是液体不得放回原瓶，以免不洁或污染。一般溶液应用蒸馏水或无离子水根据需要量配制，以免配制过多造成浪费或过期失效。

(3)配好后的试剂应贴标签,并注明名称、浓度、配制日期以及配制人。易变质和需要特殊保存的试剂,应根据要求密封(一般把瓶口塞紧后用蜡密封)、避光(可置棕色瓶或用黑纸包装)、干燥(一般可用石灰、无水氯化钙和硅胶)以及特殊保存。

三、实验器材的准备

实验器材包括实验仪器、玻璃器皿以及用具等。

(1)实验用仪器事先需根据操作规程进行检查,有故障时及时修理,以保证实验顺利进行。

(2)玻璃器皿应洗涤清洁,尤其新购买的器皿表面常附有游离的碱性物质,可先用去污粉洗刷并用水冲净,然后用1%～2%盐酸溶液浸泡4 h以上,再用水冲净,最后用蒸馏水冲洗2～3次,在100～130 ℃烘箱中烤干备用。

(3)钢制用具需先检查有无弯折、生锈、损坏等现象,有不合用者应进行修理或剔除。对于生锈的用具可放入用蒸馏水等量稀释的氧化锌盐酸饱和溶液中,浸泡12 h,取出后用温水冲洗,再用干布拭净。

(4)实验用其他器材也均应仔细检查,对需要做消毒处理的器材和用具还应事先按要求进行必要的消毒,以保证实验的正常进行。

四、实验注意事项

(1)实验前应预习实验指导,明确实验目的、方法和步骤,并根据实验要求或在教师指导下,做好实验前的各项准备工作。

(2)实验应用的重要仪器,如精子分析仪等,事先应了解使用方法,并按照操作规程使用,发生故障应立即关闭电源,并告知指导教师,以做妥善处理。

(3)实验时要严肃认真,不允许戏弄实验动物或家畜,更不允许利用药物、器材等取闹以及随意品尝药物。

(4)在实验中,一定要注意安全和必要的防护,严防易燃物着火、电器触电、针具刺伤、刀刃划伤、动物咬伤或踢伤以及强酸强碱灼伤等。

(5)实验分组同时进行时,各组所应用的器材、动物和药品应分别放置和使用,以防乱抄乱用,影响实验秩序和进程。

(6)实验过程中要按照实验步骤或在教师指导下,认真操作、仔细观察、详细记录实验过程中所出现的现象和结果。实验结束,应将观察结果进行分析、讨论、并写出实验报告。实验报告内容主要包括题目、目的、方法、结果、讨论以及结论。

(7)实验结束后应将仪器、用具和场地整理或清拭干净,并把仪器和用具放归原处。若有损坏应主动登记。

项目二　发情鉴定与采精

实训一　动物生殖器官观察

一、实训目的

1. 通过观察各种雌雄动物生殖器官的形态、大小，了解各部分之间的关系，掌握常见动物生殖器官的形态、位置。

2. 为学习生殖器官生理和掌握繁殖技术奠定基础。

二、实训材料

动物：各种常见家畜

器械：解剖刀、解剖剪、解剖盘、纱布、解剖针、解剖手套等

三、实训步骤

1. 雄性动物生殖器官观察

(1)处死　乙醚麻醉处死或者空气栓塞处死。

(2)解剖观察(图 5-2-1)

①睾丸和附睾的形态观察

注意观察睾丸的前后端和附着缘，认识附睾头、附睾体和附睾尾。

②精索、输精管的观察

注意其经过的路线、各种家畜输精管壶腹之异同。

③副性腺的观察

各种常见家畜副性腺的大小、形态、位置。

④阴茎和包皮

各种常见家畜阴茎的外形特征，尤其是龟头。

⑤睾丸组织切片的观察

注意观察不同发育阶段生精细胞的形态特点。

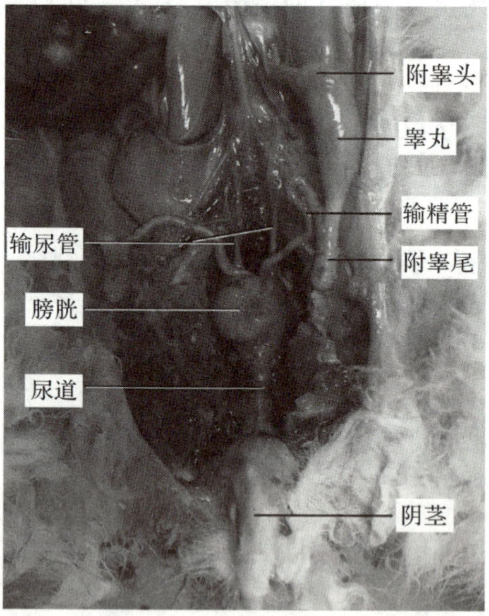

图 5-2-1　雄兔生殖器官

2. 雌性动物生殖器官观察

(1)处死　乙醚麻醉处死或者空气栓塞处死。

(2)解剖观察(图 5-2-2)

①卵巢的形态观察

注意观察各种母畜卵巢的形态、大小及位置。

②输卵管的观察

注意输卵管与卵巢和子宫的关系。

③子宫的观察

注意观察子宫角、子宫体的形状、粗细、长度及黏膜上的特点；观察子宫颈的粗细、长度和结构特点。

④阴道的观察

注意阴道穹隆。

⑤外生殖器官的观察

⑥卵巢组织切片的观察

注意观察生长发育阶段的卵泡和黄体的特征。

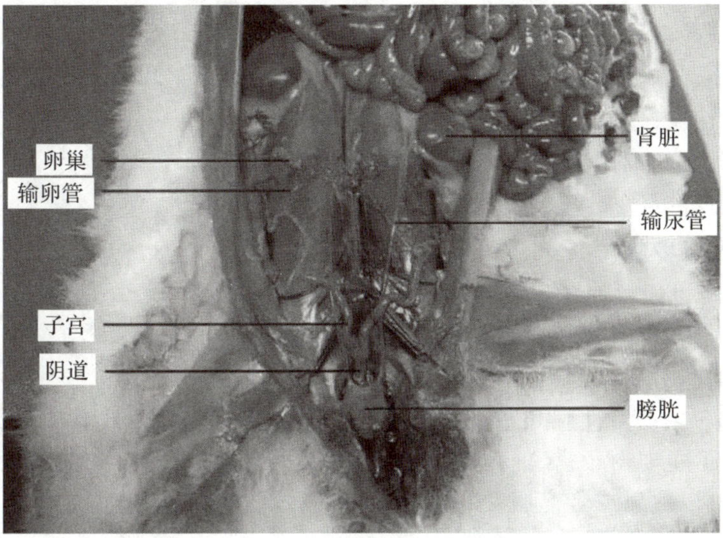

图 5-2-2　雌兔生殖器官

四、注意事项

(1)打开动物腹腔后，仔细寻找生殖系统各器官，维持其自然位置观察，最后取出解剖。

(2)正确使用显微镜。

五、作业

1. 简述雌雄动物生殖器官的组成。

2. 绘制雌(雄)兔生殖系统简图。

六、技能考核

【考核标准】

1. 各组汇报结果。

2. 每个学生对在实训过程中出现的问题进行总结分析。

3. 根据自己的操作过程和结果，书写实训报告。

考核点	得分
实训材料准备得当、正确	20
解剖手法、位置正确	30
雌雄生殖器官辨认准确	40
实训报告翔实规范	10

实训二　生殖激素的使用

一、实训目的

1. 加深学生对生殖激素结构以及适用特点的理解。
2. 掌握生殖激素的使用方法。

二、实训材料

动物：雌雄小白鼠
器械：注射器、酒精棉球
药品：睾酮、雌二醇

三、实训方法与步骤

1. 不同性质激素的特点及使用方法

(1)含氮激素　垂体分泌的所有生殖激素和脑部分泌的大部分生殖激素都属此类。此类激素只能采用注射的方法。

(2)类固醇类　主要由性腺和肾上腺分泌。此类激素可以注射或者灌服。

(3)脂肪酸类　主要由子宫、前列腺、精囊腺和某些外分泌腺体(外激素)所分泌，如前列腺素等。此类激素可以注射或者灌服。

2. 实训动物分组

(1)挑选体长、健康状况、鼠龄类似的雌雄小白鼠，分为实验组和对照组，每组各 5 只，4 雌 1 雄(图 5-2-3)。

(2)小白鼠的捕捉　用右手提起小鼠尾部，放在实验台上，当其向前爬行时，左手抓住两耳及头颈部皮肤，再置小鼠于左手心，拉直四肢并用手指夹住肢体固定。右手可进行注射或其他操作。

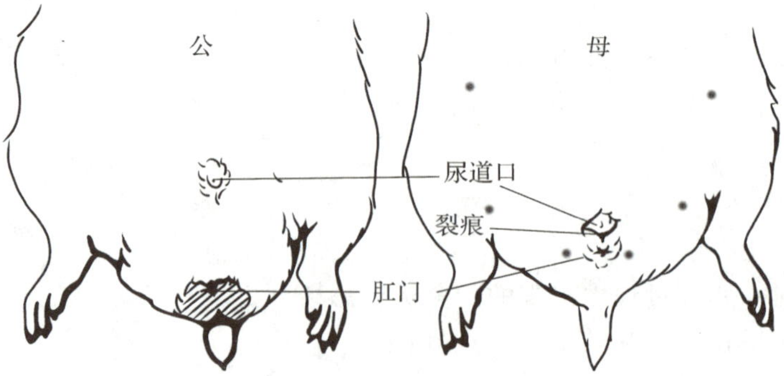

图 5-2-3　雌雄鼠区别

3. 注射生殖激素

(1)将小白鼠尾巴上绑上胶布,标上号码,对照♀1、♀2、♀3、♀4 及对照♂实验♀1、♀2、♀3、♀4 及实验♂。对照组和实验组分别放置在不同的饲喂笼中,雌雄分开饲养,保持温度、湿度、饲粮、饮水供应正常。

(2)每只小白鼠称重,并记录。

(3)根据每只小白鼠的体重分别腹腔注射(镊子提起皮肤皮下注射)不等量的生殖激素,对照组不注射激素。

以孕马血清促性腺激素(PMSG)为例:取一瓶 PMSG,注入生理盐水,混匀。每次用 1 mL 注射器吸入 0.2 mL,腹腔皮下注射。

(4)间隔 48 h,逐个观察对照组和实验组小白鼠的身体和行动变化。观察雌性小白鼠的外阴部是否红肿、是否有黏液流出、是否有不安及躁动的发情行为;将雌雄小白鼠合笼,观察雄性小白鼠的阴茎是否变化、是否有追逐雌性小白鼠的发情行为。

四、作业

1. 总结激素对雌雄动物生殖器官和行为的影响。
2. 总结生殖激素的作用特点。

五、技能考核

【考核标准】

1. 各组汇报结果。
2. 每个学生对在实训过程中出现的问题进行总结分析。
3. 根据自己的操作过程和结果,书写实训报告。

考核点	得分
实训材料准备得当、正确	30
保定小白鼠方法正确	40
小白鼠激素注射方法正确	20
实训报告翔实规范	10

实训三　动物的发情鉴定

一、实训目的

学生通过实训操作,能根据雌性动物发情周期各方面的表现,确定雌性动物所处的发情阶段、排卵时间和配种时间。

二、实训材料

动物:达到性成熟后的公、母羊若干只

器械:开膣器、手电筒、手术剪子、镊子、注射器、保定架、保定绳、脱脂棉、水盆、毛巾等

药品:75%酒精、1%~2%来苏儿溶液、0.1%新洁尔灭溶液、液体石蜡、洗涤剂等

三、实训方法与步骤

1. 外部观察法

经产母羊发情时表现不安，目光呆滞，食欲减退，咩叫，外阴红肿、流涎状黏液。发情初期黏液透明、量少，中期黏液呈丝状、量多，末期黏液呈胶状。发情母羊被公羊追逐或爬跨时往往叉开后腿站立不动，接受交配。在羊群中，如果母羊之间相互接受爬跨也可认为是发情征兆(但处女羊发情不明显)。

2. 阴道检查法

用开膣器打开阴道，观察阴道内壁黏膜、分泌物和子宫颈口的变化，判断发情与否。阴道检查时，应先将母羊外阴部清洗干净；开膣器清洗、消毒、烘干后涂上灭菌的润滑剂或用生理盐水浸湿。检查人员将开膣器前端闭合，慢慢斜向插入阴道，再放正轻轻打开开膣器，通过自然光或反光镜、手电筒检查阴道变化。发情母羊阴道黏膜充血，表面光亮湿润，有透明黏液流出；子宫颈口充血、松弛、开张，有黏液流出。检查完毕合拢开膣器，斜向抽出(图 5-2-4)。

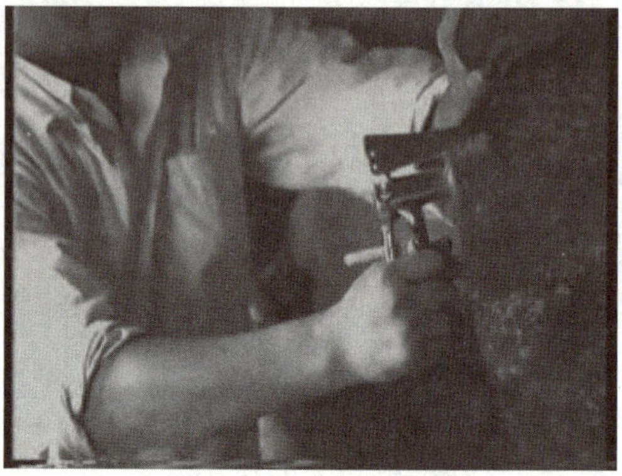

图 5-2-4 阴道检查法

3. 公羊试情法

选择身体健康、性欲旺盛、2～5 岁的公羊，给其戴上试情布试情。当母羊接受试情公羊的爬跨甚至叉开后腿排尿时，即认为母羊已发情(图 5-2-5)。

图 5-2-5 公羊试情法

四、注意事项

(1)羊保定时要注意安全。

(2)手术器械、操作人员及时消毒。

五、作业

1. 绘制子宫颈口图。

2. 设计公羊试情布。

六、技能考核

【考核标准】

1. 各组汇报结果。

2. 每个学生对在实训过程中出现的问题进行总结分析。

3. 根据自己的操作过程和结果，书写实训报告。

考核点	得分
实训材料准备得当、正确	20
正确使用外部观察法，判断结果准确	25
正确使用阴道检查法，判断结果准确	25
正确使用公羊试情法，判断结果准确	20
实训报告翔实规范	10

实训四　假阴道的安装

一、实训目的

通过假阴道的安装，使学生了解假阴道检查、安装的原理和过程，掌握假阴道安装的具体步骤。

二、实训材料

器械：假阴道、长柄镊子、水浴锅

药品：75%酒精棉球、液体石蜡

三、实训方法与步骤

1. 各种家畜假阴道的认识

认识牛、马、猪(图 5-2-6)、羊的假阴道。

2. 假阴道的安装和调试

(1)检查　安装前，要仔细检查内胎、外壳是否有裂口、破损、沙眼等。

(2)安装　将内胎的粗糙面朝外，光滑面朝里放入外壳，并拉直。用内卷或外翻法将内胎套在外壳上，要求松紧适度，不扭曲，并用胶圈固定。

(3)消毒　用长柄镊子夹酒精(75%)棉球，对内胎进行擦拭，全面消毒，再装上经消毒的橡胶漏斗、集精杯。

(4)注水　由注水孔向外壳内注入 45～50 ℃的温水，水量为外壳与内胎之间的容积的 2/3。

(5)涂抹润滑剂　待酒精挥发后，用生理盐水或蔗糖水冲洗内胎，然后涂抹润滑剂。用玻璃棒蘸取液体石蜡由内向外在内胎上均匀涂抹，深度为外壳长度的 1/2。

(6)调压　装上气门活塞，吹入适量空气，使假阴道入口处内胎呈“Y”字形(图 5-2-7)。

(7)测温　用温度计伸入假阴道中间部位测量温度，一般温度范围为 38～40 ℃。

四、注意事项

(1)假阴道的安装，要求松紧适度，不扭曲。

(2)润滑剂应待酒精挥发后涂抹且要均匀。

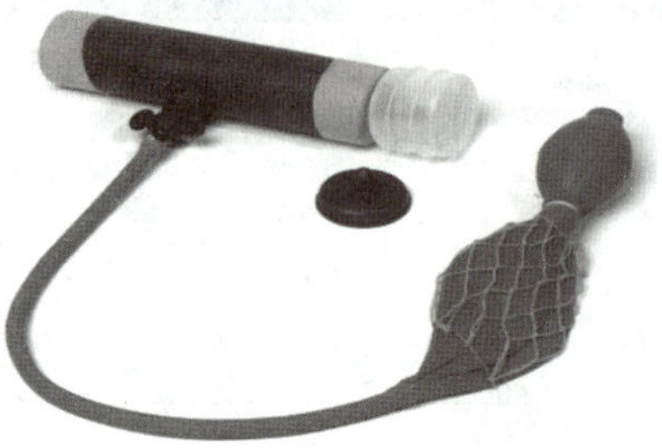

图 5-2-6　猪用假阴道

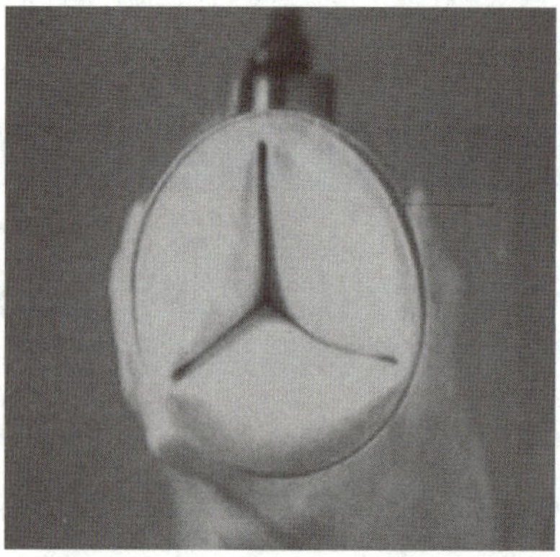

图 5-2-7　充气后假阴道侧面图

五、作业

1. 简述假阴道结构。
2. 简述假阴道安装注意事项。

六、技能考核

【考核标准】

1. 各组汇报结果。
2. 每个学生对在实训过程中出现的问题进行总结分析。
3. 根据自己的操作过程和结果，书写实训报告。

考核点	得分
实训材料准备得当、正确	10
假阴道安装前检查步骤正确	20
假阴道安装步骤正确	30
假阴道拆卸及护理步骤正确	30
实训报告翔实规范	10

实训五　公鸡采精

一、实训目的

以鸡的人工采精为例，通过实训使学生熟练掌握精液采集的基本技术，为毕业后从事动物繁殖等技术工作打下基础。

二维码 1　公鸡采精

二、实训材料

动物：种公鸡

器械：集精杯、剪刀

药品：酒精棉球

三、实训方法与步骤

采用背腹式按摩法采集种公鸡精液。采集过程中，要求精液无粪便、无血液、无饲料等污染。采集后用棉花和纱布包好，置于保温杯中，送实验室处理。

(1)公鸡的采精可由一个人单独操作，采精员可蹲下或坐下，并将公鸡两脚夹于膝盖间，以公鸡头部朝右放好，左手持集精杯收集之；或由双人操作，一人固定公鸡，另一人采精。

(2)先清除泄殖腔附近之羽毛，以减少精液污染的机会。

(3)采精员使鸡身保持水平状态，把颈部轻轻夹于右腋下。采精员右手的中指和无名指夹住集精杯的柄(杯口向下藏于掌心)，四指并拢与拇指分开，轻轻扶在紧挨耻骨下缘的腹部。左手也四指并拢与拇指分开，手心向下，稍用力从颈后翅膀基部沿着身躯背部向尾根区域推滑，并且用拇指和另外四指捏的动作刺激尾根 3～4 次，频率要高。

(4)当公鸡外翻泄殖腔时，左手立即从背部绕到鸡尾后面，用中指、无名指及小指挡住尾羽，拇指与食指的指尖放在肛门稍上缘的两侧，做好挤压泄殖腔的准备。

(5)右手随之以较高的频率抖动腹部，直到泄殖腔完全外翻为止。

(6)此时右手的食指、拇指立即捏住外翻的泄殖腔基部，使乳头突完全露出，右手即停止抖动，手心迅速上翻，将集精杯口放在泄殖腔开口下缘接取精液(图 5-2-8)。

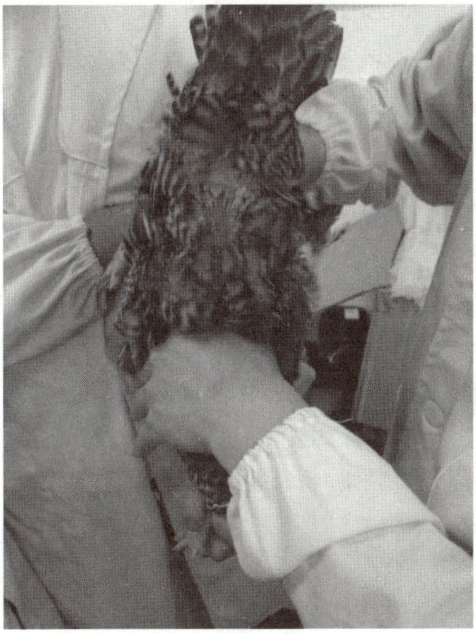

图 5-2-8 公鸡采精

四、注意事项

动作要迅速连贯，一般采一只公鸡精液只需 10～20 s，最快仅需 5～8 s。

五、作业

1. 简述公鸡采精的操作步骤。
2. 公鸡性反射点在哪里？

六、技能考核

【考核标准】

1. 各组汇报结果。
2. 每个学生对在实训过程中出现的问题进行总结分析。
3. 根据自己的操作过程和结果，书写实训报告。

考核点	得分
实训材料准备得当、正确	20
鸡的保定方法正确	30
鸡的采精方法正确	30
实训报告翔实规范	20

实训六　猪、羊的采精

一、实训目的

以猪、羊的人工采精为例，通过实训使学生熟练掌握精液采集的基本技术，为毕业后从事动物繁殖等技术工作打下基础。

二、实训材料

动物：种公猪、种公羊

器械：集精杯、假阴道、剪刀、水浴锅

药品：酒精棉球

三、实训方法与步骤

1. 台畜的准备

真台畜是指使用与公畜同种的母畜、阉畜或者另一头种公畜作台畜。真台畜应健康、体壮、大小适中、性情温顺。选发情母畜比较理想。假台畜即采精台，是模仿母畜体型、高低、大小，选用金属材料或者木料做成的具有一定支撑力的支架。

2. 公畜的调教

(1)在假台畜后躯上涂少许发情母畜的尿液以及阴道分泌物，公畜嗅闻后会产生性兴奋并爬跨。

(2)在公畜采精时，牵引其他公畜在旁边观摩，然后再诱导公畜爬跨。

(3)在假台畜旁边，牵引一头发情母畜，诱导公畜爬跨，经多次训练后，即可进行采精。

3. 采精操作

(1)羊的采精

①将台羊固定在保定架上，用 0.1%高锰酸钾溶液擦拭台羊后躯以及种公羊的包皮及周边，然后再用生理盐水擦拭。

②采精员手拿准备好的假阴道站在种公羊的后右侧。

③采精员引导种公羊空爬 3 次。

④当种公羊爬跨台羊，伸出阴茎时，采精员迅速将假阴道靠近种公羊，左手托住种公羊包皮，将种公羊阴茎导入到假阴道，种公羊往前一冲，射精结束。当种公羊下来后，顺着种公羊取下假阴道。将假阴道垂直，放气放水，收集全部精液，进行精液检查。

(2)猪的采精

①采精员手戴胶皮手套，用双层纱布盖在集精杯上，使用假台畜采精。用 0.1%高锰酸钾溶液擦拭种公猪的包皮及周边，然后再用生理盐水擦拭。将种公猪包皮腔中残余尿液挤出。

②采精员引导种公猪空爬 3 次。

③当种公猪阴茎伸出后，采精员用手握住龟头，将龟头游离前端伸出手掌 1～2 cm，同时手指做节律性一松一紧握压，诱导种公猪射精。

④种公猪射精结束后，收集全部精液，拿掉过滤用的双层纱布，进行精液检查。

四、注意事项

调教种公畜时，要耐心训练，注意种公畜卫生，调教时间不要太长，地点要固定。

五、作业

1. 简述猪采精的操作步骤。
2. 简述羊采精的操作步骤。

六、技能考核

【考核标准】

1. 各组汇报结果。
2. 每个学生对在实训过程中出现的问题进行总结分析。
3. 根据自己的操作过程和结果，书写实训报告。

考核点	得分
实训材料准备得当、正确	20
种公畜采精前消毒方法正确	20
种公畜的采精方法正确	40
实训报告翔实规范	20

实训七　观赏鱼的雌雄鉴别与催产

一、实训目的

1. 掌握观赏鱼亲鱼雌雄鉴别的方法。
2. 熟悉锦鲤人工繁殖中催产剂的配制、注射剂量的控制与注射方法。

二、实训材料

动物：锦鲤及金鱼亲鱼若干

器械：注射器、针头

药品：前列腺素(PG)、人绒毛膜促性腺激素(HCG)、促黄体释放激素类似物(LRH-A)、0.5%生理盐水

三、实训方法与步骤

1. 亲鱼雌雄的鉴别

繁殖季节辨认亲鱼雌雄比较简单。

雄鱼(图 5-2-9)：成熟时体形膨大不明显，手摸柔软，轻压有白色精液流出；胸腹鳍有珠星，手摸粗糙；部分鱼类繁殖期通常有明显体色；肛门和生殖孔略红肿凹陷，不红肿生殖孔较小，呈三角形。

雌鱼(图 5-2-10)：体形短、成熟时膨大，手摸柔软，轻压有卵粒流出；胸腹鳍没有或很少有珠星，手摸光滑；繁殖期通常没有明显体色；肛门和生殖孔略红肿凸出。

2. 催产药物种类、剂量及注射部位

(1)剂量

①LRH-A：10～30 μg/kg 体重。

②PG：4～6 mg/kg 体重。

③HCG：6～8 标准单位/kg 体重。

④0.5%生理盐水：3～5 mL/尾。

以上剂量为雌鱼的剂量，雄鱼的剂量是雌鱼的 1/2。

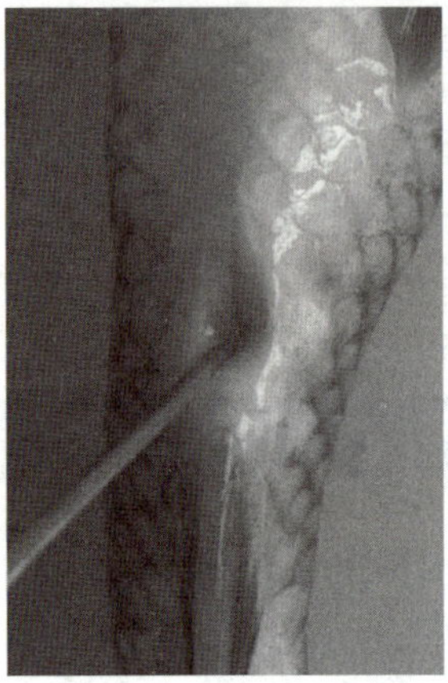

图 5-2-9　雄鱼

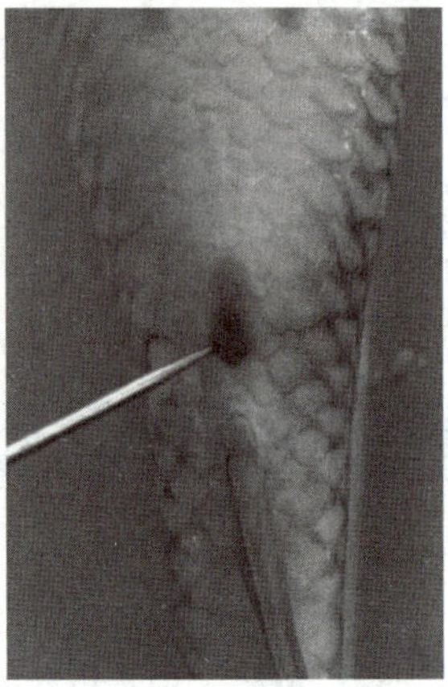

图 5-2-10　雌鱼

(2)注射部位和方法　背部肌内注射和体腔注射。注射时针头向前倾斜 45°角，插入1.5～2 cm 即可。

四、注意事项

(1)因为本次试验需要对观赏鱼进行保定，所以要适当分组。

(2)每组学生发放锦鲤和金鱼雌雄亲鱼各若干尾(视学生人数而定)，学生进行独立鉴别，然后由每组学生说明鉴定结果和依据。

(3)分别对催产药物进行对比试验，分析效果。

(4)分别采用胸鳍基部和背部注射方法进行现场催产注射，重点考察注射部位、角度、入针深度、剂量是否正确。

五、作业

1. 观赏鱼雌雄鉴别的方法与催产步骤有哪些?

2. 绘制雌雄鱼生殖孔。

六、技能考核

【考核标准】

1. 各组汇报结果。

2. 每个学生对在实训过程中出现的问题进行总结分析。

3. 根据自己的操作过程和结果，书写实训报告。

考核点	得分
实训材料准备得当、正确	20
激素剂量使用准确	30
种鱼的激素注射方法正确	30
实训报告翔实规范	20

项目三　精液品质检查

实训八　精子活力检查

一、实训目的

1. 通过精子活力检查的学习，使学生了解精子活力检查的原理和过程。
2. 掌握精子活力检查的具体步骤。

二维码 2　精子活力检查

二、实训材料

生物材料：鲜精

器械：显微镜、载玻片、盖玻片、剪刀、镊子、水浴锅

三、实训方法与步骤(图 5-3-1)

1. 精液稀释

把精液和稀释液分别置 30 ℃水浴锅中进行等温处理。将稀释液沿精液瓶壁缓缓加入精液中，轻轻摇匀，不要使用玻璃棒搅拌或者剧烈振荡。

2. 精子活力检查

(1)平板压片法

①将载玻片、盖玻片、玻璃棒等接触精液的器具洗净烘干，再用 75%酒精棉球擦净、消毒、晾干待用。

②制作平板压片　即用玻璃棒蘸一滴稀释好的精液于干净载玻片上，盖上盖玻片。

③将平板压片放在显微镜载物台上，先用低倍镜观察，再用高倍镜观察。如果气温低，需将显微镜置于保温箱内升温至 37 ℃，再进行镜检。

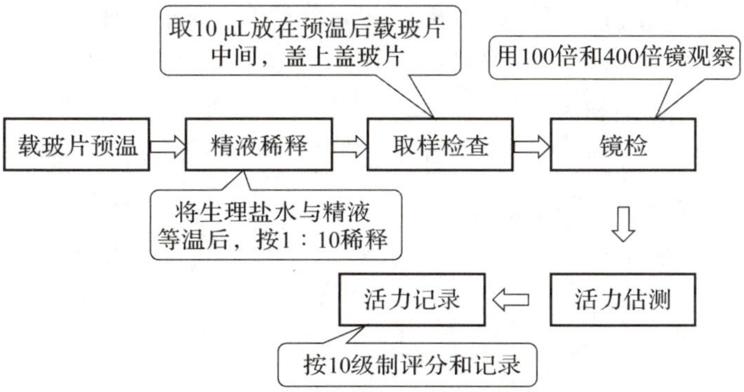

图 5-3-1　牛精子活力检查步骤

(2)悬滴检查法

①滴一滴稀释好的精液于消毒好的盖玻片中央。

②将盖玻片倒转过来，使精液滴悬挂于盖玻片下，然后盖在凹载玻片的凹陷处。

③将制好的悬滴片放在显微镜载物台上进行观察评定。

3. 精子活力评定

根据显微镜视野中呈直线前进运动的精子所占比例进行评定。视野中全部精子均呈现出直线运动，看不到非直线运动的精子，可评“1”分，如果视野中有 90%的精子呈现出直线运动，可评“0.9”分，以此类推。

四、注意事项

(1)检查过程中动作要快。

(2)可以多测量几个视野中精子活力，进行综合评定。

五、作业

简述精子活力检查的操作步骤。

六、技能考核

【考核标准】

1. 各组汇报结果。
2. 每个学生对在实训过程中出现的问题进行总结分析。
3. 根据自己的操作过程和结果，书写实训报告。

考核点	得分
实训材料准备得当、正确	20
精液稀释方法正确	30
精子活力检查方法正确	30
实训报告翔实规范	20

实训九　精子密度检查

二维码 3　精子密度检查

一、实训目的

1. 通过精子密度检查的学习，使学生了解精子密度检查的原理和过程。
2. 掌握精子密度检查的具体步骤。

二、实训材料

器械：显微镜、血细胞计数板、盖玻片、镊子、滴管、试管

生物材料：猪精液

三、实训方法与步骤

1. 估测法

取一滴原精液滴在清洁的载玻片上，加盖盖玻片，使精液分散成均匀的一薄层，无气泡残留，精液不外流，先用低倍镜找到精子，再用高倍镜观察，按照密、中、稀等级来评定精子的密度。

2. 血细胞计数法

(1)显微镜下找到计数室　血细胞计数器上下各有两个计数室。每个计数室高度 0.1 mm，边长 1 mm，由 25 个中方格组成，每一个中方格由 16 个小方格组成。先用低倍镜看到整个计数室全貌，后用高倍镜看。

(2)稀释精液　用 3% 的氯化钠溶液对原精进行稀释，同时杀死精子(由于本次实验精子已被杀死，所以不用稀释)。

(3)精液渗入计数室　用滴管吸一滴精液，弃滴管前段 2～3 滴，然后将精液滴一滴在盖玻片边缘，使精液自动渗入计数室(图 5-3-2)。

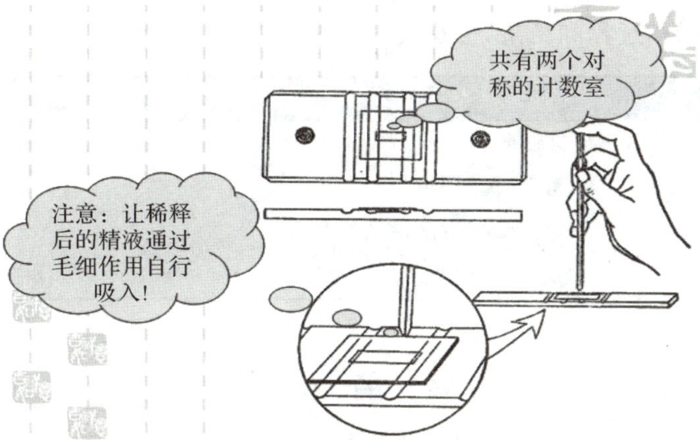

图 5-3-2　精液滴入计数室

(4)镜检　高倍镜下，在一个计数室中选有代表性的 5 个中方格，按照数上不数下，数左不数右的原则进行计数。

(5)计数　1 mL 的猪精液中精子数＝5 个中方格总精子数×5×10×1 000×稀释倍数(图 5-3-3)。

四、注意事项

(1)试管及滴管洗净后应烘干备用。

(2)用血细胞稀释管吸取精液后应用纱布擦去吸管吸端附着的精液。

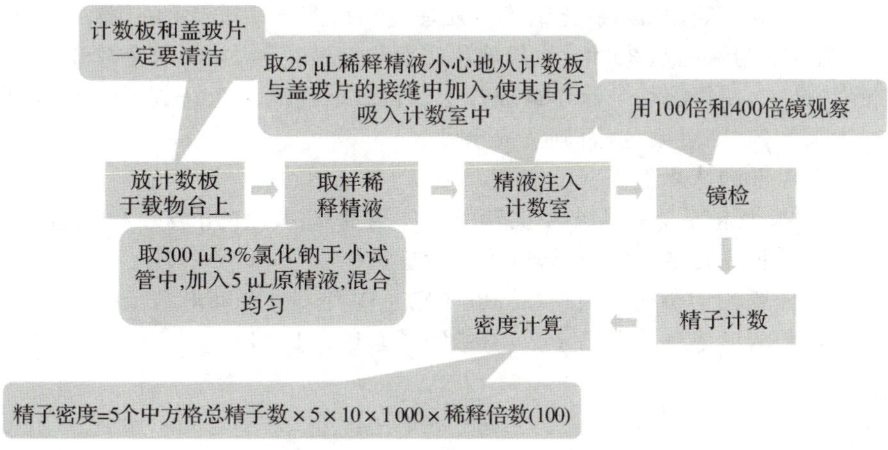

图 5-3-3　精液密度计算步骤

(3)计数室的精液不能溢于盖玻片之外,也不可因精液不足使计数室内有气泡或干燥之处。

五、作业

1.简述精子密度检查的操作步骤。
2.写出血细胞计数板计算精子密度公式。

六、技能考核

【考核标准】
1.各组汇报结果。
2.每个学生对在实训过程中出现的问题进行总结分析。
3.根据自己的操作过程和结果,书写实训报告。

考核点	得分
实训材料准备得当、正确	20
精液稀释方法正确	30
精子密度检查方法正确	30
实训报告翔实规范	20

实训十 精子形态检查

一、实训目的

1.通过精子形态检查的学习,使学生了解精子形态检查的原理和过程。
2.掌握精子形态检查的具体步骤。

二、实训材料

器械:显微镜、载玻片、盖玻片、剪刀、镊子、洗净瓶、染色缸、玻片架
生物材料:猪精液
用品:蓝墨水

三、实训方法与步骤

(1)制作抹片 滴一滴用3%氯化钠溶液处理过的精液于载玻片的一端,用另一块边缘光滑的载玻片一端抵于精液前呈35°角,使载玻片底面与精液接触,并向两旁散开精液后,向载玻片的另一端轻快推去,使精液均匀涂于载玻片上。待载玻片风干后,先在显微镜下观察所制抹片是否均匀,如果均匀,则可染色,否则洗去重做。

(2)固定 在风干的抹片上滴95%酒精固定3~5 min。

(3)染色 倒掉酒精后,在载玻片上滴2~3滴蓝墨水,并用玻片稍微推开,染色3~5 min。然后用洗净瓶洗去多余的染料,风干后镜检。

(4)镜检 在任意若干个视野中查数500个精子中有多少个畸形精子(图5-3-4)。

(5)计算 精子畸形率=畸形精子数/查数精子总数×100%。

四、注意事项

(1)抹片要一气呵成,要均匀。
(2)固定、染色的时间不能短。

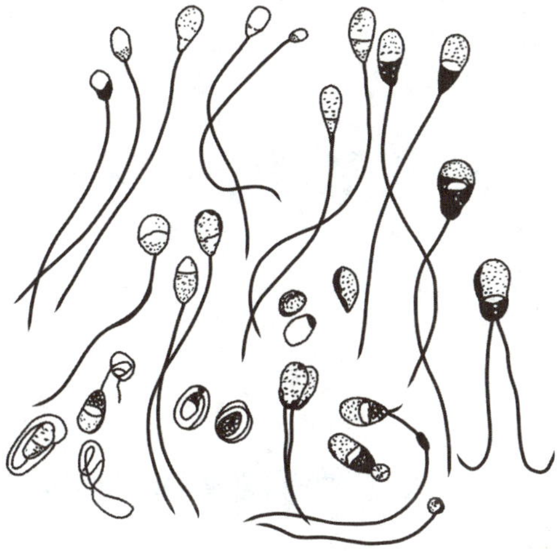

图 5-3-4 畸形精子

二维码 4 精子形态检查

(3)可以多测量几个视野,进行综合评定。

五、作业

1. 简述精子形态检查操作的步骤。
2. 绘制畸形精子图。

六、技能考核

【考核标准】

1. 各组汇报结果。
2. 每个学生对在实训过程中出现的问题进行总结分析。
3. 根据自己的操作过程和结果,书写实训报告。

考核点	得分
实训材料准备得当、正确	20
精液稀释方法正确	30
精子畸形率检查方法正确	30
实训报告翔实规范	20

项目四 人工输精

实训十一 人工输精器材的洗涤与消毒

一、实训目的

掌握人工输精器材的洗涤与常用的消毒方法。

二、实训材料

器械：假阴道、注射器、输精橡胶管、毛巾、输精管、开张器、玻璃棒、金属输精器等人工输精器材

三、实训方法与步骤

1. 器材的洗涤

人工输精的所有器材，在用后和用前，必须彻底清刷干净，再用清水冲洗数次，直至清洁为止。内胎可放入水盆内，加入洗衣粉搓洗，再用清水漂洗后悬挂晾干。

2. 消毒

(1)蒸汽消毒　注射器、输精管，马、猪的输精橡胶管，毛巾等，洗净后用纱布包紧，放在高压灭菌器中，蒸汽消毒 30 min。消毒后放在消毒柜中保存备用。

(2)酒精消毒　卡苏枪、输精管、开张器、玻璃棒、内胎、温度计等可用 75%酒精棉球擦拭消毒，待酒精挥发即可使用。

(3)火焰消毒　开张器、金属输精器等也可采用酒精灯进行火焰消毒。

(4)煮沸消毒　注射器、针头等可用水煮消毒，时间 10～20 min。

(5)电热鼓风消毒　玻璃器皿如烧杯、三角烧瓶、漏斗、平皿等可洗净后，倒置于电热鼓风干燥箱内，1～2 h 即可完成消毒。

以上经过消毒的器材，在使用之前，需用生理盐水与稀释液进行冲洗后，方可使用。

四、作业

简述人工输精器材的洗涤与消毒的方法和步骤。

五、技能考核

【考核标准】

1. 各组汇报结果。

2. 每个学生对在实训过程中出现的问题进行总结分析。

3. 根据自己的操作过程和结果，书写实训报告。

考核点	得分
实训材料准备得当、正确	20
不同器材选用消毒方法正确	30
洗涤和消毒步骤正确	30
实训报告翔实规范	20

实训十二　精液稀释及稀释液的配制

一、实训目的

1. 通过精液的稀释及稀释液配制的学习，使学生了解精液的稀释及稀释液配制的原理和过程。
2. 掌握精液的稀释及稀释液配制的具体步骤。

二、实训材料

器械：水浴锅、微量移液器、试管、酒精灯、漏斗、滤纸、天平、烧杯、镊子

生物材料：牛精液

三、实训方法与步骤

1. 精液的稀释

(1)精液采集后应尽快稀释，原精贮存不超过 30 min。

(2)未经品质检查或检查不合格(活力 0.8 以下)的精液不能稀释。

(3)稀释液与精液要求等温稀释，两者温差不超过 1 ℃。稀释时，将稀释液沿盛精液的杯(瓶)壁缓慢加入精液中，然后轻轻摇动或用消毒玻璃棒搅拌，使之混合均匀。

(4)如做高倍稀释时，应进行低倍稀释[1∶(1～2)]，稍待片刻后再将余下的稀释液沿壁缓慢加入，以防造成“稀释打击”。

(5)稀释倍数的确定：某只公鸡一次采精量是 0.5 mL，活力为 0.85，密度为 35 亿个/mL，则总精子数为 35 亿个/mL×0.5 mL＝17.5 亿个。要求每个输精剂量含 0.5 亿个精子，输精量为 0.05 mL。输精头份为 17.5 亿÷0.5 亿＝35(份)，加入稀释液的量为 0.05 mL×35－0.5 mL＝1.25 mL。

(6)稀释后要求静置片刻再做精子活力检查。如果稀释前后活力相差不大，即可进行分装与保存，如果活力显著下降，说明稀释液的配制或稀释操作有问题，不宜使用，并应查明原因加以改进。

(7)不能随便更改各种稀释液配方的成分及其相互比例，也不准几种不同配方稀释液随意混合使用。

2. 稀释液的配制

以牛常用冷冻精液稀释液的配制为例。

配方：

基础液：葡萄糖 7.5 g、蒸馏水 200 mL；

稀释液：基础液 200 mL、卵黄 20 mL、甘油 5 mL、青霉素 1 000 IU/mL、链霉素 1 000 μg/mL

配制方法：

先配制基础液，过滤后置三角烧瓶内，瓶口用玻璃纸包好，放在水浴锅中 100 ℃消毒 10～

20 min，冷却后加入卵黄、甘油和抗生素，充分混合均匀。

四、注意事项

(1)所有器皿洗净后应烘干备用。

(2)注意稀释倍数的确定。

(3)注意卵黄、抗生素等物质添加方式。

五、作业

1. 简述精液稀释及稀释液配制的操作步骤。

2. 设计一款精液低温保存稀释液。

六、技能考核

【考核标准】

1. 各组汇报结果。

2. 每个学生对在实训过程中出现的问题进行总结分析。

3. 根据自己的操作过程和结果，书写实训报告。

考核点	得分
实训材料准备得当、正确	20
配制稀释液的药品称取准确	30
稀释液经过水浴消毒后，蒸发掉的水量要用无菌蒸馏水补充到原来的容量	30
实训报告翔实规范	20

实训十三　精液的冷冻

一、实训目的

1. 熟悉精液的冷冻过程。

2. 初步掌握冷冻精液制作技术。

二、实训材料

器械：液氮桶、保温瓶、聚乙烯氟板、滴管、烧杯、三角烧瓶、水温计、塑料细管、漏斗、天平、显微镜、量杯、量筒、纱布、棉花、盖玻片、载玻片等

药品：葡萄糖、甘油、青霉素、链霉素、蒸馏水、75%酒精、柠檬酸钠

生物材料：新鲜精液、鸡蛋

三、实训方法与步骤

1. 配置稀释液

同实训十二　牛常用冷冻精液稀释液的配制

2. 稀释和冷却

新鲜动物精液精子活力不低于 0.7 方可用。将盛有稀释液和精液的烧杯放入 30 ℃的恒温水浴锅中，必须保证每个输精量中有效精子数不少于 1 500 万个，一般做 5～6 倍稀释。

(1)降温　精液从30 ℃降温到0～5 ℃,降温速度以0.2 ℃/min为宜,在1～2 h内完成降温过程。

(2)平衡　将稀释后的精液放在0～5 ℃的冰箱或者保温箱静置2～4 h,以保证甘油充分渗透进入精子内,达到抗冻效果。

(3)冷冻　可有2种类型。

①颗粒型冻精

将聚乙烯氟板浸入液氮中充分预冷后取出,放在液氮上方1～3 cm处固定,用滴管将精液滴在氟板上,制成每滴0.1 mL左右的颗粒精液。当冻精颜色由黄变白时,取下冻精沉入液氮保存。

②细管冻精

将平衡后的精液分装入聚乙烯塑料制成的0.25 mL或者0.5 mL的细管。封口后,置于液氮蒸汽上方冷却5 min,然后浸在液氮中保存。

四、作业

简述冷冻精液的操作步骤。

五、技能考核

【考核标准】

1. 各组汇报结果。
2. 每个学生对在实训过程中出现的问题进行总结分析。
3. 根据自己的操作过程和结果,书写实训报告。

考核点	得分
实训材料准备得当、正确	20
配制稀释液的药品称取准确	30
精液冷冻步骤正确	30
实训报告翔实规范	20

实训十四　冷冻精液的解冻与输精

一、实训目的

通过冷冻精液的解冻与输精的学习,使学生了解冷冻精液的解冻与输精的原理和过程。掌握冷冻精液的解冻与输精的具体步骤。

二、实训材料

动物:经发情鉴定确认可以输精的母羊

器械:显微镜、水浴锅、镊子、剪刀、输精枪、酒精灯、酒精棉球

药品:液体石蜡

生物材料:冷冻精管

二维码5　细管冻精的解冻

三、实训方法与步骤

1. 冷冻精液的解冻

(1)水浴锅加热保持温度在39～42 ℃,备用。从液氮罐中夹取一只冷冻精管放在水浴锅

中轻轻摇晃解冻 5～10 s，直至表面没有气泡，颜色变成黄色将其取出。

(2)将解冻后的冷冻精管表面擦干，用剪刀剪去有塞子一端，将精液滴一滴于载玻片上，盖上盖玻片，在显微镜下做精子活力检查。

2. 输精操作

二维码 6　母羊输精

(1)输精器械的消毒　输精前所有器械必须彻底洗净消毒。金属开张器可用火焰消毒，也可以用 75%酒精棉球擦拭消毒；塑料橡胶制品可用 75%酒精棉球消毒，用稀释液或者生理盐水冲洗 1 遍；玻璃注射器、输精胶管等可用蒸煮法消毒。

(2)母畜准备　经发情鉴定确认可以输精的母羊，将其保定，尾巴拉向一侧，用温水清洗外阴，再用 75%酒精棉球擦拭消毒。

(3)术者准备　输精人员应穿好工作服，指甲剪短磨光，手臂清洗消毒。

(4)输精　助手倒骑在羊背上，抬起两后肢保定，输精员将羊尾掀起，用 75%的酒精棉球擦拭消毒外阴，用开张器打开阴道，借助光源寻找到子宫颈口，将输精器插入子宫颈口 0.5～1 cm。慢慢注入精液，将输精器和开张器取出。

四、作业

1. 简述冷冻精液解冻的步骤。
2. 简述羊的输精步骤。

五、技能考核

【考核标准】

1. 各组汇报结果。
2. 每个学生对在实训过程中出现的问题进行总结分析。
3. 根据自己的操作过程和结果，书写实训报告。

考核点	得分
实训材料准备得当、正确	10
器械消毒、母畜准备步骤正确	20
冷冻精液解冻步骤正确	30
输精步骤正确	30
实训报告翔实规范	10

实训十五　鸡的人工输精

一、实训目的

1. 通过鸡的人工输精的学习，使学生了解鸡的人工输精的原理和过程。
2. 掌握鸡的人工输精的具体步骤。

二、实训材料

动物：经产母鸡若干只、公鸡若干只

器械:显微镜、水浴锅、镊子、剪刀、输精枪、酒精灯、酒精棉球

药品:液体石蜡

三、实训方法与步骤

1. 公鸡采精(同实训五)

2. 精液品质检查(同实训八至实训十)

3. 输精操作

输精一般选择在16:00—17:00。输精员用左手大拇指与食指、小指与无名指分别捏住母鸡的双腿,掌心紧贴鸡的胸部,随之将手直立,使母鸡背部紧贴自己的胸部,鸡头向下,然后将右手拇指与其余手指分开呈“八”字形,横跨于泄殖腔两侧柔软部分,轻轻往下一压,同时用支撑母鸡胸部的左手向上一推,即可使开口于泄殖腔的输卵管翻出(鸡左侧)。输精员将吸有0.025～0.05 mL精液的输精器,插入输卵管开口内2～3 cm,输入精液,在输精的瞬间,输精员压迫腹腔的手要稍微放松,使阴道部自然回缩到泄殖腔内。

四、作业

简述母鸡输精操作的步骤。

五、注意事项

(1)采精动作要快,否则,采精量会减少。

(2)精液采出后,将杂物及时清除。

(3)母鸡输卵管外翻后,才能输精。

(4)原精液输精一般0.025～0.03 mL;稀释1∶1的精液0.04～0.06 mL。

六、技能考核

【考核标准】

1. 各组汇报结果。

2. 每个学生对在实训过程中出现的问题进行总结分析。

3. 根据自己的操作过程和结果,书写实训报告。

考核点	得分
实训材料准备得当、正确	20
精液品质检查操作正确	30
输精方法步骤正确	30
实训报告翔实规范	20

项目五　妊娠诊断与护理

实训十六　动物繁殖力的估计

一、实训目的

掌握动物繁殖力估计的方法。

二、实训材料

见学习任务单。

三、实训方法与步骤

按照下述繁殖力评价指标，计算出各项繁殖力指标数值。

1. 发情率

发情率＝发情母畜数/应发情母畜数×100％

2. 受配率

受配率＝配种母畜数/发情母畜数×100％

3. 受胎率

（1）总受胎率

总受胎率＝妊娠母畜数/配种母畜数×100％

（2）情期受胎率

情期受胎率＝妊娠母畜数/情期配种母畜数×100％

（3）第一情期受胎率

第一情期受胎率＝第一情期配种妊娠母畜数/第一情期配种母畜数×100％

4. 分娩率

分娩率＝分娩母畜数/妊娠母畜数×100％

5. 断奶成活率

断奶成活率＝断奶时成活幼仔数/出生时活仔数×100％

6. 繁殖率

繁殖率＝本年度出生仔数/本年度适繁母畜数×100％

四、注意事项

（1）实训材料的来源，可取自养犬专业户的生产记录，也可通过学生参与实践调查获得。

（2）动物繁殖力的评价指标和计算方法是相同的，因此，可只选一种进行统计分析。

五、作业

熟记各项繁殖力评估指标公式。

六、技能考核

【考核标准】

1. 各组汇报结果。
2. 每个学生对在实训过程中出现的问题进行总结分析。
3. 根据自己的操作过程和结果，书写实训报告。

考核点	得分
学习任务单完成及时准确	50
实训报告翔实规范	50

繁殖力的估计

学习任务单

班级：　　　　　　　　　姓名：　　　　　　　　　学号：

一、实训目的

熟悉犬、猫繁殖力评价常用指标，掌握犬、猫繁殖力常用指标的计算方法。

二、实训材料

××地区宠物母犬繁殖力调查表

调查时间		调查地点	
全年适繁母犬总数（应发情犬数）		全年发情母犬数	
全年适繁母犬发情总周期数		全年自然交配母犬数	
全年妊娠母犬总数		全年交配母犬的总情期数	
第一情期交配母犬数		第一情期受胎母犬数	
全年最终分娩母犬数		全年初生仔犬总数	
全年出生成活仔数		全年出生死胎数	
全年断奶成活幼犬数			

未发情母犬（猫）情况调查卡/表

调查时间		犬（猫）年龄	
调查地点			
健康及营养状况（体重、生殖道疾病等方面）			
饲养管理条件			
外部环境条件			

发情未妊娠母犬(猫)情况调查卡/表

调查时间		犬(猫)年龄	
调查地点			
健康及营养状况(体重、生殖道疾病等方面)			
饲养管理条件			
外部环境条件			

三、实训方法与步骤

根据上述调查数据,按照下述繁殖力评价指标,计算出各项繁殖力指标数值。

1. 发情率

发情犬数占应发情犬数的百分率。发情率的高低,可反映犬发情活动是否正常。

发情率=发情犬数/应发情犬数×100%

2. 受配率

参加配种犬数占发情犬数的百分率。主要反映对犬配种工作的组织情况。

受配率=配种犬数/发情犬数×100%

3. 受胎率

受胎率可分为总受胎率、情期受胎率和第一情期受胎率。此项指标反映了对犬配种效率的高低。

(1)总受胎率　配种妊娠犬数占配种犬数的百分率

总受胎率=妊娠犬数/配种犬数×100%

(2)情期受胎率　妊娠犬数占情期配种犬数的百分率。此项指标能真实反映犬的实际配种效果。

情期受胎率=妊娠犬数/情期配种犬数×100%

(3)第一情期受胎率　第一情期配种妊娠犬数占第一情期配种犬数的百分率。

第一情期受胎率=第一情期配种妊娠犬数/第一情期配种犬数×100%

4. 分娩率

分娩犬数占妊娠犬数的百分率。此项指标反映了对妊娠犬保胎防流工作的水平。

分娩率=分娩犬数/妊娠犬数×100%

5. 断奶成活率

断奶时成活的幼仔数占出生时活仔数的百分率。此项指标反映了母犬的泌乳能力、护仔性及对犬哺乳期饲养管理的成绩。

断奶成活率=断奶时成活幼犬数/出生时活犬数×100%

6. 繁殖率

本年度内出生仔犬数(包括出生后死亡的仔犬)占本年度适繁母犬数的百分率。主要反映犬的增值效率，其与发情、配种、受胎、妊娠、分娩等生殖活动的机能以及管理水平有关。

$$繁殖率=本年度内出生仔犬数/本年度适繁母犬数\times 100\%$$

四、实训提示

(1)实训材料的来源，可取自养犬专业户的生产记录，也可通过学生参与实践调查获得。

(2)犬、猫繁殖力的评价指标和计算方法是相同的，因此，可只选一种进行统计分析。

五、实训结果

针对本次实训调查结果，对计算出各项指标数值进行分析，评价繁殖水平。并分析该养殖户(场)犬类繁殖力水平、出现的问题，结合养殖现状，提出相应的解决措施。

实训十七　妊娠诊断

一、实训目的

熟悉母犬妊娠诊断的外部观察法、触诊法、超声波诊断法的操作方法和诊断要点。

二、实训材料

动物：处于妊娠期的母犬

器械：多普勒妊娠诊断仪、B型超声波诊断仪等

三、实训方法与步骤

1. 外部观察法

在母犬妊娠20 d左右，其表现为食欲增加，被毛光亮，性情温顺，行动迟缓。

妊娠35～40 d，可以看到腹围有明显增大，体重迅速增加，排尿次数增加，乳腺逐渐胀大，甚至可以挤出乳汁。

2. 触诊法

触诊法就是隔着母犬腹壁触诊胎儿和胎动的方法。

妊娠20～23 d，子宫角增粗，能隐约触到子宫内胎儿的存在。

妊娠24～30 d，可以清晰摸到子宫角内胎儿的散在性分布，胎儿之间有明显的距离。

妊娠31～40 d，很难摸到子宫角，胎囊体积增大、拉长、失去紧张度，胎儿位于腹腔底壁。

妊娠41～50 d，子宫体积增大，仅能摸到增粗的子宫角，仔细触摸可感觉到胎儿的形状。

妊娠51～54 d，隔着腹壁可感觉到胎动，并听诊到胎儿的心音。

妊娠55～60 d时，胎儿增大，很容易触诊到。

3. 超声波诊断法

利用线形或者扇形超声波装置探测胚泡或者胚胎的存在与否来进行母犬的妊娠诊断时，须将母犬仰卧或者侧卧保定，剪掉下腹部被毛，超声波探头和探测部位涂抹耦合剂，使探头与皮肤紧密接触后进行探测。

多普勒诊断法是根据母犬子宫动脉、胎儿脐带静脉或者脐带动脉的血流以及胎儿心跳的搏动反射超声波信号，将其转变成声音信号，从而判断母犬是否妊娠。

四、注意事项

(1)妊娠诊断动作要轻，以防止母犬流产。

(2)尽量根据不同诊断方法综合考虑得出妊娠诊断的结论。

五、作业

母畜妊娠诊断的方法与步骤有哪些?

六、技能考核

【考核标准】

1. 各组汇报结果。
2. 每个学生对在实训过程中出现的问题进行总结分析。
3. 根据自己的操作过程和结果,书写实训报告。

考核点	得分
实训材料准备得当、正确	20
妊娠诊断过程仪器相关数据解读正确	30
妊娠诊断操作步骤正确	30
实训报告翔实规范	20

实训十八　助产技术

一、实训目的

熟悉母猪助产的操作方法和诊断要点。

二、实训材料

动物:处于临产期的母猪

器械:B型超声波诊断仪等

药品:催产素、3%来苏儿、0.1%高锰酸钾、液体石蜡

三、实训方法与步骤

1. 驱赶助产

当母猪发生难产时,可尝试将母猪从产房中赶出,在分娩舍过道中驱赶运动约10 min,以期调整胎儿姿势,然后再将母猪赶回产房中分娩,往往会收到较好的效果。

2. 按摩助产

母猪生产每头仔猪时间间隔较长或子宫收缩无力时,可辅以按摩法进行助产。常用的助产方法是助产者双手手指并拢、伸直,放在母猪胸前,依次由前向后均匀用力按摩母猪下腹部乳房区,直至母猪出现努责并随着按摩时间的延长呈渐渐增强之势时,变换助产姿势,一手仍以原来的姿势按摩,另一手变为按压侧腹部,有节奏、有力度地向下按压腹部逐渐变化的最高点。实际助产时,若手臂酸痛可两手互换按压。随着按摩的进行,母猪努责频率不断加强,最后将仔猪排出体外。

3. 药物催产

经产道检查,确诊产道完全畅通,属于子宫阵缩努责微弱引起的难产时,可采用药物进行催产。催产药可选用缩宫素,肌内或皮下注射2~4 mL,每隔30~45 min注射1次。为了提

高缩宫素的药效，也可以先肌注雌二醇 10～20 mg 或其他雌激素制剂，再注射缩宫素。产仔胎次过多的老龄母猪或难产母猪使用缩宫素无效的，可以肌内注射比赛可灵、毛果芸香碱或新斯的明等药物（5～8 mL/头）。

4. 手术助产

掏猪前准备：助产者剪掉指甲并磨光，之后用 3%来苏儿清洗双手，消毒手掌和手臂，涂以润滑剂（最好是选择手相对小一些的人员施行掏猪）；助手用 0.1%高锰酸钾溶液彻底清洗母猪的后躯部、肛门部、阴道部、相关物品等。

掏猪方法：助产者左手戴上消毒液浸过的、并用肥皂或液体石蜡涂抹过的手套后，五指并拢呈圆锥形，多次轻轻刺激母猪的外阴部（使母猪适应此种刺激），当母猪逐渐适应后，左手顺着母猪努责的间隙期，将手心朝上，缓缓伸入母猪产道内，手边伸边旋转，母猪努责时停止伸入，不努责时再往里伸入，检查难产情况或进行助产。

四、注意事项

助产动作要轻柔，以防止母猪产道损伤、仔猪受伤和应激反应。

五、作业

母猪助产常用的方法与步骤有哪些？

六、技能考核

【考核标准】

1. 各组汇报结果。
2. 每个学生对在实训过程中出现的问题进行总结分析。
3. 根据自己的操作过程和结果，书写实训报告。

考核点	得分
实训材料准备得当、正确	25
助产操作步骤正确	50
实训报告翔实规范	25

实训十九　鸡蛋的孵化

一、实训目的

通过学习，使学生掌握鸡蛋孵化技术操作过程和要点。

二、实训材料

材料：受精鸡蛋

器械：孵化机、出雏机

药品：消毒液

三、实训方法与步骤

（1）捡蛋并装盘　剔除坏蛋、破蛋、畸形蛋、粪污蛋后，将受精鸡蛋装盘，大头朝上，小头朝下。

(2)消毒　上蛋后待孵化温度升到设置值时，以 28 mL/m^3 甲醛和 14 mL/m^3 高锰酸钾熏蒸 20 min(或开消毒灯 30 s)，避开已孵化 24～96 h 胚龄的胚蛋。

(3)孵化　孵化初期相对湿度 60%～70%；中后期相对湿度 50%～55%；出壳期相对湿度 65%～70%。孵化期为 21 d，1～6 d 温度为 38.5 ℃；7～14 d 温度为 38 ℃；15 d 温度为 37.9 ℃；16～21 d 温度为 37.3～37.5 ℃。

(4)落盘　孵化到第 19 天落盘，挑出死胎，把胚蛋在孵化机内的上下前后位置，调到出雏机的下上后前位置上。落盘后，及时把孵化机内打扫干净，以 46 mL/m^3 甲醛熏蒸 20 min。

(5)熏鸡　观察出雏机，当出雏机出鸡时，用 25 mL/m^3 甲醛置于出雏机中，让其自然蒸发，消毒。

(6)捡鸡苗　当大部分鸡出壳时，有 5%的颈后绒毛未干时，开始捡鸡，清点好只数。详细记录，捡鸡后及时挑选鸡苗。分清健雏、弱雏。

(7)存放　选雏结束后，把雏鸡放在通风良好，温度 25 ℃，湿度 50%适宜环境下，并根据停放时间、脱水情况进行带鸡喷水。

(8)扫摊　待出雏结束后，捡出毛蛋，清点好个数并详细记录，然后把出雏机彻底打扫干净。

四、注意事项

熏蒸过程中注意安全，必须在有毒气体散完后进入。

五、作业

简述鸡蛋孵化的方法与步骤。

六、技能考核

【考核标准】

1. 各组汇报结果。
2. 每个学生对在实训过程中出现的问题进行总结分析。
3. 根据自己的操作过程和结果，书写实训报告。

考核点	得分
实训材料准备得当、正确	20
孵化机、出雏机仪器相关数据解读正确	30
孵化机、出雏机操作步骤正确	30
实训报告翔实规范	20

实训二十　动物胎膜的识别

一、实训目的

熟悉胎膜结构，了解胎膜与子宫和胎儿的关系。

二、实训材料

动物标本：牛、羊、猪、马的胎盘浸制标本

器械:各种相关挂图、胶皮手套、大方盘、镊子

三、实训方法与步骤

1. 胎膜

(1)绒毛膜 由滋养层和胚外中胚层壁构成。绒毛即为滋养层细胞形成的突起。绒毛浸润在绒毛间隙的母体血液里,胚胎通过绒毛吸收养分和排除代谢废物。绒毛膜是胎膜的最外层,它所构成的囊叫绒毛膜囊,包围着尿囊、羊膜囊和胎儿。

(2)卵黄囊 哺乳动物卵黄囊已经退化,鸟类卵黄囊很发达,起营养作用。卵黄囊上有血管网,胚胎发育早期借卵黄囊吸收子宫乳中的养分和排除废物,随着胚胎发育,卵黄囊逐渐萎缩,最后在脐带中留一点痕迹。

(3)羊膜 是胎膜的最内层,它形成的囊叫羊膜囊,囊内含有羊水,胎儿悬浮于其中。在胎儿脐孔处,羊膜与胎儿腹部皮肤相连。

(4)尿囊 贮存废物的场所,鸟类较发达。尿囊通过脐带中的脐尿管与胎儿膀胱相连。尿囊中存有尿水,其功能相当于胚体外临时膀胱,并对胎儿的发育起缓冲保护作用。在奇蹄类,尿膜分为内外两层。内层与羊膜黏合在一起,称为尿膜羊膜;外层与绒毛膜黏合在一起,称为尿膜绒毛膜。牛、羊、猪的尿囊在胎儿的腹侧和两侧包围羊膜囊;马、驴、兔的尿囊则包围整个羊膜囊。

(5)脐带 是连接胎儿与胎盘的唯一通道,由脐动脉和静脉、卵黄囊和尿囊遗迹以及结缔组织组成,外包羊膜,呈索状。

2. 胎盘

(1)弥散型胎盘 胎盘绒毛膜上的绒毛分布较分散而均匀,与绒毛相对应的子宫黏膜上形成陷窝,绒毛即插在陷窝中。这种胎盘结构简单,绒毛容易从陷窝中脱出。因此,分娩时胎儿胎盘和母体胎盘分离较快,很少出现胎衣不下。马、驴、猪为此类胎盘。

(2)子叶型胎盘 绒毛集中在绒毛膜表面的某些部位,形成许多绒毛丛,呈盘状或杯状凸起,称胎儿子叶;母体子宫内膜上对应分布有子宫阜(母体子叶)。牛的子宫阜是凸出的,而绵羊和山羊则是凹陷的。胎儿子叶上的许多绒毛,嵌入母体子叶的许多凹下的腺窝中,称子叶型胎盘。这种胎盘结构复杂,绒毛不容易从陷窝中脱出。因此,分娩时胎儿胎盘和母体胎盘分离较慢,多出现胎衣不下。

(3)带状胎盘 以肉食类动物为代表,其绒毛膜上的绒毛聚集在绒毛囊中央,形成环带状,故称带状胎盘。绒毛膜在此区域与母体子宫内膜接触附着,而其余部分光滑。因为绒毛膜上的绒毛直接与母体胎盘的结缔组织相接触,所以此类胎盘又称为上皮绒毛膜与结缔组织混合型胎盘。犬、猫为此类胎盘。

(4)盘状胎盘 胎盘呈圆形或椭圆形。绒毛膜上的绒毛在发育过程中逐渐集中,局限于一圆形区域,绒毛直接侵入子宫黏膜下方血窦内。因此,又称血绒毛型胎盘。啮齿类和灵长类(包括人)的胎盘属于盘状胎盘。

四、注意事项

胎盘、胎膜均放在防腐剂缸中,拿出时一定注意安全。

五、作业

总结不同胎盘特点。

六、技能考核

【考核标准】

1. 各组汇报结果。
2. 每个学生对在实训过程中出现的问题进行总结分析。
3. 根据自己的操作过程和结果，书写实训报告。

考核点	得分
实训材料准备得当、正确	20
胎盘、胎膜取出检查时方法正确	30
胎盘、胎膜鉴定无误	30
实训报告翔实规范	20

项目六 常见繁殖疾病诊治与动物选配

实训二十一 猪的去势

一、实训目的

熟悉公猪去势的操作方法和要点。

二、实训材料

动物:小公猪仔若干只

器械:手术刀若干把、75%酒精棉球、烧杯 1 个

药品:碘酊 1 瓶

三、实训方法与步骤

(1)用左手把小猪两条后腿握在一起,尽量向上提,小猪头向下悬挂,使后腿与腹部呈接近 90°角。这时小猪的阴囊(内含两个睾丸)外露,用准备好的酒精棉球擦拭阴囊消毒。

(2)用刀片在鼓起的阴囊底部切开一个口子,不可太大,也不可太小,从根部稍微用力顺利挤出睾丸,用手术刀割断。

(3)将碘酊棉球对准切口往里挤出几滴,并涂擦切口周围。一般 5 d 可以痊愈。

四、注意事项

(1)切口不能太大,太大需要缝合。

(2)手术完后要注意观察 3～5 d。

五、作业

绘制公猪仔去势图。

六、技能考核

【考核标准】

1. 各组汇报结果。
2. 每个学生对在实训过程中出现的问题进行总结分析。
3. 根据自己的操作过程和结果,书写实训报告。

考核点	得分
实训材料准备得当、正确	25
猪仔去势操作过程正确	50
实训报告翔实规范	25

实训二十二　常见繁殖疾病的诊治

一、实训目的

了解母牛不孕的原因，掌握卵巢囊肿、持久黄体、子宫内膜炎的临床表现及诊断方法，能制订治疗方案，熟悉治疗措施。

二、实训材料

动物：各类不孕母牛若干头

器械：各种消毒器、开张器、手电筒、剪刀、镊子、乳胶管、子宫冲洗器、注射器

药品：抗生素、相关生殖激素

三、实训方法与步骤

（一）确定不孕类别

对所选母牛进行全面系统的检查，确定不孕的类别。根据病因、临床症状等进行综合治疗。

（二）疾病治疗

1. 持久黄体

（1）诊断　主要通过发情记录、既往病史和检查黄体的大小、位置、质地以及子宫的变化等做出诊断。

（2）治疗

孕激素治疗：可以使用甲羟孕酮、黄体酮等药物，治疗剂量为 10～20 mg/头，肌内注射，1 次/d，连用 3～5 d。

促性腺激素治疗：如促卵泡素（FSH）、促黄体素（LH）等，治疗剂量为 100～200 IU/头，肌内注射，1 次/d，连用 3～5 d。

前列腺素治疗：如 PGF2α 及其类似物（氟前列烯醇、氯前列烯醇等），治疗剂量为 5～10 mg/头，肌内注射，1 次/d，连用 2 d。

2. 卵巢囊肿

（1）诊断　主要通过持续时间、发情表现、行为以及多次直肠检查做出诊断。

（2）治疗

促黄体素 200 标准单位，肌内注射，隔日 1 次，连用 2 次。

孕激素（黄体酮）100～150 mg，肌内注射，连日或者隔日 1 次，7～8 d 为 1 个疗程。

3. 子宫内膜炎

（1）诊断　子宫内膜炎临床可分为卡他性和化脓性。可以根据发情周期状况、配种和返情、阴道检查、黏液情况、直肠触诊做出诊断。

（2）治疗

卡他性子宫内膜炎，可以用生理盐水、5%葡萄糖溶液冲洗子宫。一般牛用量1 000 mL，

加温至 40 ℃，边注入边排出。冲洗完毕后，向子宫注入抗生素。

化脓性子宫内膜炎，选用 5%盐水、0.1%高锰酸钾、5%呋喃西林、5%来苏儿等药物冲洗子宫，药液排尽后，再用生理盐水二度冲洗，直至回液清亮。取青霉素 400 万～600 万 IU、链霉素 100 万～300 万 IU，用蒸馏水或者生理盐水稀释后注入子宫。

四、注意事项

（1）诊断要根据具体情况综合进行。

（2）子宫冲洗时要注意用药量和温度。

五、作业

总结子宫内膜炎的临床症状及治疗方案。

六、技能考核

【考核标准】

1. 各组汇报结果。

2. 每个学生对在实训过程中出现的问题进行总结分析。

3. 根据自己的操作过程和结果，书写实训报告。

考核点	得分
实训材料准备得当、正确	20
针对实际病例诊断结果正确	30
治疗操作步骤正确	30
实训报告翔实规范	20

实训二十三　动物超数排卵技术

一、实训目的

通过实训，使学生掌握超数排卵的原理、方法和操作步骤，了解 PMSG 和 HCG 的生物学作用、卵巢反应、排卵点、卵泡发育和胚胎发育状况。

二、实训材料

动物：供体母羊若干只

器械：10 mL 注射器、1 mL 注射器、手术刀、剪刀、镊子、止血钳、创巾、缝合线、腹腔镜操作套装及手术台

药品：FSH、PMSG、LH、HCG、PGF2α；头孢曲松钠、生理盐水、75%酒精、2%碘酊、陆眠灵、陆醒宁

三、实训方法与步骤

（一）同期发情

将 25 只实验母羊随机分为 5 组。湖羊同期发情宜采用 CIDR＋PMSG＋PG 法，其中 PMSG 的使用剂量在 200～240 IU 较为适宜。具体操作为埋栓之日记为 1 d，埋栓 13 d，第

13 天肌内注射 PMSG 200～220 IU，第 14 天取栓并肌内注射 0.1 mg PGF2α。撤栓后湖羊同期发情时间主要集中在 0～48 h，撤栓后 48～54 h 输精效果较好。

（二）子宫角腹腔镜输精

输精应采用鲜精，在子宫角进行腹腔镜输精，其最低有效输精子密度为 3×10^8 个/mL（有效精子数 0.6 亿个），输精量为每只母羊 0.2 mL。

1. 输精前准备工作

（1）母羊的处理　输精前母羊空腹禁食 24～36 h，可以适当饮水。手术前将母羊倒立保定于胚胎移植架上，前后肢分别固定。胚胎移植架的倾斜角度不宜超过 45°，太高容易造成胃内容物倒流。乳房下部的手术部位先用剪刀剪毛，再用毛巾蘸取肥皂水湿润后刮刀剃毛，碘酒消毒皮肤后酒精脱碘。输精前肌内注射或者静脉注射陆眠灵 0.1 mL 麻醉（由于每只羊的耐受性不同，手术过程中如羊苏醒挣扎，可以补注 0.1 mL）。

（2）手术室处理　手术室要求干净、无尘，配备足够照明灯具，保证光线明亮，地面固化易于清理，定期用新洁尔灭喷雾消毒。室内最好配有空调，温度保持在 25 ℃左右。手术前用紫外灯照射 1～2 h。手术台采用自制的可以单面升降的胚胎移植架，整体采用钢管焊接，承重部位用帆布带连接，手术前喷雾消毒。

（3）器械消毒　手术器械采用 0.1%新洁尔灭浸泡 20～30 min，生理盐水冲洗后用消毒过的纱布擦干备用。每次使用完后要消毒处理，以免产生交叉感染。手术使用的创巾、纱布以及玻璃仪器清洗后用牛皮纸包好，放到高压灭菌锅中高压消毒。

（4）手术人员消毒　手术人员身着手术服，戴手术帽，手臂用肥皂清洗后酒精消毒。手指甲剪短磨光，不留污物。手掌用肥皂清洗后酒精消毒，佩戴手套。

（5）精液处理　鲜精收集后要检查精子活力，使用等温的精液稀释液将检测合格的精液进行 3～4 倍稀释。一般鲜精取 1.5 mL 左右，经过稀释后，每只母羊输精 0.2 mL。如果没有专用稀释液，可以采用加入维生素 B_{12} 的等温生理盐水作为稀释液，效果也不错。

2. 腹腔镜输精操作

穿刺部位一般选择在母羊乳头下方 14 cm 左右，腹中线两侧各穿刺 1 孔，见图 5-6-1 中乳头下方黑点所示位置。

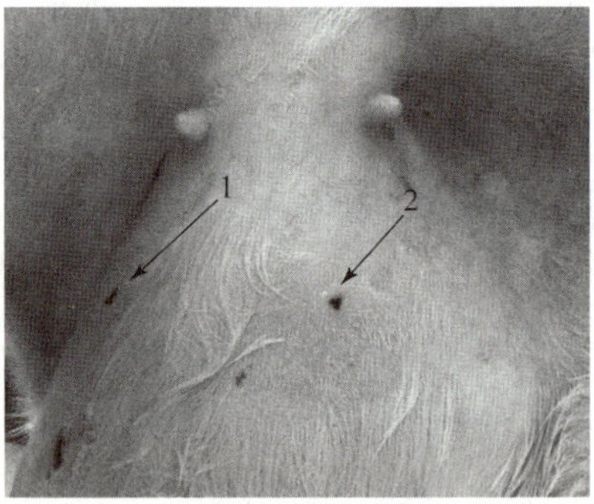

图 5-6-1　腹腔镜输精穿刺部位

在左侧乳头下方 14 cm 左右，偏离腹中线左侧 3～4 cm 处插入 0.7 cm 的套管针，刺入皮肤深度 2 cm，将套管送入腹腔（注意不要将套管针头刺入太深，以免刺穿其他内脏）。通过套管往腹腔内部充入适量气体，然后关闭气阀，其目的是压迫内脏向前，暴露卵巢和子宫角。向腹腔内插入带有冷光源的内窥镜，观察卵巢上排卵点和红体状态以及数量。此时，在右侧相应位置处插入套管针，拔针后通过套管插入输精枪。用输精枪轻轻挑起卵巢，以便观察排卵点和红体。如果卵巢上有多个红体和排卵点时即可输精，若没有排卵点和红体则不必输精。找到子宫角分叉处，在一侧子宫角距离分叉 1/3 处，输精枪前端针头刺入子宫角内，应感觉到有阻力，缓慢注射 1/2 精液量，然后拔出针头，将剩余精液注入另一侧子宫角相应位置，完成输精（图 5-6-2、图 5-6-3）。

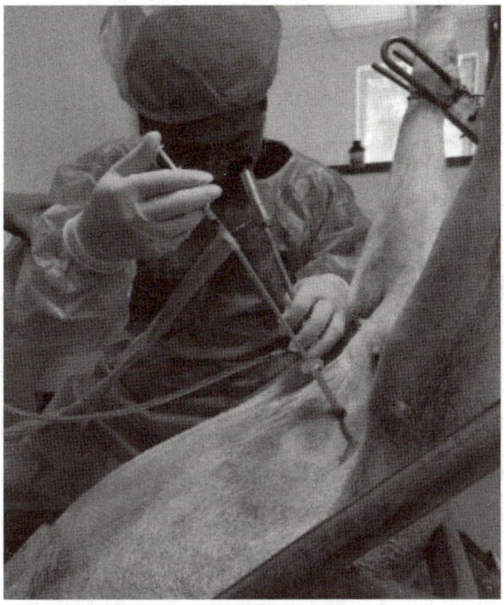

图 5-6-2 腹腔镜输精

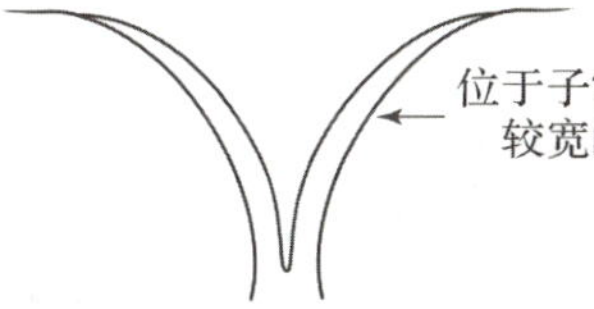

图 5-6-3 腹腔镜输精部位示意图

3. 母羊输精后护理

腹腔镜体内输精对母羊造成的创伤很小，一般不需要缝合，仅用碘酒局部擦拭即可。处理后的母羊可以集中入栏，与没有输精的母羊分群饲喂。输精后不要立即饲喂，一般应间隔几小时后饲喂，而且不宜饲喂过饱，以免对伤口产生压迫，造成伤口外凸。每天随时观察，上、下午各用碘酒消毒 1 次伤口。如果发现伤口外凸，则需进行手术缝合后做消炎处理。

（三）胚胎收集

输精后第 6 天采集胚胎。手术前对供体羊肌内注射陆眠灵 1 mL/只，然后在靠近乳房的腹部作一纵向切口，用食指和中指夹住子宫角并拉出腹腔外，用生理盐水冲洗，用灭菌的回形针刺破子宫角壁，并从此处插入套管针，将针芯抽出，再用回形针刺破子宫角另一端，并在此处插入冲胚管。用注射器向冲胚管内注入适量生理盐水，能够将子宫角撑开，但不能将子宫角壁撑破，在冲胚管的另一端用集卵皿收集胚胎。用注射器吸取生理盐水注入套管进行冲胚，并在冲胚管的末端收集冲胚液，最后用注射器将水囊（冲胚管中附属结构，其作用是加水后堵住冲胚管一侧，让冲胚液通过另一侧进行回收）的水抽完，从子宫角抽出冲胚管，冲洗子宫并放回腹腔，缝合腹壁。手术完成后肌内注射陆醒宁 1 mL，手术后连续 3 d 肌内注射消炎药物（如头孢曲松钠 1 g/次，2 次/d）。

冲胚时的一些细节尤其要注意：后腹部中央开口，找到子宫角，先观察一下卵巢红体的状态，如果较好就冲胚，如果没有就不要冲胚。

必须提前禁食 24～36 h，最好空腹 36 h。在子宫角基部以下 1.5～2 cm 处扎孔采用回形针或者捋直的三角针都可以，将冲胚管头部从子宫角扎孔处插入，并注入生理盐水，使膨胀头膨胀在子宫角基部。找到子宫角前端靠近输卵管处，但不要靠得太近，用套管针在此处扎孔，从此处注入 20 mL 冲胚液，如果觉得不够可以追加一点。胚胎往往集中在一个部位，冲胚时注意一气呵成，从另一端将冲胚液引出。在冲胚过程中容易出现堵塞，可以调整子宫角基部的膨胀处前端（图 5-6-4）。

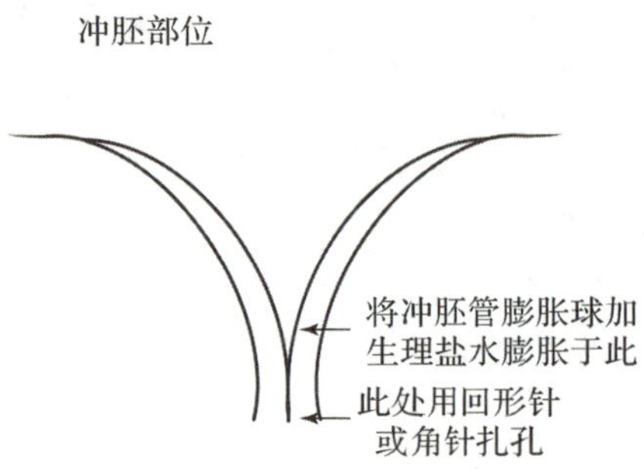

图 5-6-4　冲胚方法

(四)胚胎检查和分级

将冲胚液静置 10 min,在室温下用体视显微镜放大 20 倍检胚。先用吸管吸取上清液并弃掉,再用吸管将胚胎转移至另一培养皿中,反复寻找胚胎,将所有胚胎检出。

体视显微镜放大 20～30 倍检查胚胎的大小、色调、形态、均匀度、分裂程度、透明带等,并对胚胎进行质量分级。A 级:形态完整,卵裂球均匀对称、无碎片,细胞紧凑、光滑,透明带正常;B 级:形态完整,卵裂球轻微不对称、15%碎片,透明带正常;C 级:卵裂球不对称、30%碎片,胚胎轮廓粗糙、结构松散,卵裂球间有大液泡,色调暗淡,游离细胞多;D 级:胚胎未受精,细胞变性,出现较多碎片,胚胎发生退化。

四、注意事项

(1)腹腔镜输精过程中要注意以下问题:其一,手术过程中注意母羊头颈部弯曲程度不能过高,防止气管不通畅。输精操作后 30 min 左右母羊会逐渐苏醒,也可以注射鹿醒灵 0.2 mL 解除麻醉。其二,用输精枪寻找卵巢和子宫角时注意动作要轻。若操作不当,输精枪针头很容易刺破子宫附近的动脉造成大出血。可以采用没有针头的输精枪或者长钳先进行寻找,然后再输精。输精枪针头不要触碰卵巢,以免造成卵泡破裂。其三,输精枪输精位置要选择靠近子宫角基部 1/3 处,最好在子宫角中线处。不要选择在子宫角皱褶处,容易造成脱针。其四,输精时要依靠手腕的摆动力量将针头完全扎入子宫角内,手臂不要动,以免动作过大造成其他不必要的损伤。输精时动作要与羊腹部内脏运动相一致,以免惊扰母羊。其五,输精过程中要随时注意观察输精位置有无精液外流。如有外流说明输入不顺畅,可能扎到皱褶中或子宫角壁上,可以拔出后重新输入。腹腔镜输精手法需要多次操练,熟练掌握后几分钟即可完成输精操作。实际操作中也可以将子宫角取出体外,在相应位置进行输精,输精完成后用生理盐水冲洗子宫角,在腹腔导入一定量消炎药(头孢曲松钠,1 g),防止发炎和子宫粘连,最后采用可吸收线进行 2 层缝合,将腹膜、肌肉缝合一起,皮肤单独进行缝合。缝合后,连续 3 d 肌内注射消炎药物(头孢曲松钠 1 g/次,2 次/d)。腹腔外输精操作难度较小,但是子宫角暴露在外,开口相对较大,有一定手术风险,对母羊损伤较大。

(2)捡胚时一些细节问题:移动捡胚针时要保持稳定,一旦倾斜,胚胎移动位置会出现较大偏移。用捡胚针将胚胎移到小的一次性培养皿中,一次性培养皿放些胚胎保存液。捡胚时手腕一般靠在体视显微镜底部起到稳定作用,手要稳不要抖。

五、作业

简述腹腔镜输精操作步骤。

六、技能考核

【考核标准】

1. 各组汇报结果。
2. 每个学生对在实训过程中出现的问题进行总结分析。
3. 根据自己的操作过程和结果,书写实训报告。

考核点	得分
实训材料准备得当、正确	10
腹腔镜输精操作正确	25
冲胚操作步骤正确	25
捡胚操作步骤正确	25
实训报告翔实规范	15

实训二十四　胚胎移植技术

一、实训目的

熟悉胚胎移植操作过程以及注意要点。

二、实训材料

动物：供体母羊若干只

器械：10 mL 注射器、1 mL 注射器、手术刀、剪刀、镊子、止血钳、创巾、缝合线、腹腔镜操作套装及手术台

药品：FSH、PMSG、LH、HCG、PGF2α；陆眠灵、陆醒宁、头孢曲松钠、生理盐水、75%酒精、2%碘酊

三、实训方法与步骤

(一)同期发情

(二)子宫角腹腔镜输精

(三)胚胎收集

(四)胚胎检查和分级

以上操作同实训二十三。

(五)胚胎移植

(1)手术麻醉同腹腔镜输精。

(2)在靠近乳房的腹部作一纵向切口，用食指和中指夹住子宫角并拉出腹腔外，用生理盐水冲洗，用灭菌的回形针刺破子宫角壁，并从此处插入已抽取胚胎的 1 mL 注射器，将胚胎注入子宫角。

(3)切口消毒缝合，连续 3 d 注射头孢曲松钠。

四、注意事项

(1)同期发情、腹腔镜输精以及采胚注意事项同实训二十三。

(2)伤口缝合后，注射抗生素。

(3)伤口愈合期注意观察。

五、作业

简述胚胎移植方法与步骤。

六、技能考核

【考核标准】

1. 各组汇报结果。
2. 每个学生对在实训过程中出现的问题进行总结分析。
3. 根据自己的操作过程和结果，书写实训报告。

考核点	得分
实训材料准备得当、正确	10
腹腔镜输精操作正确	20
冲胚操作步骤正确	20
捡胚操作步骤正确	20
胚胎移植操作正确	20
实训报告翔实规范	10

职业能力测试题答案

模块一　动物繁殖基础

项目一　动物生殖器官

一、选择题

1.B　2.D　3.B　4.C　5.B　6.A　7.B　8.D　9.A　10.C

二、简答题

1.牛、猪、羊的阴茎有何不同?

牛、猪和羊的阴茎为“S”状弯曲。但牛、羊阴茎细,在阴囊后形成“S”状弯曲。猪的阴茎也比较细,在阴囊前形成“S”状弯曲。牛的阴茎前端龟头较尖;羊的阴茎前端有帽状隆起;猪的阴茎前端呈螺旋状。

2.简答输卵管的结构与功能。

输卵管的腹腔口紧靠卵巢,扩大呈漏斗状,称为漏斗部。漏斗边缘不整齐,形成许多皱襞,称为输卵管伞。输卵管的前1/3段较粗,称为壶腹部,是卵子受精的地方。其余部分较细,称为峡部。

输卵管的生理功能包括运送卵子和精子;精子获能、受精和卵裂的场所以及分泌的机能。

3.子宫的种类有哪些?各有什么特点?

子宫的种类主要有双角子宫、对分子宫和双子宫。

双角子宫两个子宫角基部之间纵隔不明显。

双分子宫两侧子宫角基部内有明显纵隔,又称双间子宫。

双子宫的两个子宫角开口阴道,仅有子宫角,而无子宫颈。

4.简答子宫的生理作用。

子宫的生理作用包括筛选、贮存和运送精子,助精子获能;有利于孕体附植、胚胎发育,促进分娩;调节卵巢黄体功能,导致发情。

项目二　生殖激素

一、选择题

1.D　2.A　3.B　4.B　5.B　6.C　7.A　8.B　9.A　10.B

二、简答题

1.什么是生殖激素?根据其来源与功能可分为几类?

动物体内绝大多数的激素均会对机体的生殖活动产生直接或者间接的影响。那些直接作用于生殖活动,影响动物体生殖机能的激素称为生殖激素。根据来源与功能,生殖激素分为:神经激素、垂体促性腺激素、胎盘促性腺激素、性腺激素以及其他类激素。

2. 简述生殖激素的作用特点。

(1)影响机体代谢过程　与其他激素相同,生殖激素可以加快或者延缓机体生殖行为产生的过程,但是不会产生新的反应,仅是机体细胞内各类生化反应的催化剂。

(2)半衰期短　激素的生物活性在体内消失一半的时间称为半衰期。多数生殖激素半衰期短,呈现阶段性、脉冲性的释放,因此,生殖激素使用时一般要间隔数小时后多次提供,以达到效果。

(3)量少作用大　生殖激素具有明显的生物活性。微量的生殖激素就可以促使生殖器官发生很大的生理反应。

(4)必须与相应受体结合才能发挥作用　各种生殖激素均有其固定的靶组织或者靶器官。不同生殖激素只有和其对应的靶组织或者靶器官上的受体结合才能正常发挥生理效应。

(5)具有协同和抗衡作用　不同生殖激素之间会有促进和抑制作用。如催产素在少量雌激素的作用下,对子宫收缩的促进作用会更加明显。

3. 根据生殖激素的化学性质,试分析不同种类的生殖激素在生产中如何使用。

第一类是含氮激素,包括肽类、蛋白质类(如胰岛素、甲状旁腺素、促肾上腺皮质激素)和胺类(如肾上腺素、甲状腺激素),这一类激素容易被胃肠道消化酶所分解而破坏,因此,临床应用时一般采用注射方法,不宜口服。

第二类是类固醇激素,包括肾上腺皮质激素和性激素(如雌激素、孕激素、雄激素)等,这一类激素口服后可以被吸收,也可注射。

第三类是脂肪酸类激素,如胆钙化醇等,口服或注射。

4. 催产素的生理功能有哪些?

(1)刺激母畜子宫平滑肌的收缩,迫使胎儿从产道产出,促进分娩的完成。

(2)刺激哺乳动物乳腺导管上皮细胞的收缩,促进乳汁的排出。当幼畜吮乳时,生理刺激传入脑区,引起下丘脑的活动,反过来可以促进垂体以脉冲性的方式释放催产素。例如,奶牛挤奶前用温水擦拭和按摩乳房,有助于催产素的释放和乳汁的排出。

(3)催产素有助于刺激子宫分泌前列腺素 PGF2α,从而导致黄体的溶解并诱导发情。

(4)能够促进输卵管收缩频率的增加,有助于配子的运行。

三、畜牧生产中不能滥用生殖激素主要有哪些原因?

(1)食品安全和人体健康风险　滥用生殖激素可能会导致激素残留于动物产品中(如肉类、乳制品),若被人食用,可能影响人体内分泌系统的正常运作,特别是对儿童和青少年的生长发育造成潜在风险,如性早熟、内分泌失调等健康问题。

(2)动物健康问题　长期大量使用生殖激素可能导致动物体内激素平衡破坏,出现内分泌系统紊乱,影响动物的健康和繁殖性能,例如增加患病风险、降低免疫功能、引发生殖系统疾病等。

(3)法规监管与合规性　在许多国家和地区,法律严格限制或禁止在畜牧生产中滥用生殖激素,违反规定的农业生产者将面临法律制裁和市场准入限制。例如,欧盟已经全面禁止在养殖业中使用任何生长促进激素。

(4)生态环境影响　滥用生殖激素可能导致其在环境中积累,对生态系统产生负面影响。例如干扰野生生物的内分泌系统,影响生态平衡。

(5)消费者信心与市场需求　消费者对食品安全和天然生产的关注度越来越高，滥用激素容易引发消费者对产品质量和安全的疑虑，影响品牌形象和市场需求。

(6)动物福利问题　不合理的激素使用可能对动物造成不必要的生理和心理负担，违背动物福利原则，不利于可持续和人道的养殖模式推广。

综上所述，畜牧生产中必须按照严格的科学规程和法律法规合理使用生殖激素，严禁滥用，以确保动物健康、食品安全、生态环境保护和消费者权益。

项目三　雌性动物生殖生理

一、选择题

1.D　2.D　3.B　4.B　5.A　6.A　7.C　8.C　9.A　10.A

二、简答题

1.简答三级卵泡的特点。

随着卵泡的发育，颗粒细胞层不断增多，卵泡腔增大，充满由卵泡细胞分泌的卵泡液。由于卵泡液的增多，卵母细胞被挤向一边，并被包裹在一团颗粒细胞中，形成半岛突出在卵泡腔中，称为卵丘。其余的颗粒细胞紧贴于卵泡腔的周围，形成颗粒层。在颗粒层外周形成卵泡膜，卵泡膜有2层，其中内膜为上皮细胞，并分布有许多血管，内膜细胞具有分泌类固醇激素的能力；外膜由纤维状细胞构成。

2.什么是胚胎附植？胚胎附植选择的部位有什么特点？

早期胚胎在子宫内游离一段时间后，由于体积逐渐增大，胚胎滋养层细胞逐渐与母体子宫内膜发生组织联系和生理联系而固定下来，称为胚胎附植。胚胎附植的部位一般在血管分布多、营养物质丰富的部位。胚胎在子宫内的附植位置是最有利于胚胎发育的地方。

3.简答分娩的过程。

分娩过程是指从子宫肌和腹肌出现收缩开始，至胎儿和附属物(胎衣)排出为止。分娩过程分为子宫颈开口期、胎儿产出期以及胎衣排出期。子宫颈开口期是从子宫有规则地出现阵缩开始到子宫颈口完全开为止。胎儿产出期是指由子宫颈口充分开张至胎儿全部排出为止。胎衣排出期是从胎儿被排出后至胎衣完全排出为止。

4.什么是产道？产道具体分几种？

产道是分娩时胎儿由子宫内排出的必经之道。有软产道和硬产道之分。软产道是指子宫颈、阴道、前庭及阴门，它们都是由软组织构成。硬产道是指骨盆，它是由荐骨及前四个尾椎、两侧髋骨和两侧的荐坐韧带组成。

模块二　动物繁殖技术

项目一　雌性动物发情鉴定

一、选择题

1.C　2.C　3.B　4.B　5.B　6.B　7.C　8.B　9.B　10.B

二、简答题

1.简答母牛直肠检查操作步骤。

母牛直肠检查方法多用于发情表现不明显或者安静发情母牛的鉴定。施行直肠检查法时，检查者须将指甲剪短、磨光，手臂上涂润滑剂，先用手抚摸肛门，然后将手指并拢成锥形，以缓慢的旋转动作伸入肛门，掏出粪便。再将手伸入肛门，手掌展平，掌心向下，用指腹按压抚摸，在骨盆腔底部，可摸到棒状子宫颈。沿子宫颈再向前摸，在正前方可摸到角间沟。沟的两旁为向前向下弯曲的两侧子宫角。沿着子宫角大弯向下稍向外侧，可摸到卵巢。用手指肚检查子宫角的形状、大小、反应以及卵巢上卵泡的发育情况，判断母牛的发情。

2. 什么是试情法？有什么特点？

此法是根据雌性动物对雄性动物的反应判断其发情程度，适合于各种动物。往往使用有经验雄性动物试探雌性动物是否发情。如果发情，雌性动物通常愿意接受爬跨，弓腰举尾，后肢开张，频频排尿，有求配动作等。如果雌性动物不在发情期则表现为远离雄性动物，不接受爬跨，当雄性动物接近时，往往会出现躲避行为甚至踢、咬等抗拒行为。

3. 阴道检查法如何操作？

此法主要适用于牛、马、羊等家畜。检查时将阴道开张器或阴道扩张筒插入并扩张阴道，借用光源，观察阴道黏膜颜色，充血程度，子宫颈松弛状态，子宫颈外口的颜色、充血肿胀程度及开口大小，分泌液的颜色、黏稠度及分泌量的大小，有无黏液流出等来判断发情的程度。

4. 简答母羊的外部观察法发情鉴定操作。

从外部直接观察母羊的行为、症状和生殖器官的变化判断母羊是否发情。母羊发情时表现不安，目光滞钝，食欲减退，咩叫，外阴部红肿但不是特别明显，流出少量黏液。发情母羊被公羊追逐或爬跨时，往往叉开后腿站立不动，接受交配。处女羊发情不明显，要认真观察，不要错过配种时机。

项目二　动物人工输精技术

一、选择题

1. D　2. B　3. A　4. C　5. B　6. A　7. D　8. A　9. A　10. C

二、简答题

1. 简答精子运动类型。

精子运动类型有如下三种。

(1)直线前进运动　精子大方向是直线的运动方式，也是精子正常的运动方式。

(2)转圈运动　精子由一点出发，转圈运动。这种运动方式说明精子大多正在丧失运动能力。

(3)原地摆动　精子运动缓慢，且在原地摆动。这种运动方式说明精子正在丧失运动能力。

2. 简答精液稀释液配制注意要点。

精液的稀释液种类和方法很多，其选用的原则是以稀释保存效果好，简单易配，价格低廉为依据。配制时要注意下列事项。

(1)配制用具一般用去污粉洗涤干净，用无菌蒸馏水冲刷后烘干备用。

(2)所用稀释剂要求新鲜，所有药品要求纯度达到分析纯，配制的稀释液要严格消毒冷却后备用。

(3)使用的鲜奶需先经双层无菌纱布过滤后在水浴(92～95 ℃)中灭菌 10 min，将奶中凝固奶皮去掉，冷却备用；卵黄要取自新鲜鸡蛋，不要蛋清，卵黄使用前要搅拌成卵黄溶液。

(4)药物称量要准确，要用分析天平。

(5)卵黄、抗生素、酶类、激素类、维生素等添加剂必须在稀释液冷却至室温时，方可加入。氨苯磺胺可先溶于少量蒸馏水(用量计入总量)中，单独加热至 80 ℃，溶解冷却后加入稀释液。

(6)所有配制好的稀释剂要求尽快使用。

3.简答常温保存精液方法。

常温保存精液一般是将稀释后的精液装瓶密封，用纱布或毛巾包裹好，置于15～25 ℃中避光存放。

(1)向稀释液中充入二氧化碳，降低精液pH。

(2)利用精子本身在代谢中产酸(碳酸)，自行调节pH。

(3)向稀释液中加入有机酸，如已酸稀释液(CME)。

(4)常温保存的稀释液除降低pH使精子代谢减慢外，还可以给精子补充足够的养分，同时加入抗菌物质以抑制细菌的滋生。

(5)有的还在稀释液中加入缓冲物质，有的加入明胶以阻止精子运动。

(6)隔绝空气有益于精子保存。

4.简答直肠把握法输精的优缺点。

直肠把握法输精的优缺点如下。

优点：①精液输入部位深，不易倒流，受胎率高；②对母畜刺激小；③输精过程中可以同时检查卵巢情况，能防止给孕畜误配，造成人为流产；④用具简单，操作安全、方便。

缺点：整个操作过程要求技术熟练，故此技术需经一定时间的训练才能掌握。

项目三　助产、难产救治与产后护理

一、选择题

1.C　2.D　3.B　4.D　5.C　6.D　7.A　8.B　9.B　10.A

二、简答题

1.母畜难产有几种？各自有什么特点？

(1)产力性难产　主要因为母畜子宫阵缩及努责微弱，破水过早及子宫疝气引起产力不足导致的难产。

(2)产道性难产　主要包括子宫不正，子宫颈、阴道、骨盆狭窄，以及产道肿瘤等引起的难产。

(3)胎儿性难产　主要是由胎儿的姿势、位置和方向反常或者胎儿过大、骨盆较小而引起的难产。

2.产力性难产如何救助？

当子宫颈柔软，子宫颈口已开张，胎儿的方向、位置和姿势正常，骨盆无狭窄或其他异常，胎膜未破时，可轻轻按摩腹壁，并将腹部向上向后推压，以刺激子宫收缩。

在胎水已经流出时，可以使用能够刺激子宫收缩的制剂，如垂体后叶素、麦角制剂及雌激素等。

若已经排出一个或几个胎儿，应等待自然恢复。若子宫完全无力，子宫颈又开张很小，而胎儿的排出受机械性障碍时，应尽早施行剖宫产术。

3.出生仔畜如何保温？

仔畜的护理首先要清除口、鼻内黏液，用毛巾或者锯末擦干仔畜身体表面，防止仔畜体温散失。对环境温度较为敏感的仔畜，选择红外线灯具、火炕(墙、炉)、暖气片或空调等设备提升环境温度，确保产房温度适宜。

4.简答胎衣全部不下产生的原因及症状。

胎衣全部不下，即整个胎衣未排出来，胎儿胎盘的大部分仍与母体胎盘连接，仅见一部分已分离的胎衣悬吊于阴门之外。经过 1～2 d,滞留的胎衣就腐败分解,夏天腐败更快;从阴道内排出污红色恶臭液体,内含腐败的胎衣碎片,病畜卧下时排出得多。由于感染及腐败胎衣的刺激,发生急性子宫内膜炎。腐败分解产物被吸收后,出现全身症状。病畜精神不振,弓背,常常努责,体温稍高,食欲及反刍(牛、羊等)略微减少;胃肠机能扰乱,有时发生腹泻。

项目四　动物繁殖管理

一、选择题

1.B　2.C　3.A　4.C　5.C　6.A　7.A　8.C　9.C　10.A

二、简答题

1.简答提高繁殖力的措施。

(1)选择繁殖力高的公、母畜作种畜。

(2)科学的饲养管理。

(3)保证优良的精液品质。

(4)做好发情鉴定和适时配种。

(5)推广繁殖新技术。

(6)减少胚胎死亡和防止流产。

(7)做好繁殖组织和管理工作。

(8)消除动物的繁殖障碍。

2.简答影响繁殖力的因素。

(1)遗传因素对于畜群繁殖力影响较大。相同物种不同品种畜群遗传力也存在一定的差异。

(2)环境是保障家畜繁殖力正常发挥的基本条件。在环境因素中,温度至关重要。

(3)营养也是保障家畜繁殖力的重要条件之一。营养不良会导致公畜精液质量下降,母畜发情规律紊乱,受胎率降低。营养过剩也会造成公畜交配能力、精液质量下降,母畜卵巢周围堆积过多脂肪,从而会导致卵泡发育受阻,母畜受胎率下降。

(4)发情鉴定、配种时间以及配种技术的掌握直接影响母畜受胎率。

(5)家畜繁殖力与其年龄和健康状况有关。随着家畜的生长,其繁殖力有一个逐渐上升、稳定进而走向衰亡的过程。

(6)良好的畜群管理是保障畜群正常生长发育的关键,也是畜群繁殖力充分发挥的前提。

3.简答持久黄体发生的原因及其治疗方法。

母畜持久黄体指在周期性排卵后形成的黄体,或分娩后周期性黄体或妊娠黄体持续存在卵巢内,使卵巢不能正常发育和不发情的病理状态。其特征为发情周期或分娩后黄体超过正常存在时间而不消失,其组织构造和机能都与发情周期黄体或妊娠黄体无区别,可导致持续分泌孕酮、抑制卵泡发育,从而使发情周期循环停止和不孕。

持久黄体治疗应先改善饲养管理,同时肌内注射前列腺素 F2α 及其类似物氯前列烯醇等。一般在注射后 1 周之内即可奏效,并能配种受孕;也可用催产素、促卵泡素、孕马血清或雌激素等治疗。

4.简答子宫脱出原因及其治疗方法。

子宫脱出的主要原因是母畜年龄较大,胎儿过大,分娩时努责力过强,加之阴道干燥,从而使子宫角或子宫伴随着胎儿内翻至阴道内或者脱出阴门之外。

子宫脱出后,应先将脱出部分进行整理,剥离胎衣部分,用 0.1%高锰酸钾溶液冲洗脱出部分，随着母畜子宫收缩，将脱出部分送回到子宫内，同时注射少量催产素，促进子宫回位。为了避免子宫再次脱出，可以将会阴部分缝合 2 针，注射 3 d 抗生素，不再努责后，将缝合线拆除。

项目五　发情控制、胚胎移植与胚胎生物工程

一、选择题

1. B　2. C　3. C　4. C　5. A　6. C　7. D　8. D　9. C　10. C

二、简答题

1. 简答同期发情的概念与意义。

(1)同期发情又称同步发情，就是利用某些激素制剂人为地控制并调整一群处于不同发情状态的母畜的进程，使之在预定时间内集中发情，以便于有计划组织配种的一种技术。

(2)意义：①有利于推广人工输精。②便于组织批量生产。③提高繁殖率。④在胚胎移植中必不可少。

2. 简答猪的超数排卵操作。

生产上采用对后备母猪和断乳母猪进行超数排卵处理，具有一定效果，一般措施是在性周期的 15～17 d，肌内注射 PMSG 750～1 200 IU，72 h 后再注射 HCG 500～1 000 IU，一般 40 h 左右就可以发情，并增加排卵数，如果增加一针 PGF2α，则可进一步改善激素处理的效果，对于产后乏情的猪也有一定效果。

3. 简答胚胎移植的基本原则。

(1)同种动物生殖器官生理同步性　供体和受体动物在发情周期或生殖状态上的同步性是胚胎移植成功的基础。

(2)同种移植　胚胎移植应在同种动物间进行，以确保供体胚胎与受体母体在生理结构、免疫特性、遗传背景等方面的兼容性，减少移植排斥反应和胚胎发育异常的风险。

(3)胚胎质量评估　移植前应对胚胎进行严格的质量评估，选择形态正常、发育速度快、染色体数目正常的优质胚胎进行移植，以提高妊娠成功率和活产率，减少遗传缺陷风险。

(4)适宜移植时期　根据受体母体的子宫内膜形态、激素水平和胚胎发育阶段，选择最佳的移植时机(通常称为“着床窗期”)，以确保胚胎与子宫内膜的同步发育和相互作用，利于胚胎成功着床。

4. 什么是体外受精，主要包括哪些方面？

体外受精是指哺乳动物的精子和卵子在体外人工控制的环境中完成受精过程的技术。它的基本原理是在人工模拟体内环境(包括营养、温度、湿度、气体、渗透压、pH 等)，使卵丘卵母细胞复合体中的初级卵母细胞成熟，同时使精子获能，进而完成受精。

体外受精技术主要包括卵子的回收及成熟培养、精子体外获能及体外受精等几个主要方面。

模块三　宠物繁殖

项目一　犬和猫的生殖生理

一、选择题

1. B　2. C　3. D　4. B　5. D　6. D　7. D　8. B　9. A　10. D

二、简答题

1. 雌犬、雌猫的性机能发育有哪些阶段？

雌犬、雌猫的性机能发育过程分为初情期、性成熟期、配种适龄和繁殖机能停止期 4 个阶段。

2. 犬交配过程是什么?

对雄犬来说,大体上经过勃起、交配、射精、锁结、交配结束等过程。

3. 雌犬、雌猫的妊娠诊断方法有哪些?

包括外部观察法、触诊法、超声波诊断法和 X 线诊断法。

4. 雄犬、雄猫的性行为受到哪些因素的影响?

雄犬、雄猫的性行为受到遗传因素、环境因素、性经验、性抑制、配种前的性刺激以及疾病与性行为异常等因素的影响。

5. 犬的人工输精相比自然交配有哪些优势?

人工输精能够提高优良品种雄犬的精液利用率,促进犬的品种改良和疾病预防。它还能克服自然交配中可能存在的雌雄犬不配合、环境不利等问题,确保繁殖效果的稳定性和可控性。

6. 猫在分娩过程中的 3 个阶段分别是什么?

第一阶段(宫颈开张期):胎膜由子宫角挤入子宫颈,持续约 6 h,特征是子宫肌肉本能地收缩。第二阶段(胎儿娩出期):子宫颈完全开张,胎儿产出,持续 10~30 min,特征是阵缩和努责共同作用。第三阶段(胎衣排出期):胎儿产出后,胎衣随之排出,雌猫舔去胎膜并咬断脐带。

7. 简述犬分娩启动的生理机制。

犬分娩启动由多种因素共同作用,包括机械性扩张、激素、神经及胎儿的相互协调。胎儿成熟时,其下丘脑-垂体-肾上腺轴分泌促肾上腺皮质激素,激素引发胎盘分泌雌激素和前列腺素,这些激素刺激子宫收缩。胎儿对子宫颈和阴道的刺激也会引起雌犬释放催产素,最终导致子宫平滑肌强烈阵缩,引发分娩。

项目二　观赏鸟的繁殖

一、选择题

1. B　2. C　3. B　4. A　5. B　6. D　7. C　8. C

二、简答题

1. 鸟类的生殖系统由哪些部分组成?

雌鸟的生殖系统包括卵巢和输卵管,卵巢负责产生卵细胞,输卵管则负责运输和形成蛋壳;雄鸟的生殖系统包括睾丸、附睾、输精管和交配器,睾丸负责产生精子,附睾储存精子,输精管运输精子,交配器用于将精子输送到雌鸟体内。

2. 描述鸟类在繁殖季节求偶行为。

在繁殖季节,鸟类常见的求偶行为包括羽毛展示、鸣叫、舞蹈。雄鸟为了吸引雌鸟,赢得其爱慕,并与其交配,求偶时利用艳丽的羽毛及优美多姿的体态来取悦雌鸟。性成熟后,雄鸟间常见争斗,甚至头破血流,还有可能出现伤亡。

3. 鸟类的繁殖特性有哪些?

在求偶阶段,雄鸟通常通过羽毛展示、鸣叫和特定的舞蹈动作来吸引雌鸟;在营巢阶段,鸟类会选择适宜的地点并使用各种材料筑巢,为产卵和育雏提供安全舒适的环境;产卵阶段,雌鸟会在巢中产下卵,并在接下来的孵化阶段通过体温孵化卵,保持适宜的温度和湿度;最后,在育雏阶段,亲鸟会细心喂养和照顾雏鸟,直到雏鸟能够独立生存。

4. 列举选择鸟类饲养用具时应考虑的主要因素。

选择鸟类饲养用具时，应考虑以下主要因素：第一是安全性，用具必须无毒无害，避免尖锐边缘和有害材料，以防止鸟类受伤或中毒。第二是功能性，用具应能满足鸟类的基本需求，如饮水、进食、栖息、繁殖和玩耍等。第三是易于清洁和维护，用具设计应便于拆卸和清洗，以保持环境卫生，防止病菌滋生。第四是适应性，用具的大小、形状和设计应适合鸟类的种类和生活习性，提供舒适和自然的生活环境。最后，耐用性也是一个重要考虑因素，用具应耐用，能够经受日常使用和清洗的磨损。

5. 简述定期清洁鸟类笼舍的必要性。

定期清洁鸟类笼舍是必要的，主要有以下几点原因：首先，清洁可以防止病菌和寄生虫的滋生，减少鸟类患病的风险。其次，清洁笼舍可以去除鸟类的排泄物、食物残渣和其他废物，保持笼内环境卫生，减少异味。再次，清洁过程中可以检查笼舍和饲养用具的状态，及时发现并修复损坏部分，确保鸟类的安全。最后，清洁笼舍有助于观察鸟类的健康状况，发现异常情况如食欲不振、羽毛异常等，及时采取措施。总之，定期清洁是维持鸟类健康和舒适生活环境的重要保障。

项目三　观赏鱼的繁殖

一、选择题

1. A　2. C　3. A　4. C　5. D　6. B

二、简答题

1. 对金鱼亲鱼选择有哪些要求？

(1)鱼龄选择　一般 2～3 龄金鱼常被用作亲鱼，体质健壮，生殖腺饱满，怀卵量大，卵子和精子的活力强，受精率和孵化率均较高。

(2)品种特征　除了体质健壮、形态端正、游姿平稳和色泽鲜艳外，还要根据培育品种的目的和要求，有计划地将能充分表现出显性特征，并在后代中也能充分表现的金鱼选作繁殖亲鱼。

2. 如何进行观赏鱼的雌雄鉴别？

观赏鱼的雌雄鉴别见表 3-3-1。

3. 热带观赏鱼产卵方式有哪些？各有什么特点？

(1)卵生鱼类的繁殖方式是雌、雄亲鱼排卵、排精同步进行，卵子在水中受精。由于卵生类是体外受精，雌、雄鱼排卵、排精需要同步进行。

(2)卵胎生鱼类，如剑尾鱼、孔雀鱼、黑玛利鱼、珍珠玛利鱼、月光鱼等花鳉科鱼类，其卵子排出卵巢后，卵在雌鱼的泄殖腔内与精子结合成受精卵并发育成小鱼苗后出生。

项目四　宠物龟的繁殖

一、选择题

1. B　2. A　3. A　4. A　5. D　6. C　7. B　8. C　9. D　10. C

二、简答题

1. 简述宠物龟的繁殖季节和交配方式。

所有龟类都是卵生动物，在我国每年的 5～10 月份是龟类的生殖季节。国外有些龟种全年均可生殖。多数龟类的性成熟期为 3～7 年，海龟类则需 20 多年。不同龟类的交配方式、地点、季节不同，以水栖龟类为例，它们在水中进行交配。雄龟在雌龟前方游动或爬到雌龟背上，抖动双臂发出求爱信号，雌龟不动时，雄龟绕到雌龟后部进行交配。

2. 简述宠物龟的产卵过程。

无论是水栖龟类还是海栖龟类，都在岸上产卵。产卵前，多数龟有停食现象。龟产卵时先选择一块松软、潮湿的地方，用后肢挖土，洞穴深 8～20 cm，似瓶状。龟趴在洞外，将尾部对准洞穴，夹紧尾巴一个接一个地产卵。产卵过程中用后肢的掌部接应产出的卵，产完后用后肢扒土将卵掩盖并填平洞穴。

3. 简述龟卵的孵化条件及孵化期。

龟卵的孵化完全依赖自然界的太阳提供温度和雨水提供湿度，因此自然界中龟卵的孵化率较低。龟卵的孵化期与气温密切相关，一般需要 55～80 d。如果天气暖热，孵化期较短；如果天气凉爽，则孵化期较长，最长可达 7 个月，有时甚至成为过冬卵。

4. 简述宠物龟产卵次数及影响产卵量的因素。

性成熟的雌龟每年可以产卵，有些龟每年可产卵 2～3 次，不同种类的龟产卵量不同。每次产卵最少 1 枚，最多的达 200 余枚（海栖龟类）。同一种类的龟，产卵的数量随着雌龟年龄的增加而增多，同时，产卵的数量也受体重、营养等因素的影响。

5. 为什么龟类在产卵后不再关心它们所产的卵？

龟类没有守巢的习性。龟产卵后，仅用后肢扒沙土，将卵掩盖填平洞穴，压平后即离开产卵地，从此不再关心它们所产的卵。龟卵完全依赖自然界中的太阳提供温度和雨水提供湿度进行孵化。

模块四　动物遗传基础

项目一　遗传的物质基础

一、简答题

1. 什么是遗传信息？

遗传信息指生物为复制与自己相同的东西，由亲代传递给子代、或各细胞每次分裂时由细胞传递给细胞的信息，即碱基对的排列顺序，也可以指核苷酸的排列顺序，DNA 中的脱氧核苷酸以及 RNA 中的核糖核苷酸的排列顺序。

2. 什么是遗传密码？

遗传密码是活细胞用于将 DNA 或 mRNA 序列中编码的遗传物质信息翻译为蛋白质的一整套规则，是核酸的碱基序列与蛋白质的氨基酸序列之间的对应关系。3 个碱基代表着1 种氨基酸，称为密码子。4 种碱基可以组合成 64 种密码子。但是动物体内只存在 20 种氨基酸，故存在多个密码子代表 1 种氨基酸的情况。

3. 什么是染色体？它与染色质之间有什么关系？

染色体是真核生物细胞核中载有遗传信息的物质，主要由 DNA 和蛋白质组成。染色体在细胞分裂中期易被碱性染料着色。染色体与染色质是同一物质在细胞分裂周期的不同阶段所表现的不同形态。

4. 细胞膜的功能有哪些？

许多细胞的细胞膜上含有少量的糖类，形成糖脂和糖蛋白。一些存在于细胞膜上的糖蛋白参与细胞识别与免疫，这种特异性可以遗传。因此，通过对表面特异性糖蛋白进行选择，可以培育出特定的抗病品系。

细胞膜的主要功能是维持细胞的正常形态，保持细胞内环境的相对稳定，并在此过程中，细胞与外界环境进行物质交换、能量和信息的传递。

二、论述题

1. 试述遗传物质应具备的条件。

(1)高度的稳定性与可变性　遗传物质必须在细胞中保持高度的稳定性,其含量、位置和化学组成应保持恒定,不易受内外环境条件的影响。同时,遗传物质也必须在一定程度上具有可变性的能力,以促进生物的进化。

(2)储存并表达遗传信息　遗传物质必须具有复杂的结构和携带各种遗传信息的潜力,能够表达出地球上无数生物的各种性状。

(3)自我复制能力　遗传物质必须具有复制能力,能够以自己为模板控制其他物质的新陈代谢,并将遗传信息传递给后代。

(4)能够指导蛋白质合成　遗传物质能够指导蛋白质的合成,从而控制生物的新陈代谢和性状。

(5) 自身结构稳定但能发生突变　遗传物质的结构在正常情况下比较稳定,但在特殊情况下能发生突变,并且突变后仍能继续复制和遗传给后代。

2. 试述遗传信息传递过程。

遗传信息的传递过程包括 DNA 复制、RNA 转录以及蛋白质的翻译过程。

DNA 复制是遗传信息传递的第一步。在 DNA 复制过程中,DNA 双链解开,每条单链作为模板,通过碱基互补配对原则,合成一条新的 DNA 链,形成新的双链 DNA 分子。这个过程确保了遗传信息的稳定性和连续性。

RNA 转录是遗传信息从 DNA 转移到 RNA 的过程。在转录过程中,DNA 的一条链作为模板,RNA 聚合酶识别特定的启动子序列,开始合成 RNA 链。这个过程通过碱基互补配对原则进行,确保 RNA 链的序列与 DNA 模板链一致。

蛋白质翻译是遗传信息从 RNA 转移到蛋白质的过程。在翻译过程中,mRNA 作为模板,tRNA 携带特定的氨基酸,根据 mRNA 上的密码子顺序,依次将氨基酸连接成多肽链,最终形成蛋白质。这个过程确保了遗传信息的准确表达和生物体的功能实现。

3. 试述中心法则的核心内容。

(1)遗传信息的传递方向　遗传信息从 DNA 通过转录过程传递给 RNA,再通过翻译过程将 RNA 中的信息传递给蛋白质。这个过程是单向的,即遗传信息不能从蛋白质返回 DNA 或 RNA。

(2)DNA 复制　DNA 可以通过自身复制将遗传信息传递给下一代。在这个过程中,DNA 双链解开,每条单链作为模板合成一条互补链,形成两个子代 DNA 双链。

(3)RNA 复制和逆转录　在某些病毒中,如 RNA 病毒,遗传信息可以从 RNA 复制到 RNA,或者从 RNA 通过逆转录过程传递给 DNA。这是中心法则的特殊情况。

4. 试述减数分裂不同时期的特点。

当动物生长发育到一定时期,其生殖腺体上的性原细胞先以有丝分裂方式进行若干代增殖,产生大量的性原细胞,这一段时间为增殖期。最后一代的性原细胞不再进行有丝分裂,而进入生长期。

①减数第一次分裂

前期　染色体形态变化比较明显。根据染色体的形态特征进一步分为细线期、偶线期、粗线期、双线期、终变期 5 个时期。至终变期时,双价体开始向赤道板移动,纺锤丝开始出现,染色体外廓明显,是染色体辨别鉴定和记数的最佳时期。

中期　核膜、核仁消失，双价体的着丝点排列在赤道上的两侧。此时是识别染色体的适当时期。

后期Ⅰ　纺锤丝牵引收缩，同源染色体向两极移动，姐妹染色单体仍共享一个着丝点，未分开。

末期Ⅰ　纺锤丝开始消失，核膜、核仁重新形成，细胞质分裂，形成两个子细胞，但着丝点仍未分裂，染色体数目实现减半。哺乳动物形成两个次级精母细胞或一个次级卵母细胞和一个极体。

第一次分裂末期之后，经过很短的时间即进行第二次分裂。

②减数第二次分裂。

在此时期，染色单体排列在赤道板上，着丝点分裂，姐妹染色单体分别向两极移动，最后形成两个新核，细胞质也随之分裂，形成两个子细胞(即两个精子或一个卵子和一个极体)。

至此，一个初级精母细胞经过两次连续分裂，可以形成 4 个精子；而一个初级卵母细胞经过两次连续分裂，可以形成 1 个卵子和 3 个极体。

项目二　遗传的基本规律

一、简答题

1. 什么是伴性遗传?

伴性遗传是指在遗传过程中的子代部分性状由性染色体上的基因控制的现象。这种由性染色体上的基因所控制性状的，遗传上总是和性别相关的遗传方式就称为伴性遗传，又称性连锁(遗传)或性环连。许多生物都有伴性遗传现象。例如，果蝇的白眼的伴 X 染色体遗传和伊莎褐壳蛋鸡的褐羽遗传等都属于伴性遗传。

2. 什么是连锁交换定律? 请举例说明。

生物的染色体数目是有限的，但是基因数目很多。因此，每个染色体上会携带多个基因。那么，位于同一染色体上的基因不能进行独立分配，必然随着这条染色体作为一个整体传递，从而表现出一种遗传现象，即连锁遗传现象。

例子略。

3. 染色体畸变的主要分类是什么?

染色体畸变主要包括染色体结构畸变和染色体数目畸变。染色体结构畸变发生在性细胞减数分裂时，因染色体断裂并以不同的方式重新粘接起来，导致染色体上基因反常排列，包括缺失、重复、倒位、易位 4 种类型。染色体数目畸变则涉及染色体的数量变化，包括整倍体变异和非整倍体变异。

4. 染色体结构畸变的主要类型有哪些?

(1)缺失是指染色体上某一区段及其带有的基因一起丢失，影响基因间的交换和重组，破坏正常的连锁群。

(2)重复是指常染色体上增加了相同的一个区段，表现为剂量效应和位置效应，同样破坏正常的连锁群。

(3)倒位是指染色体上某一区段发生断裂后倒转 180°重新连接，改变正常的连锁群，可能导致不育。

(4)易位是指两对非同源染色体之间发生区段转移，改变正常的连锁群，可能导致不育。

二、论述题

1. 试用自由组合定律解释黑色无角牛与红色有角牛杂交遗传现象。

纯种黑色无角牛与纯种红色有角牛杂交时，黑色(R)基因对红色(r)基因为显性，无角(Y)基因对有角(y)基因为显性。因此，黑色无角牛亲本基因型应为 $RRYY$，红色有角牛亲本基因型应为 $rryy$。根据分离规律，亲本形成配子时，同源染色体上等位基因分离，两种纯合亲本各形成一种配子 RY 和 ry，杂交后，两种配子随机结合形成杂交 F1 代，基因型为 $RrYy$。由于 R、Y 为显性，所以 F1 代表现型都是黑色无角牛。F1 代在产生配子时，按照分离规律，同源染色体上的等位基因彼此分离，即 R 与 r 分离，Y 与 y 分离，各自独立分配到配子中去，因此两对同源染色体上的非等位基因以同等的机会自由组合，形成 4 种类型的配子，即 RY、rY、Ry、ry，且这 4 种配子的数目相等。由于精子和卵子各有 4 种不同的类型，而此 4 种类型的精子和卵子结合是随机的，所以在 F2 代就有 16 种基因组合，共 9 种基因型，4 种表现型。表现型为黑色无角牛、黑色有角牛、红色无角牛、红色有角牛，比例为 9∶3∶3∶1。

2. 试述在伴性遗传中常见的遗传规律。

(1)当同配性别的性染色体(如哺乳类 XX 为雌性，鸟类 ZZ 为雄性等)传递纯合显性基因时，F_1 雌、雄个体都为显性性状。F2 性状的分离呈 3 显性∶1 隐性；性别的分离呈 1 雌∶1 雄。

(2)当同配性别的性染色体传递纯合体隐性基因时，F1 表现为交叉遗传，即雌性亲本的性状传递给雄性子代，雄性亲本的性状传递给雌性子代。

(3)存在于 Y 染色体差别区段上的基因(特指哺乳类)所决定的性状，或由 W 染色体所携带的基因所决定的性状，仅仅由雄性亲本(或母禽、母鸟)传递给其雄性子代(或母禽、母鸟)，表现为特殊的 Y 连锁(或 W 连锁)遗传。

(4)伴 X 显性遗传疾病，雌性个体多于雄性个体；伴 X 隐性遗传疾病，雄性个体多于雌性个体。

3. 试述什么是基因突变及其在生产中的意义。

基因突变是指染色体上某一基因位点发生了化学结构的变化，导致一个基因变为它的等位基因。基因突变的原因包括物理因素(如 X 线、激光等)、化学因素(如亚硝酸、碱基类似物等)和生物因素(如某些病毒、细菌等)。

通过诱导畜禽基因突变技术，可以大幅降低家畜育种时间，实现家畜目标性状的精准培育。例如，*MSTN* 基因的突变可以显著提升家畜的产肉效率，著名的比利时蓝牛的双肌性状就是由 *MSTN* 基因突变造成的。未来，随着技术的不断进步和应用范围的扩大，诱导基因突变技术将在畜禽育种中发挥越来越重要的作用。

4. 试述染色体数目变异分类。

(1)整倍性变异是以染色体组为单位的增、减，是染色体数目变异的一种。包括单倍体和多倍体两种类型的整倍性变化。多倍体类型中，一般又包括同源多倍体和异源多倍体。各种整倍性变异，在细胞学和遗传学均产生一定的效应。

(2)非整倍性变异是指正常的染色体组中，丢失或添加了一条或几条完整的染色体。大多数情况非整倍性变异在动物中是致死的，主要在死胎中发现。例如，在有丝分裂和减数分裂过程中，通过丢失单条染色体可以产生非整倍性。非整倍性也可以通过有丝分裂时姐妹染色单体的不分离或减数分裂时同源染色体的不分离而产生。

项目三　数量性状的遗传

一、简答题

1. 重复率在畜禽育种中有何意义？

重复率是衡量一个数量性状在同一个体多次度量值之间的相关程度的指标。用 r_e 表示。主要用于估计畜禽一生中有多次产量度量值之间的变动大小和各次度量值之间的相关程度,也就是畜禽一生中可能达到的生产水平的参数。当畜禽每次产量都相同或极其相似,重复力就等于1或接近于1;当每次度量值大小很不一致,重复力就会接近于0。一般来说,重复力$r_e \geq 0.60$称为高重复力,$0.30 \leq r_e < 0.60$称为中等重复力,而$r_e < 0.30$称为低重复力。

2.什么是质量性状?其意义是什么?

质量性状即能观察而不能量测的性状。质量性状的同一种性状在不同表现型之间不存在连续性的数量变化,而呈现质的中断性变化的那些性状。它由少数起决定作用的遗传基因所支配,在表面上这类性状显示的差别,如角的有无、毛色、血型等。质量性状较稳定,不易受环境条件的影响,它们在群体内的分布是不连续的,杂交后代的个体可明确分组。

3.什么是数量性状?其意义是什么?

数量性状是指在一个群体内的各个体之间表现为连续变异的性状,如动植物的高度或长度等。数量性状较易受环境的影响,在一个群体内各个个体的差异一般呈连续的正态分布,难以在个体间明确地分组。数量性状能够度量。

4.数量性状遗传的方式是什么?

数量性状遗传的方式有中间型遗传、超亲遗传以及杂种优势。

中间型遗传是指两个纯合亲本杂交后,F1代往往表现出双亲的中间型,即介于双亲之间的表型。

超亲遗传是指F2代的表型平均数与F1代相似,但变异范围更大,有时会出现超亲遗传现象,即后代性状表现超过某一极端亲本。

杂种优势是指由等位基因或非等位基因相互作用产生的效应,包括超显性效应和上位效应。超显性效应是由等位基因间互作产生的效应,上位效应是由非等位基因间互作产生的效应。

二、论述题

1.试述数量性状遗传的机制。

数量性状遗传的机制有多基因假说和基因间的相互作用。

(1)多基因假说

多基因假说是数量性状遗传的主要机制之一。它认为数量性状由许多彼此独立的基因共同控制,每个基因的作用效应很小,称为微效基因。这些微效基因通过累加作用共同影响某一数量性状的表现。

(2)基因间的相互作用

除了多基因假说,数量性状的遗传还涉及基因间的相互作用。这些相互作用包括基因加性效应和非加性效应。

基因加性效应是指微效基因通过累加作用共同影响性状的表现,与多基因假说有相同之处。

基因非加性效应主要包括超显性效应和上位效应,前者是由等位基因间互作产生的效应,后者是由非等位基因间互作产生的效应。

2.试述数量性状遗传力的估计方法。

同胞分析法:这是一种巢式设计的方差分析方法,通过同胞分析来估算狭义遗传力。

亲子回归法:通过子代平均值对亲代的回归来估算遗传力,具体方法包括子代均值对中亲值的回归和子代均值对一亲的回归。

亲子相关法：利用亲子回归法估算遗传力，但由于环境的影响，这种方法在某些情况下可能不够准确。

回交法：通过利用 F2 代和两个回交一代的资料来估算狭义遗传力。

方差分析法：通过方差分析来估计总方差中各种方差组分，从而求得遗传力。

参考文献

[1]申子平.动物繁殖规律与繁殖实用技术研究.北京:中国原子能出版社,2018.
[2]伏彭辉,韩燕国,曾艳.动物繁殖学实验与实习.重庆:西南师范大学出版社,2020.
[3]吕睿光.动物繁殖学研究.成都:四川科学技术出版社,2023.
[4]袁天翔,姜淑妍,刘莹.动物繁殖学.北京:中国农业科学技术出版社,2020.
[5]符世雄,叶方.动物繁殖技术.北京:中国轻工业出版社,2022.
[6]黄国清.动物繁殖原理与技术.北京:中国农业大学出版社,2024.
[7]王峰.动物繁殖学.2版.北京:中国农工业大学,2022.
[8]杨利国.动物繁殖学.3版.北京:中国农业出版社,2019.
[9]张响英,杨晓志.动物繁殖.北京:中国农业出版社,2021.
[10]周杰珑,张明.动物繁殖学实验实训教程.北京:高等教育出版社,2022.
[11]张耀辉.动物繁殖技术.北京:北京师范大学出版社出版社,2021.
[12]陆阳清,许惠艳.动物繁殖学实验教程.北京:中国农业出版社,2025.
[13]李来平,贾万臣.动物繁殖技术.北京:中国农业大学出版社,2015.
[14]丁威.动物遗传繁育.3版.北京:中国农业出版社,2025.
[15]韩云珍,洪渊.动物遗传繁育.北京:中国农业大学出版社,2025.
[16]徐相亭.动物遗传繁育.北京:中国农业出版社,2018.